浙江省普通高校“十三五”新形态教材

现代化工设计基础

主　编　韦晓燕
副主编　欧阳玉霞
参　编　胡万鹏　江华生

ZHEJIANG UNIVERSITY PRESS
浙江大学出版社

图书在版编目(CIP)数据

现代化工设计基础 / 韦晓燕主编. —杭州 ：浙江大学出版社，2022.1
ISBN 978-7-308-22255-6

Ⅰ.①现… Ⅱ.①韦… Ⅲ.①化工设计—高等学校—教材 Ⅳ.①TQ02

中国版本图书馆 CIP 数据核字(2022)第 004817 号

现代化工设计基础
韦晓燕 主编

责任编辑 石国华
责任校对 胡岑晔
封面设计 刘依群
出版发行 浙江大学出版社
(杭州市天目山路 148 号 邮政编码 310007)
(网址：http://www.zjupress.com)
排　　版 杭州星云光电图文制作有限公司
印　　刷 杭州杭新印务有限公司
开　　本 787mm×1092mm 1/16
印　　张 22.5
字　　数 560 千
版 印 次 2022 年 1 月第 1 版 2022 年 1 月第 1 次印刷
书　　号 ISBN 978-7-308-22255-6
定　　价 65.00 元

前　言

近年来，现代化工的飞速发展对化工技术人才提出了更多更新的要求。现代化工与计算机技术紧密相连，计算机在化学化工中的应用已不仅局限于办公、绘图，化工过程模拟已成为普遍采用的常规手段，被广泛应用于化工过程的研究开发、设计、生产操作的控制优化和操作培训，并已成为化工专业学生必备的基本技能之一。

Aspen Plus 是一款目前用户众多、功能强大的化工过程模拟软件，可用于化工过程，甚至整个化工、制药和炼油工厂建模，而且以很实惠的价格供大学生使用。

国内有关化工课程设计的教材很多，但大多仍停留在传统手工计算上。多数教材虽然对工程计算中的理论知识介绍详尽而丰富，但对计算机软件的应用只是一带而过。另外，介绍 AutoCAD、Aspen Plus 等相关软件的使用方法和步骤的教材层出不穷，可大多侧重于软件学习。能将 AutoCAD、Aspen Plus 等这些常用化工软件的使用方法融入应用型本科化工人才培养的教学的教材很少，特别是适应新时代学生需求、配备数字资源的新形态化工设计基础教材更是鲜见。

为满足浙江省化工应用型高等教育对教材的需求，我们在浙江省省级教改项目“实践教学与理论教学一体化培养学生化工设计能力的研究与实践”的教学改革实践基础上，结合自身在“工程制图”“化工常用软件”“化工原理课程设计”“化工机械设备基础课程设计”“化工设计”等课程上多年的教学实践经验和近十年来指导学生参加全国及浙江省大学生化工设计大赛的工作经验编写了此书。

本书将计算机技术贯穿化工课程设计全过程，使课程设计的学习紧跟时代，同时融合互联网新技术，以嵌入二维码的纸质教材为载体，将教材、课堂、数字资源三者融合。书中典型例题中都配有演示视频，学生可以通过扫描例题附近的二维码观看。全书力求简明扼要、通俗易懂，方便学生自学与查看。

本书可作为化学工程与工艺、应用化学、生物工程、环境工程和制药工程等本科专业课程设计的教材或教学参考书，也可作为高等职业院校、高等专科院校、社会培训机构的培训教材，并可供相关从业人士作为业务参考书及培训用书。

本书由嘉兴南湖学院韦晓燕担任主编，进行全书的统稿和审定。具体编写分工为：绪论由韦晓燕编写；第1、2、3、5章由欧阳玉霞编写，第4、6、7章由韦晓燕和胡万鹏编写，第8章由江华生和韦晓燕编写。蒲李平、徐叶明、项志超三位学生参与了本书部分例题的编校工作。

由于编者水平有限，书中疏漏和不妥之处在所难免，恳请读者提出宝贵意见，在此深表谢意。同时对本书所列参考文献的作者表示诚挚的谢意。

编者

2021年7月

目　录

绪　论

化工是“化学工艺”“化学工业”“化学工程”等的简称。在现代生活中，几乎随时随地都离不开化工产品，化学工业已成为世界各国国民经济重要的支柱产业。我国自改革开放以来，化学工业在国民经济中所占比重越来越大，已成为我国国民经济最重要的基础产业。伴随着化学工业的迅速发展，我国不仅需要大量科研、生产、管理方面的精英，而且还需要大量具有扎实的化工专业基础知识和正确的设计思想以及相应的设计能力的设计人才，加强对化工设计人才的培养是非常必要的。

0.1　化工过程设计

化学工程项目建设过程就是将化学工业范畴内的某一设想，实现为一个序列化的、能够达到预期目的的、可安全稳定生产的工业生产装置。化学工程项目建设过程大致可以分为项目可行性研究，化工工程设计，项目施工，以及装置开车、考核和验收四个阶段。在以上各阶段中，化工工程设计是核心环节，是一项十分复杂的工作，涉及诸如政治、经济、技术、法规等方面。化工专业的设计人员，在化学工程的建设项目中主要承担化工工程设计，也即化工过程及装置设计，并为其他相关专业提供设计条件和要求。

任何化工过程和装置都是由不同的单元过程设备以一定的序列组合而成的，因而各单元过程及设备设计是整个化工过程和装置设计的核心和基础，并贯穿于设计过程的始终，从这个意义上说，作为化工类及其相关专业的本科生乃至研究生能够熟练地掌握常用单元过程及设备的设计过程和方法，无疑是十分重要的。在本科学习阶段，过程和设备设计的综合训练通过课程设计来完成。

0.2　课程设计的意义和要求

在本科阶段，化工课程设计主要是让学生进行化工中常用单元过程和典型设备的设计或选型，是化工类相关专业的学生综合运用有关先修课程所学知识去完成某一化工单元操作任务的一次较为全面的化工初步设计训练，是化工课程教学中综合性和实践性较强的教学环节，更是培养学生化工设计能力的重要教学环节。通过课程设计，学生可以了解工程设计的基本内容，掌握化工设计的主要程序和方法，培养自己分析和解决工程实际问题的能力。同时，学生可以养成正确的设计思想和实事求是、严谨负责的工作作风，也为未来从事化工设计工作打下坚实基础。课程设计的基本目的和要求如下：

(1)使学生掌握化工设计的基本步骤与方法。

(2)培养和锻炼学生查阅资料、收集数据和选用公式的能力。通常,设计任务是指导教师给定的,但设计过程中许多物料的理化参数等需要设计者从相关手册中查阅、收集,对于复杂的情况有时还需要选取合适的经验公式进行估算。这就要求学生基础知识扎实,综合运用知识能力强,考虑问题详细而周全。

(3)在兼顾技术上先进、可行,经济上合理的前提下,能综合分析设计要求,确定工艺流程,选型主体设备。这要求学生能从工程的角度综合考虑各种因素,包括后期的操作、维修以及对环境的要求等。

(4)准确而迅速地进行过程计算及主要设备的工艺设计计算。

(5)能用精练的语言、简洁的文字和清晰的图表编写设计说明书,表达自己的设计思想。

(6)能根据一般化工制图的基本要求,运用化工 CAD 或其他相关软件正确绘制图纸并清楚、准确地表达设计结果。

0.3 课程设计的基本内容

化工课程设计以化工操作的典型设备为对象,要求结合平时的各种实习,从生产实际中选题。其基本内容包括以下几点:

(1)设计方案简介。根据任务书提供的条件和要求,进行生产实际调研或查阅有关技术资料,在此基础上,通过分析研究,选定适宜的流程方案和设备类型,确定工艺流程。同时,对选定的流程方案和设备类型进行简要的论述。

(2)主要设备的工艺设计计算。依据有关资料进行工艺设计计算,即进行物料衡算、热量衡算、工艺参数的优化及选择、设备的结构尺寸设计和工艺尺寸的设计计算。

(3)主要设备的结构设计与机械设计。按照详细设计的要求,进行主要设备的结构设计及设备强度计算。

(4)典型辅助设备的选型。对典型辅助设备的主要工艺尺寸进行计算,并选定设备的规格型号。

(5)绘制主要设备的工艺条件图。绘制主要设备的工艺条件图,图面包括设备的主要工艺尺寸、技术特性表和接管表。

(6)绘制主要设备的总装配图。按照国标或行业标准,绘制主要设备的总装配图。按现在形势的发展和实际工作的要求,应该采用 CAD 技术绘制图纸。

(7)编写设计说明书。作为整个设计工作的书面总结,在以上设计工作完成后,应以简练、准确的文字,整洁、清晰的图纸及表格编写出设计说明书。说明书的内容应包括:封面、目录、设计任务书、概述与设计方案简介、设计条件及主要物性参数表、工艺设计计算、机械设计计算、辅助设备的计算及选型、设计结果一览表、设计评述、工艺流程图、设备工艺条件图与总装配图、参考资料和主要符号说明。

0.4 课程设计中计算机的应用

化工设计中工艺计算及结构计算的工作量大，且需要经过多次反复计算，在实际设计过程中，人们只能采用各种简化方法计算，但由此引起的误差可能对设计结果产生严重影响。鉴于现代化工与计算机技术紧密相连，计算机技术也开始在化工原理课程设计中普遍使用。计算机的使用不仅能大大缩短设计时间、提高效率，而且还是提高设计质量的有力保证，尤其是在方案对比、参数选择、优化设计、图形绘制等方面更是如此。常用的计算机软件各具特色，侧重于不同的应用领域。下面简要介绍 Aspen Plus、AutoCAD 软件和 SW6。

0.4.1 流程模拟软件 Aspen Plus 简介

目前，被普遍应用的化工流程模拟软件主要包括美国 AspenTech 公司的 Aspen Plus 和 Hysys、美国 SimSci 公司的 Pro/Ⅱ、英国 PSE 公司的 gPROMS、美国 Chemstations 公司的 ChemCAD、美国 WinSim 公司的 Design Ⅱ 以及加拿大 Virtual Materials Group 的 VMGSim 等。其中，Aspen Plus、Hysys、Pro/Ⅱ、ChemCAD 在化工、炼油、油气加工、石化等领域中最著名，应用也最为广泛。

而现今主流的流程模拟软件为 Aspen Plus。Aspen Plus 是基于稳态化工模拟，进行过程优化、灵敏度分析和经济评价的大型化工流程模拟软件。该软件经过多年来不断地改进、扩充和提高，已先后推出了十多个版本，成为公认的标准大型流程模拟软件，应用案例数以百万计。

Aspen Plus 可以用于多种化工过程的模拟，其主要功能包括对工艺过程进行严格的质量和能量平衡计算；预测物流的流率、组成以及性质；预测操作条件、设备尺寸，减少装置的设计时间并进行装置各种设计方案的比较等。化工模拟软件的应用一般包括以下步骤：绘制流程图、定义组分、选择热动力学计算方法、定义进料物流、运行模拟器、结果查看与输出等。

0.4.2 计算机绘图软件 AutoCAD 简介

随着计算机图形技术的发展，计算机辅助绘图已经取代了传统的图版。目前使用最为广泛的制图软件是 AutoCAD。该图形软件是美国 Autodesk 公司于 1982 年推出的微机图形系统，版本几经更新，目前最新版本为 AutoCAD 2021。该软件具有较强的图形编辑功能和良好的用户界面，采用了多种形式的菜单和其他先进的交互技术，以帮助用户迅速、方便使用软件。

AutoCAD 最基本的功能就是绘制图形，它提供了许多绘图工具和绘图命令，用这些工具和命令可以绘制直线、构造线、多段线、圆、矩形、多边形、椭圆等基本图形。可以将平面图形通过拉伸、设置标高和厚度将其转化为三维图形。此外，还可以绘制出各种平面图形和复杂的三维图形。尺寸标注是绘图过程中不可缺少的步骤，AutoCAD 的“标注”菜单包含了一套完整的尺寸标注和编辑命令，用这些命令可以在各个方向上为各类对象创建标注，也可以方便地创建符合制图国家标准和行业标准的标注。在 AutoCAD 中，可运用几何图形、光源和材质，通过渲染使模型具有更加逼真的效果。图形绘制好后，利用AutoCAD的布局功能，用户可以很方便地配置多种打印输出样式。

在化工设计中，计算机辅助设计绘图不但可以画工艺流程图、设备总装图、零件图，还可画设备布置图、工艺管线配管图，画图快速，图形工整、清晰，线条尺寸误差在0.3mm以内。

0.4.3 过程设备强度计算软件SW6简介

SW6是以GB150、GB151、GB12337、JB4710及JB4731等一系列与压力容器、化工过程设备设计计算有关的国家标准、行业标准为计算模型的设计计算软件。

SW6包括10个设备计算程序，分别为卧式容器、塔器、固定管板换热器、浮头式换热器、填函式换热器、U形管换热器、带夹套立式容器、球形储罐、高压容器及非圆形容器等，以及零部件计算程序和用户材料数据库管理程序。

SW6零部件计算程序可单独计算最为常用的受内、外压的圆筒和各种封头，以及开孔补强、法兰等受压元件，也可对HG20582—1998《钢制化工容器强度计算规定》中的一些较为特殊的受压元件进行强度计算。10个设备计算程序则几乎能对该类设备各种结构组合的受压元件进行逐个计算或整体计算。

为了便于用户对图纸和计算结果进行校核，并符合压力容器管理制度原始数据存档的要求，用户可打印输入的原始数据。

SW6计算结束后，分别以屏幕显示简要结果及直接采用Word表格形式形成按中、英文编排的《设计计算书》等多种方式，给出相应的计算结果，满足用户查阅简要结论或输出正式文件存档的不同需要。

SW6以Windows为操作平台，不少操作借鉴了类似于Windows的用户界面，因而允许用户分多次输入同一台设备原始数据、在同一台设备中对不同零部件原始数据的输入次序不作限制、输入原始数据时还可借助于示意图或帮助按钮给出提示等，极大地方便用户使用。一个设备中各个零部件的计算次序，既可由用户自行决定，也可由程序来决定，十分灵活。

第1章　AutoCAD 绘图基础

摘要：本章介绍了 AutoCAD 最基本的功能，包括 AutoCAD 入门、创建和编辑二维图形对象、图案填充、尺寸和文字标注等，主要以设计实例为线索贯穿全章并配有演示视频。

1.1　概述

AutoCAD 软件是世界领先的计算机辅助设计软件提供商 Autodesk 公司于 1982 年推出的产品，该软件作为 CAD 工业的旗舰产品，一直凭借其独特的优势而被全球的设计工程师所采用。

AutoCAD 软件拥有数以百万计的用户，多年来积累了无法估量的设计数据资源。作为一个工程设计软件，它为工业设计人员提供了强有力的二维和三维工程设计与绘图功能。随着版本的不断升级和功能的增强，快速创建图形、轻松共享设计资源、高效管理设计成果等功能又得到了进一步的扩展和深化。

AutoCAD 开创了绘图和设计的新纪元。如今，AutoCAD 经过了十几次的版本升级，已成为一个功能完善的计算机辅助设计软件，广泛应用于机械、电子、土木、建筑、航空、航天、轻工、纺织等行业。其因具有庞大的基础用户群，拥有大量设计资源，而受到世界各地数以百万计的工程设计人员的青睐。

化学工程与工艺专业学生需要接受化学与化工工程实践、计算机应用、科学研究与工程设计方法等方面的基本训练，掌握对现代化工生产过程进行模拟计算和过程优化、对现有化工生产工艺与设备进行技术改造以及对化工新产品、新工艺、新设备进行开发与设计的基本能力。因此，他们需要掌握化工工艺流程图的读图和绘图能力。在进行专业图纸的学习之前，掌握 AutoCAD 软件这一基础的绘图软件的应用十分必要。

1.1.1　AutoCAD 的优点

与传统的手工绘图相比，计算机绘图有以下优点：

(1)准确。计算机产生的图形绘制和打印的准确性可达到所用单位的小数点后 14 位。其严格的尺寸和公差数值比传统的手工刻度方法更加可靠。

(2)快速。计算机绘图所具有的复制、编辑、安排条目等能力加速了绘图过程。当操作者定制了针对某一特定任务的操作过程后，工作的速度会大大提高。

(3)整洁清晰。绘图仪所具有的产生精确清晰的图纸的能力，是优于传统手工方法的最明显优点。其在包括线条粗细均匀、可打印高质量字符、没有污损或其他绘图用的临时标记等方面都是极佳的。

(4)一致。因为绘图系统在方法上保持了一致性,就消除了因为个人风格不同产生的问题。一家公司中可以有多个制图员同时为一个工程制图,并产生一致的图形集。

(5)高效。计算机绘图员使用与手工制图完全不同的方式完成一项制图任务,计算机绘图程序能够为绘图员完成大量工作,大大加快制图速度。

1.1.2 AutoCAD 的主要功能

1.1.2.1 绘图功能

绘图功能包括:①创建二维图形;②创建三维实体;③创建线框模型;④创建曲面模型。

1.1.2.2 编辑功能

AutoCAD 具有强大的图形编辑功能。例如:对于图形或线条对象,可以采用删除、恢复、移动、复制、镜像、旋转、修剪、拉伸、缩放、倒角、圆角等方法进行修改和编辑。

AutoCAD 还具有强大的文字标注和尺寸标注功能。

1.1.2.3 图形显示功能

AutoCAD 可以任意调整图形的显示比例,以便观察图形的全部或局部,并可以通过图形上、下、左、右的移动来进行观察。

AutoCAD 为用户提供了六个标准视图(六种视角)和四个轴测视图,可以利用视点工具设置任意的视角,还可以利用三维动态观察器设置任意的透视效果。

1.1.2.4 二次开发功能

用户可以根据需要来自定义各种菜单及与图形有关的一些属性。AutoCAD 提供了一种内部的 Visual Lisp 编辑开发环境,用户可以使用 LISP 语言定义新命令,开发新的应用和解决方案。

1.2 AutoCAD 的初步使用

1.2.1 启动 AutoCAD

无论何时开始一张新图,不管是使用向导、样板或缺省创建新图,AutoCAD 都将为这张新图命名为"Drawing1. dwg"。这时,可以立即开始在这张新图上绘制图形,并在随后的操作中单击"Save(保存)"或"Save as(另存为)"命令将这张新图保存成图形文件。

[例 1.1] 启动 AutoCAD。

步骤 1:在桌面上双击 AutoCAD 快捷方式。

步骤 2:在开始菜单中点击 AutoCAD 快捷方式。

例 1.1

1.2.2 AutoCAD 的工作界面

AutoCAD 的主界面包括标题栏、菜单栏、工具栏、绘图窗口、十字光标、坐标系图标、命令行、状态栏、滚动条、模型/布局选项卡,如图 1.1 所示。

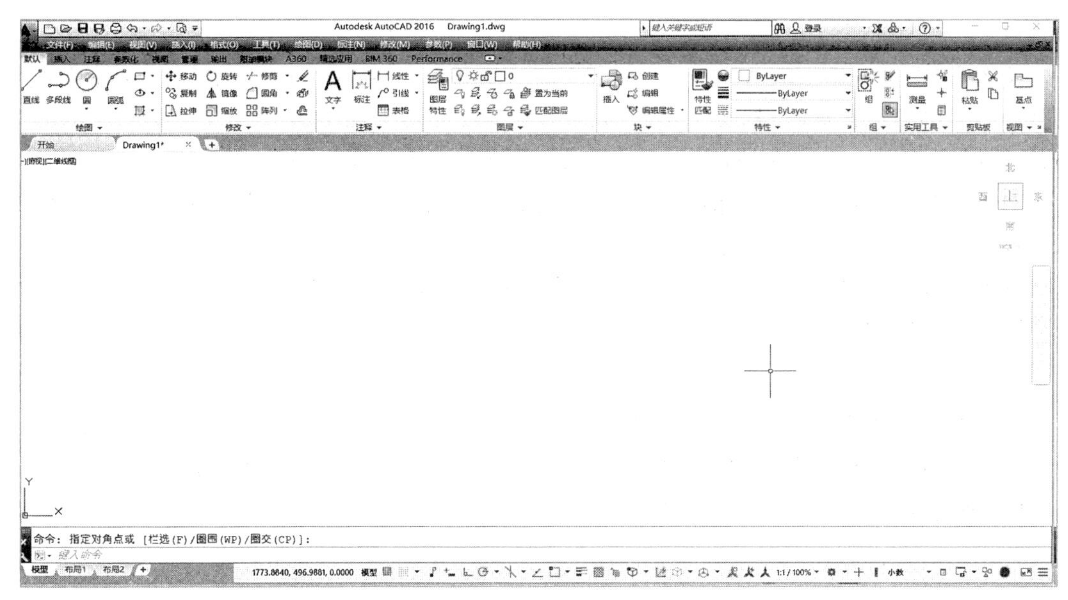

图 1.1　AutoCAD 主界面

1.2.2.1　标题栏

标题栏在界面的最上方。同其他标准的 Windows 应用程序界面一样，标题栏包括控制图标以及窗口的最大化、最小化和关闭按钮，并显示应用程序名和当前图形的名称。

1.2.2.2　菜单栏

AutoCAD 主界面的第二行为菜单栏。菜单是调用命令的一种方式。

主菜单包括文件(File)、编辑(Edit)、视图(View)、插入(Insert)、格式(Format)、工具(Tools)、绘制(Draw)、标注(Dimension)、窗口(Window)和帮助(Help)等 11 个下拉式主菜单，每个菜单项下都有下拉菜单项，AutoCAD 的主要命令均放置在下拉菜单中，用鼠标点选菜单项，即展开该项下拉菜单。

用鼠标点击菜单区，每一项下对应一条下拉菜单，用鼠标点击即可进入该命令。在下拉菜单中，凡命令后有“…”的，即表示有下一级对话框；凡命令后有“▶”的，即表示有下一级子菜单。另外还有鼠标右键快捷菜单，快捷菜单的内容将根据光标所处的位置和系统状态的不同而变化。

1.2.2.3　工具栏

工具栏是调用命令的另一种方式，通过工具栏可以直观、快捷地访问一些常用的命令。AutoCAD 系统提供了 29 种工具栏。

在 AutoCAD 系统默认状态下有 4 个工具栏：标准工具栏、特性工具栏、绘图工具栏和编辑工具栏。此外，还可根据需要打开其他工具条，每个工具条有一组图标，用鼠标点取即可进入该命令。

打开主菜单视图(View)中的最后一项命令工具条(toolbars)的对话框，通过自选，可随时打开或关闭各类工具条。AutoCAD 的常用命令在工具条中均有形象化的位置。

1.2.2.4　绘图窗口

屏幕中间部分是绘图窗口，在 AutoCAD 的系统配置中，用户可根据喜好选择绘图区的背景色。

绘图窗口是 AutoCAD 中显示、绘制图形的主要场所。在 AutoCAD 中创建新图形文件或打开已有的图形文件时,都会产生相应的绘图窗口来显示和编辑其内容。由于从 AutoCAD 2000 版开始支持多文档,因此在 AutoCAD 中可以有多个图形窗口。

由于在绘图窗口中往往只能看到图形的局部内容,因此绘图窗口中都有垂直滚动条和水平滚动条,用来改变观察位置。

此外,绘图窗口的下部还有一个模型选项卡和多个布局选项卡,分别用于显示图形的模型空间和图纸空间。

1.2.2.5 命令行

文本窗口提供了调用命令的第三种方式,即用键盘直接输入命令。文本窗口的底部为命令行,用户可在提示下输入各种命令。文本窗口还显示 AutoCAD 命令的提示及有关信息,并可查阅和复制命令的历史记录。

1.2.2.6 状态栏

状态栏位于界面的底部,用于显示坐标、提示信息等,同时还提供了一系列的控制按钮,包括“捕捉”“栅格”“正交”“极轴”“对象捕捉”“对象追踪”“线宽”和“模型/布局”等。

[例 1.2] 熟悉 AutoCAD 软件界面。

例 1.2

步骤 1:找到标题栏。

步骤 2:找到菜单栏。

步骤 3:找到工具栏。

步骤 4:找到绘图窗口。

步骤 5:找到命令行。

步骤 6:找到状态栏。

1.2.3 文件的管理

文件的管理包括新建图形文件,打开、保存已有的图形文件,以及退出打开的文件。

[例 1.3] 新建图形文件。

步骤:依次选择“文件|新建|acadiso|打开”选项,即可通过样板方式创建 Drawing1 文件。

[例 1.4] 打开图形文件。

步骤:依次选择“文件|打开”选项,即可打开本电脑上已有的 AutoCAD 文件。

[例 1.5] 保存图形文件。

步骤:依次选择“文件|保存/另存为”选项,即可指定文件名、文件类型和文件位置。

[例 1.6] 退出图形文件。

步骤:依次选择“文件|关闭”选项,即可退出图形文件。

例 1.3

例 1.4

例 1.5

例 1.6

1.2.4　命令的输入与结束

1.2.4.1　输入命令方式

(1)鼠标输入命令；

(2)键盘输入命令(命令行)；

(3)菜单输入命令(菜单栏)。

1.2.4.2　结束命令的执行

(1)如果一条命令正常完成后会自动结束；

(2)如果在命令执行的过程中要结束命令，可以按回车键。

1.2.5　AutoCAD 的退出

常用的 3 种退出 AutoCAD 方法：

(1)直接单击 AutoCAD 主窗口右上角的 按钮。

(2)菜单栏：选择"文件|退出"选项。

(3)命令行：输入"quit"或者"exit"并按回车键确认。

如果在退出 AutoCAD 时，当前的图形文件没有被保存，则系统将弹出提示对话框，提示用户在退出 AutoCAD 前保存或放弃对图形所做的修改。

例 1.7

[例 1.7]　退出软件。

步骤：分别使用上述 3 种不同的命令输入方式，关闭软件。

1.3　绘图环境设置

1.3.1　命令执行方法

(1)AutoCAD 所有的功能都可以根据命令的执行来完成。

①通过下拉式菜单选择命令名。通过菜单栏里不同的命令名称，选择需要的命令名来执行命令。

②单击工具栏进行命令名的选择。

③通过键盘直接输入命令名。在绘图工具下面的命令提示区出现提示时，从键盘上键入命令名，然后按回车键完成输入。

无论用何种方式进行命令启动，计算机都会以同样的方式运行程序，用户可以根据系统命令的提示信息或者是屏幕的对话框进一步设置。

(2)命令的中断、撤销操作。

用户可选用以下任一种方式进行命令的中断或撤销操作。

①按回车键，中断正在执行的命令。

②使用工具栏上的"放弃"或者是"undo"命令，可以一次放弃多步操作。

③单击工具栏上的"重做"命令立即重做几步，可以使用"redo"命令来进行重做的最后一步操作。

1.3.2 图形单位设置

在绘图的时候，会有大小及单位的要求，在屏幕上作图是不涉及单位的，到了图形输出时，才会考虑单位。在实际的工程图形绘制中，一般是以实际尺寸作图，也就是使用的尺寸数字与实际相同，一般以毫米为单位。不同的单位其最后的显示格式也是不相同的。

图 1.2 “图形单位”对话框

用户可选用以下任一种方式启动图形单位。

(1)菜单栏：选择“格式|单位”选项。

(2)命令行：输入“units”并按回车键确认。

执行上面任一命令后，打开“图形单位”对话框，该对话框中包括“长度”“角度”“插入时的缩放单位”和“输出样例”4 个方面的设置。在“长度”栏中的“精度”下拉列表中设置精度，通常设置小数点后 4 位精度作为默认精度标准，如图 1.2 所示。

[例 1.8] 熟悉图形单位设置。

步骤：分别使用菜单栏和命令行方式，打开“图形单位”对话框。

例 1.8

1.3.3 图形界限设置

绘图界限又称为绘图范围，它用于限定绘图工作区和图纸边界。

(1)用户可选用以下任一种方式设置绘图界限。

①菜单栏：选择“格式|图形界限”选项。

②命令行：输入“limits”并按回车键确认。

(2)操作步骤如下：

①执行上述任一操作后，启动设置绘图界限命令，系统将在命令行中依次显示。

命令：limits(键入并执行设置绘图界限命令)

重新设置模型空间界限：(系统提示信息)

指定左下角点或[开(ON)/关(OFF)]〈0.0000,0.0000〉：[提示输入左下角坐标，回车默认为(0,0)]

指定右上角点〈420.0000,297.0000〉：[提示输入右上角坐标，回车默认为(420,297)]

②设置完成后，系统将以此值为边界来设定绘图界限。

提示：为了便于查看绘图界限的设置情况，可点选状态栏中的“栅格显示”图标，则绘图范围将以栅格形式显示在屏幕上。

[例 1.9] 调整图形界限为 A0 大小。

例 1.9

1.3.4 图层设置

(1)用户可选用以下任一种方式进入图层设置界面。

①菜单栏：选择“格式|图层”选项。

②工具栏：单击“图层特性”按钮。

③命令行：输入“layer”并按回车键确认。

(2)执行上述任一操作后，即可弹出“图层管理器”对话框，新建“粗实线”层和“细实线”层等，分别设置颜色、线型等，如图 1.3 所示。

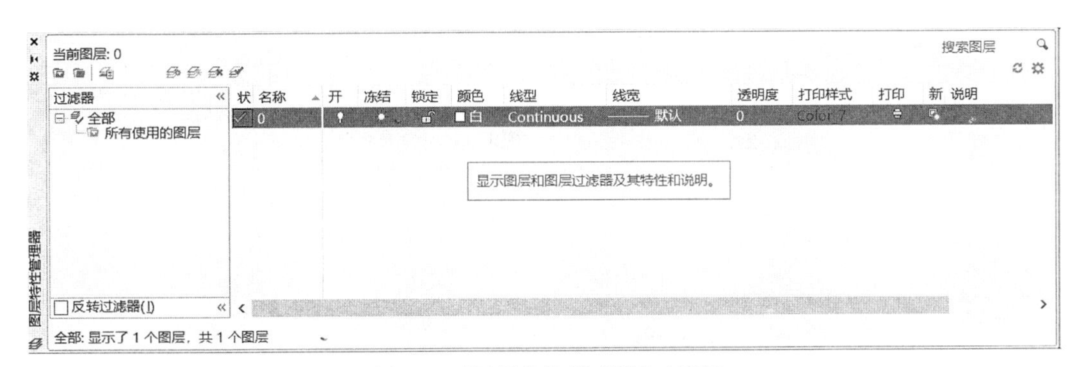

图 1.3　“图层特性管理器”对话框

①设置对象名称：点击“图层特性管理器”中任一图层的“名称”选项，即可重命名，如“粗实线”。

②设置对象颜色：点击“图层特性管理器”中任一图层的“颜色”选项，即可弹出“选择颜色”对话框。在该对话框，选择一种颜色作为当前颜色，如“白色”，如图 1.4 所示。

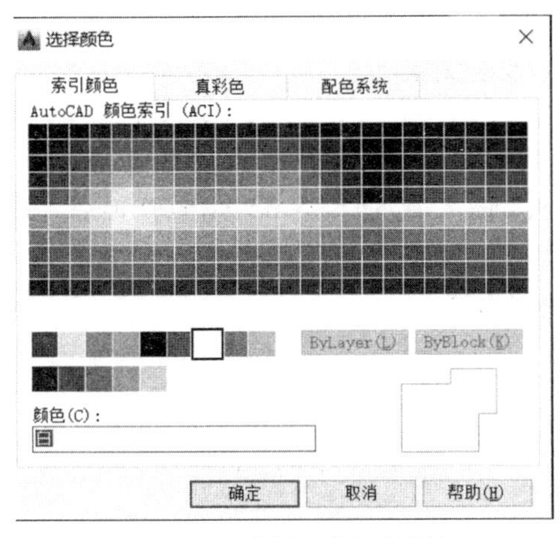

图 1.4　“选择颜色”对话框

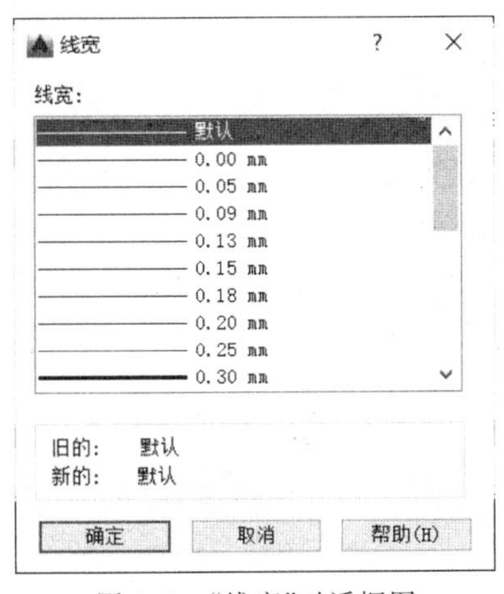

图 1.5　“线宽”对话框图

③设置对象线宽：点击“图层特性管理器”中任一图层的“线宽”选项，即可弹出“线宽”对话框。在该对话框，选择一种线宽作为当前线宽，如“默认”，如图 1.5 所示。

④设置对象线型：点击“图层特性管理器”中任一图层的“线型”选项，即可弹出“选择线型”对话框，选择一种线型作为当前线型，如“Continuous”，如图 1.6 所示。如果在该对话框没有所需的线型，可继续点击“加载…”按钮，即可弹出“加载或重载线型”对话框，如图 1.7 所示，选择所需线型，如“CENTER”，点击“确定”按钮即可返回“选择线型”对话框。

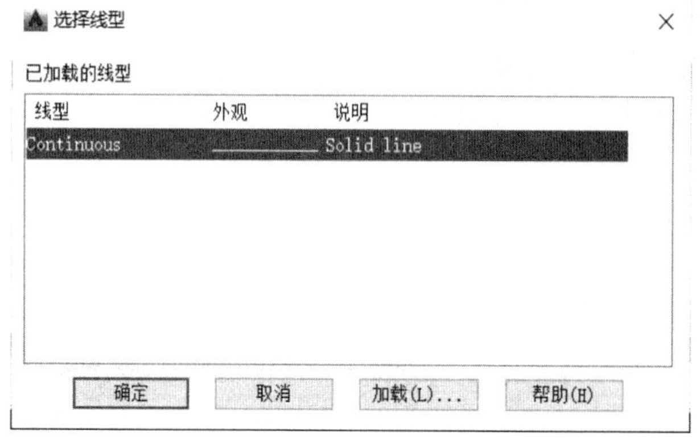

图 1.6 “选择线型”对话框

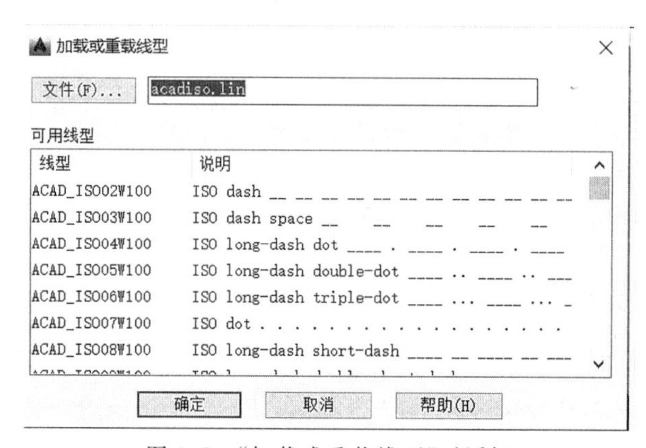

图 1.7 “加载或重载线型”对话框

⑤设置线型比例:如果绘制的线条不能正确反映线型时,如虚线、点画线等显示仍为实线,则需调整线型比例。点击“格式”菜单中的“线型”选项,即可弹出“线型管理器”对话框(如图 1.8 所示),继续点击“显示细节”按钮(如图 1.9 所示),调整“详细信息”中的“全局比例因子”,或者选择一种线型,修改“当前对象缩放比例”。

图 1.8 “线型管理器”对话框

图 1.9　“线型管理器”对话框(显示细节)

［例 1.10］　设置规定图层(如图 1.10 所示)。

例 1.10

步骤 1:“粗实线”图层为白色、Continuous、0.50mm。

步骤 2:“细实线”图层为绿色、Continuous、默认(或 0.25mm)。

步骤 3:“点画线”图层为红色、CENTER、默认(或 0.25mm)。

步骤 4:“虚线”图层为黄色、DASHED、默认(或 0.25mm)。

步骤 5:“文字”图层为洋红色、Continuous、默认(或 0.25mm)。

步骤 6:“标注”图层为青色、Continuous、默认(或 0.25mm)。

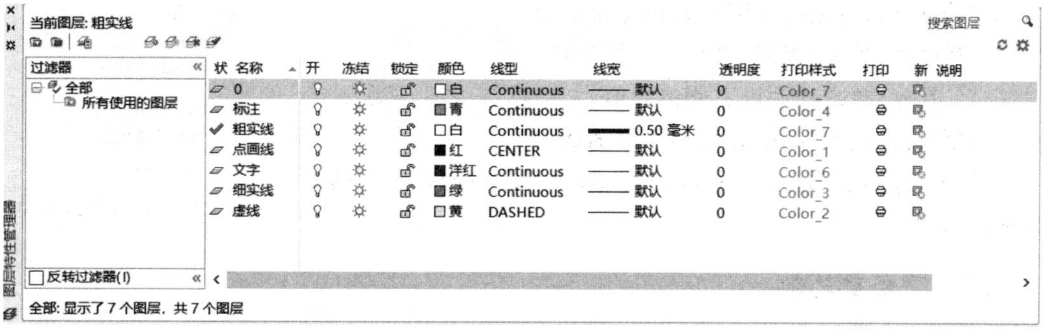

图 1.10　规定图层

1.4　绘图显示控制

在绘制或编辑图形时由于屏幕大小及绘图区域限制,需要频繁移动绘图区域,绘图区域控制解决了这样的问题。通过显示控制查看整体修改该效果,放大或者缩小所绘制图形,平移显示窗口来观察不同位置。

1.4.1　图形缩放

图形显示缩放只是将屏幕上的对象放大或缩小其视觉尺寸,执行显示缩放后,对象的实际尺寸仍保持不变。用缩放命令，可以放大图形的局部细节，或缩小图形观看全貌。

用户可选用以下任一种方式进行图形缩放。

(1)菜单栏：单击“视图|缩放|放大/缩小”选项。

(2)工具栏：单击绘图区右侧的导航栏“缩放”按钮。

(3)命令行：输入“zoom”并按回车键确认。

(4)鼠标滚轮：上滑可放大，下滑可缩小。

当命令行提示区出现提示：绘制的图形超出绘图区域，无法显示全部，此时使用鼠标滚轮来实现缩放是无效命令。

在利用 zoom 命令实现缩放时，当出现下列提示时，输入 a(选择 A，全部显示选项)，可见图形在屏幕中全部显示出来，如图 1.11 所示。

图 1.11　zoom 命令行提示区

值得一提的是，“修改”工具栏中的“缩放”命令与上述命令有所不同，它会更改对象的实际尺寸。

1.4.2　图形移动

在绘图过程中对于视图的移动命令，可以使用以下方法来解决。执行平移后，对象的实际位置仍保持不变。

(1)菜单栏：单击“视图|平移|实时”选项。

(2)工具栏：单击绘图区右侧的导航栏“平移”(手型)按钮。

(3)命令行：输入“pan”并按回车键确认。

执行平移后，按 Esc 或 Enter 键退出，或单击右键显示快捷菜单(见图 1.12)。

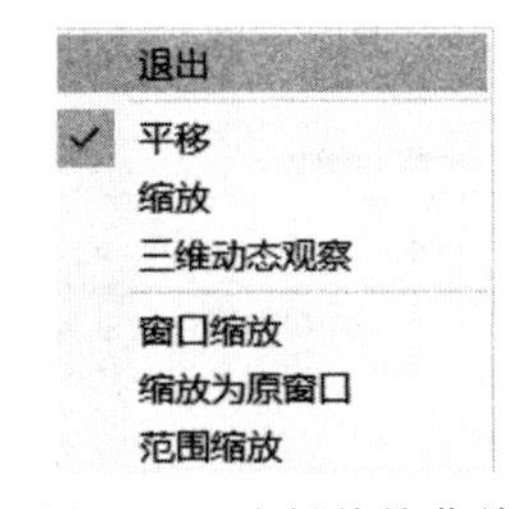

图 1.12　右键快捷菜单

1.4.3　正交功能

在绘图过程中，单击状态栏的“正交”(见图 1.13)按钮，利用正交功能，方便绘制当前坐标系统的 X 轴和 Y 轴的平行线段，以便迅速完成正交功能的作用。

图 1.13　状态栏的“正交”按钮

1.4.4　对象捕捉

对象捕捉是将指定的点限制在现有对象的特定位置上，如端点、交点、中点、圆心等。在绘图中使用对象捕捉是保证绘制出的图形精准的必要条件。

1.4.4.1　设置对象捕捉功能

命令行：输入“osnap”并按回车键确认，弹出“草图设置”对话框后，在“对象捕捉”选项卡中点选“启用对象捕捉(F3)”,如图 1.14 所示。

图 1.14　“对象捕捉”选项卡

在“对象捕捉”选项卡中设置需要捕捉的特征点后,在绘图过程中,如果要捕捉特征点,不需要单击“对象捕捉”工具栏中相应的按钮。AutoCAD 会根据选项卡中的设置自动捕捉相应的特征点。

选项卡中不建议全部选择所有特征点,否则会导致特征点分布过于密集,无法快速定位所要寻找的特征点。

1.4.4.2　使用对象捕捉

只要命令行提示输入点,就可以使用对象捕捉。在默认情况下,当光标移到对象的捕捉位置时,光标将显示为特定的标记,并显示工具栏按钮。

用户可选用以下任一种方式打开或关闭对象捕捉。

(1)状态栏:单击“对象捕捉”按钮。

(2)快捷键:F3。如果对象捕捉功能处于关闭状态,则打开该功能;反之则关闭该功能。

(3)命令行:输入“osnap”并按回车键确认,弹出“草图设置”对话框后,在“对象捕捉”选项卡中点选“启用对象捕捉(F3)”。

AutoCAD 还提供“对象捕捉”工具栏(见图 1.15)和“对象捕捉”快捷菜单(见图 1.16),其一般在对象分布比较密集或者特征点分布比较密集的情况下使用,方便过滤到对象捕捉选项卡中设置的自动捕捉特征点。“对象捕捉”工具栏在默认情况下不显示,可以选择“工具|工具栏|AutoCAD|对象捕捉”命令,打开该工具栏。在命令行提示指定点时,按住[Shift]键并同时在绘图区右击,可弹出对象捕捉快捷菜单。在该工具栏或该菜单上选择需要的捕捉命令,再把光标移到要捕捉对象的特征点附近,即可以选择现有对象上的所需特征点。

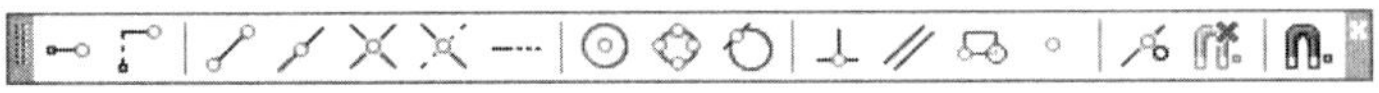

图 1.15 “对象捕捉”工具栏

图 1.16 “对象捕捉”快捷菜单

1.5 基本绘图

1.5.1 数据输入方法

1.5.1.1 对象捕捉法

用此方法可以捕捉现存图形中特定的几何点，比如交点、端点、圆心、切点、插入点、中心点和节点等。对象捕捉有以下两种方法。

(1)提前预设法

鼠标右键选择设置来激活“草图设置”对话框，并在对话框中的“对象捕捉”选项中选择对象捕捉模式。在使用过程中可以有多种方式进行对象捕捉模式的打开，但不能使用过多的模式来打开，因为多的模式会相互影响，这样容易造成混乱，引发干扰。可以使用[TAB]键进行各个模式之间的切换。

(2)指定法

当执行其个命令进行输入时，临时先指定某个对象捕捉模式，然后将光标移动到捕捉目标上，当出现所需要的捕捉对象符号时，用鼠标左键点击“确定”，即可捕捉到所需要的指定点。

1.5.1.2 键盘直接键入法

(1)绝对直角坐标输入法

相对于坐标原点的坐标值，以分数、小数或科学计数法表示点的 X、Y 坐标值(三维平面中考虑 Z 坐标值)，其间用英文逗号隔开，如：(50,50)、(0,210)、(297,0)、(−50,−50)、(50,50,0)等。

(2)绝对极坐标输入法

用点距离坐标原点的距离(极径)和其与 X 轴的角度(极角)来表示点的位置，以分数、小数或科学计数法表示极径，在极角数字前加符号“<”，两者之间没有逗号，如：(50<45)、(100<30)、(100<90)等。

(3)相对直角坐标输入法

相对于前一点(可以不是坐标原点)的直角坐标值，表示方法为在坐标值前加符号“@”，如：(@50,50)。

(4)相对极坐标输入法

同上，表示方法为在坐标值前加符号“<”，如：(@50<45)。

1.5.1.3　综合输入法

当提示输入一个点时，将鼠标移到输入点的附近(不要单击)用来确定方向，使用键盘直接输入一个相对前一点的距离，按回车键确定。

1.5.2　点

1.5.2.1　设置点样式

在 AutoCAD 中，可以绘制单独点的对象作为绘图的参考点。在绘制点的时候，要知道绘制什么样的点以及所绘制点的大小，因此需要设置点的样式。

选择菜单栏：“格式|点样式”选项，用户可在弹出的对话框中进行设置(见图 1.17)。

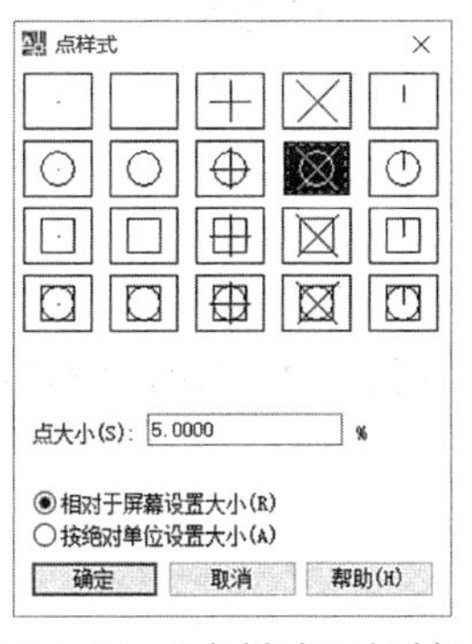

图 1.17　“点样式”对话框

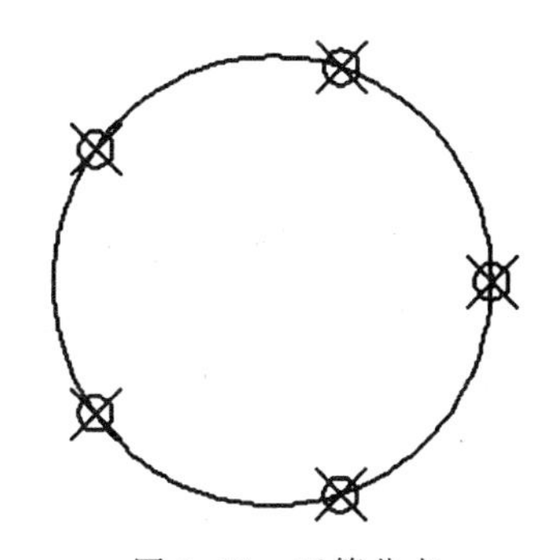

图 1.18　五等分点

1.5.2.2　绘制定数等分点

在 AutoCAD 绘图中，经常需要对一些对象进行定数等分。

选择菜单栏“绘图|点|定数等分”选项，在所选择的对象上绘制等分点(见图 1.18)。

1.5.3　线

1.5.3.1　“直线”命令

直线是 AutoCAD 中最常见的图素之一。可以用鼠标点绘制直线，可以使用相对坐标确定点的位置来绘制，也可以通过输入点的坐标来绘制或者使用动态输入功能来进行绘制。

用户可选用以下任一种方式绘制直线。

(1)菜单栏：选择“绘图|直线”选项。

(2)工具栏：单击“默认|绘图|直线”按钮。

(3)命令行：输入“line(或 l)”并按回车键确认。

在操作过程中,选择“闭合”选项(即在命令行中输入“c”),表示以第一条线段的起始点作为最后一条线段的终止点,形成一个闭合的线段环;选择“放弃”选项(即在命令行中输入“u”),表示删除最近一次绘制的线段,多次选择该选项可按绘制次序的逆序逐个删除线段。

1.5.3.2 “样条曲线”命令

样条曲线是通过拟合一系列离散的点而生成的光滑曲线,可用于绘制不规则曲线图形(木材断面、波浪线、折断线等),如图 1.19 所示。

样条曲线的形状由数据点、拟合点及控制点决定,其中数据点由用户确定,拟合点及控制点由系统自动产生,用来编辑样条曲线。

用户可选用以下任一种方式绘制样条曲线。

(1)菜单栏:选择“绘图|样条曲线”选项。

(2)工具栏:单击“默认|绘图|样条曲线拟合|样条曲线控制点”按钮。

(3)命令行:输入“spline(或 spl)”并按回车键确认。

图 1.19 样条曲线

图 1.20 多段线(圆环)

1.5.3.3 “多段线”命令

多线段是由许多首尾相连的直线段和圆弧段组成的一个独立对象(见图 1.20),它提供单个直线所不具备的编辑功能。例如:可以调整多段线的宽度和圆弧的曲率等。

用户可选用以下任一种方式绘制多段线。

(1)菜单栏:选择“绘图|多段线”选项。

(2)工具栏:单击“默认|绘图|多段线”按钮。

(3)命令行:输入“pline(或 pl)”并按回车键确认。

1.5.4 矩形、正多边形

1.5.4.1 “矩形”命令

指定两个对角点绘出矩形。通过选项设置,可以绘制具有一定线宽、带倒角或带圆角的矩形。

用户可选用以下任一种方式绘制矩形。

①菜单栏:选择“绘图|矩形”选项。

②工具栏:单击“默认|绘图|矩形”按钮。

③命令行:输入“rectang(或 rec)”并按回车键确认。

在操作过程中,选择“倒角”选项(即在命令行中输入“c”),可绘制带倒角的矩形;选择“圆角”选项(即在命令行中输入“f”),可绘制带圆角的矩形;选择“宽度”选项(即在命令行中输入“w”),可绘制一定宽度的矩形。

1.5.4.2 “正多边形”命令

正多边形是具有等边长的封闭图形(见图 1.21)。

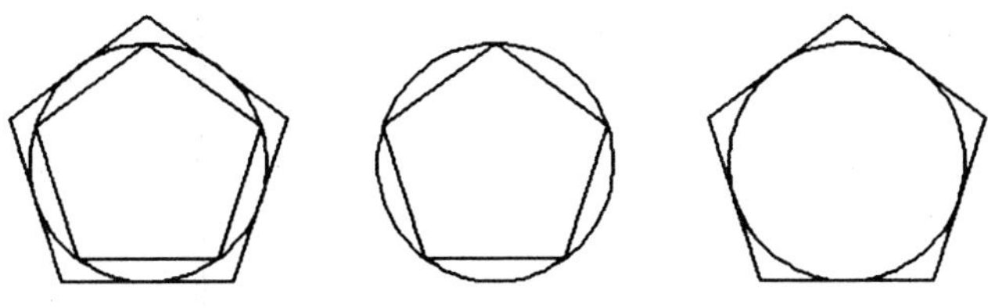

图 1.21　正多边形与假想圆

用户可选用以下任一种方式绘制正多边形。

①菜单栏:选择“绘图|正多边形”选项。

②工具栏:单击“默认|绘图|正多边形”按钮。

③命令行:输入“polygon(或 pol)”并按回车键确认。

绘制正多边形时,可以通过与假想圆的内接或外切的方法来进行绘制,也可以指定正多边形某边的端点来绘制。利用内接于圆和外切于圆来绘制正多边形时,用户要弄清正多边形与圆的关系,同样大小的假想圆,外切方式所得的正多边形要大于内接方式所得的正多边形。内接于圆的正六边形,从六边形中心到两边交点的连线等于圆的半径,而外切于圆的正六边形的中心到边的垂直距离等于圆的半径。

1.5.5 圆、圆弧

1.5.5.1 “圆”命令

绘制圆时,可以通过设置半径、直径等参数来进行绘制。

用户可选用以下任一种方式绘制圆。

①菜单栏:选择“绘图|圆”选项中的系列命令(共 6 种)(见图 1.22)。

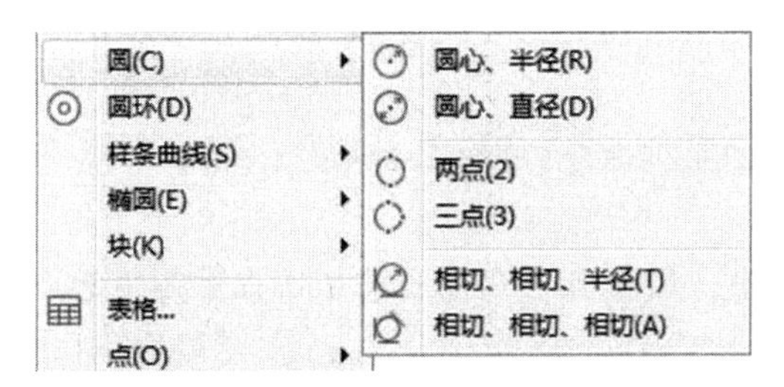

图 1.22　菜单栏的“圆”命令选项

图 1.23　工具栏的“圆”命令选项

②工具栏:单击“默认|绘图|圆”按钮中的系列命令(见图 1.23)。

③命令行：输入“circle(或 c)”并按回车键确认。

“圆心、半径”选项：通过指定圆的圆心位置和半径绘制圆。

“圆心、直径”选项：通过指定圆的圆心位置和直径绘制圆。

“两点”选项：通过指定圆至今尚的两个端点绘制圆。

“三点”选项：通过指定圆周上的三个点绘制圆。

“相切、相切、半径”选项：通过指定圆的半径以及与圆相切的两个对象绘制圆。

“相切、相切、相切”选项：通过指定与圆相切的三个对象绘制圆。

1.5.5.2 “圆弧”命令

绘制圆弧时，可以通过设置起点、方向、中点、角度、终点弦长等参数来进行绘制。

用户可选用以下任一种方式绘制圆弧。

①菜单栏：选择“绘图|圆弧”选项中的系列命令(共 10 种)(见图 1.24)。

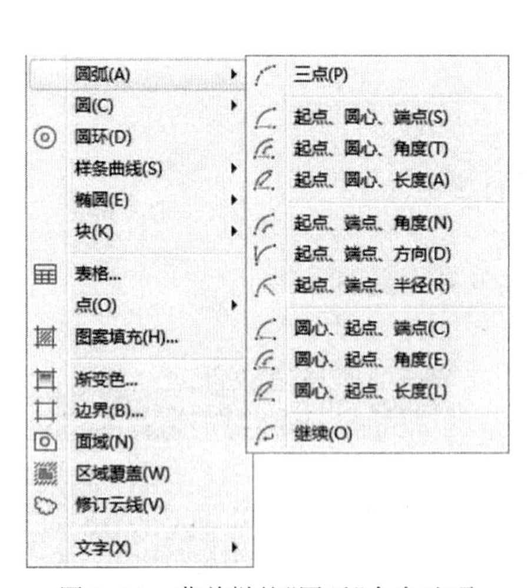

图 1.24 菜单栏的“圆弧”命令选项

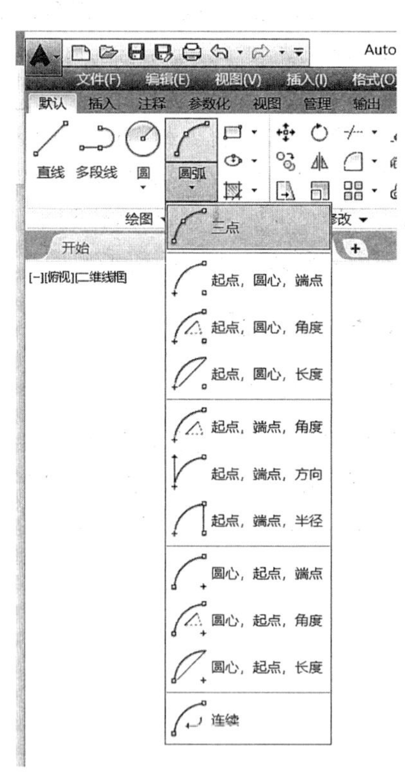

图 1.25 工具栏的“圆弧”命令选项

②工具栏：单击“默认|绘图|圆弧”按钮中的系列命令(见图 1.25)。

③命令行：输入“arc”并按回车键确认。

“三点”选项：通过指定圆弧上的三个点绘制一段圆弧。命令行将依次提示制定起点、圆弧的第二个点、端点。

“起点、圆心、端点”选项：通过依次指定圆弧的起点、圆心及端点绘制圆弧。

“起点、圆心、角度”选项：通过依次指定圆弧的起点、圆心及包含的角度逆时针方向绘制圆弧。如果输入角度为负值，则按顺时针方向绘制圆弧。

“起点、圆心、长度”选项：通过依次指定圆弧的起点、圆心及弦长绘制圆弧。如果输入的弦长为正值，则按顺时针方向绘制劣弧；如果输入的弦长为负值，则按逆时针方向绘制优弧。

“起点、端点、角度”选项：通过依次指定圆弧的起点、端点和角度绘制圆弧。

“起点、端点、方向”选项：通过依次指定圆弧的起点、端点和起点的切线方向绘制圆弧。

“起点、端点、半径”选项：通过依次指定圆弧的起点、端点和半径绘制圆弧。

“圆心、起点、端点”选项：通过依次指定圆弧的圆心、起点和端点绘制圆弧。

“圆心、起点、角度”选项：通过依次指定圆弧的圆心、起点和角度绘制圆弧。

“圆心、起点、长度”选项：通过依次指定圆弧的圆心、起点和长度绘制圆弧。

1.5.6 椭圆、椭圆弧

1.5.6.1 “椭圆”命令

在AutoCAD绘图中，椭圆的形状主要用中心、长轴和短轴三个参数来描述。绘制椭圆的缺省方法是指定椭圆的第一根轴线的两个端点及另一半轴的长度。

用户可选用以下任一种方式绘制椭圆。

①菜单栏：选择“绘图|椭圆”选项中的系列命令(共2种)。

②工具栏：单击“默认|绘图|椭圆”按钮中的系列命令(共2种)。

③命令行：输入“ellipse(或el)”并按回车键确认。

1.5.6.2 “椭圆弧”命令

用户可选用以下任一种方式绘制椭圆弧。

①菜单栏：选择“绘图|圆弧”选项。

②工具栏：单击“默认|绘图|椭圆|椭圆弧”按钮。

③命令行：输入“ellipse(或el)”并按回车键确认，继续输入“a”再按回车键确认。

1.5.7 图案填充

用户可选用以下任一种方式进行图案填充。

(1)菜单栏：选择“绘图|图案填充”选项。

(2)工具栏：单击“默认|绘图|图案填充”按钮。

(3)命令行：输入“hatch(或h)”并按回车键确认。

在弹出的“图案填充”选项卡中，依次进行选择图案、设定角度和比例、选择对象、选择关联性后，即可创建图案填充。

“拾取点”选项：用鼠标指定要填充的封闭区域的内部点。

“选择对象”选项：用鼠标指定要填充的封闭区域的边界线。

“关联”：默认图案填充对象和填充边界对象之间关联。修改填充边界后，图案填充区域随之改变。

“不关联”：图案和填充边界互不关联。修改填充边界后图案填充区域不发生变化。

“渐变色”选项卡：创建从一种颜色到另一种颜色平滑过渡的效果。渐变色填充步骤基本相同，区别仅在于需在“渐变色”选项卡中选择所需的单色或双色。

1.6 图形编辑

1.6.1 选择对象

在 AutoCAD 中，所有的编辑及修改命令均要选择已绘制好的对象，常用的选择方式有以下几种。

1.6.1.1 点选

最简单和最快捷的选择对象法是点选(即使用鼠标单击)。可选择单个对象，也可多次点选多个对象。在无命令状态下，被选择的对象会高显(即蓝色)，同时显示其夹点，此时光标依然为十字形状，如图 1.26(a)(b)所示。在执行命令过程中提示选择对象，此时被选择的对象高显，不显示夹点，光标显示为方框形状，如图 1.26(c)所示。

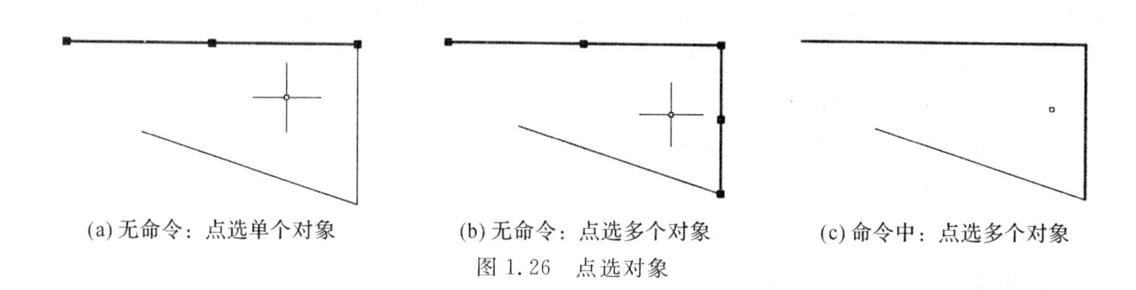

(a) 无命令：点选单个对象　(b) 无命令：点选多个对象　(c) 命令中：点选多个对象

图 1.26　点选对象

1.6.1.2 窗选

用鼠标在绘图区点击，打开一个矩形窗口，一次可以选取多个对象。

如果矩形窗口的角点是从左往右的顺序构造的，此时矩形窗口将显示为蓝色，此时只有全部都包含在矩形窗口中的对象才会被选中。

如果矩形窗口的角点是从右往左的顺序构造的，此时矩形窗口将显示为绿色，此时不管是全部在矩形窗口中还是只有一部分，在矩形窗口中的对象均会被选中。

指定矩形窗口时，需单击鼠标两次，不能按住鼠标不放。

1.6.2 夹点

夹点是对象本身的一些特征点。夹点编辑模式是一种方便快捷的编辑操作途径，可以拖动这些夹点快速拉伸、移动、旋转、比例缩放或镜像对象。

操作过程：

(1)选择对象，同时显示夹点(默认蓝色小方框)。

(2)点击夹点，选中的夹点将会变成红色。如需选择多个夹点，只需同时按住“Shift”键。如有夹点被错误选择需要删除，也只需按住“Shift”键的同时点击即可。

(3)夹点选中后即可进入编辑模式，包括拉伸、移动、旋转、缩放和镜像。此时按回车键、空格键、鼠标右键菜单等均可切换编辑模式。

1.6.3 删除、移动、旋转、缩放

1.6.3.1 删除

用户可选用以下任一种方式删除对象。

①菜单栏：选择"修改|删除"选项。

②工具栏：单击"默认|修改|删除"按钮。

③命令行：输入"erase(或 e)"并按回车键确认。

④键盘：选中对象后按"Delete"键。

⑤右键菜单：选中对象后点击鼠标右键，在菜单中找到删除命令。

前三种方式可先输入删除命令再选择对象，也可以先选择对象再输入删除命令。后两种方式需要先选中对象才能执行删除命令。

1.6.3.2 移动

移动命令可将指定对象精确移动到指定位置上。

用户可选用以下任一种方式移动对象。

①菜单栏：选择"修改|移动"选项。

③工具栏：单击"默认|修改|移动"按钮。

④命令行：输入"move(或 m)"并按回车键确认。

移动命令可精准控制目标位置，依靠的是命令执行过程中的基点设置。此基点是移动对象前制定的起始位置，再将此点移动到目的位置，用户可以单击两点或使用指定位移来移动对象。

对象选择完毕后，命令行依然提示选择对象，此时需按回车键表示对象已全部选择好，命令行提示在按回车键后会提示后续操作。

1.6.3.3 旋转

旋转对象是指对象绕基点旋转指定的角度。

用户可选用以下任一种方式旋转对象。

①菜单栏：选择"修改|旋转"选项。

②工具栏：单击"默认|修改|旋转"按钮。

③命令行：输入"rotate(或 ro)"并按回车键确认。

旋转命令中的基点，是指旋转对象时所围绕的中心点，可用光标拾取绘图区中的点，也可在命令行中输入坐标值指定点。

"复制(C)"选项：用于创建要旋转对象的副本，旋转后源对象不会被删除。

"参照(R)"选项：用于设置旋转对象的参照角度。

1.6.3.4 缩放

缩放命令可将指定对象进行比例缩放，可按用户的需要将任意图形放大或缩小，而不需重画。

用户可选用以下任一种方式比例缩放对象。

①菜单栏：选择"修改|缩放"选项。

②工具栏：单击"默认|修改|缩放"按钮。

③命令行：输入"scale(或 sc)"并按回车键确认。

比例因子：图形缩放的倍数($0<n<1$：缩小对象；$n>1$：放大对象)。

1.6.4 复制、镜像、阵列、偏移

1.6.4.1 复制

复制命令可将指定对象复制(单个/多个)到指定位置上。

用户可选用以下任一种方式复制对象。

①菜单栏:选择“修改|复制”选项。

②工具栏:单击“默认|修改|复制”按钮。

③命令行:输入“copy(或 co)”并按回车键确认。

④键盘:选中对象后先按“Ctrl+C”键,再按“Ctrl+V”键。

第四种快捷键方式不能精准控制目标位置,不建议使用。

复制的操作过程与移动的操作过程完全一致,也是通过指定基点和第二个点来确定复制对象的位移矢量。同样,也可通过光标拾取或输入坐标值指定复制的基点。

1.6.4.2 镜像

镜像命令是将指定对象沿镜像线对称复制。

用户可选用以下任一种方式镜像对象。

①菜单栏:选择“修改|镜像”选项。

②工具栏:单击“默认|修改|镜像”按钮。

③命令行:输入“mirror(或 mi)”并按回车键确认。

执行镜像命令过程中,需要依次指定镜像线上的任意两个点来确定镜像线,同时也可选择是否删除被镜像的源对象,默认是保留源对象。

1.6.4.3 阵列

阵列命令可将指定对象按照一定的排列规律复制(单个/多个)到指定位置上,分为矩形阵列、路径阵列和环形阵列三种。

用户可选用以下任一种方式阵列对象。

①菜单栏:单击选择“修改|阵列|矩形阵列(或路径阵列或环形阵列)”选项。

②工具栏:单击“默认|修改|阵列|矩形阵列(或路径阵列或环形阵列)”按钮。

③命令行:输入“arrayrect”并按回车键确认。

执行矩形阵列命令过程中,需输入阵列的列数和行数,同时还需指定列间距和行间距。

执行路径阵列命令过程中,需指定路径曲线(提前绘制好),同时还需指定各对象之间的距离和数量。

执行环形阵列命令过程中,需指定阵列的中心点、阵列数目和阵列角度,同时还可选择是否旋转源对象,默认是旋转的。

1.6.4.4 偏移

偏移命令可将指定对象按照给定的偏移距离进行复制。

直线类对象偏移后完全相同,圆弧类对象偏移后具有相同圆心角。

用户可选用以下任一种方式偏移对象。

①菜单栏:选择“修改|偏移”选项。

②工具栏:单击“默认|修改|偏移”按钮。

③命令行:输入“offset(或 o)”并按回车键确认。

执行偏移命令过程中，先指定偏移距离，再指定偏移对象，再按回车键表示选择对象完毕，然后指定偏移后的位置。在第一次偏移完成后，可以重复偏移。按回车或“Esc”键结束命令。

1.6.5　修剪、延伸

1.6.5.1　修剪

修剪命令可将多余图线进行修剪。

用户可选用以下任一种方式修剪对象。

①菜单栏：选择“修改|修剪”选项。

②工具栏：单击“默认|修改|修剪”按钮。

③命令行：输入“trim(或 tr)”并按回车键确认。

执行修剪命令过程中，命令行提示的选择对象是指选择边界线，以用于确定修剪的中止位置；命令行提示的要修剪的对象是修剪后不需要的部分图形。

1.6.5.2　延伸

延伸命令可将指定对象延长到指定位置上。

用户可选用以下任一种方式延伸对象。

①菜单栏：选择“修改|延伸”选项。

②工具栏：单击“默认|修改|延伸”按钮。

③命令行：输入“extend(或 ex)”并按回车键确认。

执行延伸命令过程中，与修剪命令类似，命令行提示的选择对象是指选择边界线，以用于确定延伸要到达的位置。

1.6.6　圆角、倒角

1.6.6.1　圆角

圆角命令可将指定对象按照给定的圆角进行边角处理。

用户可选用以下任一种方式将对象圆角化。

①菜单栏：选择“修改|圆角”选项。

②工具栏：单击“默认|修改|圆角”按钮。

③命令行：输入“fillet(或 f)”并按回车键确认。

执行圆角命令过程中，在提示选择第一个对象的时候，要先输入“R”，使命令变更为指定圆角半径，此时输入所需的圆角半径数值之后，再去选择对象。如果不输入圆角半径，系统会延续上一次的圆角命令半径值设置。

1.6.6.2　倒角

倒角命令将指定对象按照给定的倒角进行边角处理。

用户可选用以下任一种方式将对象倒角。

①菜单栏：选择“修改|倒角”选项。

②工具栏：单击“默认|修改|倒角”按钮。

③命令行：输入“chamfer(或 cha)”并按回车键确认。

执行倒角命令过程中，在提示选择第一个对象的时候，要先输入“d”，使命令变更为指定倒角距离，此时输入所需的倒角距离数值之后，再去选择对象。如果不输入倒角距离，系统会延续上一次的倒角命令距离值设置。

1.6.7 分解

功能：将一个复杂的指定对象分解为多个单一的图线对象。

分解后，可对其中的某些图线进行编辑。

用户可选用以下任一种方式将对象分解。

(1)菜单栏：选择“修改|分解”选项。

(2)工具栏：单击“默认|修改|分解”按钮。

(3)命令行：输入“explode(或 x)”并按回车键确认。

1.7 文字标注

文字是工程图样中重要的组成部分，它可以对工程图中几何图形难以表达的部分进行补充说明。在为图形添加文字对象之前，应当设置好文字图层以及当前的文字样式。

1.7.1 创建文字样式

文字样式是一组可随图形保存的文字设置的集合，这些设置包括字体、文字高度以及特殊效果等。

AutoCAD 默认的文字样式为 Standard。用户可根据图纸需要，自行创建所需文字样式。

图纸中可以包含多个文字样式，每种样式都指定了这种样式的字体、字高等(见图 1.27)。

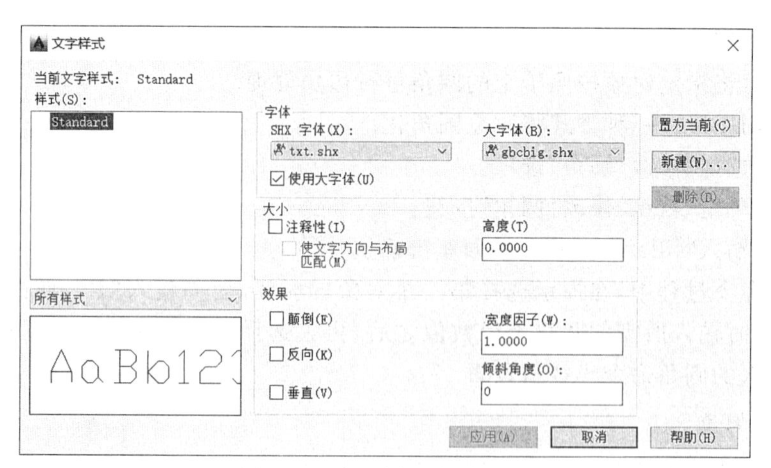

图 1.27 “文字样式”对话框

用户可选用以下任一种方式打开“文字样式”对话框。

(1)菜单栏：选择“格式|文字样式”选项。

(2)工具栏：单击“默认|注释|文字样式”按钮。

(3)工具栏：单击“注释|文字|文字样式”按钮。

(4)命令行:输入“style(或 st)”并按回车键确认。

如图 1.27 所示,“文字样式”对话框中的“样式”列表框之内列出了所有的文字样式。通过“样式”列表框下方的预览窗口,可对所选择的样式进行预览。

“文字样式”对话框主要包括“字体”“大小”和“效果”3 个选项组,分别用于设置文字的字体、大小和显示效果。“置为当前”按钮可将所选择的文字样式置为当前;“新建”按钮可新建文字样式,新建的文字样式将显示在“样式”列表框内;“删除”按钮可删除文字样式,但不可删除 Standard 文字样式、当前文字样式和已经使用的文字样式。

AutoCAD 为中国用户提供了专用的符合国标要求的中西文工程字体,其中“gbcbig.shx”为国标长仿宋体工程字,“gbenor.shx”和“gbeitc.shx”为两种西文字体,前者为正体,后者为斜体。

在“大小”选项组中,默认的文字高度为 0.0000,实际输入文字时,文字高度的默认值为 2.5;如果输入大于 0.0000 的高度值,则为该样式设置了相应的文字高度。

例 1.11

[例 1.11] 设置规定文字样式。

步骤 1:“文字”样式为“gbcbig.shx”字体(见图 1.28)。

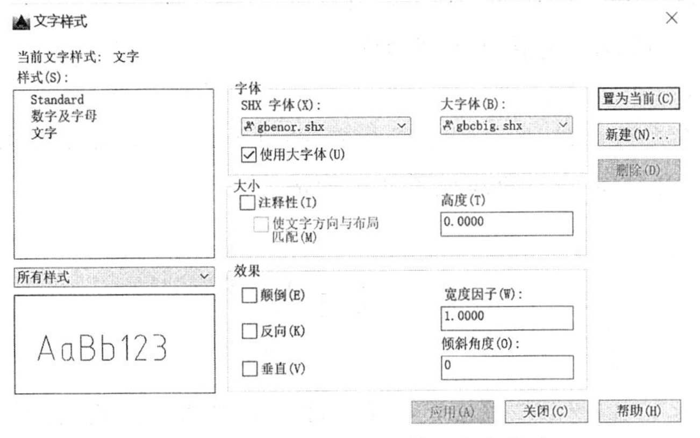

图 1.28 “文字样式”对话框(文字样式)

步骤 2:“数字及字母”样式为“gbeitc.shx”字体(见图 1.29)。

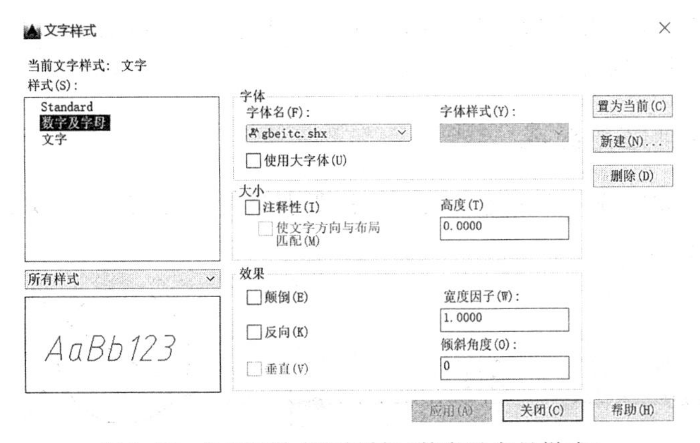

图 1.29 “文字样式”对话框(数字及字母样式)

1.7.2 创建多行文字

用户可选用以下任一种方式创建多行文字。

(1)菜单栏:选择“绘图|文字|多行文字”选项。

(2)工具栏:单击“默认|注释|多行文字”按钮。

(3)工具栏:单击“注释|文字|多行文字”按钮。

(4)命令行:输入“mtext(t 或 mt)”并按回车键确认。

执行多行文字命令过程中,指定矩形的两个对角点后即可弹出“多行文字编辑器”对话框,首先在“样式”面板中确认是否需要调整文字样式和字高,其后在“段落”面板中确认是否需要调整文字位置及段落间距等,“格式”面板中的选项可根据需求自行选用,在文本输入区内输入文字,文字中如包含符号,可通过“插入”面板中的选项进行创建,最后点击“关闭文字编辑器”按钮,即可保存所做的文字编辑工作。

1.7.3 编辑文字对象

用户可选用以下任一种方式编辑多行文字。

(1)菜单栏:选择“修改|对象|文字|编辑”选项。

(2)命令行:输入“ddedit”并按回车键确认。

(3)双击要编辑的文字对象。

执行文字编辑命令后,如选中的是多行文字,即可弹出“多行文字编辑器”对话框,在编辑器中,可编辑文字的内容,也可重新设置文字的格式。

1.8 尺寸标注

在工程绘图设计里面,图形的真实大小及各部分对象间的位置关系是由尺寸标注决定的,尺寸标注是环境工程设计非常重要的依据。在绘制图形时要准确表达、灵活运用各种辅助工具帮助完成标注,以便提高作图效率及准确度。

通过对尺寸的标注和编辑功能,可以完成各种工程制图的图形制作要求,并且能够对绘制好的图进行修改。尺寸的组成和标注都需要符合国家各项标准的规定,以便保证尺寸样式和文字样式统一管理和应用。

1.8.1 尺寸标注的组成

工程制图中,想要完成一个完整的尺寸标注需要尺寸界限、尺寸箭头、尺寸线以及尺寸文字四个部分(见图 1.30)。

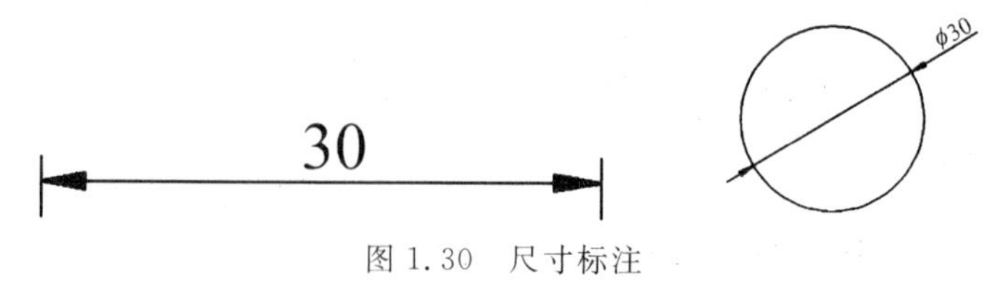

图 1.30 尺寸标注

尺寸界线:限定所注尺寸的范围。一般由轴线、轮廓线、对称线引出作尺寸界线,也可使用以上线型当做尺寸界线。

尺寸箭头:主要是在尺寸线的两端,表达出尺寸的开头和结尾,根据软件提供的各式各样的尺寸箭头来进行标注。

尺寸线:表示标注的范围。尺寸线两端的起止符表示尺寸的起点和终点。

尺寸文字:表示实际测量值。系统自动计算出测量值,并附加公差、前后缀等。用户可以自定义添加文字进去。

1.8.2 尺寸标注的步骤

为了完成尺寸标注,提高工作效率和绘图质量,就必须按照以下步骤来完成尺寸标注。

(1)建立一个新的图层来进行尺寸标注。

(2)创建尺寸标注样式。

(3)标注尺寸。

1.8.3 创建尺寸标注样式

标注样式中定义了标注的尺寸线与界线、箭头、文字、对齐方式、标注比例等各种参数。由于不同国家或不同行业对于尺寸标注的标准不尽相同,因此需要使用标注样式来定义不同的尺寸标注标准,在不同的标注样式中保存不同标准的标注设置。

用户可选用以下任一种方式激活标注样式管理器。

(1)菜单栏:选择“格式|标注样式”选项。

(2)工具栏:单击“默认|注释|标注样式”按钮。

(3)工具栏:单击“注释|标注|标注样式”按钮。

(4)命令行:输入“dimstyle(或 d)”并按回车键确认。

激活命令后,即可弹出“标注样式管理器”对话框,如图 1.31 所示。

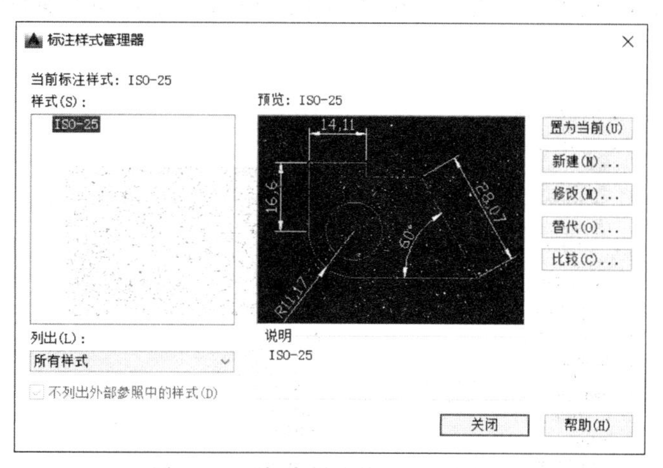

图 1.31 “标注样式管理器”对话框

“标注样式管理器”对话框中的“样式”列表框之内列出了所有的标注样式。通过“样式”列表框右侧的预览窗口,可对所选择的样式进行预览。“置为当前”按钮可将所选择的标注样式置为当前；“新建”按钮可新建标注样式，新建的标注样式将显示在“样式”列表框内；“修改”按钮可对所选的标注样式进行修改；“替代”按钮可用来设置标注样式的临时替代，其设置的样式将作为未保存的更改结果显示在“样式”列表框中的标注样式下；“比较”按钮可比较两个标注样式或列出一个标注样式的所有特性。

“ISO-25”是当前默认的标注样式，这是一个符合国际标准(ISO)的标注样式。可在此样式的基础上，创建一个符合中国国家标准 GB 的标注样式。

创建新标注样式：单击“新建”按钮，弹出“创建新标注样式”对话框后，点击“重命名|继续”按钮。

调整“线”选项卡：“ByBlock”改为“ByLayer”，“超出尺寸线”数值框中输入“3”，后续可根据图纸尺寸进行调整，“超出尺寸线”数值框中输入“0”(见图 1.32)。

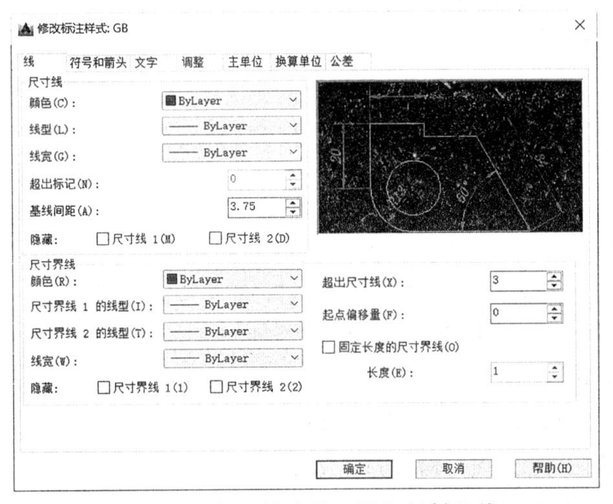

图 1.32 “标注样式管理器”对话框(线)

调整“符号和箭头”选项卡：“箭头大小”数值框中输入 3，后续可根据图纸尺寸进行调整(见图 1.33)。

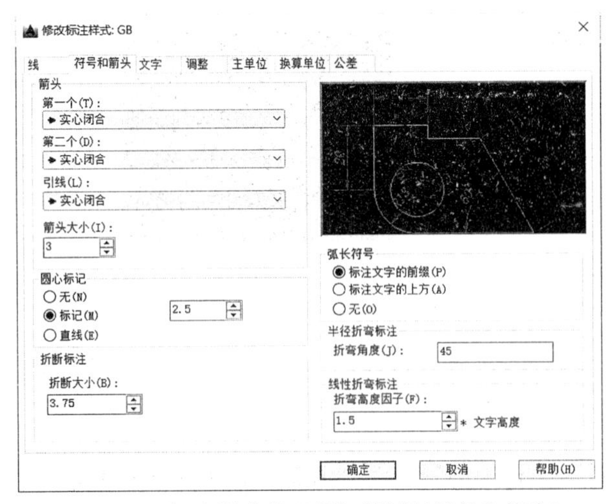

图 1.33 “标注样式管理器”对话框(符号和箭头)

调整“文字”选项卡：文字样式由“Standard”改为“数字及字母”（文字样式已提前设置好，如未设置也可即刻设置），文字颜色由“ByBlock”改为“ByLayer”，填充颜色由“ByBlock”改为“无”，“文字高度”数值框中输入“3”，后续可根据图纸尺寸进行调整，“从尺寸线偏移”数值框中输入“1”，文字对齐默认“与尺寸线对齐”或更改为“ISO 标准”（见图 1.34）。

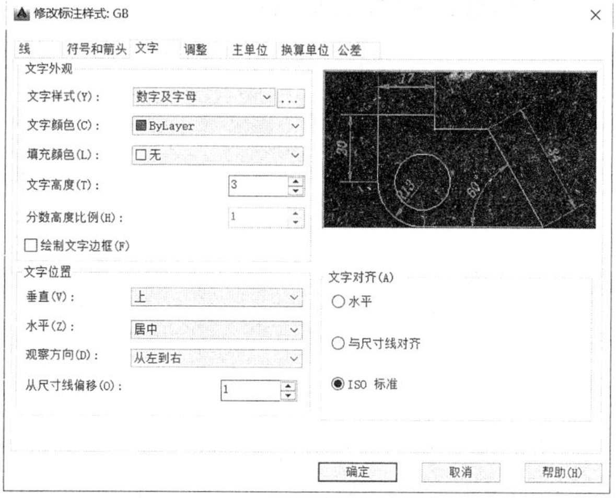

图 1.34　“标注样式管理器”对话框（文字）

调整“调整”选项卡：调整选项默认“文字或箭头（最佳效果）”或更改为“箭头”（见图 1.35）。

图 1.35　“标注样式管理器”对话框（调整）

调整“主单位”选项卡：精度默认“0.00”或更改为“0”，小数分隔符更改为“.”句点（见图 1.36）。

1.8.4　尺寸标注

尺寸标注的样式主要包括线性标注、对齐标注、直径标注、角度标注、基线标注、连续标注、快速标注等（见图 1.37）。

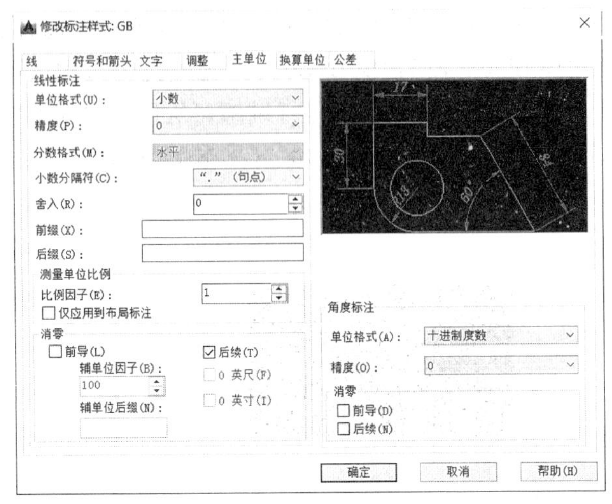

图 1.36 “标注样式管理器”对话框(主单位)

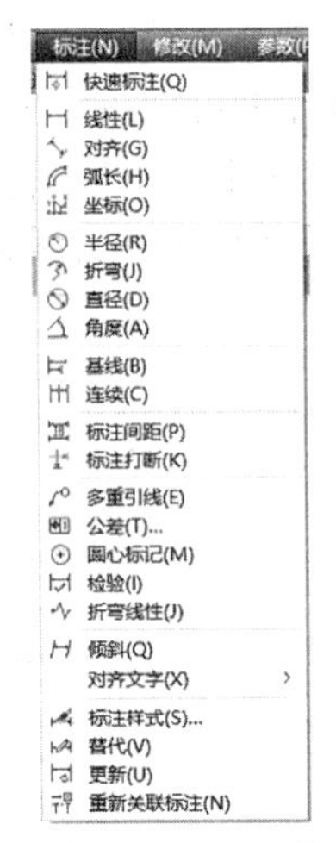

图 1.37 “标注”菜单

1.8.4.1 线性标注

线性标注用于标注图形对象的线性距离或长度;水平标注用于标注对象上两点在水平方向上的距离;垂直标注用于标注对象上的两点在垂直方向的距离;旋转标注用于标注对象上的两点在指定方向上的距离。

用户可选用以下任一种方式进行线性标注。

(1)菜单栏:选择“标注|线性”选项。

(2)工具栏:单击“默认|注释|线性”按钮。

(3)工具栏:单击“注释|标注|线性”按钮。

(4)命令行:输入“dimlinear(或 dli)”并按回车键确认。

在“线性标注”的命令提示行中,各按钮作用按钮如下所示。

角度(A):修改标注文字的角度。

水平(H):创建水平线性标注。

垂直(V):创建直线性标注。

旋转(R):创建旋转线性标注。

多行文字(M):改变多行标注文字。

文字(T):改变当前标注文字,或标注文字添加前后缀。

执行线性标注命令后,指定第一条尺寸界线原点,确认第一点后,再把光标移动到下一点,确定第二点后,上下移动光标,根据图形特征选择符合规定的标注位置,点击鼠标确认,完成线性标注。此时标注的数字为实际绘图尺寸,如想自定义标注数字,可通过多行文字选项进行设置。

1.8.4.2 对齐标注

对齐标注指所标注尺寸的尺寸线与两条尺寸界线起始点间的连线平行。

用户可选用以下任一种方式进行对齐标注。

(1)菜单栏:选择“标注|对齐”选项。

(2)工具栏:单击“默认|注释|对齐”按钮。

(3)工具栏:单击“注释|标注|对齐”按钮。

(4)命令行:输入“dimaligned(或 dal)”并按回车键确认。

执行对齐标注命令后,指定第一条尺寸界线原点或“选择对象”,确认第一点后,再把光标移动到下一点,确定第二点后,上下移动光标,根据图形特征选择符合规定的标注位置。点击鼠标确认,完成对齐标注。

1.8.4.3　半径标注

半径标注命令提供对圆或圆弧半径的标注,在标注尺寸值之前会自动加上半径符号 R,尺寸线通过圆心或者指向圆心。

用户可选用以下任一种方式进行半径标注。

(1)菜单栏:选择“标注|半径”选项。

(2)工具栏:单击“默认|注释|半径”按钮。

(3)工具栏:单击“注释|标注|半径”按钮。

(4)命令行:输入“dimradius(或 dra)”并按回车键确认。

1.8.4.4　直径标注

直径标注命令提供对圆或圆弧直径的标注,在标注尺寸值之前会自动加上直径符号 Φ,尺寸线通过圆心或者指向圆心。

用户可选用以下任一种方式进行直径标注。

(1)菜单栏:选择“标注|直径”选项。

(2)工具栏:单击“默认|注释|直径”按钮。

(3)工具栏:单击“注释|标注|直径”按钮。

(4)命令行:输入“dimdiameter(或 ddi)”并按回车键确认。

1.9　综合绘图实例

[例 1.12]　绘制 A2 大小的图纸幅面(横向、带装订边)。

例 1.12

绘图要点:数据输入、直线命令

步骤 1:创建好图层,需包含“粗实线”图层和“细实线”图层。

步骤 2:将“细实线”图层设为当前图层。

步骤 3:使用“直线”命令,绘制左下角点,位置指定一个精确坐标(输入“0,0”)。继续连接右下角点时,可使用相对直角坐标法(输入“@594,0”),也可使用相对极坐标法(输入“@594＜0”),还可使用综合输入法(鼠标指定方向水平向右,输入“594”)。继续连接右上角点,可使用相对直角坐标法(输入“@0,420”),也可使用相对极坐标法(输入“@420＜90”),还可使用综合输入法(鼠标指定方向垂直向上,输入“420”)。继续连接左上角点,即可使用相对直角坐标法(输入“@－594,0”),也可使用相对极坐标法(输入“@594＜180”),还可使用综合输入法(鼠标指定方向水平向左,输入“594”)。继续连接至左下角点,可打开对象捕捉设置中的端点,然后进行对象捕捉,还可使用相对直角坐标法(输入“@0,－420”),也可使用相对极坐标法(输入“@420＜270”),还可使用综合输入法(鼠标指定方向垂直向下,输入“420”)。按回车结束“直线”命令。

步骤 4:将“粗实线”图层设为当前图层。

步骤 5:打开对象捕捉设置中的端点,使用“直线”命令,通过对象捕捉找到第一点即外框的左下角点。继续连接内框的左下角点,使用相对直角坐标法(输入“@25,10”),敲回车结束“直线”命令。使用“直线”命令,通过对象捕捉找到第一点即外框的右上角点。继续连接内框的右上角点,使用相对直角坐标法(输入“@ −10, −10”),按回车结束“直线”命令。使用“直线”命令,连接内框的左下角点和右上角点,按回车结束“直线”命令。

例 1.13

步骤 6:删除两条辅助线。

[**例 1.13**] 在带装订边的 A2 图纸内绘制图形,如图 1.38 所示。

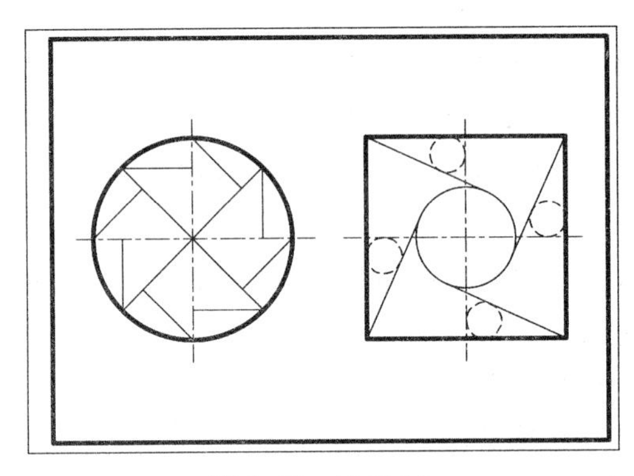
图 1.38 练习 13

左图:圆直径 200mm。

右图:正方形边长 200mm,大圆直径 140mm,小圆与大圆及另两条直线相切。

绘图要点:正交、对象捕捉、直线、圆、矩形、删除、夹点

步骤 1:创建图层(粗实线、细实线、点画线、虚线)(具体步骤参考练习 10)。

步骤 2:绘制 A2 图纸幅面(可参考练习 11 使用直线命令,也可使用矩形命令)。

步骤 3:开对象捕捉(中点),定位左图圆心和右图圆心(需辅助线)。

步骤 4:开正交,直线命令绘制左图和右图中的中心线。

步骤 5:圆命令绘制左图中的圆;直线命令(相对直角坐标或相对极坐标)绘制左图中的 45 度斜线;开对象捕捉(垂足),直线命令绘制左图中的其余线段。

步骤 6:圆命令绘制右图中的大圆;直线命令绘制右图中的正方形(需辅助线);开对象捕捉(切点),直线命令绘制右图中的其余线段;圆命令绘制右图中的 4 个小圆。

例 1.14(1)(2)(3)

[**例 1.14**] 绘制图形如图 1.39 所示,右图中手柄尺寸无须标注,左图尺寸自定,但需缩放至与手柄图相匹配,然后绘制合适的图纸幅面(横向 or 竖向布置自行确定、不带装订边)。

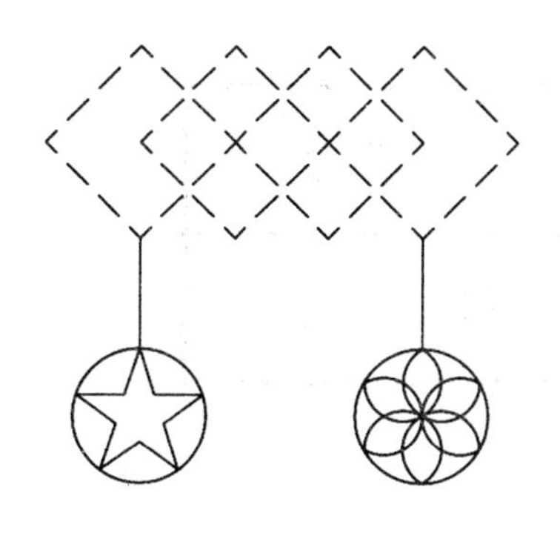

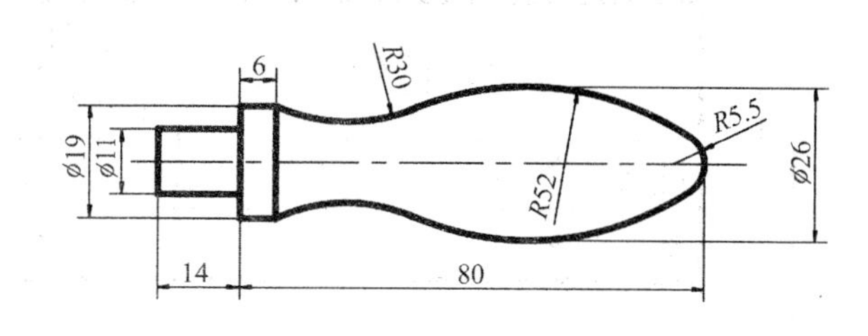

图 1.39　练习 14

绘图要点：正多边形、圆弧、旋转、复制、修剪、阵列、镜像、缩放

步骤 1：创建图层（粗实线、细实线、点画线、虚线）（具体步骤参考练习 10）。

步骤 2：正多边形命令绘制一个转角正方形（尺寸自定，比如 100），复制命令绘制出 3 个同样的转角正方形；直线命令绘制一条竖直线段；圆命令绘制圆，正多边形命令绘制一个正五边形，直线命令连接各端点，修剪命令去除多余线段；复制命令绘制另一条竖直线段和圆；正多边形命令绘制一个正六边形，圆弧命令绘制圆弧（圆命令＋修剪亦可得到相同图案），阵列命令绘制环形图案。

步骤 3：矩形命令绘制手柄图左起第一个矩形；开正交和中点，直线命令绘制点画线；绘制左起第二个矩形（辅助线定位）；绘制 $R5.5$ 的圆；绘制 $R52$ 的圆（相切、相切、半径方式）；绘制 R30 的圆；修剪多余圆弧；镜像上半图案。

步骤 4：根据手柄图大小，缩放命令左图使其相协调。

步骤 5：根据两图尺寸，选择合适的图纸幅面然后进行绘制。

［例 1.15］　绘制简化标题栏如图 1.40 所示，并填写相应的个人信息，尺寸仅供参考，文字图层的颜色自行确定，如图 1.41 所示。

例 1.15(1)(2)(3)

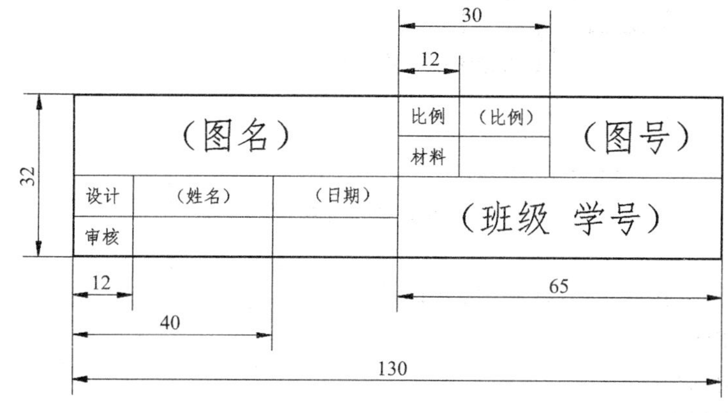

图 1.40　简化标题栏

<table>
<tr><td colspan="3" rowspan="2">起重钩</td><td>比例</td><td>1:1</td><td rowspan="2">1-1</td></tr>
<tr><td>材料</td><td></td></tr>
<tr><td>设计</td><td>张三</td><td>2021.9.15</td><td colspan="3" rowspan="2">化工N211　27</td></tr>
<tr><td>审核</td><td></td><td></td></tr>
</table>

图 1.41　简化标题栏示例

绘图要点：分解、偏移、文字样式、多行文字编辑

步骤 1：创建图层（文字颜色尽量不与图线颜色相同）。

步骤 2：矩形命令绘制边框，分解命令分解成 4 条直线；偏移命令绘制水平直线（同一偏移距离）；偏移命令绘制竖直直线（不同偏移距离）；修剪命令去除多余的线段。

步骤 3：创建文件样式（中文和西文）。

步骤 4：多行文字命令书写对应文字，汉字用中文样式，数字及字母用西文样式，班级姓名处可分开书写，也可一次性书写（采用中文样式，然后选中数字及字母倾斜 15°）。

［**例 1.16**］　对所示图形进行尺寸标注，如图 1.42 所示。

例 1.16(1)(2)(3)

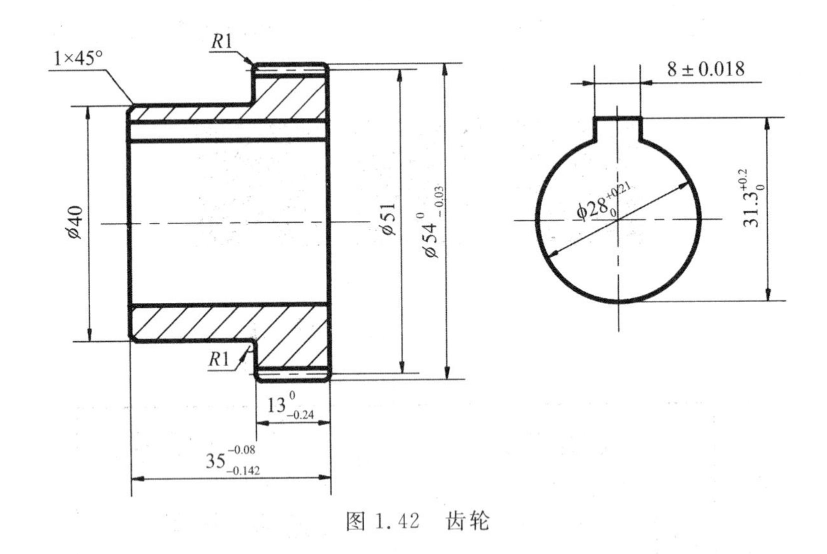

图 1.42　齿轮

绘图要点：图案填充、尺寸样式、尺寸标注

步骤 1：创建图层。

步骤 2：绘制图形。

步骤 3：填充图案。

步骤 4:创建标注样式。

步骤 5:线性标注命令标注尺寸(多行文字选项输入尺寸数字)。

步骤 6:直径标注命令标注尺寸(多行文字选项输入尺寸数字)。

步骤 7:半径标注命令标注尺寸。

步骤 8:引线命令标注尺寸。

第2章　化工制图

摘要:本章讲授了化工设计中常见的几种工艺流程图的画法、要求和主要内容,对设备布置图、厂区平面布置图和化工设备图的画图方法和原则也进行了详细介绍。

各个阶段工艺流程设计的成果都是通过绘制各种流程图和表格表达出来的,按照设计阶段的不同,先后有:①方框流程图;②工艺流程简图;③工艺流程图;④带控制点的工艺流程图。

由于各种工艺流程图要求的深度不一样,流程图上的表示方法也略有不同,方框流程图和工艺流程简图只是工艺流程设计中间阶段产物,只作为后续设计的参考,本身并不作为正式资料收录到初步设计或施工图设计说明书中,因此工艺流程简图的制作没有统一规定,设计者可根据工艺流程图的规定,简化一套图例和规定,便于同一设计组的人员阅读即可。

2.1　方框流程图

方框流程图是在工艺路线确定后,工艺流程进行概念性设计时的一种流程图,它的编制没有严格明确的规则,也不编入设计文件。对于设计工作来说,该图为流程草图设计提供一个依据,因此不论方框图的格式如何,简化程度如何,它必须能说明一个既定工艺流程所包含的每一个主要工艺步骤。这些工艺步骤或单元操作,用细实线矩形框表示,注明方框名称和主要操作条件,同时用主要的物流将各方框连接起来,如图2.1所示,对于各种公用工程,例如循环水、盐水、氮气、蒸汽、压缩空气等,通常不在方框图中作为一个独立的体系加以表达,有时只表明某一方框单元中,要求供应某种公用工程等。

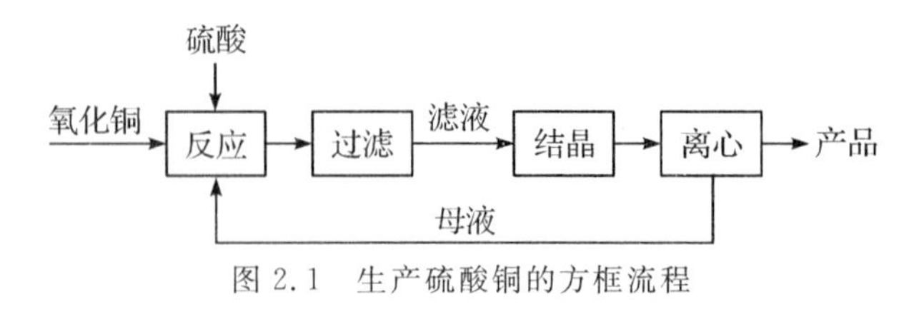

图2.1　生产硫酸铜的方框流程

方框流程图看似简单,但是它却能简明扼要地将一个化学加工过程的轮廓表达出来。一个化工生产过程或化工产品的生产大致需要经历几个反应步骤,需要哪些单元操作来处理原料和分离成品,是否有副产物,如何处理,有无循环结构等,这些在方框流程图中均需表达出来。

2.2 工艺流程简图

2.2.1 作用及内容

在方框流程图的基础上，将各个工序过程换成设备示意图，进一步修改完善后可得到工艺流程简图。绘制工艺流程简图只需定性地标出物料由原料转化成产品时的变化、流程顺序以及生产中采用的各种设备，以供工艺计算使用。

图2.2所示为某物料残液蒸馏处理系统的工艺方案流程图。物料残液进入蒸馏釜R0401中，通过蒸汽加热后被蒸发气化，气化后的物料进入冷凝器E0401被冷凝为液态，该液态物料流经真空受槽V0408排出到物料贮槽。

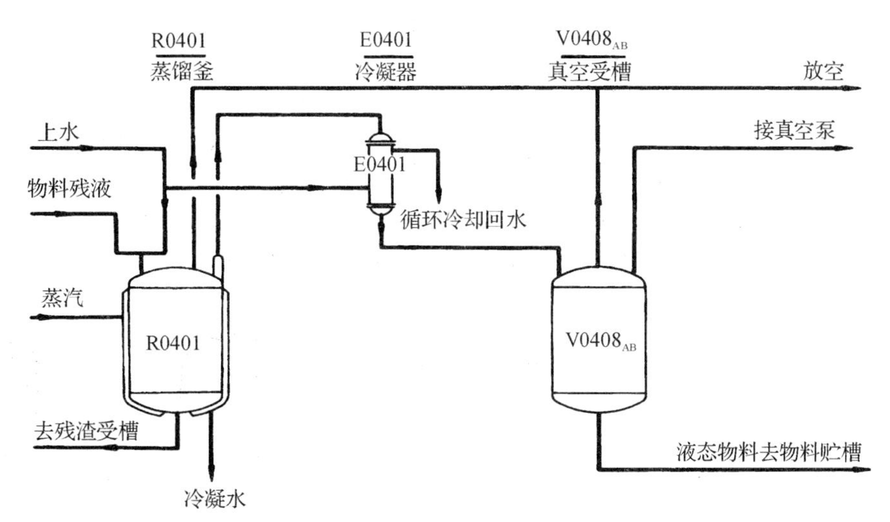

图2.2 残液蒸馏处理系统的工艺流程

从图中可知，工艺流程简图主要包括两方面内容：

(1)设备——用示意图表示生产过程中所使用的机器、设备；用文字、字母、数字注写设备的名称和位号；

(2)工艺流程——用工艺流程线及文字表达物料由原料到成品或半成品的工艺流程。

2.2.2 画法

工艺流程简图按照工艺流程的顺序，把设备和工艺流程线自左至右展开画在一个平面上，并加以必要的标注和说明。工艺流程简图的绘制主要涉及：①设备画法；②设备位号及名称的注写；③工艺流程线的画法。

2.2.2.1 设备的画法

工艺流程简图是供化工工艺计算和设备计算使用的，此时绘制的流程简图尚未进行定量计算，所以其绘制的设备外形，只带有示意性质，并无准确的大小比例，管件和阀门等一般不标出，有些附属设备如料斗、泵、压缩机也可忽略，但个别要求深化的流程简图，可以在深化设计时加以标出。

设备和机器轮廓线用细实线画出，一般不按比例，但应保持它们的相对大小，比照图纸幅面大小合适即可。常用工艺设备图例见表 2.1。有的设备甚至简化为符号，如换热器，注意该类符号在 PFD 和 P&ID 中不可使用。

表 2.1 化工设备与机器图例(HG/T 20519.2—2009)

类别	代号	图例
塔	T	填料塔　喷洒塔　板式塔
塔内件		降液管　受液盘　浮阀塔塔板　泡罩塔塔板　格栅板　升气管　湍球塔 筛板塔塔板　分配(分布)器、喷淋器　填料除沫器　(丝网)除沫层
反应器	R	固定床反应器　列管式反应器　流化床反应器　反应釜(闭式、带搅拌、夹套)　反应釜(开式、带搅拌、夹套)　反应釜(开式、带搅拌、夹套、内盘管)
工业炉等	FS	圆筒炉　箱式炉　圆筒炉　烟囱　火炬 F(炉)，S(烟气/火炬)

续表

类别	代号	图例
换热器	E	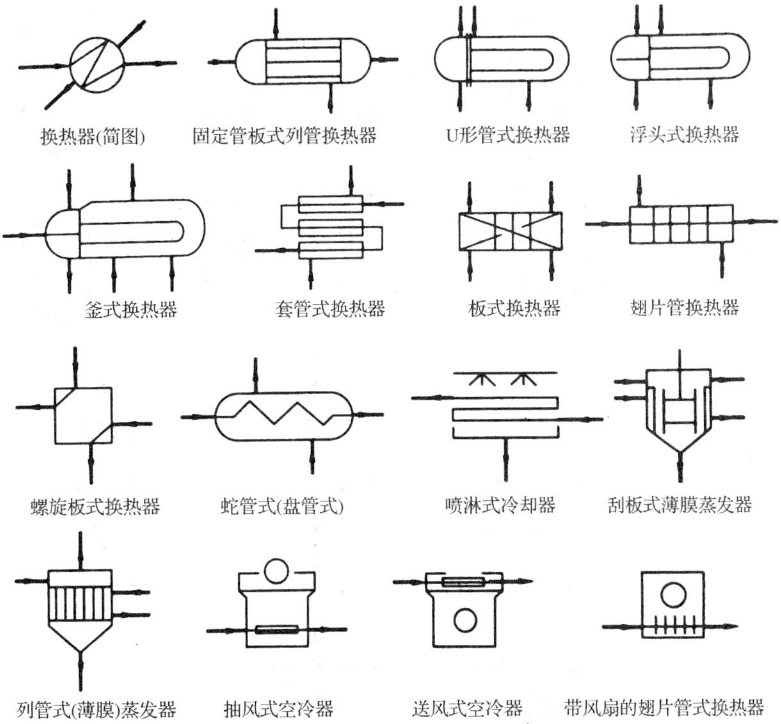 换热器(简图)　固定管板式列管换热器　U形管式换热器　浮头式换热器 釜式换热器　套管式换热器　板式换热器　翅片管换热器 螺旋板式换热器　蛇管式(盘管式)　喷淋式冷却器　刮板式薄膜蒸发器 列管式(薄膜)蒸发器　抽风式空冷器　送风式空冷器　带风扇的翅片管式换热器
泵	P	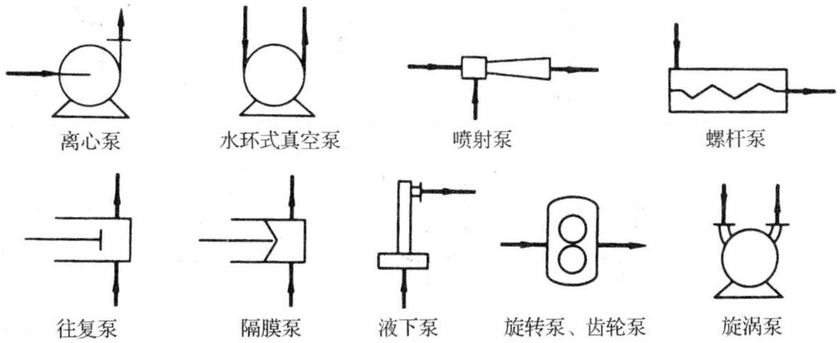 离心泵　水环式真空泵　喷射泵　螺杆泵 往复泵　隔膜泵　液下泵　旋转泵、齿轮泵　旋涡泵
压缩机	C	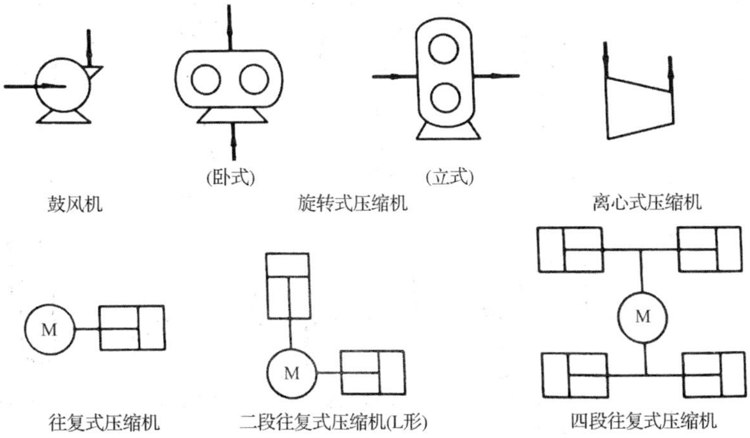 鼓风机　(卧式)　(立式)　旋转式压缩机　离心式压缩机 M　往复式压缩机　M　二段往复式压缩机(L形)　M　四段往复式压缩机

续表

类别	代号	图例
容器	V	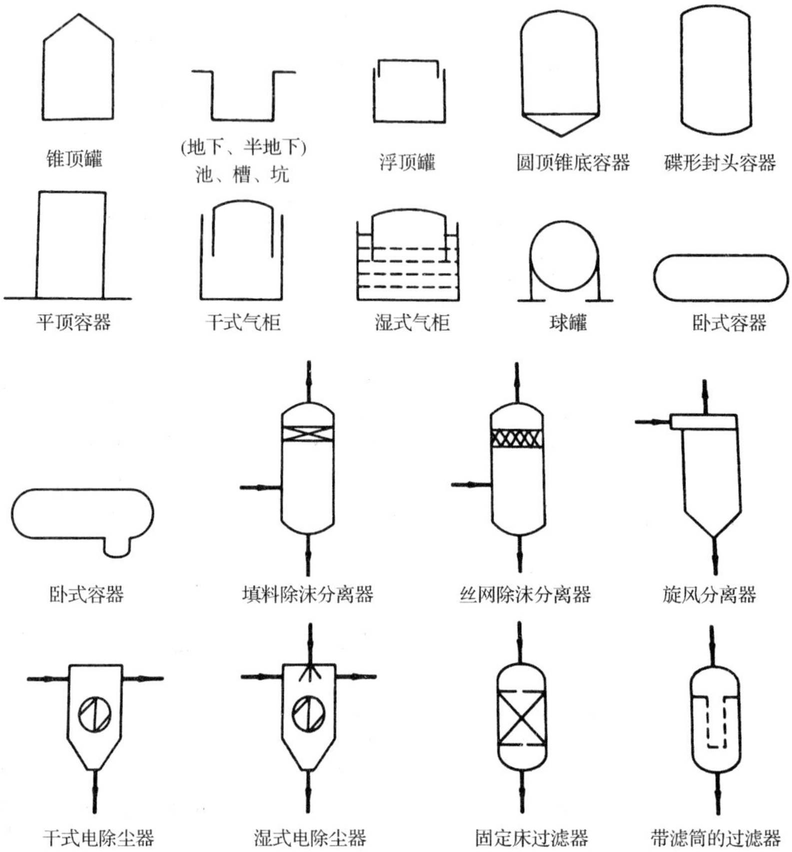 锥顶罐；(地下、半地下)池、槽、坑；浮顶罐；圆顶锥底容器；碟形封头容器；平顶容器；干式气柜；湿式气柜；球罐；卧式容器；卧式容器；填料除沫分离器；丝网除沫分离器；旋风分离器；干式电除尘器；湿式电除尘器；固定床过滤器；带滤筒的过滤器
设备内部附件		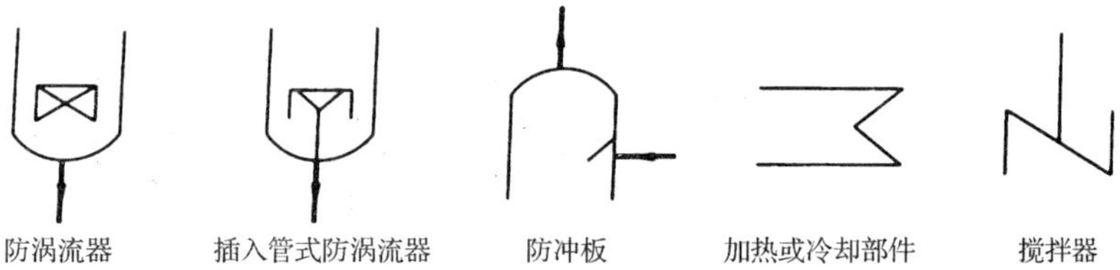 防涡流器；插入管式防涡流器；防冲板；加热或冷却部件；搅拌器
起重运输机械	L	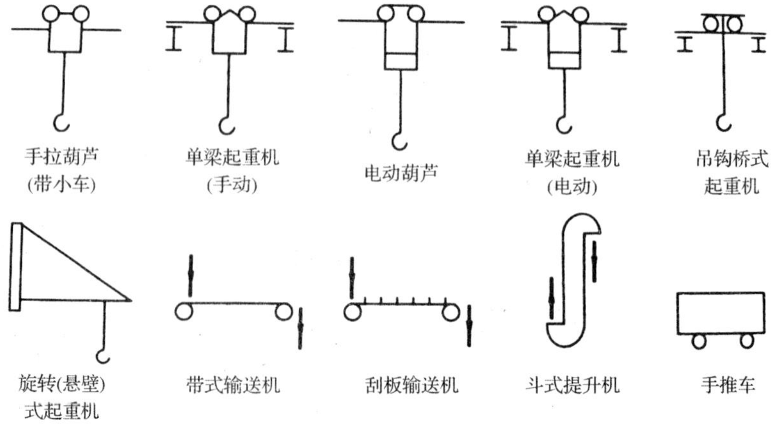 手拉葫芦(带小车)；单梁起重机(手动)；电动葫芦；单梁起重机(电动)；吊钩桥式起重机；旋转(悬壁)式起重机；带式输送机；刮板输送机；斗式提升机；手推车

续表

类别	代号	图例
称量机械	W	带式定量给料秤　地上衡
其他机械	M	压滤机　转鼓式(转盘式)过滤机　有孔壳体离心肌　无孔壳体离心肌　混合机　螺杆压滤机　揉合机　挤压机
动力机	MESD	M 电动机　E 内燃机、燃气机　S 汽轮机　D 其他动力机　离心式膨胀机透平机　活塞式膨胀机

各设备的高低位置及设备上重要接口的位置应基本符合实际情况，各设备之间应保留适当距离以布置流程线。

作用相同的并联或串联的同类设备，一般只表示其中的一台（或一组），而不必将全部设备同时画出。

2.2.2.2 设备位号及名称的注写

一般要在两个地方标注设备位号：第一是在图的上方或下方，要求排列整齐，并尽可能正对设备，在位号线的下方标注设备名称；第二是在设备内或其近旁，此处仅注位号，不注名称。当几个设备或机器垂直排列时，它们的位号和名称可以由上而下按顺序标注，也可水平标注。

设备位号按新的推荐标准 HG 20519.2—2009，由设备分类代号、车间或工段号（也称为主项号）、设备序号和相同设备序号组成，如图 2.3 所示。对于同一设备，在不同设计阶段必须是同一位号。每个工艺设备均应编一个位号。

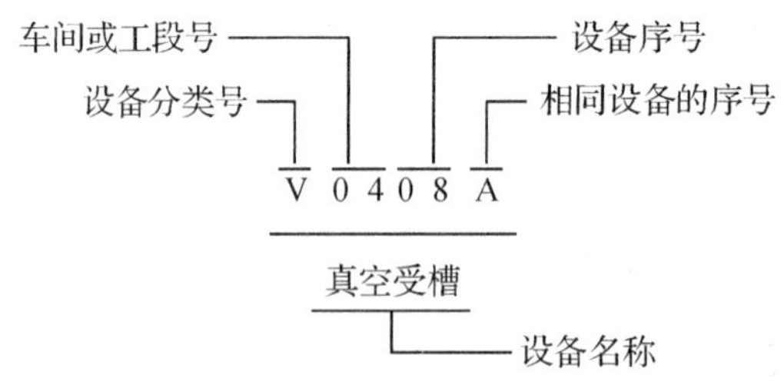

图 2.3 设备位号及名称的注写格式

设备位号下方的粗实线宽度为 0.9～1.2mm。

(1)设备类别代号:一般取设备英文名称第一个字母(大写),见表 2.1 第二列。

(2)主项编号:按照工程项目经理给定的主项编号填写。采用两位数字 01～99,特殊情况下,可以用主项代号代替主项编号。

(3)设备顺序号:按照同类设备在工艺流程流向先后进行顺序标号,采用两位数字 01～99。

(4)相同设备数量序号:相同 2 台及以上的设备,位号前三项完全相同,仅用 A、B、C……作为每台设备的尾号。

对于需绝热的设备和机器要在其相应部位画出一段绝热层图例,必要时注出其绝热厚度;有伴热者也要在相应部位画出一段伴热管,必要时可注出伴热类型和介质代号,如图2.4 所示。

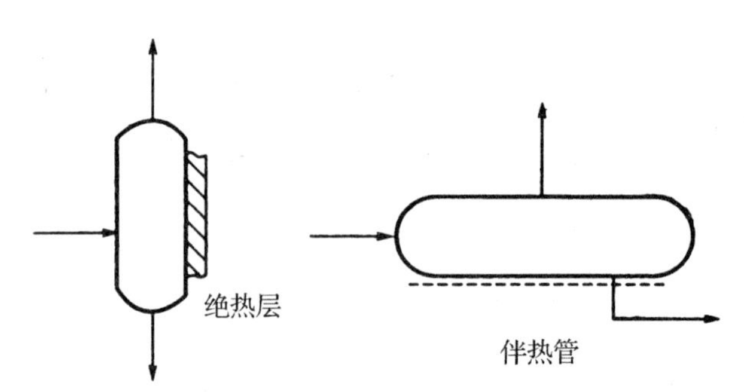

图 2.4 有绝热或伴热的设备和机器表示方法

地下或半地下设备、机器在图上要表示出一段相关的地面。

设备、机器的支承和底(裙)座可不表示。复用的原有设备、机器及其包含的管道可用框图注出其范围,并加必要的文字标注和说明。

设备、机器自身的附属部件与工艺流程有关者,例如柱塞泵所带的缓冲罐、安全阀,列管换热器管板上的排气口,设备上的液位计等。它们不一定需要外部接管,但对生产操作和检测都是必需的,有些还要调试,因此图上应予以表达。

2.2.2.3 工艺流程线的画法

在流程简图中,用粗实线来绘制主要物料的工艺流程线,用箭头标明物料的流向,并在流程线的起始和终了位置注明物料的名称、来源和去向,具体用法见表 2.2。流程简图中各处字体高度如表 2.3 所示。

表 2.2　图线用法及宽度

<table>
<tr><th rowspan="2" colspan="2">类别</th><th colspan="3">图线宽度/mm</th><th rowspan="2">备注</th></tr>
<tr><th>0.6～0.9</th><th>0.3～0.5</th><th>0.15～0.25</th></tr>
<tr><td colspan="2">带控制点的工艺流程图</td><td>主物料管道</td><td>其他物料管道</td><td>其他</td><td>设备、机器轮廓线 0.25mm</td></tr>
<tr><td colspan="2">辅助管道及仪表流程图、公用系统管道及仪表流程图</td><td>辅助管道总管、公用系统管道总管</td><td>支管</td><td>其他</td><td>动设备(机泵等)如只绘出设备基础，图线宽度用 0.6～0.9mm</td></tr>
<tr><td colspan="2">设备布置图</td><td>设备轮廓</td><td>设备支架、设备基础</td><td>其他</td><td></td></tr>
<tr><td colspan="2">设备管口方位图</td><td>管口</td><td>设备轮廓、设备支架、设备基础</td><td>其他</td><td></td></tr>
<tr><td rowspan="2">管道布置图</td><td>单线(实线或虚线)</td><td>管道</td><td></td><td rowspan="2">法兰、阀门及其他</td><td rowspan="2"></td></tr>
<tr><td>双线(实线或虚线)</td><td></td><td>管道</td></tr>
<tr><td colspan="2">管道轴测图</td><td>管道</td><td>法兰、阀门、承插焊螺纹连接的管件的表示线</td><td>其他</td><td></td></tr>
<tr><td colspan="2">设备支架图和管道支架图</td><td>设备支架及管道</td><td>虚线部分</td><td>其他</td><td></td></tr>
<tr><td colspan="2">特殊管件图</td><td>管件</td><td>虚线部分</td><td>其他</td><td></td></tr>
</table>

注：凡界区线、区域分界线、图形接续分界线的图线采用双点画线，宽度均用 0.5mm。

表 2.3　字体高度

书写内容	推荐字高/mm	书写内容	推荐字高/mm
图表中的图名及视图符号	5～7	图名	7
工程名称	5	表格中的文字	5
图纸中的文字说明及轴线号	5	表格中的文字(格高小于 6mm 时)	3
图纸中的数字及字母	2～3		

在流程简图中，一般只画出主要工艺流程线，其他辅助流程线则不必一一画出。

如遇到流程线之间或流程线与设备之间发生交错或重叠而实际并不相连时，应将其中的一线断开或曲折绕过，如图 2.5 所示，断开处的间隙应为线宽的 5 倍左右。

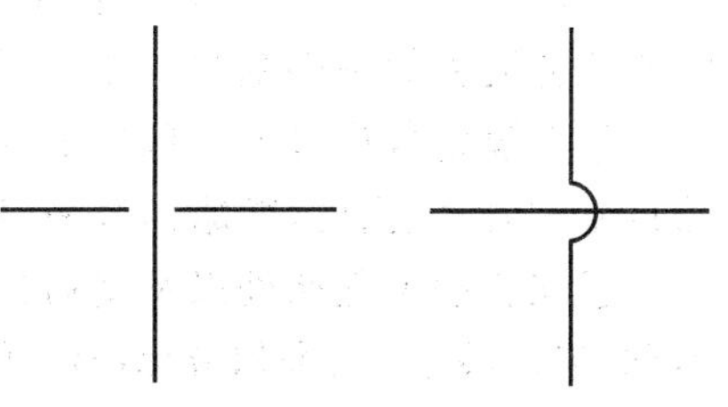

图 2.5　流程线交叉的表示方法

流程简图一般只保留在设计说明书中，施工时不使用，因此，流程简图的图幅无统一规定，图框和标题栏也可以省略。

2.3 工艺流程图

工艺流程图又名物料流程图(PFD)，是在工艺流程简图的基础上，用图形与表格相结合的形式，反应设计中物料衡算和热量衡算结果的图样。工艺流程图为审查提供资料，又是进一步设计的依据，同时它还可以为实际生产操作提供参考。

图 2.6 所示为某物料残液蒸馏处理系统的工艺流程图。

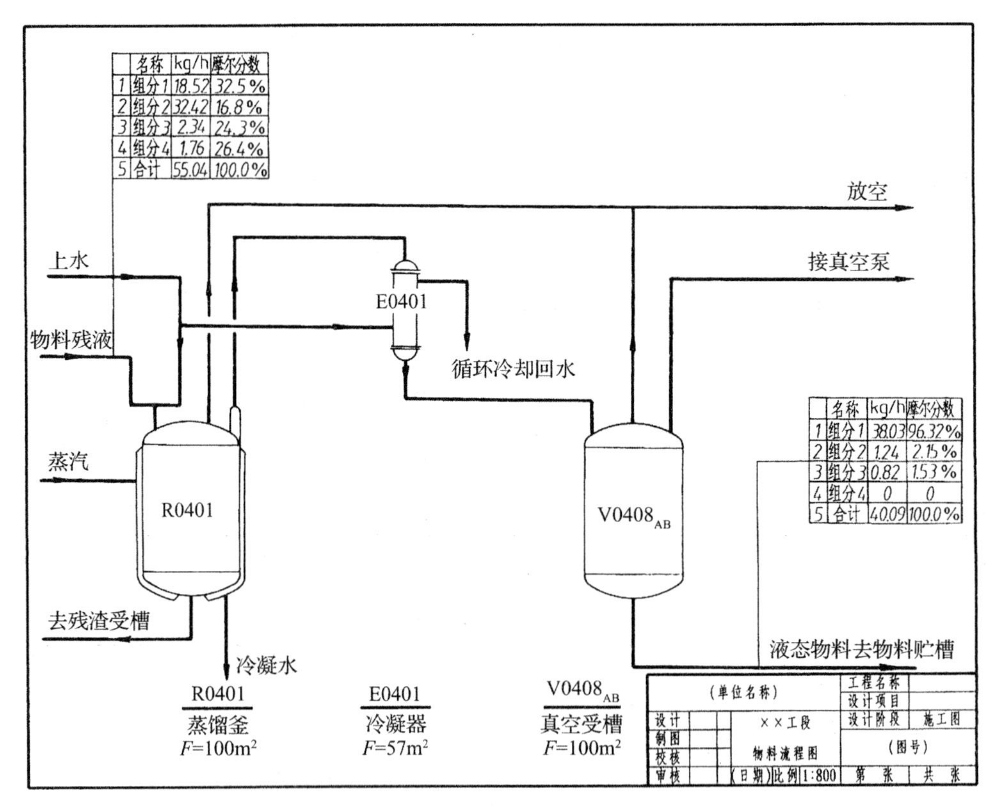

图 2.6 残液蒸馏处理系统的工艺流程

图 2.7 所示为草酸二甲酯合成工段的工艺流程图。

从图中可以看出，工艺流程图中设备的画法、设备位号及名称的注写方法、流程线的画法与工艺流程简图中基本一致，只是增加了以下内容：

①在设备各位号及名称的下方可以加注设备特性数据或参数，如换热设备的换热面积，塔设备的直径、高度，贮罐的容积，机器的型号等；

②在流程的起始处以及使物料产生变化的设备后，需列表注明物料变化前后其组分的名称、流量(kg/h)、摩尔分率(%)等参数及各项的总和，实际书写项目依具体情况而定。表格线和指引线都用细实线绘制。

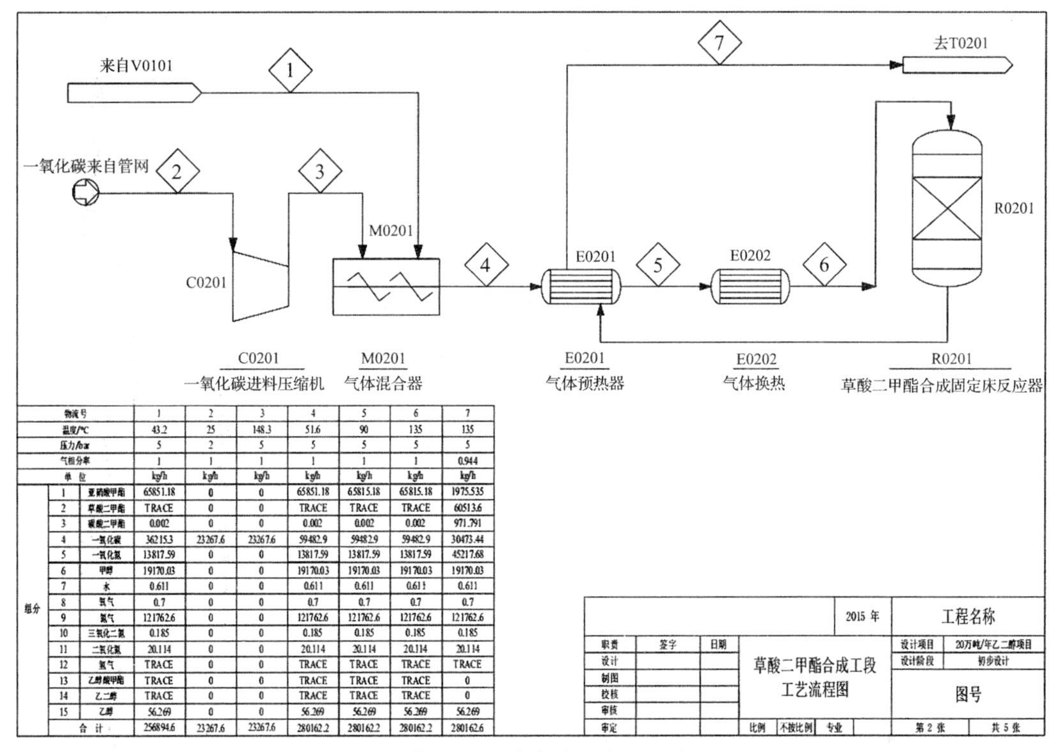

		物流号	1	2	3	4	5	6	7
		温度/℃	43.2	25	148.3	51.6	90	135	135
		压力/bar	5	2	5	5	5	5	5
		气相分率	1	1	1	1	1	1	0.944
		单　位	kg/h	kg/h	kg/h	kg/h	kg/h	kg/h	kg/h
组分	1	亚硝酸甲酯	65851.18	0	0	65851.18	65815.18	65815.18	1975.535
	2	草酸二甲酯	TRACE	0	0	TRACE	TRACE	TRACE	60513.6
	3	碳酸二甲酯	0.002	0	0	0.002	0.002	0.002	971.791
	4	一氧化碳	36215.3	23267.6	23267.6	59482.9	59482.9	59482.9	30473.44
	5	一氧化氮	13817.59	0	0	13817.59	13817.59	13817.59	45217.68
	6	甲醇	19170.03	0	0	19170.03	19170.03	19170.03	19170.03
	7	水	0.611	0	0	0.611	0.611	0.611	0.611
	8	氧气	0.7	0	0	0.7	0.7	0.7	0.7
	9	氮气	121762.6	0	0	121762.6	121762.6	121762.6	121762.6
	10	三氧化二氮	0.185	0	0	0.185	0.185	0.185	0.185
	11	二氧化氮	20.114	0	0	20.114	20.114	20.114	20.114
	12	氢气	TRACE	0	0	TRACE	TRACE	TRACE	TRACE
	13	乙醇酸甲酯	TRACE	0	0	TRACE	TRACE	TRACE	0
	14	乙二醇	TRACE	0	0	TRACE	TRACE	TRACE	0
	15	乙醇	56.269	0	0	56.269	56.269	56.269	56.269
		合　计	256894.6	23267.6	23267.6	280162.2	280162.2	280162.2	280162.6

图 2.7　草酸二甲酯合成工段的工艺流程

对于流程相对复杂或需要表达的参数较多时，宜采用集中表示方法。将流程中要求标注的各部位的参数汇集成总表。物流平衡表一般放置在图形左下角，也可单独成为一份图纸。

物流平衡表需配合物流点编号一起使用。图中需标出各物流点的编号，只要有物料组成发生变化的，就应该绘制一个物流点编号。如表 2.4 所示。绘制方法：用细实线绘制适当尺寸的菱形框，菱形边长为 8～10mm，框内按顺序填写阿拉伯数字，数字位数不限，但同一车间物流点编号不得相同。菱形可在物流线的正中，也可紧靠物流线，也可用一小段细实线引出。

表 2.4　物流平衡表示例

序号	组分	分子式	相对分子质量	物流点编号				物流点编号			
				物料名称				物料名称			
				kg/h	wt%	kmol/h	mol%	kg/h	wt%	kmol/h	mol%
1											
2											
3											
4											
—											

续表

序号	组分	分子式	相对分子质量	物流点编号				物流点编号			
				物料名称				物料名称			
				kg/h	wt%	kmol/h	mol%	kg/h	wt%	kmol/h	mol%
合计											
1	温度										
2	压力										
3	密度										
4	相态										
5	气相分率										

物料在流程中的一些工艺参数(如温度、压力等)可在流程线旁注写,也可写入物流平衡表。

工艺流程图的绘制过程中,对图纸幅面、字体、标题栏等仍采用国家标准《技术制图图纸幅面和格式》(GB/T 14689—2008),只是对某些特殊的地方进行了一些补充和说明。一般工艺流程图采用 A1 规格,横幅绘制;对流程简单者可采用 A2 规格的幅面;对生产流程过长,在绘制流程图时可以采用标准幅面加长的规格,每次加长为图样宽度的 1/4,也可采用分段分张的流程图格式。

2.4 带控制点的工艺流程图

带控制点的工艺流程图(P&ID)一般分为初步设计阶段的带控制点工艺流程图和施工设计阶段带控制点的工艺流程图,而施工设计阶段带控制点的工艺流程图也称管道及仪表流程图。

带控制点的工艺流程图是在工艺流程图的基础上绘制的,其内容比工艺流程图更为详尽。在带控制点的工艺流程图中应把生产中涉及的所有设备、管道、阀门以及各种仪表控制点等都画出。它是设计、绘制设备布置图和管道布置图的基础,又是施工安装和生产操作时的主要参考依据。

图 2.8 所示为某物料残液蒸馏处理系统的带控制点的工艺流程图。从图中可知,带控制点的工艺流程图的内容主要有:

(1)设备示意图——带接管口的设备示意图,注写设备位号及名称;

(2)管道流程线——带阀门等管件和仪表控制点(测温、测压、测流量及分析点等)的管道流程线,注写管道代号;

(3)对阀门等管件和仪表控制点的图例符号的说明以及标题栏等。

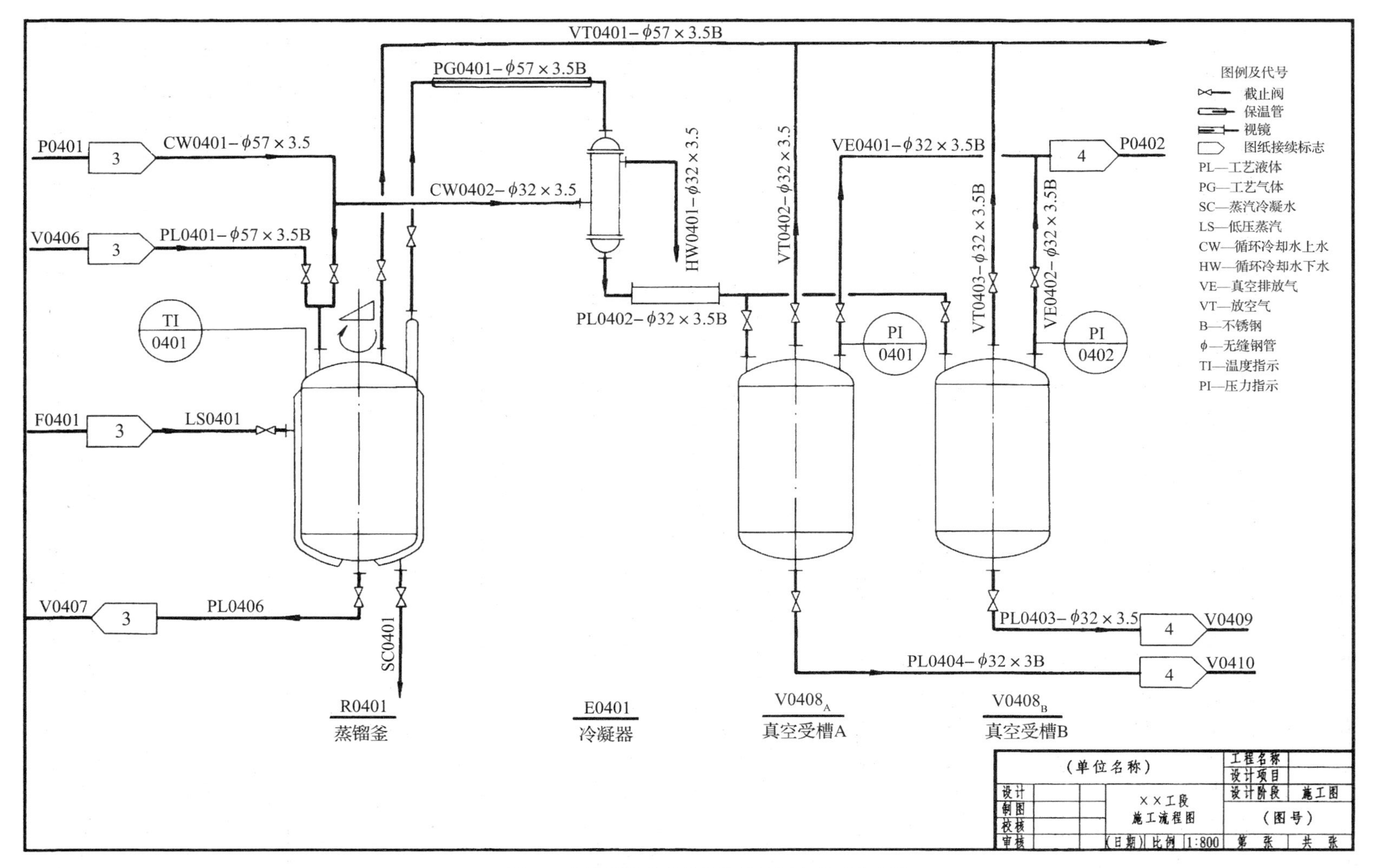

图2.8 残液蒸馏处理系统的带控制点的工艺流程

2.4.1 设备的画法与标注

2.4.1.1 设备的画法

在带控制点的工艺流程图中，设备的画法与工艺流程图处基本相同。例如：各设备图例只取相对比例，但各设备的高低位置及设备上重要接口的位置应基本符合实际情况，对有位差要求的设备，应标注限位尺寸；各设备之间应保留适当距离以布置流程线。

与工艺流程图处不同的是：对于两个或两个以上的相同设备一般应全部画出。

2.4.1.2 设备的标注

带控制点的工艺流程图中每个工艺设备都应编写设备位号并注写设备名称，标注方法与方案流程图相同，且带控制点的工艺流程图和工艺流程图中的设备位号应该保持一致。

当一个系统中包括两个或两个以上完全相同的局部系统时，可以只画出一个系统的流程，其他系统用双点画线的方框表示，在框内注明系统名称及其编号。

2.4.2 管道的画法及标注

2.4.2.1 管道的画法

在带控制点的工艺流程图中，需要绘出和标注全部工艺管道以及与工艺有关的一段辅助及公用管道，绘出并标注上述管道上的阀门、管件和管道附件（不包括管道之间的连接件，如弯头、三通、法兰等），但为安装和检修等原因所加的法兰、螺纹连接件等仍需绘出和标注。

在流程图中，是用线段来表示管道的，常称为管线。在 HG 20592.28—92 和 HG 20519.32—92 及 2009 标准中对管道的图例、线型做出了具体规定，见表 2.4，线宽的规定见表 2.2。

表 2.4 常用管道线路的表达方式

名称	图例		名称	图例
主要物料管道		b	蒸汽伴热管	
主要物料埋地管道		b	电伴热管	
辅助物料及公用系统管道		(1/2～2/3)b	保温管	
辅助物料及公用系统埋地管道		(1/2～2/3)b	夹套管	
仪表管路		(1/3)b	保护管	
原有管路		b	柔性管	
			异径管	

管线应画成水平和垂直线，不允许用斜线。在管道交叉处，把其中的一条断开（尽量横断竖不断），如图 2.9 所示。管道转弯时，一律画成直角。另外应尽量避免管线穿过设备。

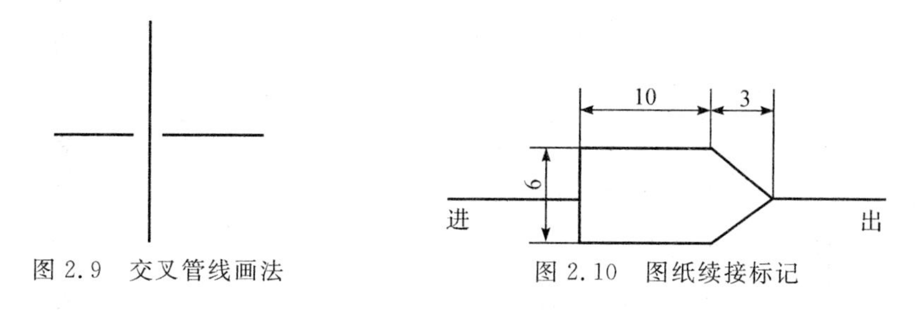

图 2.9　交叉管线画法　　图 2.10　图纸续接标记

在每根管线上都要以箭头表示其物料流向。图中的管道与其他图纸有关时，应将其端点绘制在图的左方或右方，并用空心箭头标出物料的流向（入或出），在空心箭头内注明与其相关图纸的图号或序号，在其附近注明来或去的设备位号或管道号，空心箭头的画法如图 2.10 所示。

2.4.2.2　管线的标注

工艺管道包括正常操作所用的物料管道；工艺排放系统管道；开、停车和必要的临时管道。对于每一根管道均要进行编号和标注，但下列情况除外：

(1)阀门、关键的旁路管道；

(2)放空或排入地下的短管；

(3)设备上的阀门和盲板等连接管；

(4)仪表管道；

(5)成套设备中的管道和管件。

管线标注使用一组符号标注管道的性能特征。如图 2.11(a)(b)所示，这组符号包括物料代号、工段号、管段序号和管道尺寸等。其中，物料代号、工段号和管段序号这三个单元称为管道号或管段号。

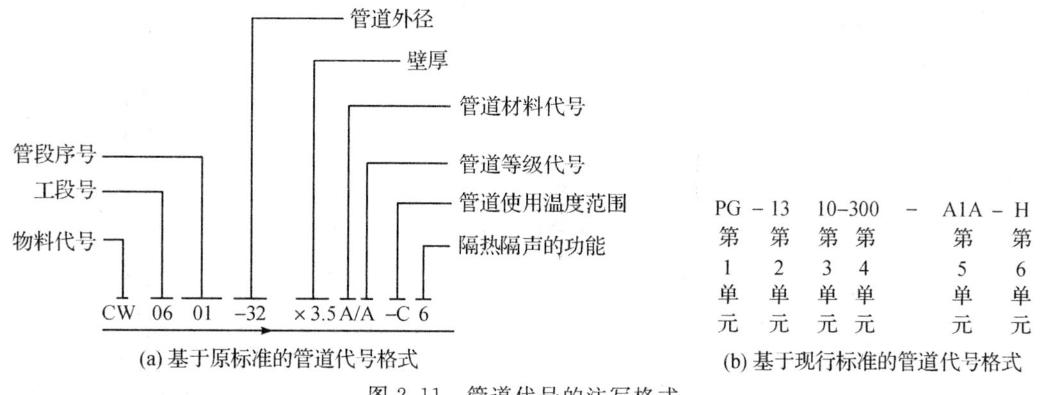

图 2.11　管道代号的注写格式

在管道代号中，物料代号按原化工部 HG 20519.2—2009 标准的规定选用，见表 2.5。工段号也是主项编号，采用 01～99 两位数字。管段序号是在主项中同一类别管道以流向顺序的编号，采用 01～99 两位数字。管道尺寸有两种表示方法，原标准中由管道外径和壁厚组成，以 mm 为单位，只标注数字，不标注单位，英制管需标出单位，现行标准中标注管道公称直径。

表 2.5 物料名称及代号

代号类别		物料代号	物料名称
工艺物料代号		PA	工艺空气
		PG	工艺气体
		PGL	气液两相流工艺物料
		PGS	气固两相流工艺物料
		PL	工艺液体
		PLS	液固两相流工艺物料
		PW	工艺水
辅助、公用工程物料代号	空气	AR	空气
		CA	压缩空气
		IA	仪表空气
	蒸汽、冷凝水	HS	高压蒸汽
		LS	低压蒸汽
		MS	中压蒸汽
		SC	蒸汽冷凝水
		TS	伴热蒸汽
	水	BW	锅炉给水
		CSW	化学污水
		CWR	循环冷却水回水
		CWS	循环冷却水上水
		DNW	脱盐水
		DW	自来水、生活用水
		FW	消防水
		HWR	热水回水
		HWS	热水上水
		RW	原水、新鲜水
		SW	软水
		WW	生产废水
	燃料	FG	燃料气
		FL	液体燃料
		LPG	液化石油气
		FS	固体燃料
		NG	天然气
		LNG	液化天然气
辅助、公用工程物料代号	油	DO	污油
		FO	燃料油
		GO	填料油
		LO	润滑油
		RO	原料油
		SO	密封油
		HO	导热油
	制冷剂	AG	气氨
		AL	液氨
		ERG	气体乙烯或乙烷
		ERL	液体乙烯或乙烷
		FRG	氟利昂气体
		PRG	气体丙烯或丙烷
		PRL	液体丙烯或丙烷
		RWR	冷冻盐水回水
		RWS	冷冻盐水上水
	其他	H	氢
		N	氮
		O	氧
		DR	排液、导淋
		FSL	熔盐
		FV	火炬排放空
		IG	惰性气
		SL	泥浆
		VG	真空排放气
		VT	放空
		WG	废气
		WS	废渣
		WO	废油
		FLG	烟道气
		CAT	催化剂
		AD	添加剂

管道等级代号包括管道公称压力等级代号、管道材料等级顺序号和管道材料代号。管道公称压力等级代号用大写英文字母表示，A～G用于ASME标准，H～Z用于国内标准的顺序号，见表2.6；管道材料等级顺序号用阿拉伯数字1～9表示；管道材料代号见表2.7。隔热和隔声代号见表2.8所示。

表2.6 管道公称压力等级代号

ACME标准	中国标准
A-150LB(2MPa)	H-0.25MPa　R-10.0MPa
B-300LB(5MPa)	K-0.6MPa　S-16.0MPa
C-400LB(6.4MPa)	L-1.0MPa　T-20.0MPa
D-600LB(11MPa)	M-1.6MPa　U-22.0MPa
E-900LB(15MPa)	N-2.5MPa　V-25.0MPa
F-1500LB(26MPa)	P-4.0MPa　W-32.0MPa
G-2500LB(42MPa)	Q-6.4MPa

表2.7 管道材料代号

材料类别	铸铁	碳钢	普通低合钢	合金钢	不锈钢	有色金属	非金属	衬里及内防腐
代号	A	B	C	D	E	F	G	H

表2.8 隔热和隔声代号

代号	功能类型	备注
H	保湿	采用保湿材料
C	保冷	采用保冷材料
P	人身防护	采用保温材料
D	防结露	采用保冷材料
E	电伴热	采用电伴热和保温材料
S	蒸汽伴热	采用蒸汽伴热和保温材料
W	热水伴热	采用热水伴热和保温材料
O	热油伴热	采用热油伴热和保温材料
J	夹套伴热	采用夹套伴热和保温材料
N	隔声	采用隔声材料

比较简单的流程或管道规格较少的可以只标注前四部分内容，若标注管道尺寸时使用外径和壁厚格式，则其后需加上管道材料代号。

每根管线(即由管道一端管口至另一端管口之间的管道)都应进行标注。对横向管线,一般标注在管线的上方;对竖向管线,一般标注在管线的左侧,密集处可以用指引线引出标注。

管道上的阀门、管道附件的公称直径与所在管道公称直径不同时要标出它们的尺寸,必要时还需要注出它们的型号。它们之中的特殊阀门和管道附件还要进行分类编号,必要时以文字、放大图和数据表加以说明。

同一个管道号只是管径不同时,可以只注管径。

同一个管道号而管道等级不同时,应表示出等级的分界线,并注出相应的管道等级。

异径管一律以大端公称直径乘以小端公称直径表示。

管线的伴热管要全部绘出,夹套管可在两端只画出一小段,其他绝热管道要在适当部位画出绝热图例。有分支管道时,图上总管及分支管位置要准确,而且要与管道布置图相一致。

2.4.3 阀门等管件的画法与标注

管道上的管道附件有阀门、管接头、异径管接头、弯头、三通、四通、法兰、盲板等。这些管件可以使管道改换方向、变化口径,可以连通和分流以及调节和切换管道中的流体。

在管道布置图中,管件一般用简单的图形和符号表示(见图 2.12),并在管道相应位置处画出。常用阀门的图形符号见表 2.9,阀门图形符号一般长为 6mm,宽为 3mm(或者长为 8mm,宽为 4mm),且用细实线绘制。

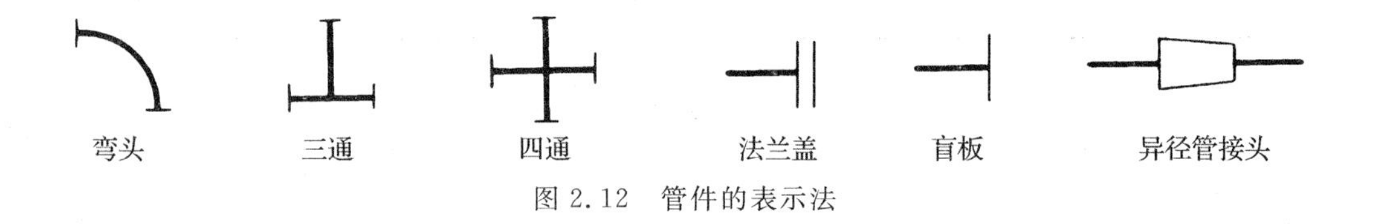

图 2.12 管件的表示法

为了安装和检修等目的所加的法兰、螺纹连接件等也应在带控制点的工艺流程图中画出。

表 2.9 常用阀门的图形符号

名称	符号	名称	符号
截止阀		弹簧式安全阀	
闸阀			
节流阀		旋塞阀	
球阀		角阀	

续表

名称	符号	名称	符号
碟阀		三通阀	
止回阀		四通阀	
减压阀			

2.4.4　仪表控制点的画法与标注

在带控制点的工艺流程图上要画出所有与工艺有关的检测仪表、调节控制系统、分析取样点和取样阀(组)，这些仪表控制点用细实线在相应的管道上的大致安装位置用规定符号画出。该符号包括仪表图形符号和字母代号，它们组合起来表达工业仪表所处理的被测变量和功能，或表示仪表、设备、元件、管线的名称。

2.4.4.1　图形符号

检测、显示、控制等仪表的图形符号是一个细实线圆，其直径约为 10mm，圆圈中标注仪表位号，圆圈外用一条细实线指向工艺管线或设备轮廓线上的检测点，如图 2.13 所示。表示仪表安装位置的图形符号见表 2.10。

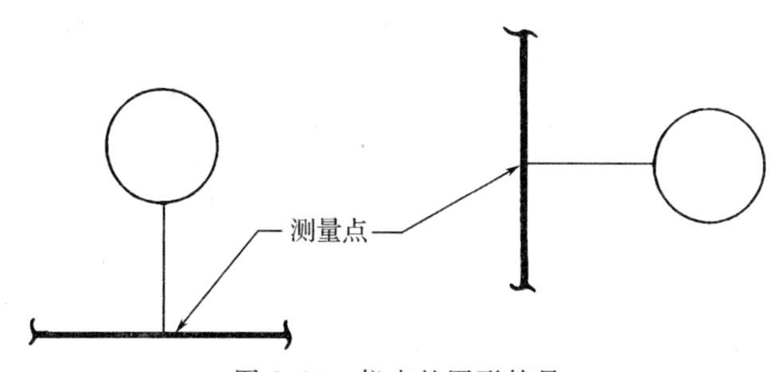

图 2.13　仪表的图形符号

表 2.10　仪器安装位置的图形符号

安装位置	图形符号	安装位置	图形符号
就地安装仪表		就地安装仪表(嵌在管道中)	
集中仪表盘面安装仪表		集中仪表盘后面安装仪表	
就地仪表盘面安装仪表		就地仪表盘后面安装仪表	

2.4.4.2 仪表位号

在检测系统中，构成一个回路的每个仪表(或元件)都有自己的仪表位号。仪表位号由字母代号组合与阿拉伯数字编号组成。其中，第一位字母表示被测变量，后继字母表示仪表的功能，数字编号表示工段号和回路顺序号，一般用三位或四位数字表示，如图 2.14 所示。

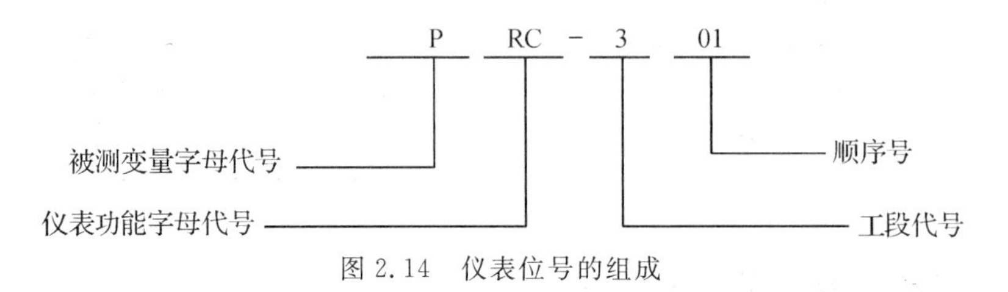

图 2.14 仪表位号的组成

仪表位号的标注方法是把字母代号填写在圆圈的上半圆中，数字编号填写在圆圈的下半圆中。

常见被测变量及仪表功能字母组合示例见表 2.11。

表 2.11 常见被测变量和仪表功能的字母代号(HG/T 20519.2—2009)

序号	含义			举例
字母	首位字母	后继字母		
	被测变量	修饰词	功能	
A	分析		报警	AI(有指示功能的分析仪表) FIA(有指示、报警功能的流量计)
C	电导率		控制	AIC(有指示和控制功能的分析仪表)
D	密度	差		DI(有指针功能的密度计) TDI(有指示功能的温差计)
F	流量	比(分数)		FRC(有记录和控制功能的流量计)
G	长度		就地观察、玻璃	
H	手动(人工触发)			HR(手动记录仪表)
I	电流		指示	IA(有报警功能的电流表)
L	物位		信号	AL(信号分析仪表)
M	水分或湿度			MIA(有指示和报警功能的湿度监测仪表)
P	压力或真空		试验点(接头)	PCT(压力控制变送仪表)
Q	数量或件数	积分、积算	积分、积算	AQ(积分分析仪)
R	放射线		记录或打印	SR(速度记录仪)
S	速度或频率	安全	联锁	AIS(分析仪表，带有开关和指示功能)
T	温度		传递	TRC(温度记录控制仪)
W	称重			

2.4.5 图幅和附注

带控制点的工艺流程图一般采用一号图幅，特别简单的用二号图幅，不宜加宽和加长。附注的内容是对流程图上所采用的除设备外的所有图例、符号、代号做出的说明。

2.5 设备布置图

表示一个车间（装置）或一个工段（工序）的生产和辅助设备在厂房内外安装位置的图样称为设备布置图。设备布置图是在简化了的厂房建筑图上增加设备布置内容，用来表示设备与建筑物、设备与设备之间的相对位置，并能直接指导设备的安装。设备布置图是化工设计、施工、设备安装、绘制管路布置图的重要技术文件。

2.5.1 内容

图2.15所示为残液蒸馏处理系统的设备布置图。

设备布置图一般包括以下几方面内容：

(1)一组视图。视图按正投影法绘制，包括平面图和剖面图，用以表示厂房建筑的基本结构和设备在厂房内外的布置情况。

(2)尺寸和标注。设备布置图中，一般要在平面图中标注与设备定位有关的建筑物尺寸，建筑物与设备之间、设备与设备之间的定位尺寸（不注设备的定形尺寸）；要在剖面图中标注设备、管口以及设备基础的标高；还要注写厂房建筑定位轴线的编号、设备的名称及位号，以及必要的说明等。

(3)安装方位。标安装方位标是确定设备安装方位的基准，一般画在图纸的右上方。

(4)标题栏。标题栏中要注写图名、图号、比例、设计者等内容。

2.5.2 一般要求

2.5.2.1 图纸幅面

设备布置图一般采用1号图幅，不宜加长加宽，特殊情况下也可采用其他图幅。一组图形尽可能绘于同一张图纸上，也可分开绘在几张图纸上，但要求采用相同的图幅，便于装订及保存。

2.5.2.2 比例

绘图比例通常采用1∶100，根据设备布置的疏密情况，也可采用1∶50或1∶200。当对于大的装置需分段绘制设备布置图时，必须采用同一比例，比例大小均应在标题栏中注明。

2.5.2.3 尺寸单位

设备布置图中的标注的标高、坐标均以米为单位，且需精确到小数点后三位，至毫米为止。其余尺寸一律以毫米为单位，只注数字，不注单位。若采用其他单位标注尺寸时，应注明单位。

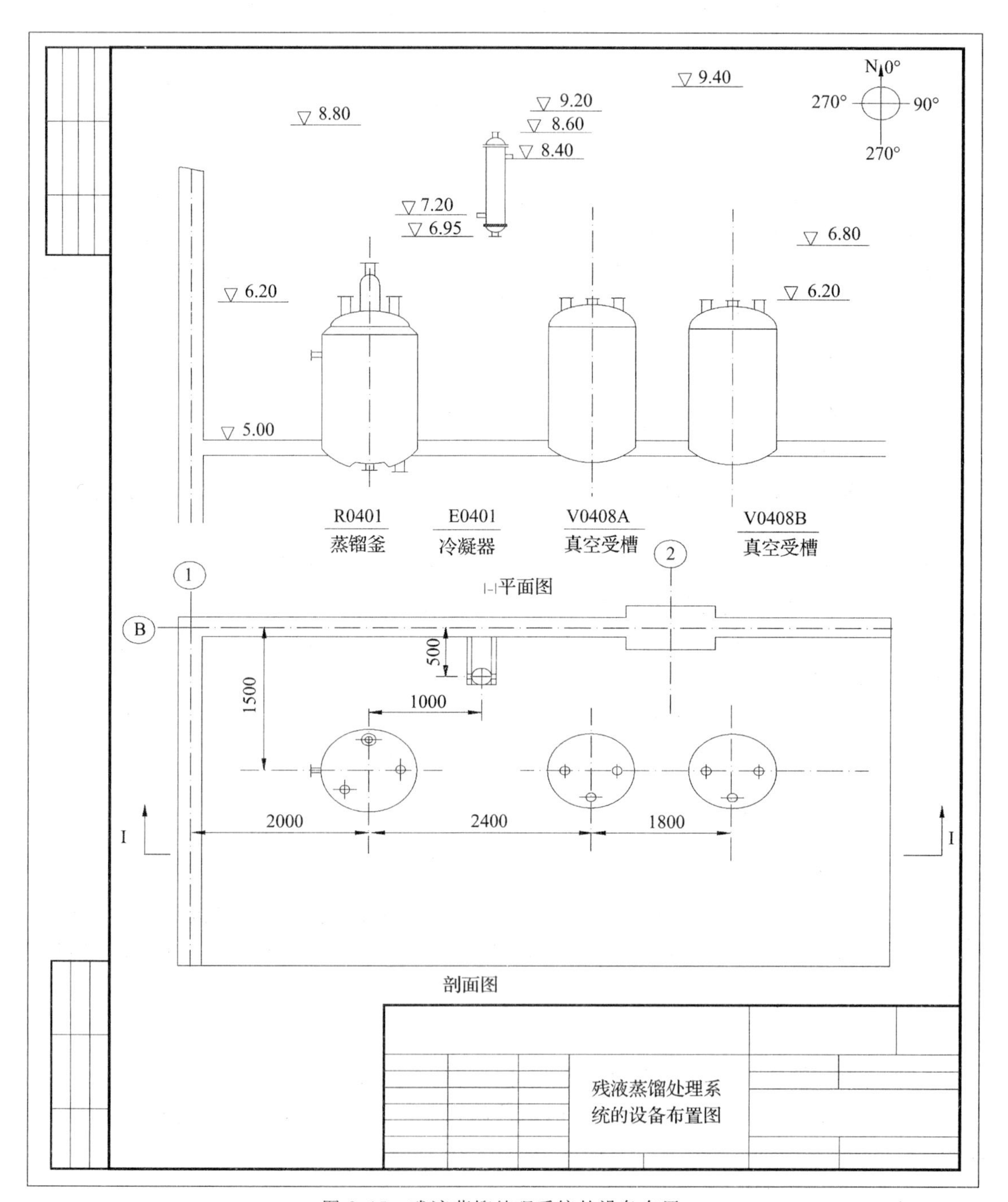

图 2.15 残液蒸馏处理系统的设备布置

2.5.2.4　图名

标题栏中的图名一般分成两行，上行写“××××设备布置图”，下行写“EL×××.×××平面”或“×—×剖视”等。

2.5.2.5　编号

每张设备布置图均应但都编号。同一主项的设备布置图不得采用一个号，应加上“第×张，共×张”的编号方法。在标题栏中应注明本类图纸的总张数。

2.5.2.6　标高的表示

标高的表示方法宜采用“EL—××.×××”“EL±0.000”“EL+××.×××”，对于“EL+××.×××”可将“+”省略表示为“EL××.×××”。

2.5.3　图面安排及视图要求

设备布置图中视图的表达内容主要是两部分：一是建筑物及其构件，二是设备。一般要求如下：

(1)设备布置图一般以联合布置的装置或独立的主项为单位绘制，界区以粗双点画线表示，在界区外侧标注坐标，以界区左下角为基准点。基准点坐标为N、E(或N、W)，同时注出其相当于在总图上的坐标X、Y数值。

(2)设备布置图包括平面图和立面剖视图。

平面图是表达厂房某层上设备布置情况的水平剖视图，它还能表示出厂房建筑的方位，占地大小，分隔情况及与设备安装、定位有关的建筑物、构筑物的结构形状和相对位置。

当厂房为多层建筑时，应按楼层或不同的标高分别绘制平面图。各层平面图是以上一层的楼板底面水平剖切的俯视图。平面图可以绘制在一张图纸上，也可绘制在不同的图纸上。在同一张图纸上绘制几层平面图时，应从最底层平面图开始，将几层平面布置图按由下到上、由左到右顺序排列，并在图形下方注明相应的标高。如：±0.000平面、+6.000平面等。

剖视图是假想用一平面将厂房建筑物沿垂直方向剖开后投影得到的立面剖视图，用来表达设备沿高度方向的布置安装情况。画剖视图时，规定设备按不剖绘制，其剖切位置及投影方向应按《建筑制图标准》规定在平面图上标注清楚，并在剖视图的下方注明相应的剖视名称。剖视图符号规定采用“A—A”“B—B”等大写英文字母表示。

剖视图中应有一张表示装置整体的剖视图。对于较复杂的装置或有多层建筑、构筑物的装置，当用平面图表达不清楚时，可加绘制多张剖视图或局部剖视图。

平面图和剖视图可以绘制在同一张图上，也可以单独绘制。平面图与剖视图画在同一张图上时，应按剖视顺序从左到右、由上而下的排列；若分别画在不同图纸上，可对照墙柱轴线的编号(①②③……也可用26个大写字母来替代数字)找到剖切位置及剖视图。

(3)一般情况下，每层只需画一张平面图。当有局部操作平台时，主平面图可只画操作平台以下的设备，而操作平台和在操作平台上面的设备应另画局部平面图。如果操作平台下的设备很少，在不影响图面清晰的情况下，也可两者重叠绘制，将操作平台下面的设备画为虚线。

(4)当一台设备穿过多层建筑物、构筑物时，在每层平面图上均需画出设备的平面位置，并标注设备位号。

2.5.4 建筑物及构件的表示方法

(1)需按相应建筑图纸所示的位置,按比例和规定的图例画出厂房建筑的空间大小、内部分隔及与设备安装定位有关的基本结构,如:地面、门、窗、墙、柱、道路、通道、楼梯、操作台(应注平台的顶面标高)、管廊架、管沟(应注沟底的标高)、明沟(应注沟底的标高)、楼板、平台、栏杆、安装孔、吊轨、围堰及设备基础等。

建筑物及其构件的轮廓用细实线绘出。

(2)需按相应建筑图纸,对承重墙、柱等结构用细点画线画出其建筑定位轴线。标注室内外的地坪标高。

(3)与设备安装定位关系不大的门、窗等构件,一般只在平面图上画出它们的位置、门的开启方向等,在剖视图上一般不予表示。

(4)在装置所在的建筑物内如有控制室、配电室、操作室、分析室、生活及辅助间,均应标注各自的名称。

2.5.5 设备布置图的标注

设备布置图的标注包括厂房建筑定位轴线的编号,建(构)筑物及其构件的尺寸;设备的定位尺寸和标高,设备的位号及名称及其他说明等。

2.5.5.1 厂房建筑物及构件的标注

标注内容:厂房建筑的长度、宽度总尺寸;柱、墙定位轴线的间距尺寸;为设备安装预留的孔、洞及沟、坑等定位尺寸;地面、楼板、平台、屋面的主要高度尺寸及设备安装定位的建筑物构件的高度尺寸。

标注方法如下:

(1)厂房建筑物、构筑物的尺寸标注与建筑制图的要求相同,应以相应的定位轴线为基准,平面尺寸以毫米为单位,高度尺寸以米为单位,用标高表示;

(2)一般采用建筑物的定位轴线和设备中心线的延长线作为尺寸界线;

(3)尺寸线的起止点用箭头或45°的倾斜短线表示,在尺寸链最外侧的尺寸线需延长至相应尺寸界线外3~5mm;

(4)尺寸数字一般应尽量标注在尺寸线上方的中间位置,当尺寸界线之间的距离较窄,无法在相应位置注写数字时,可将数字标注在相应尺寸界线的外侧、尺寸线的下方或采用引出方式标注在附近适当位置;

(5)定位轴线的标注,建筑物、构筑物的轴线和柱网要按整个装置统一编号,在建筑物主线一端画出直径8~10mm(视图纸比例而定)的细线圆,在水平方向上从左至右依次编号以1、2、3、4……表示,纵向用大写英文字母A、B、C……标注,自下而上顺序编号(其中I、O、Z三个字母不用);

(6)标高注法,标高一般以厂房内地面为基准,作为零点进行标注,零点标高标成“EL±0.000”,单位用米(不注)取小数点后三位数字,厂房内外地面及框架、平台的平面和管沟底、水池底应注明标高。

2.5.5.2　设备的标注

(1)平面布置图的尺寸标注

布置图中不注设备的定形尺寸，只注安装定位尺寸。平面图中应标出设备与建筑物及构件、设备与设备之间的定位尺寸，通常以建筑物定位轴线为基准，注出与设备中心线或设备支座中心线的距离，当某一设备定位后，可依此设备中心线为基准来标注邻近设备的定位尺寸。

卧式容器和换热器以设备中心线和靠近柱轴线一端的支座为基准；立式反应器、塔、槽、罐和换热器以设备中心线为基准；离心式泵、压缩机、鼓风机、蒸汽透平机以中心线和出口管中心线为基准，往复式泵、活塞式压缩机以缸中心线和曲轴(或电动机轴)中心线为基准；板式换热器以中心线和某一出口法兰端面为基准；直接与主要设备有密切关系的附属设备，如再沸器、喷射器、冷凝器等，应以主要设备的中心线为基准进行标注。

对于没有中心线或不宜用中心线表示位置的设备，例如箱式加热炉、水箱冷却器及其他长方形容器等，可由其外形边线引出一条尺寸线，并注明尺寸。当设备中心线与基础中心线不一致时，布置图中应注明设备中心线与基础中心线的距离。

(2)设备的标高

标高标注在剖面图上。

标高基准一般选择选择首层室内地面，基准标高为 EL±0.000。标高以米为单位，数值取至小数点后三位。

卧式换热器、槽、罐一般以中心线标高表示。立式、板式换热器以支承点标高表示(POS EL+××.×××)。泵、压缩机以主轴中心线标高或以底盘面标高(即基础顶面标高)表示(POS EL+××.×××)。

(3)位号的标注

在设备中心线的上方标注设备位号，该位号与管道及仪表流程图的应保持一致，下方标注支撑点的标高(POS EL+××.×××)或主轴中心线标高。

(4)其他标注

对于管廊、进出界区管线、埋地管道、埋地电缆、排水沟在图示处标注出来。对管廊、管架应注出架顶的标高(TOS EL+××.×××)。

2.5.6　安装方位标

安装方位标也称方向针，绘制在布置图的右上方，是表示设备安装方位基准的符号。

方位标为细实线圆，直径 20mm，北向作为方位基准，符号 PN，注以 0°、90°、180°、270°等字样。通常在图上方位标应向上或向左。该方位标应与总图的设计方向一致。

2.5.7　图中附注

布置图上的说明与附注，一般包括下列内容：

(1)剖视图见图号××××。

(2)地面设计标高为 EL±0.000。

(3)本图尺寸除标高、坐标以米(m)计外，其余以毫米(mm)计。

附注写在标题栏正上方。

2.5.8 设备的表示方法

(1)定型设备一般用粗实线按比例画出其外形轮廓,被遮盖的设备轮廓一般不予画出。设备的中心线用细点画线画出。

当同一位号的设备多于3台时,在平面图上可以表示首尾两台设备的外形,中间的用粗实线画出其基础的矩形轮廓,或用双点画线的方框表示。

在平面布置图上,动设备(如泵、压缩机、风机、过滤机等)可适当简化,只画出其基础所在位置,标注特征管口和驱动机的位置,并在设备中心线的上方标注设备位号,下方标注支撑点的标高“POS EL+××.×××”。

(2)非定型设备一般用粗实线,按比例采用简化画法画出其外形轮廓(根据设备总装图),包括操作台、梯子和支架(应注出支架图号)。

非定型设备若没有绘管口方位图的设备,应用中实线画出其特征管口(如人孔、手孔、主要接管等),详细注明其相应的方位角。

卧式设备则应画出其特征管口或标注固定端支座。

(3)设备布置图中的图例,均应符合HG 20519—2009的规定。无图例的设备可按实际外形简略画出。

(4)当设备穿过楼板被剖切时,每层平面图上均需画出设备的平面位置。在剖视图中设备的钢筋混凝土基础与设备的外形轮廓组合在一起时,可将其与设备一起画成粗实线。位于室外而又与厂房不连接的设备和支架、平台等,一般只需在底层平面图上予以表达。

(5)在设备平面布置图中,还应根据检修需要,用虚线表示预留的检修场地(如换热器管束用地),按比例画出,不标尺寸。

(6)剖视图找那个如沿剖视方向有几排设备,为使设备表示清楚可按需要不画后排设备。图样绘有两个以上剖视时,设备在各剖视图上一般只应出现一次,无特殊必要不予重复画出。

(7)设备布置图中还需表示出管廊、埋地管道、埋地电缆、排水沟和进出界区管线等。

(8)预留位置或第二期工程安装的设备,可在图中用细双点画线绘制。

2.6 厂区平面布置图

化工厂总平面布置设计的基本任务是结合厂区的各种自然条件和外部条件,确定生产过程中各种对象(包括建筑物、构筑物、设备、道路、管线、绿化区域等)的空间位置,以获得最合理的物料和人员等的流动路线,创建协调而又合理的生产和生活环境,组织全场构成一个能高度发挥效能的生产整体。

2.6.1 基本内容

(1)根据工厂企业的生产特点、工艺要求、运输及安全卫生要求,结合各种自然条件和当地条件,合理布置全场建筑构物,各种设施,交通运输路线,确定它们之间的相互位置和具体地点,即工业企业的总平面布置。

(2)根据建材场地的自然地形状况和总平面布置要求,合理地利用和改造厂区的自然地形，协调厂内外的建构筑物和设施，交通路线的高程关系，即进行工厂企业的竖向布置和土方调配规划。

(3)正确选择厂内外各种运输方式，合理地组织运输系统和处理人流、物流。负责设计运输设施或提出方案委托设计。

(4)合理地综合布置厂内室外地上、地下各种工程技术路线，使它们不能相互抵触和冲突，使各种管网的路线径直简捷，与总平面及竖向布置相协调。

(5)进行厂区的绿化及美化设计或提出设计要求，委托设计。

2.6.2 一般原则

从工程角度来看，化工厂的总平面布置应该注意以下几点要求。

(1)满足生产和运输的要求。

①厂区布置应符合生产工艺流程的合理要求，应使工厂各生产环节具有良好的联系，保证它们之间的径直和简捷的生产作业线，避免生产流程的交叉和迂回往复，使物料的输送距离最小。

②供水、供电、供热、供汽、供冷及其他公用设施，在注意其对环境影响和场外官网联系的情况下，应尽可能靠近负荷中心，以使各种公用工程介质的输送距离最小。

③厂区内的道路应径直短捷。不同货流之间都应该尽可能避免交叉和迂回。货运量大，车辆往返频繁的设施(仓库、堆场、车库、运输站场等)宜靠近厂区边缘地段。

④当厂区较平坦方整时，一般采用矩形街区布置方式，以使布置紧凑，用地节约，实行运输及管网的短捷，厂容整齐。

(2)满足安全和卫生要求。

①火灾危险性较大以及散发大量烟尘或有害气体的生产车间、装置和场所，应布置在厂区边缘或其他车间或场所的下风侧。

②散发可燃气体的场所，应远离各类明火源，并应布置在火源的下风侧或平行风侧和厂区边缘；不散发可燃气体的可燃材料库或堆场则应位于火源上风侧。

③储存大量可燃液体或比空气重的可燃气体储罐和使用的车间，一般不宜布置在人多场所及火源的上坡侧。对由于工艺要求而设在上坡地段的可燃液体罐区，应采用有效安全措施，如设置防火墙、导流墙或导流沟，以避免流散的液体威胁坡下的车间。

④火灾、爆炸危险性较大和散发有毒有害气体的车间、装置或设备，应尽可能露天或半敞开布置，以相对降低其危险性、毒害性和事故的破坏性，但应该注意生产特点对露天布置的适应性。

⑤空压站、空分车间及其吸风口等处理空气介质的设备，应布置在空气较清洁的地段，并应位于散发烟尘或有害气体场所的上风侧，否则应采取有效措施。

⑥厂区消防道路布置一般宜使机动消防设备能从两个不同方向迅速到达危险车间、危险仓库和罐区。

⑦厂区建筑物的布置应有利于自然通风和采光。

⑧厂区应考虑合理的绿化，以减轻有害烟尘、有害气体和噪声的影响，改善气候和日晒状况，为工厂的生产、生活提供良好的环境。

⑨环境洁净要求较高的工厂总平面布置，洁净车间应布置在上风侧或平行风侧，并与污

染源保持较大距离。在货物运输组织上尽可能做到黑白分流。

(3)考虑工厂发展的可能性和妥善处理工厂分期建设的问题。

(4)贯彻节约用地原则。

(5)为施工安装创造有利条件。

2.6.3 主要技术经济指标

评价总图设计合理性与否的技术经济指标有:厂区占地面积(m^2),厂外工程占地面积(m^2),厂内建构筑物占地面积(m^2),厂内露天堆场作业场地占地面积(m^2),道路停车场占地面积(m^2),铁路长度及占地面积(m,m^2),管线管沟管架占地面积(m^2),围墙长度(m),厂区内建筑总面积(m^2),厂区内绿化占地面积(m^2),建筑系数(%),利用系数(%),容积率;绿化系数(%),土石方工程量(m^3)。

2.7 化工设备图

2.7.1 内容

2.7.1.1 视图

根据设备复杂程度,采用一组视图,从不同的方向表示清楚设备的主要结构形状和零部件之间的装配关系。视图采用正投影法,按国家标准《机械制图》的要求绘制。

视图是图样的主要内容。

2.7.1.2 尺寸

图上应注写必要的尺寸,作为设备制造、装配、安装检验的依据。这些尺寸主要有表示设备总体大小的总体尺寸、表示规格大小的特性尺寸、表示零部件之间装配关系的装配尺寸、表示设备与外界安装关系的安装尺寸。注写这些尺寸时,除数据本身要绝对正确外,标注的位置、方向等都应严格按规定来处理。如尺寸线应尽量安排在视图的右侧和下方,数字在尺寸线的左侧和上方。不允许注封闭尺寸,参考尺寸和外形尺寸例外。尺寸标注的基准面一般从设计要求的结构基准面开始,并应考虑所注尺寸便于检查。

2.7.1.3 零部件编号及明细表

将视图上组成该设备的所有零部件依次用数字编号,并按编号序在明细栏(在主标题栏上方)中从下往上逐一填写每个编号的零部件的名称、规格、材料、数量、重量及有关图号或标准号等内容。

2.7.1.4 管口符号及管口表

设备上所有管口均需用英文小写字母依次在主视图和管口方位图上对应注明符号,并在管口表中从上向下逐一填写每一个管口的尺寸、连接尺寸及标准、连接面形式、用途或名称等内容。

2.7.1.5 技术特性表

用表格形式表达设备的制造检验主要数据。

2.7.1.6　技术要求

用文字形式说明图样中不能表示出来的要求。

2.7.1.7　标题栏

位于图样右下角，用以填写设备名称、主要规格、制图比例、设计单位、设计阶段、图样编号以及设计、制图、校审等有关责任人签字等项内容。

2.7.2　化工设备的结构及视图的表达特点

化工设备种类很多，但大多都具有这样一些共同特点：

(1)壳体多以回转形体为主加两封头组成；

(2)设备的总体尺寸与某些局部结构的尺寸相差悬殊；

(3)设备上有较多的开孔和接管分布在轴向和周向不同位置上；

(4)零部件之间大多采用焊接结构；

(5)广泛采用标准化、通用化、系列化的零部件。

由上述结构的基本特点，形成了化工设备在图示方面的一些特殊表达方法。

2.7.2.1　基本视图的配置

由于化工设备的基本形体以回转形体居多，因此在结构不十分复杂的情况下采用两个基本视图来表达设备的主体。立式设备通常采用主、俯两个基本视图，卧式设备通常采用主、左两个基本视图。主视图一般采用全剖视。如有对称面，可以中心线为界，画成半剖。

对于狭长形体的设备，当主、俯(或主、左)视图难于在幅面内按投影关系配置时，允许将俯(左)视图配置在图样的其他空白处，但必须注明“俯(左)视图”或“×—向”等字样。

当设备所需的视图较多时，允许将部分视图分画在数张图面上，但主要视图及装配图所应包括的设备的明细栏、管口表、技术特性表、技术要求、标题栏等内容，均应安排在第一张图上，同时在每张图纸的附注中说明视图之间的相互关系。如在第一张图上写明：左视图、A 向视图见图××—××(图号)，而在左视图、A 向视图所在的图纸上写明：主视图见图××—××图纸等字样。

2.7.2.2　多次旋转的表达方法

由于化工设备的壳体四周分布着各种管口和零部件，而化工设备视图特点是只用一个主视图就清楚地表达出它们的形状和结构，这就要求采用一种多次旋转的表达方法，即将分布在不同圆周方位上的各个管口或零部件，分别按机械制图中画旋转视图的方法，在主视图上画出最能反映它们本身形状的图形。在绘制装置图时，通常将各接管(包括支座)绕设备中心线旋转≤90°，移至主视图的两侧来表示，如图 2.16 中 a、b、d、e 接管。有时为防止接管旋转后在主视图上重叠允许旋转大于 90°，如图 2.16 中 f 接管。也有时无论向哪个方向旋转均在主视图上重叠，若管口相同，可以表达清楚时，可在主视图上重叠，如图 2.16 中 c、d 管口。若管口不同，又表达不清时，可在主视图外另作视图表达清楚，但这时应标注视图符号，如图 2.16 中 j 管口，以 B—B 剖视的形式拿到主视图外来表达。在化工设备图中，采用多次旋转的表达方法时，允许不做任何标注。但在读化工设备图时，必须注意这些管口和零部件结构的周向方位,周向方位以管口方位图为准,主视图应表达清楚管口形状尺寸,安装的周向位置尺寸及管口高度。

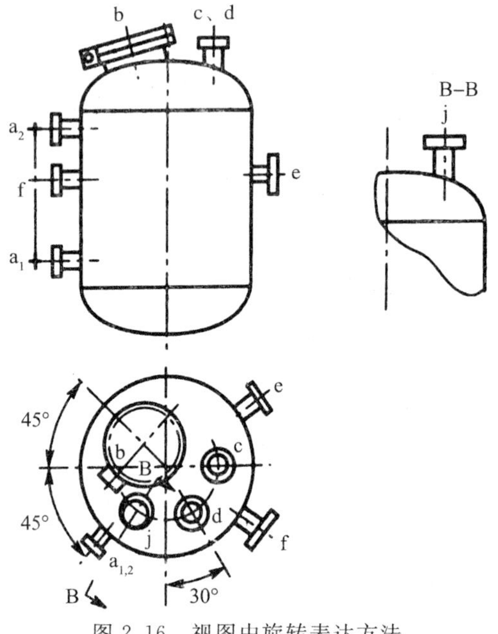

图 2.16 视图中旋转表达方法

2.7.2.3 局部结构的表达方法

由于化工设备总体与某些零部件的尺寸大小相差悬殊,按总体尺寸选定的绘图比例,往往无法将某些局部形状表达清楚。为了解决这个矛盾,在化工设备图上较多地采用局部方法图的表达方法,以补充表达某些局部结构详情,这种图常称为节点图,它的画法和要求与机械制图中局部放大图的画法和要求基本相同。

局部放大图可以用视图、剖视、剖面等多种形式表达,也可以用几个视图来表达,它与被放大部分的表达方式无关。图样中的局部放大图应尽量安排在被放大部分的附近。当一个图样有较多局部放大图时,允许按其顺序号整齐排列在离被放大部分较远的地方或安排在另一张(或几张)图纸上,但其方位及结构形状等应与被放大部分一致。在另一张图纸上绘制局部放大图时,这张图纸上不准再绘制其他零部件图样,如图 2.17 所示。

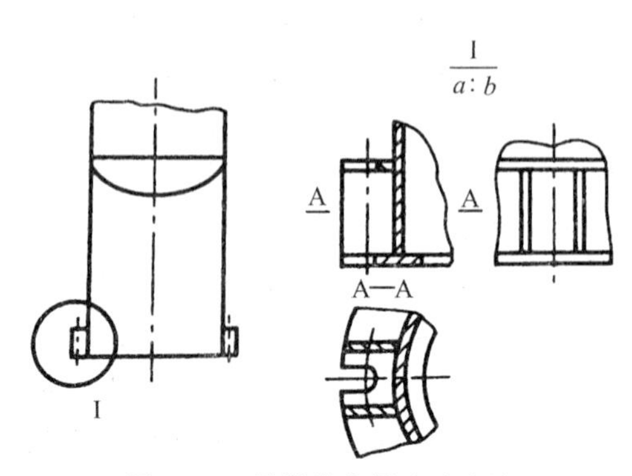

图 2.17 局部放大图表达方法

2.7.2.4 夸大的表达方法

为了解决设备总体与一些零部件间尺寸相差悬殊的矛盾，即使采用了局部放大，仍表达不清楚或无法采用局部放大时，还必须采用不按比例的夸大的表达方法。如设备的壁厚、垫片、挡板、折流板、换热管等，允许不按比例适当地夸大画出它们的壁厚，剖面线符号可以用涂色方法代替。在表示直径小于 2mm 的孔以及较小的斜度和锥度时，也可将其不按比例而夸大画出。注意这种夸大要适度，以看清楚为限，不可过分地夸大到不合实际的程度。

2.7.2.5 管口方位的表达方法

化工设备上的管口较多，它们的方向和位置在设备的制造、安装和使用时，都极为重要，必须在图样中表达清楚。管口方位图绘制分三种情况：一是管口方位图已由工艺设计师单独画出，在设备图上只需注明"管口及制作方位见管口文件图，图号××—××"等字样。此时在设备图中画出的管口，只表示连接结构，不一定是管口的真实方位，也就不能注写方位(角度)尺寸；二是管口方位已由工艺设计确定，但没有画出管口方位图，只提出管口方位条件图，此时可在设备图的俯(左)视图上表示该设备管口方位，并注出方位尺寸，还要在"技术说明"栏内注明"管口方位以本图为准"等字样；三是管口和零部件结构形状已在主视图上或通过其他辅助视图表达清楚的，在设备的俯(左)视图中可以用中心线和符合简化表示管口等结构的方位，如图 2.18 所示。

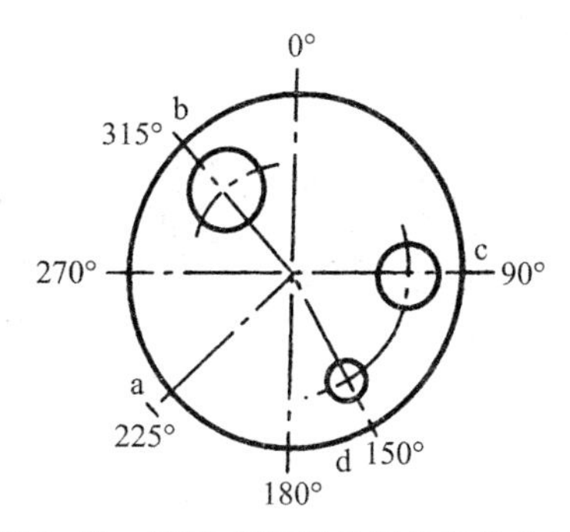

图 2.18 管口方位图的简化表达方法

2.7.3 简化画法

绘制化工设备图时，除按"机械制图"国标中规定的画法和前面提到的表达特点外，还根据化工设备的结构特点和设计、生产制造的要求，有关部门对设备图的简化画法，做了一些本行业认可的规定。

2.7.3.1 设备的结构用单线表示的简化画法

设备上的某些结构，在另有零部件图，或另用剖视、剖面、局部放大图等方式表达清楚时，装配图上允许用单线表示。如：槽、罐设备的壳体、带法兰的接管、补强圈、筛板塔、浮阀塔、泡罩塔的塔板等，列管式换热器中的折流板挡板、换热管等，在图面线条不是很少的情况下允许画成单线。

2.7.3.2 按比例画特性的外轮廓图

有标准图、通用图、复用图或外购零部件在装配图中只需按比例画出表示它们的特性的外形轮廓即可。例如电动机、填料箱、人孔、搅拌桨叶等，如图 2.19 所示。

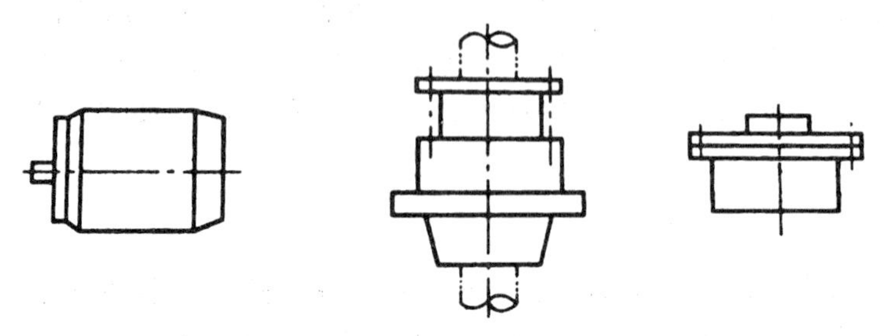

图 2.19 电动机、填料箱、人孔的简化画法

2.7.3.3 管法兰的简化画法

在装配图中法兰的画法不必分清法兰类型和密封面形式等，可简化为图 2.20(a)(b)所示的形式。至于密封面形式、焊接形式、法兰形式均在管口表中标出，法兰本身各部分尺寸可由标准查出。

对于特殊形式法兰(如带薄衬层的管法兰)，需用局部剖视图来表示，其衬层断面可不加剖面符号，如图 2.20(c)所示。设备上对外连接管口法兰，一般不配对画出，特殊情况下需配对画出时，用双点画线画出。

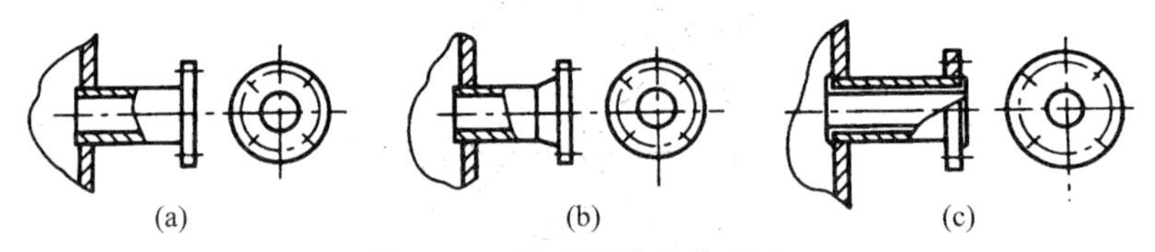

图 2.20 管法兰的简化画法

2.7.3.4 重复结构的简化画法

(1)装配图中螺栓孔及法兰连接螺栓等的画法

螺栓孔在图形上用中心线表示，可省略圆孔的投影。

装配图中法兰连接的螺栓、螺母、垫片都可不画出，其中符号“×”和“+”均用粗实线画出，如图 2.21 所示。

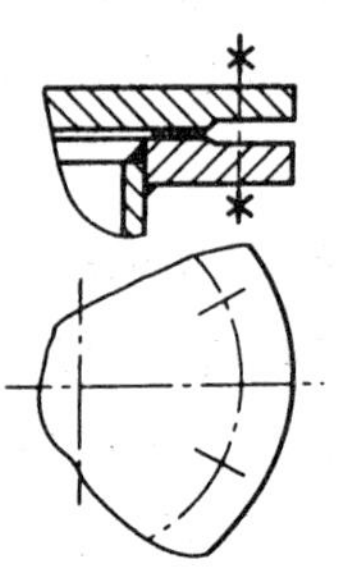

图 2.21 法兰连接的简化画法

装配图上同一种规格螺栓孔或螺栓连接，在数量较多且分布均匀时，在俯视图中可根据情况只画出几个符号，但至少画两个，以表示孔的方位(指跨中或对中)。

(2)多孔板孔眼的画法

当孔按一定规则排列时，如换热器的管板、折流板或塔板上的孔眼，如图2.22(a)所示，按三角形排列时，细实线的交点为孔眼的中心，最外边孔眼中心用粗实线连接，表示孔眼的分布范围，为表达清楚也可以画出几个孔眼，在其上注上孔径、孔数量和孔间距、孔眼的倒角和开槽、排列方式、间距、加工要求应用局部放大图表示。

管板上的孔眼，按同心圆排列时，其画法可简化为图2.22(b)所示。

对孔数要求不严的多孔板，不必画出孔眼及孔眼圆心连线，但必须用局部放大图表示孔眼的尺寸、排列方法及间距，如图2.22(c)所示。

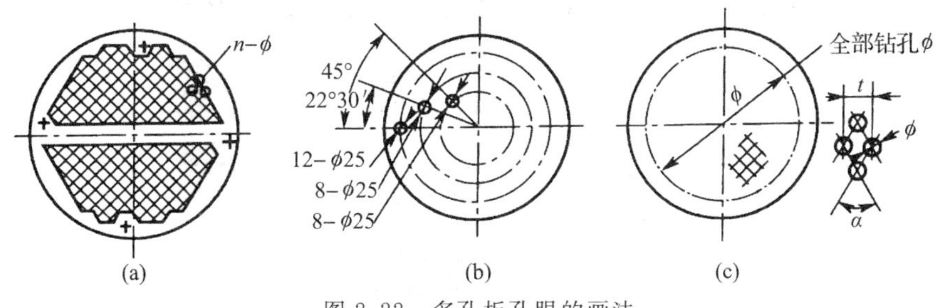

图2.22　多孔板孔眼的画法

(3)管束和板束的表示方法

当设备中有密集的管子，如列管式换热器中的换热管，在装配图中可视图面表达情况只画出完整的一根或几根，其余的管子均用中心线表示，如图2.23(a)所示。

如果设备中某部分结构由密集的、相同接头的板状零件所组成(板式换热器中的换热板片)，用局部放大图或零件图将其表达清楚后，在装配图上可用交叉细实线简化画出，如图2.23(b)所示。

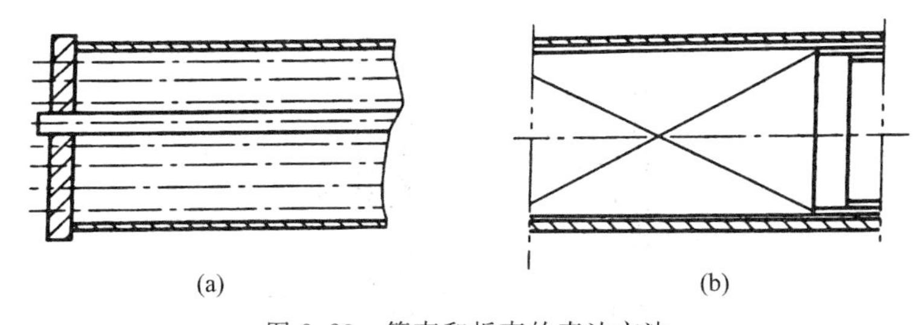

图2.23　管束和板束的表达方法

(4)剖视图中填料、填充物的表示方法

当设备中装有同一规格、同一材料和同一堆放方法的填充物时(如瓷环、木格条、玻璃棉以及其他填料塔所用填料)，可用交叉的细实线以及有关的尺寸和文字简化表达，如图2.24(a)(b)所示。

若装有不同规格不同填放方法的填充物，必须分层表示，如图2.24(c)所示。

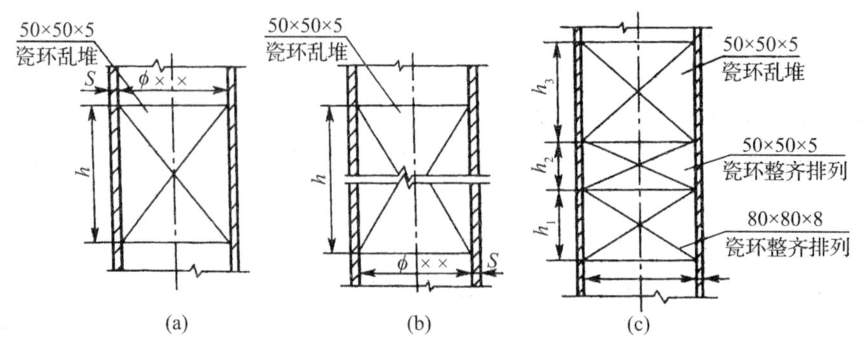

图 2.24 装有填充物的表达方法

对填料箱填料(金属填料或非金属填料)的画法,如图 2.25 所示。

图 2.25 填料箱填料的画法

2.7.3.5 液位计的简化画法

装配带有两个接管的液位计(如玻璃管、双面板式、磁性液位计等),符号“+”用粗实线画出;若带有两组或两组以上液位计时,注意在俯视图中正确表示出液位计的安装方位。如图 2.26 所示。

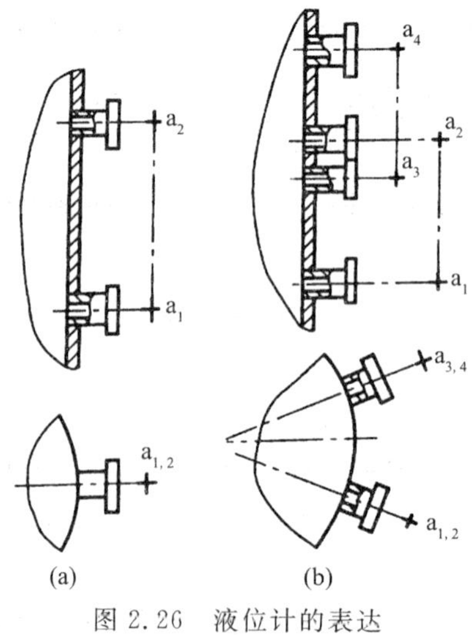

图 2.26 液位计的表达

2.7.3.6　设备涂层、衬里的简化画法

设备内层处理无非是增强耐腐蚀能力、耐磨能力和耐热能力，一般分为厚、薄涂层和厚、薄衬里四种情况。

薄涂层(指搪瓷、涂漆、喷镀金属及喷涂塑料等)属于金属表面处理性质，在图样中不编件号，仅在涂层表面侧面用与表面平行的粗点画线表示，并标注涂层的内容，其他详细要求可写入技术要求中。

薄衬里指在金属表面贴衬橡胶、石棉板、聚氯乙烯薄膜、铅板、其他金属板等的表面处理，一般衬板厚 1～2mm，其表示方法时在装配图的剖视图中用细实线画出。如果衬有两层或两层以上相同或不同材料的薄衬里时，仍可按一根细实线表示，不画剖面符号。

当衬层材料相同时，在视图上要编件号，并在明细栏中注明厚度和层数，无论几层均编一个件号。

当衬层材料不相同时，应分别编件号，在放大图中表示其结构，在明细栏中分别注明每种衬里材料的厚度和层数。

厚涂层指在金属表面涂各种胶泥、混凝土等。涂层必须编号，而且要注明材料的厚度，在技术要求栏中还要指出施工要求，必修用放大图详细表示其结构尺寸，包括增强结合力所需的铁丝网或挂钉等的结构尺寸。

厚衬层只衬耐火砖、耐酸板、辉绿岩板、塑料板等壳体内部处理，可按有关规定表达。

各图层表达如图 2.27 所示。

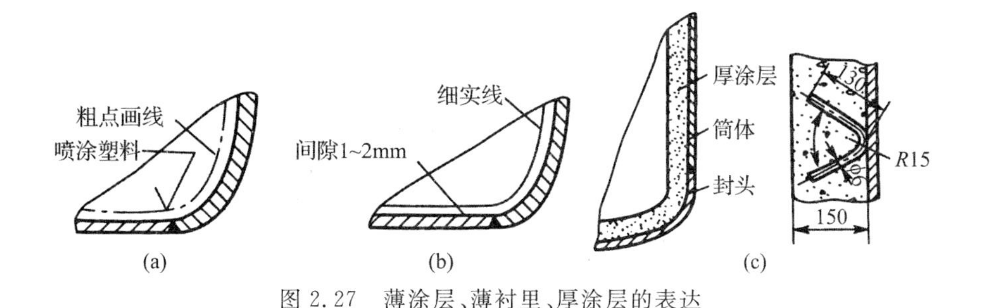

图 2.27　薄涂层、薄衬里、厚涂层的表达

2.7.4　化工设备图的绘制

绘制化工设备图的方法步骤和绘制机械装配图大致相似，但因化工设备图的内容和要求有特殊之处，故其绘制方法步骤也有相应的差别。另外化工设备的机械设计的内容是完成一套图样(总装配图和零部件图)和一份设计计算书，其中装配图是核心的内容，是整个设计的体现，要求设计者认真对待。

化工设备图绘制方法和步骤大致如下：

(1)选定视图表达方案、绘图比例和图面安排；

(2)绘制视图底稿；

(3)标注尺寸和焊缝代号；

(4)编排零部件件号和管口符号；

(5)填写明细栏、管口表、制造、检验主要数据表；

(6)编写图面技术要求、标题栏;

(7)全面校核、审定;

(8)编制零部件图。

以上是一般绘图步骤,有时步骤之间互相穿插。

第3章 Aspen Plus入门

摘要:本章介绍了Aspen Plus的一些基本模块输入方法,包括混合器、泵、换热器、反应器和塔等,并介绍了模型工具——灵敏度分析和设计规定的使用方法。各模块讲解均有配套实例并附演示视频。

Aspen Plus是一款功能强大的集化工设计、动态模拟等计算于一体的大型通用过程模拟软件。它起源于20世纪70年代后期,当时美国能源部在麻省理工学院(MIT)组织会战,要求开发新型第三代过程模拟软件,这个项目称为"先进过程工程系统"(Advanced System for Process Engineering),简称ASPEN。这一大型项目于1981年底完成。1982年Aspen Tech公司成立,将其商品化,称为Aspen Plus。这一软件经过历次的不断改进、扩充和提高,成为全世界公认的标准大型化工过程模拟软件。

Aspen Plus是基于稳态化工模拟、优化、灵敏度分析和经济评价的大型化工过程模拟软件,为用户提供了一套完整的单元操作模块,可用于各种操作过程的模拟及从单个操作单元到整个工艺流程的模拟。全世界各大化工、石化生产厂家及著名工程公司都是Aspen Plus的用户。它以严格的机理模型和先进的技术赢得广大用户的信赖。

Aspen Plus主要由三部分组成。

(1)物性数据库

Aspen Plus具有工业上最适用且完备的物性系统,其中包含多种有机物、无机物、固体、水溶电解质的基本物性参数。Aspen Plus计算时可自动从数据库中调用基础物性进行热力学性质和传递性质的计算。此外,Aspen Plus还提供了几十种用于计算传递性质和热力学性质的模型方法,含有的物性常数估算系统(PCES)能够通过输入分子结构和易测性质来估算缺少的物性参数。

(2)单元操作模块

Aspen Plus拥有50多种单元操作模块,通过这些模块和模型的组合,可以模拟用户所需要的流程。除此之外,Aspen Plus还提供了多种模型分析工具,如灵敏度分析模块。利用灵敏度分析模块,用户可以设置某一操纵变量作为灵敏度分析变量,通过改变此变量的值模拟操作结果的变化情况。

(3)系统实现策略

对于完整的模拟系统软件,除数据库和单元模块外,还应包括以下几部分。

①数据输入。Aspen Plus的数据输入是由命令方式进行的,即通过三级命令关键字书写的语段、语句及输入数据对各种流程数据进行输入。输入文件中还可包括注解和插入的Fortran语句,输入文件命令解释程序可转化成用于模拟计算的各种信息,这种输入方式使得用户使用软件特别方便。

②解算策略。Aspen Plus 所用的解算方法为序贯模块法以及联立方程法，流程的计算顺序可由程序自动产生，也可由用户自己定义。对于有循环回路或设计规定的流程必须迭代收敛。

③结果输出。可把各种输入数据及模拟结果存放在报告文件中，可通过命令控制输出报告文件的形式及报告文件的内容，并可在某些情况下对输出结果作图。

3.1 Aspen Plus 主要功能

Aspen Plus 可用于多种化工过程的模拟，其主要的功能具体有以下几种：

(1)对工艺过程进行严格的质量和能量平衡计算；

(2)可以预测物流的流量、组成以及性质；

(3)可以预测操作条件、设备尺寸；

(4)可以减少装置的设计时间并进行装置各种设计方案的比较；

(5)帮助改进当前工艺，主要包括可以回答"如果……会怎么样"的问题，在给定的约束内优化工艺条件，辅助确定一个工艺的约束部位，即消除瓶颈。

3.2 Aspen Plus 界面

3.2.1 Aspen Plus 界面主窗口

Aspen Plus V8.0 及以上版本采用新的通用的"壳"用户界面，这种结构已被 Aspen Tech 公司的其他许多产品采用。"壳"组件提供了一个交互式的工作环境，方便用户控制显示界面。Aspen Plus 的模拟环境界面如图 3.1 所示。

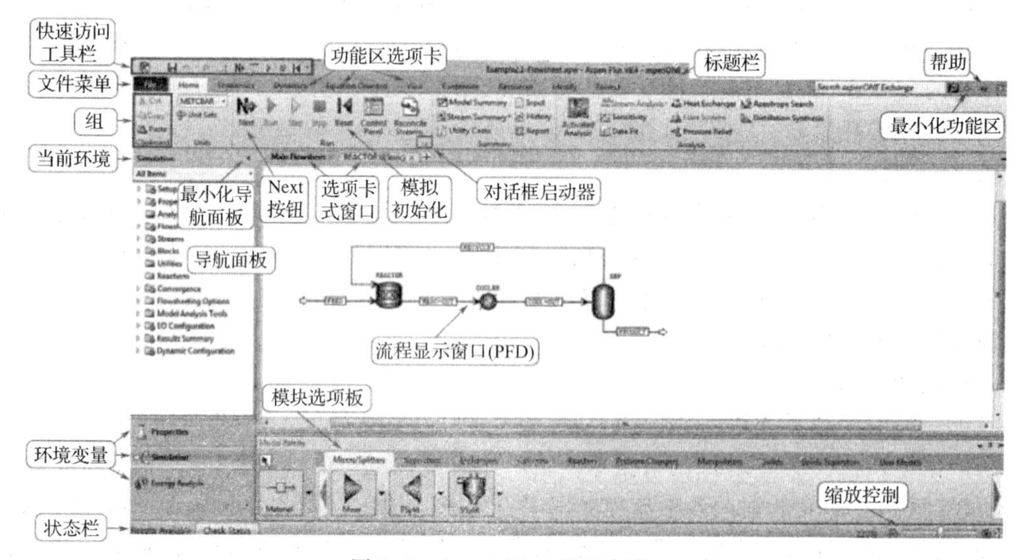

图 3.1 Aspen Plus 界面主窗口

功能区(Ribbon)包括一些显示不同功能命令集合的选项卡,还包括文件菜单和快捷访问工具栏。文件菜单包括打开、保存、导入和导出文件等相关命令。快捷访问工具栏包括其他常用命令,如取消、恢复和下一步。无论激活哪一个功能区选项卡,文件菜单和快捷访问工具栏总是可以使用的。

导航面板(Navigation Pane)为一个层次树,可以查看流程的输入、结果和已被定义的对象。导航面板总是显示在主窗口的左侧。

Aspen Plus 包含三个环境:物性环境、模拟环境和能量分析环境。其中,物性环境包含所有模拟所需的化学系统窗体,用户可定义组分、物性方法、化学集、物性集,并可进行数据回归、物性估算和物性分析;模拟环境包含流程和流程模拟所需的窗体和特有功能;能量分析环境包含用于优化工艺流程以降低能耗的窗体。

3.2.2 主要图标功能

Aspen Plus 界面主窗口中主要图标功能介绍见表 3.1。

表 3.1　Aspen Plus 界面主窗口中主要图标功能介绍

图标	说明	功能
Next	下一步(专家系统)(Next)	指导用户进行下一步的输入
Run	开始运行(Run)	输入完成后,开始计算
Control Panel	控制面板(Control Panel)	显示运行过程,并进行控制
Reset	初始化(Reset)	不使用上次的计算结果,采用初值重新计算

3.2.3 Aspen Plus 专家系统(Next)

Aspen Plus 中 Next(Next)是一个非常有用的工具,其作用有:

(1)通过显示信息,指导用户完成模拟所需的或可选的输入;

(2)指导用户下一步需要做什么;

(3)确保用户参数输入的完整和一致。

表 3.2　点击 Next 的结果

如果	使用“Next”
所在工作表输入不完整	提示所在工作表下用户未完成的输入信息
所在工作表输入完整	进入当前对象下的下一个需要输入的工作表
选择一个已经完成的对象	进入下一个对象或者运行的下一步选择
选择一个未完成的对象	进入下个必须完成的工作表

3.3 简单单元模拟

对于简单的物流过程，Aspen Plus 提供了混合器 Mixer 和分流器 FSplit 等模块（见图 3.2），还提供了倍增器 Mult 和复制器 Dupl 两个通用模块（见图 3.3）。

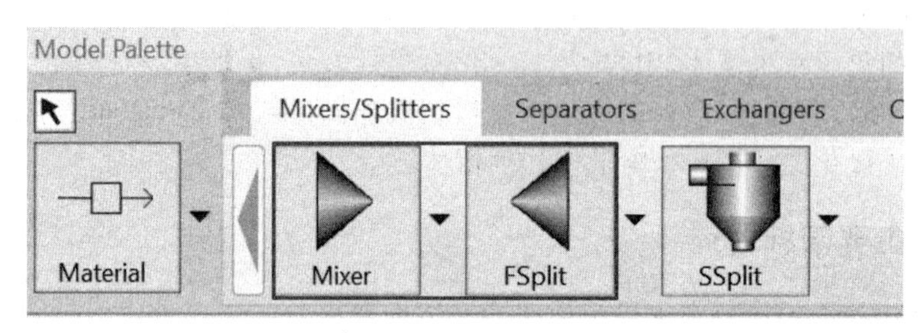

图 3.2 混合器 Mixer 和分流器 FSplit 模块

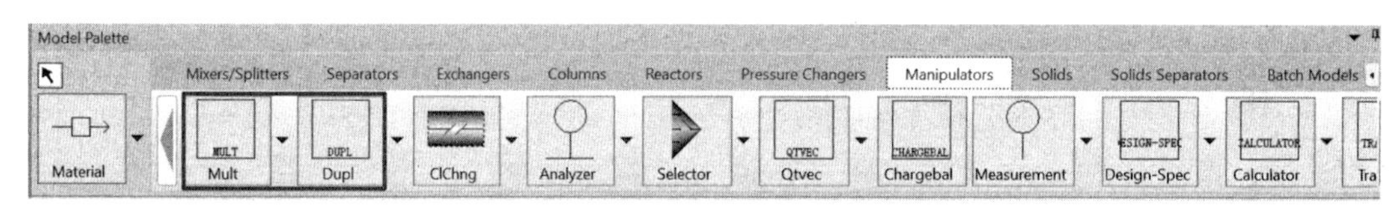

图 3.3 倍增器 Mult 和复制器 Dupl

3.3.1 混合器

混合器模块和分流器模块设置在模块选项板 Mixers/Splitters 下，其介绍如表 3.3 所示。

表 3.3 Mixer/FSplit 模块介绍

模块	说明	功能	适用对象
Mixer	混合器	把多股流股混合成一股流股	混合三通、流股混合操作、增加热流或增加功流的操作
FSplit	分流器	把一股或多股流股混合后分成多股流股	分流器、排气阀

混合器 Mixer 模块可将多股流股混合为一股流股，流股的类型包括物流、能流和功流，但一台混合器只能混合一类流股。

混合器模块至少有两股入口流股、一股出口流股。当混合物流时，该模块提供一个可选的水倾析（Water Decant）物流接口。

当混合能流或功流时，混合器模块不需要任何工艺规定。当混合物流时，用户可以指定出口压力或压降，如果用户指定压降，该模块检测最低进料物流压力，以计算出口压力。如果用户没有指定出口压力或压降，该模块使用最低进料物流压力作为出口压力。另外，还需要指定出口物流的有效相态(Valid Phases)。

下面通过例 3.1 介绍混合器模块的应用。

[例 3.1]　将 $1000m^3/h$ 的低浓酒精(乙醇 30%wt，水 70%wt，30℃，1bar)与 $700m^3/h$ 的高浓酒精(乙醇 95%wt，水 5%wt，20℃，1.5bar)混合。求混合后的温度和体积流量。

本例模拟步骤如下。

3.2.1.1　建立文件

启动 Aspen Plus，进入“File ↓ New ↓ User”页面，选择模板“General with Metric Units”，点击“Create”按钮创建空白文件。

表 3.4 列出了内置模板可供选择的单位集，其中，“ENG”和“METCBAR”分别为英制单位模板和公制单位模板默认的单位集。

表 3.4　可供选择的单位集

单位集	温度	压力	质量流量	摩尔流量	焓流	体积流量
ENG	F	psia	lb/h	lbmol/h	Btu/h	Cuft/h
MET	K	atm	kg/h	kmol/h	Cal/sec	l/min
METCBAR	C	bar	kg/h	kmol/h	MMkcal/h	cum/h
METCKGGM	C	kg/sqcm	kg/h	kmol/h	MMkcal/h	cum/h
SI	K	n/sqm	kg/sec	kmol/h	watt	cum/sec
SI-CBAR	C	bar	kg/h	kmol/h	watt	cum/h

3.2.1.2　保存文件

建立流程之前，为防止文件丢失，一般先将文件保存。进入“File | Save As”页面，选择保存文件类型和存储位置，命名文件，点击保存即可，如本题文件保存为“Mixer. bkp”。

系统设置了三种文件保存类型，其中“*. apw(Aspen Plus Document)”格式是一种文档文件，系统采用二进制存储，包含所有输入规定、模拟结果和中间收敛信息；“*. bkp (Aspen Plus Backup)”格式是 Aspen Plus 运行过程的备份文件，采用 ASCⅡ 存储，包含模拟的所有输入规定和结果信息，但不包含中间的收敛信息；“*. apwz(Compound File)”是综合文件，采用二进制存储，包含模拟过程中的所有信息。本题选择保存为“*. bkp”文件。

3.2.1.3　输入组分

完成上述准备工作后，系统默认进入物性环境“Properties”中“Components | Specifications | Selection”页面，用户需在此页面输入组分。用户也可以直接点击“Home”功能区选项卡中的“Components”按钮，进入组分输入页面。熟悉软件之后，用户可以直接在物性环境中左侧的导航面板点击“Components”(见图 3.4)，进入组分输入页面。

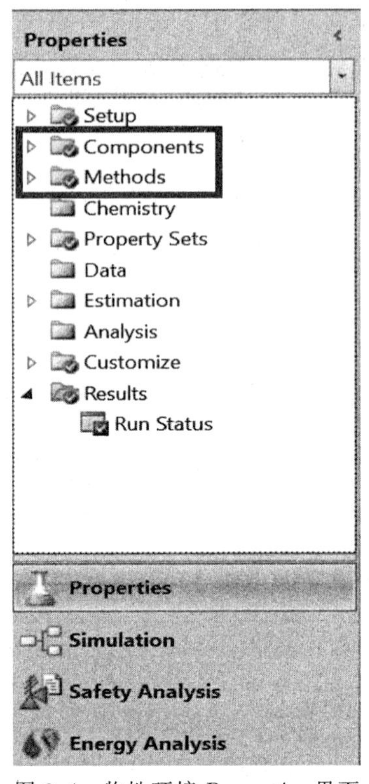

图 3.4 物性环境 Properties 界面

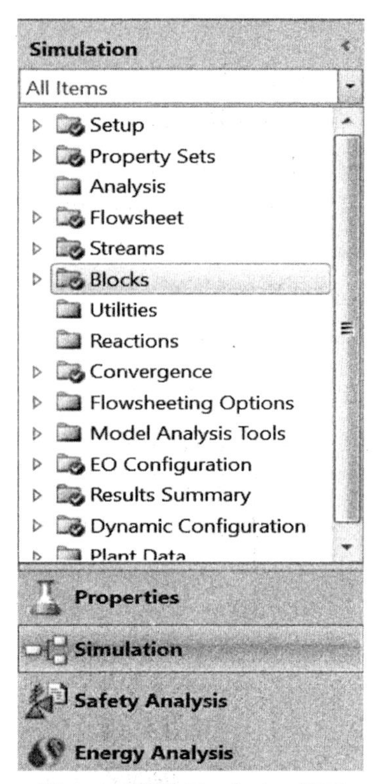

图 3.5 模拟 Simulation 界面

在“Component ID”一栏输入水的名称“WATER”或者“H_2O”，点击回车键，由于这是系统可识别的组分 ID，所以系统会自动将类型(Type)、组分名称(Component Name)和分子式(Formula)栏输入，如图 3.6 所示。

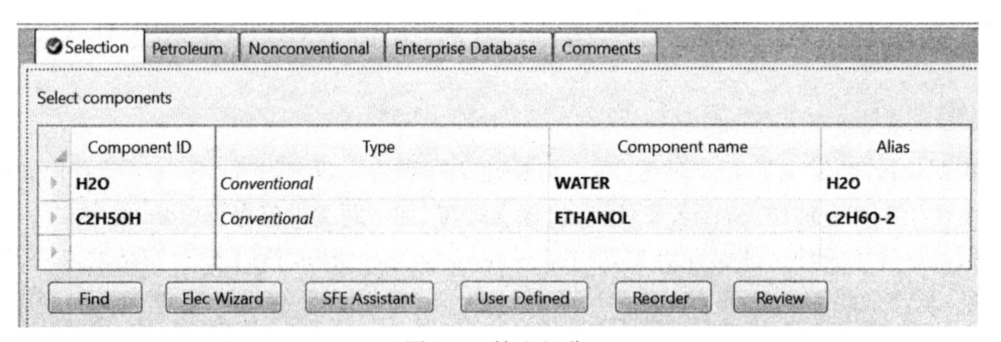

图 3.6 输入组分

如果在“Component ID”一栏直接输入“C_2H_6O”，由于乙醇具有同分异构体乙醚，点击回车后，系统并不识别，这时需要用查找(Find)功能。首先选中第二行，然后点击“Find”按钮，在“Find Compounds”页面上输入乙醇的分子式“C_2H_6O”或者输入乙醇的“CAS: 64-17-5”，点击“Find now”，系统会从纯组分数据库中搜索出符合条件的物质。从列表中选择所需要的物质，点击下方“Add selected compounds”按钮，然后点击“Close”按钮，回到“Components|Specifications|Selection”页面。双击“Component ID”栏中的物质名称，输入新的名称，按回车键后点击“Rename”按钮，即可对物质进行重命名。

3.2.1.4 选择物性方法及查看二元交互作用参数

组分定义完成后，点击“Next”按钮或按快捷键 F4，进入“Properties|Methods|Specifications|Global”页面，选择物性方法。同样，由导航面板或点击 Home 功能区选项卡中的“Methods”按钮，均可直接进入物性方法选择页面。

物性方法的选择是模拟的一个关键步骤，对于模拟结果的准确性至关重要。本题选择“NRTL”方法(活度系数法)(见图 3.7)。

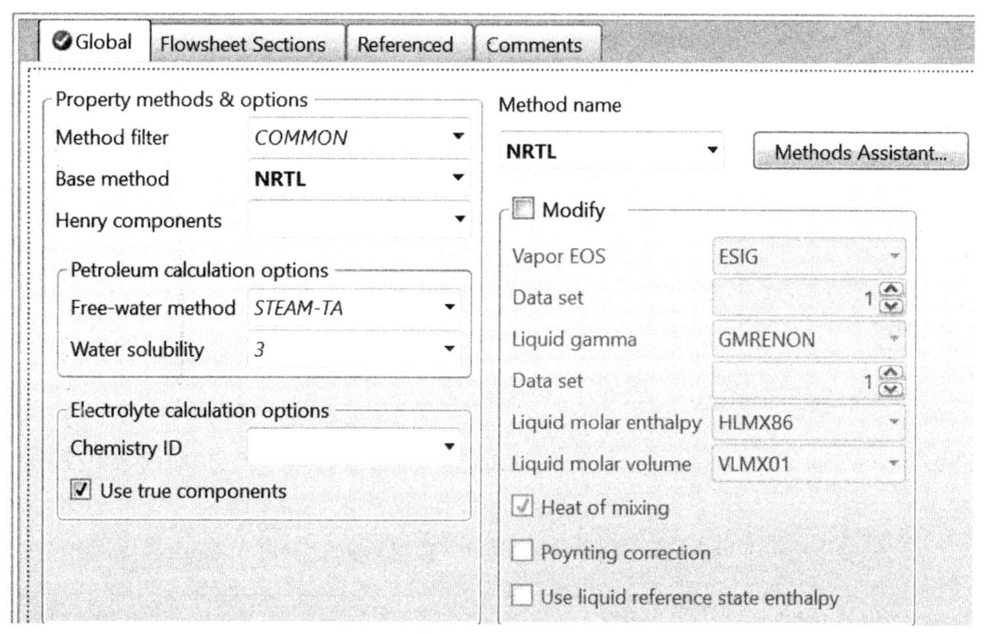

图 3.7 选择物性方法

3.2.1.5 进行全局设定

物性方法选择完成后，点击快捷访问或 Home 功能区选项卡中的“Next”按钮，出现如图 3.8 所示的“Properties Input Complete”对话框，选择“Go to Simulation environment”，点击“OK”按钮。

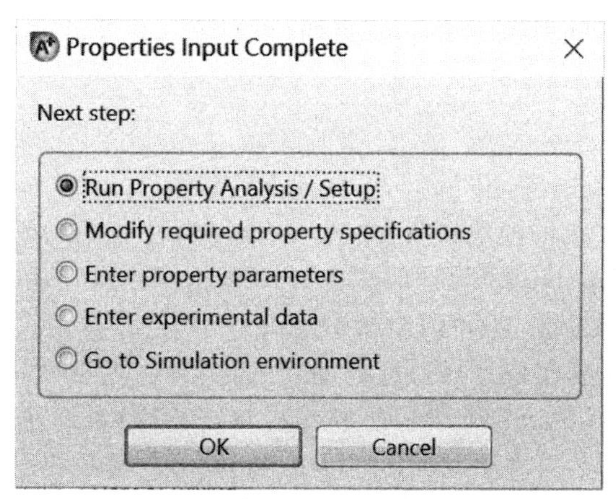

图 3.8 Properties Input Complete 对话框

进入“Setup|Specifications|Global”页面，设置全局规定。用户可以在全局规定页面中的“Title(名称)”框中为模拟命名，本题输入“mixer”，如图 3.9 所示。用户还可以在此页面选择全局单位制、更改运行类型(稳态或动态)等，本例均采用默认设置，不做修改。

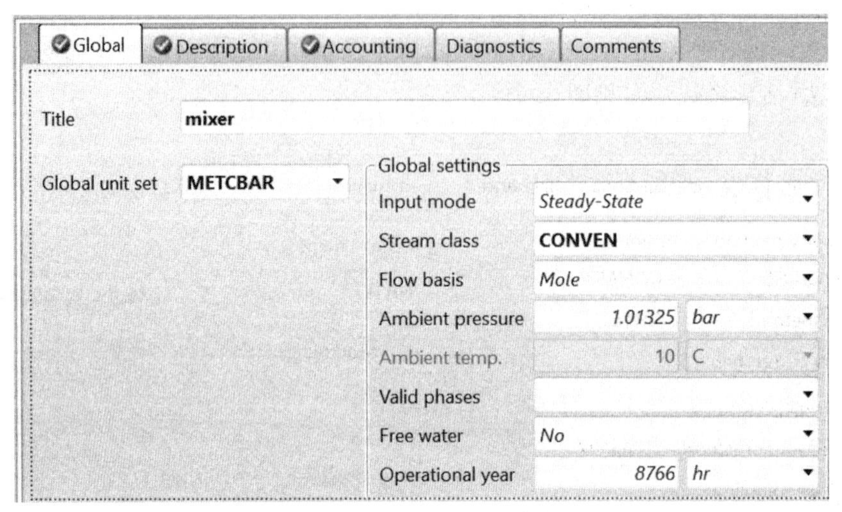

图 3.9 设置全局规定(单位)

进入“Setup|Specifications|Global|Accounting”页面，可输入用户信息，如图 3.10 所示。

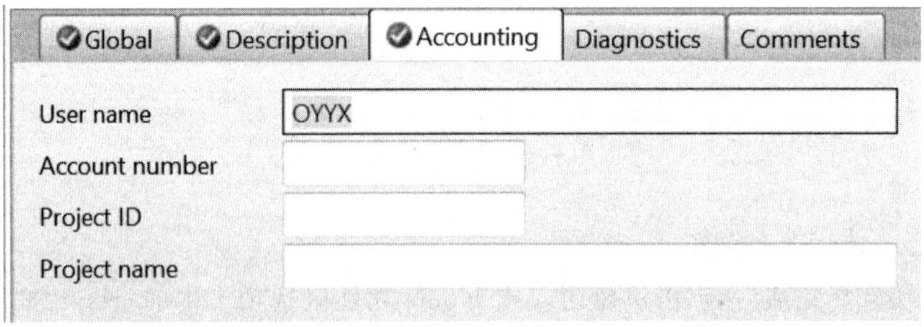

Global
Description
Accounting
Diagnostics
Comments
User name
OYYX
Account number
Project ID
Project name

图 3.10 设置全局规定(用户姓名)

进入“Setup|Report Options|Stream”页面，可对输出结果中的单位换算进行调整，如图 3.11 所示。

3.2.1.6 绘图

在完成前述的准备工作后，用户即可开始建立流程图。

首先从界面主窗口下端的模块选项板“Model Palette”中点击“Mixers/Splitters|Mixer”右侧的下拉箭头，选择“TRIANGLE”图标，如图 3.12 所示，然后移动鼠标至窗口空白处，点击左键放置模块 B1，点击鼠标右键，可退出绘图模式。

放置完模块后，需要给模块添加对应的输入输出物流，点击模块选项板左侧“Material Stream”的下拉箭头，选择物流“Material”，将鼠标移至主窗口，模块上会出现亮显的端口，红色表示必选物流，用户必须添加，蓝色为可选物流，用户在需要时可以自行添加。

点击亮显的输入端口连接物流，然后点击流程窗口空白处放置物流，即可成功连接输入

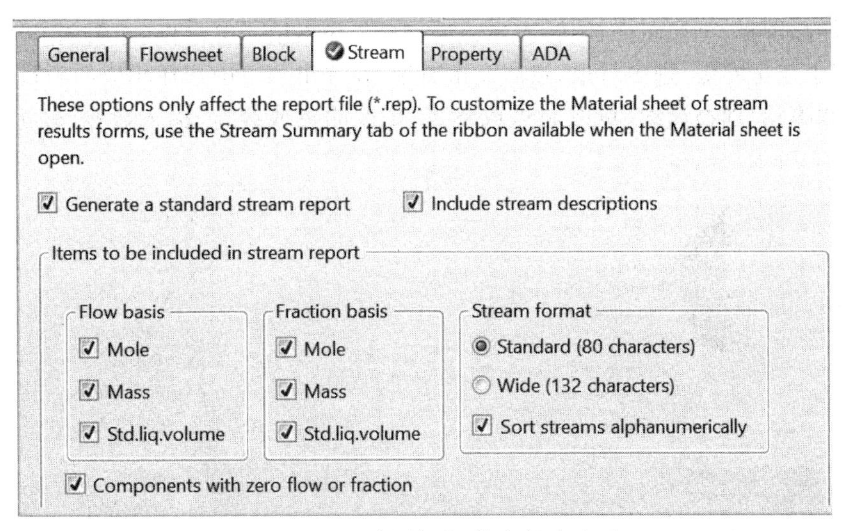

图 3.11　设置全局规定(输出报告选项)

物流。物流线位置可长按鼠标左键调整。连接完毕后,点击鼠标右键,可退出物流连接模式。

右键菜单中的"Zoom"系列命令可将流程图进行适当的放大及缩小,如图 3.13 所示。

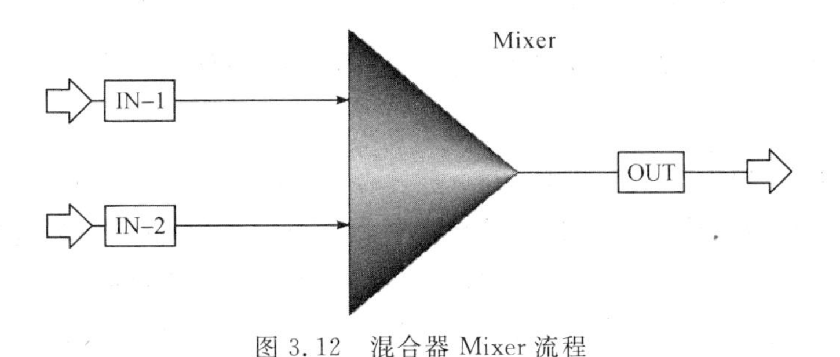

图 3.12　混合器 Mixer 流程

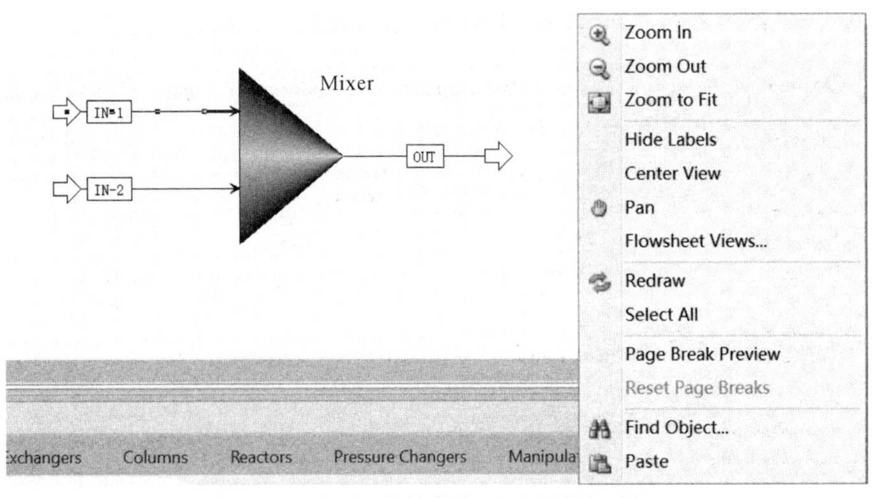

图 3.13　绘图区右键菜单(未选择任何对象)

在模块上点击左键,选中对象,然后点击右键,在弹出菜单中选择相应的项目,可以进行更改名称、删除图标、更换图标、旋转图标、输入数据、输出结果等操作，如图 3.14 所示。

在物流上点击左键，选中对象，然后点击右键，在弹出菜单中选择相应的项目，可以进行更改名称、删除、整理物流线、更改起点或终点、更改颜色或线宽、输入数据、输出结果等操作，如图 3.15 所示。

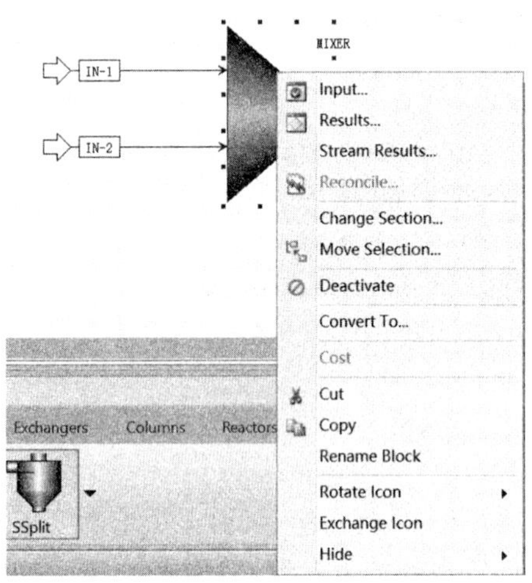

图 3.14　绘图区右键菜单(已选择模块)

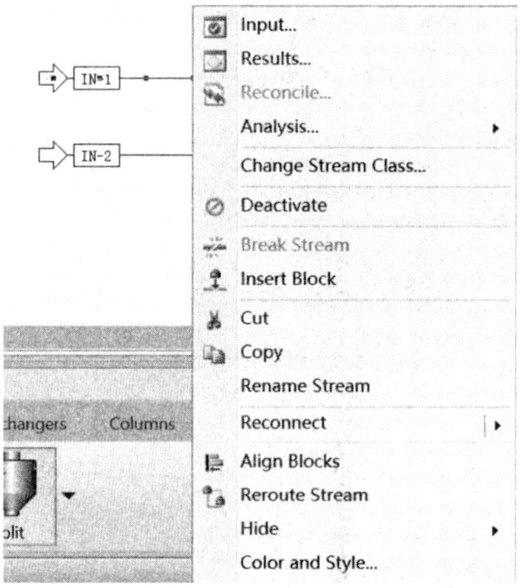

图 3.15　绘图区右键菜单(已选择物流)

对于流程中的物流和模块，通常取有实际意义的名称，以便于阅读和理解。

3.2.1.7　输入物流信息

物流信息包括物流的温度、压力或气相分数三者中的两个以及物流的流量或组成。Total flow 一栏用于输入物流的总流量，可以是质量流量、摩尔流量、标准液体体积流量或体积流量；输入总流量后，需要在“Composition”一栏中输入各组分流量或物流组成。用户也可以不输入物流总流量，在“Composition”一栏中选择输入类型为流量，即输入物流中各组分的流量。

进入“Streams|IN－1|Input|Mixed”页面，根据题目输入物流“IN－1”数据，即低浓酒精(乙醇 30%wt，水 70%wt，30℃，1bar，1000m^3/h)，如图 3.16 所示。

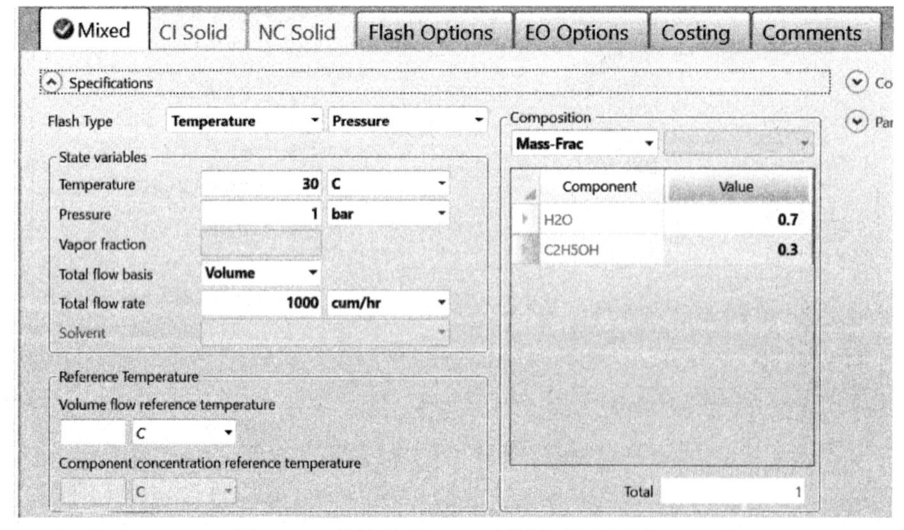

图 3.16　输入物流 IN－1 数据(低浓酒精)

进入"Streams|IN-2|Input|Mixed"页面，根据题目输入物流"IN-2"数据，即高浓酒精（乙醇95%wt，水5%wt，20℃，1.5bar，700m³/h），如图3.17所示。

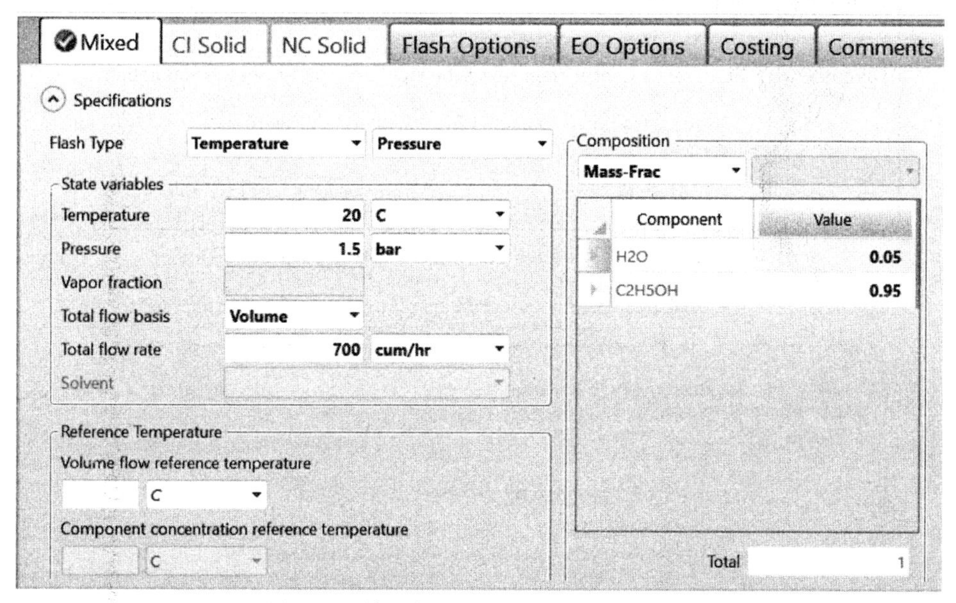

图3.17　输入物流IN-2数据（高浓酒精）

3.2.1.8　设置模块参数

进料物流的数据输入完成后，需要输入模块的数据。模块不同，输入的数据有异，后续章节将会详细介绍如何输入各种模块的数据。

进入"Blocks|MIXER|Input|Flash Options"页面，设置模块"MIXER"闪蒸选项，本例采用缺省值，如图3.18所示。

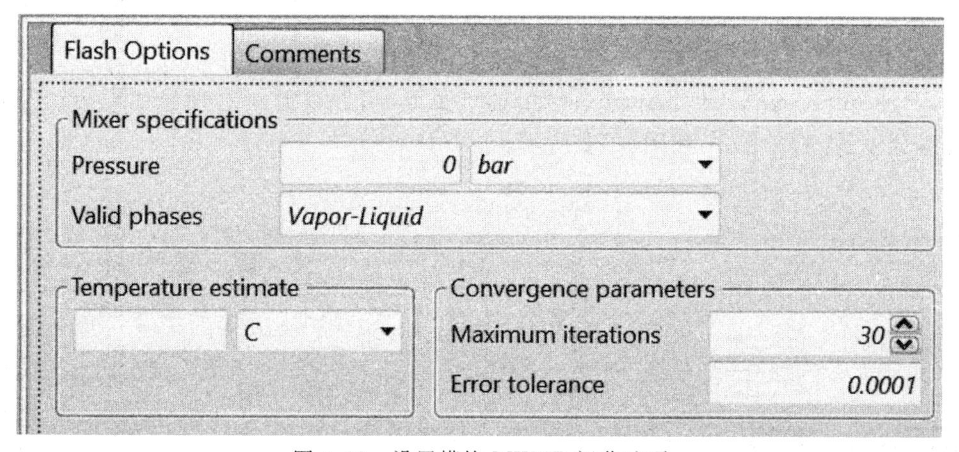

图3.18　设置模块MIXER闪蒸选项

3.2.1.9　进行计算

点击"Next"按钮，弹出"Required Input Complete"对话框，点击"OK"按钮，运行模拟如

图 3.19 所示，流程收敛如图 3.20 所示。

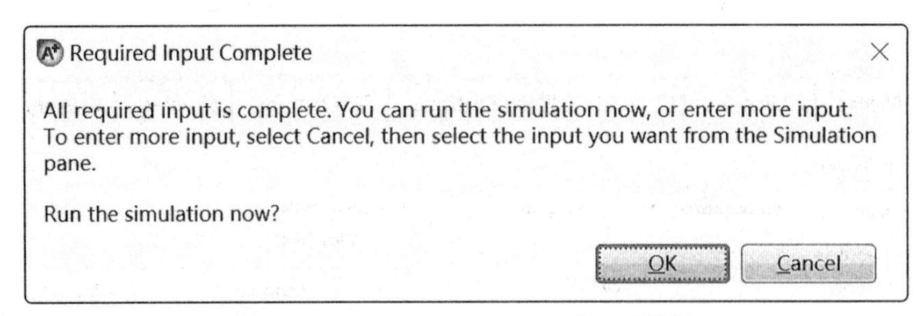

图 3.19 Required Input Complete 对话框

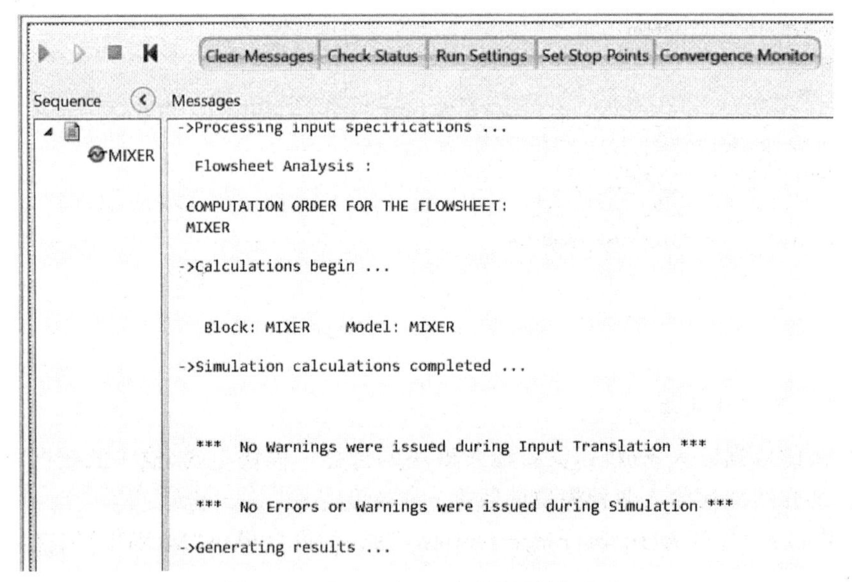

图 3.20 Control Panel(控制面板)信息

3.2.1.10 查看并分析结果

进入“Results Summary|Streams|Material”页面，可以查看所有物流的温度、压力、相态及各组分流量，如图 3.21 和图 3.22 所示。

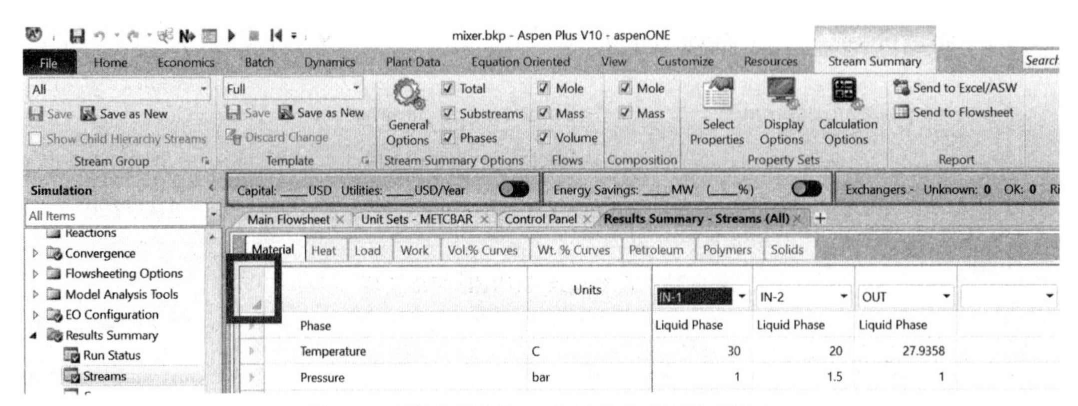

图 3.21 混合器 Mixer 物流信息(温度、压力)

	Units	IN-1	IN-2	OUT
− Mass Flows	**kg/hr**	**923109**	**569140**	**1.49225e+06**
H2O	kg/hr	646176	28457	674633
C2H5OH	kg/hr	276933	540683	817616
− Mass Fractions				
H2O		0.7	0.05	0.452092
C2H5OH		0.3	0.95	0.547908
Volume Flow	cum/hr	1000	700	1703.33

图 3.22　混合器 Mixer 物流信息(质量流量和质量分数)

在“Blocks|Mixer|Streams|Material”页面，同样可以看到上述物流信息。

物流信息可通过多种方式置于 Excel 文件内，可通过功能区选项卡“Stream Summary”中的“Send to Excel/ASW”直接创建 Excel 文件，也可在点击左上角空白处之后，通过右键中的选项“Send to Excel/ASW”直接创建 Excel 文件，还可点击物流信息左上角空白处，新建 Excel 文件后粘贴物流信息，如图 3.23 所示。

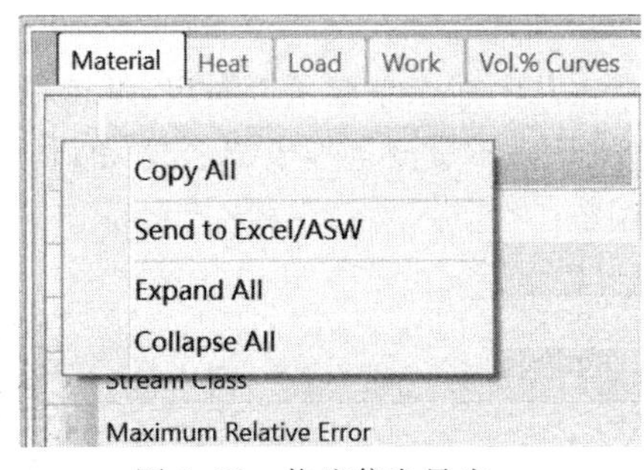

图 3.23　物流信息导出

点击功能区选项卡“Modify”，在“Stream Results”组中可勾选温度、压力、汽化分率和体积流量选项，使其在流程图中显示，流程显示选项可在对话框启动器中进行勾选，或者在“File|Options|Flow sheet”页面进行修改，如图 3.24 所示。

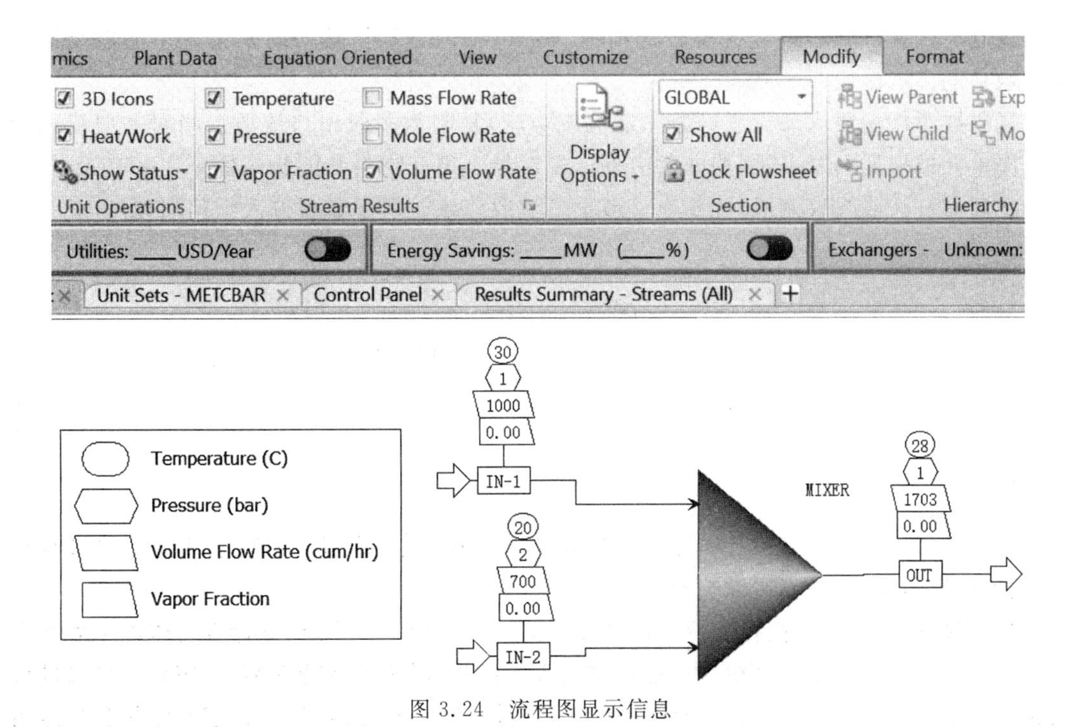

图 3.24　流程图显示信息

进入“Blocks|Mixer|Results”页面，也可直接查看物流 OUT 的温度、压力及相态，如图 3.25 所示。

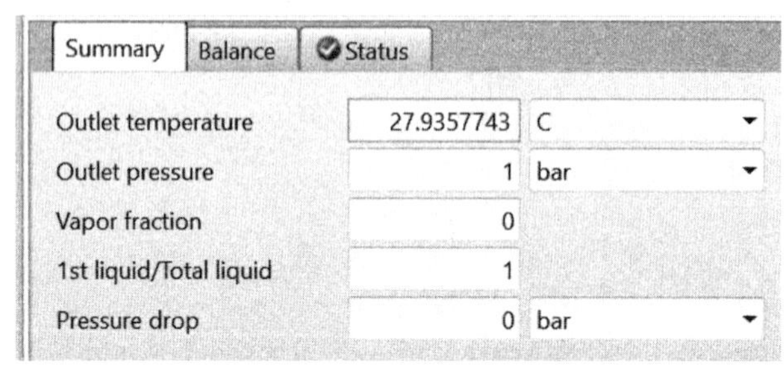

图 3.25 出口物流信息

从上述结果中可以看出，低浓酒精和高浓酒精混合后，温度介于两者之间，压力跟随最低压力，质量流量等于混合之和，体积流量略高于混合前之和，水和乙醇的质量分数进行调整。

例 3.1(1)(2)

3.3.2 复制器

复制器模块(Dupl)设置在模块选项板“Manipulators”下，其功能是将入口流股复制为任意数量的出口流股。

复制器可将一股入口流股(物流、能流或功流)复制为多股出口流股。当对一股流股使用不同单元模块处理时，该模块非常方便。复制器不遵守物料和能量守恒。

复制器有一股入口流股，至少有一股出口流股。该模块不需要输入任何参数。

3.4 流体输送单元模拟

3.4.1 泵

Aspen Plus 提供了六种不同的流体输送单元模块，包括泵、压缩机、多级压缩机、阀门、管道、管线等，具体介绍如表 3.5 所示。

泵模块(Pump)可以模拟实际生产中输送流体的各种泵，主要用于计算将流体压力提升到一定值时所需的功率。该模块一般用来处理单液相，对于某些特殊情况，用户也可以进行两相或三相计算，来确定出口物流状态和计算液体密度。模拟结果的准确度取决于多种因

表3.5 流体输送单元模块介绍

模块	说明	功能	适用对象
Pump	泵或水轮机	当已知压力、功率或特性曲线时，改变物流压力	泵和水轮机
Compr	压缩机或涡轮机	当已知压力、功率或特性曲线时，改变物流压力	多变压缩机、多变正排量压缩机、等熵压缩机和等熵涡轮机
MCompr	多级压缩机或涡轮机	通过带有中间冷却器的多级压缩机改变物流压力，可从中间冷却器采出液相物流	多级多变压缩机、多级多变正排量压缩机、多级等熵压缩机和多级等熵涡轮机
Valve	阀门	确定压降或阀系数	控制阀、球阀、截止阀和蝶阀中的多相绝热流动
Pipe	管道	计算通过单管道或环形空间的压降或传热量	直径恒定的管道(可包括管件)
Pipeline	管线	计算通过多段管道或环形空间的压降或传热量	具有多段不同直径或标高的管道

素，如有效相态、流体的可压缩性以及指定的效率等。如果仅计算压差，也可用其他模块，如Heater模块。

泵模块通过指定出口压力(Discharge Pressure)或压力增量(Pressure Increase)或压力比率(Pressure Ratio)计算所需功率，也可以通过指定功率(Power Required)来计算出口压力，还可以采用特性曲线数据计算出口状态(Use performance curve to determine discharge conditions)。

下面通过例3.2介绍泵模块的应用，通过规定泵的出口压力计算泵的操作参数和出口物流参数。

[例3.2] 一水泵将压强为1.5bar的水加压到6bar，水的温度为25℃，流量为100m^3/h。泵的效率为0.68，驱动电机的效率为0.95。问：泵提供给流体的功率、泵所需要的轴功率以及电机消耗的电功率各是多少?

本例模拟步骤如下：

(1)建立文件。

(2)保存文件。

(3)输入组分。

(4)选择物性方法及查看二元交互作用参数。

本题中选用NRTL物性方法。

(5)进行全局设定。

(6)绘图。

在模块选项板"Model Palette"中点击"Pressure Changers|Pump|ICON1"，绘制模块后连接物流线并命名，如图3.26所示。

(7)输入物流信息。

(8)设置模块参数。

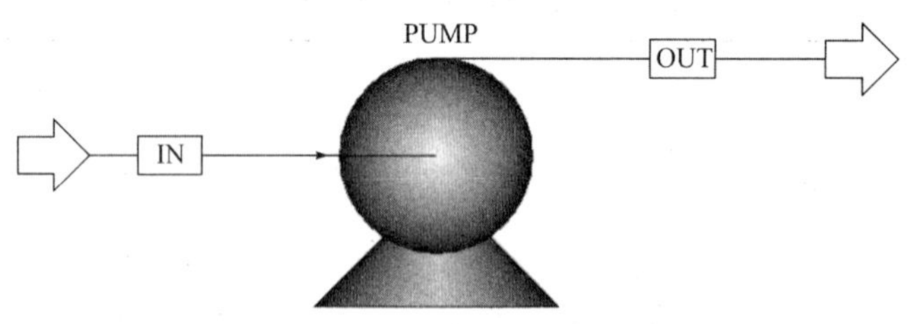

图 3.26 泵 Pump 流程

进入"Blocks|PUMP|Setup|Specification"页面，设置模块 PUMP 选项。Model(模型)选择 Pump(泵)，Pump outlet specification(泵的出口规定)选择 Discharge pressure(出口压力)，并输入 6bar，Efficiencies 中输入 Pump 效率为 0.68，Driver(驱动电机)效率为 0.95，如图 3.27 所示。

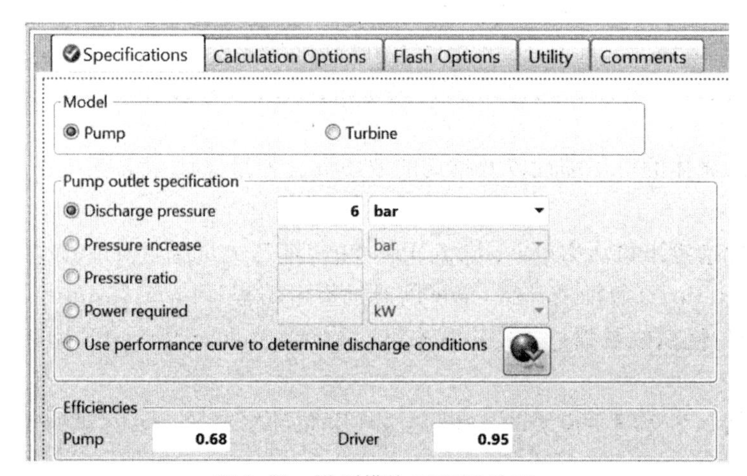

图 3.27 设置模块 PUMP 选项

(9)进行计算。

(10)查看并分析结果。

进入"Results Summary|Streams|Material"页面或者"Blocks|Pump|Results|Streams|Material"页面，可以查看所有物流的温度、压力、相态及各组分流量，如图 3.28 所示。

Material | Work | Vol.% Curves | Wt. % Curves | Petroleum | Polymers | Solids

	Units	IN	OUT	
− MIXED Substream				
Phase		Liquid Phase	Liquid Phase	
Temperature	C	25	25.1616	
Pressure	bar	1.5	6	
Molar Vapor Fraction		0	0	
Molar Liquid Fraction		1	1	
Molar Solid Fraction		0	0	

图 3.28 泵 Pump 物流信息

进入“Blocks | PUMP | Results | Summary”页面，查看泵的有效功率为 12.5kW，轴功率为 18.4kW，驱动机消耗的电功率为 19.3kW，如图 3.29 所示。

Summary | Balance | Performance Curve | Utility Usage | Status

Fluid power	12.5	kW
Brake power	18.3824	kW
Electricity	19.3498	kW
Volumetric flow rate	100	cum/hr
Pressure change	4.5	bar
NPSH available	15.0635	meter
NPSH required		
Head developed	46.1662	meter
Pump efficiency used	0.68	
Net work required	19.3498	kW
Outlet pressure	6	bar
Outlet temperature	25.1616	C

例 3.2

图 3.29　泵 Pump 信息

3.4.2　压缩机、多级压缩机

压缩机 Compr 模块可以进行单相、两相或三相计算，可通过指定出口压力、压力增量、压力比率或特性曲线计算所需功率，还可通过指定功率计算出口压力。

压缩机的压缩过程包括等温压缩(Isothermal Compression)、绝热压缩(Adiabatic Compression)和多变压缩(Polytropic Compression)。

多级压缩机 MCompr 模块一般用来处理单相的可压缩流体，对于某些特殊情况，用户也可以进行两相或三相计算，以确定出口物流状态。模拟结果的准确度主要取决于有效相态和指定的效率。该模块需要规定压缩机的级数、压缩机模型和工作方式，通过指定末级出口压力、每级出口条件或特性曲线数据计算出口物流的参数。

多级压缩机模块的每级压缩机后面都有一台冷却器，在冷却器中可以进行单相、两相或三相闪蒸计算。

3.5　换热器单元模拟

换热器单元可以确定带有一股或多股进料物流混合物的热力学状态和相态。换热器单元可以模拟加热器/冷却器或两股/多股物流换热器的性能，并可以生成加热/冷却曲线。Aspen Plus 提供了多种不同的换热器单元模块，具体见表 3.6。

Aspen Plus 中的公用工程(Utilities)可用于计算单个单元模块的能耗、能源费用与各种类型公用工程的用量(例如，高压、中压和低压蒸汽)。

表 3.6 流体输送单元模块介绍

模块	说明	功能	适用对象
Heater	加热器或冷却器	确定出口物流的热力学状态和相态	加热器、冷却器、冷凝器等
HeatX	两股物流换热器	模拟两股物流之间的换热	两股物流换热器，校核结构已知的管壳式换热器，采用严格程序模拟管壳式换热器、空冷器和板式换热器
HxFlux	传热计算	进行热阱与热源之间的对流传热计算	两个单侧换热器

进行换热器单元模拟时，用户可根据换热需要选择合适类型的公用工程。用户可以指定公用工程的类型、价格、加热/冷却量或进出口条件。公用工程包括煤、电、天然气、油、制冷剂、蒸汽和水等。

3.5.1 加热器/冷却器

加热器/冷却器(Heater)模块可以进行以下类型的单相或多相计算：计算物流的泡点或露点；添加或移除用户指定的任意数量热负荷；计算物流过热或过冷的匹配温度；确定物流加热/冷却到某一气相分数所需的热负荷。

Heater 必须有一股出口物流，并且倾析水物流是可选的。Heater 中热负荷设置可由来自其他模块的热流提供。

用户可以采用 Heater 模拟如下单元：加热器/冷却器(单侧换热器)；已知压降的阀门；不需要功相关结果的泵和压缩机。

用户也可使用 Heater 直接设置或改变一股物流的热力学状态。

下面通过例 3.3 介绍 Heater 的应用。

[例 3.3] 温度 20℃、压力 0.41MPa、流量 4000kg/h 的软水在锅炉中加热成为 0.39MPa的饱和水蒸气进入水蒸气总管。求所需的锅炉供热量。

本例模拟步骤如下：

(1)建立文件。

(2)保存文件。

(3)输入组分。

(4)选择物性方法及查看二元交互作用参数。

本题中选用 NRTL-RK 物性方法(因涉及气相)。

(5)进行全局设定。

(6)绘图。

在模块选项板 Model Palette 中点击“Heater|Heater”，绘制模块后连接物流线并命名，如图 3.30 所示。

(7)输入物流信息。

(8)设置模块参数。

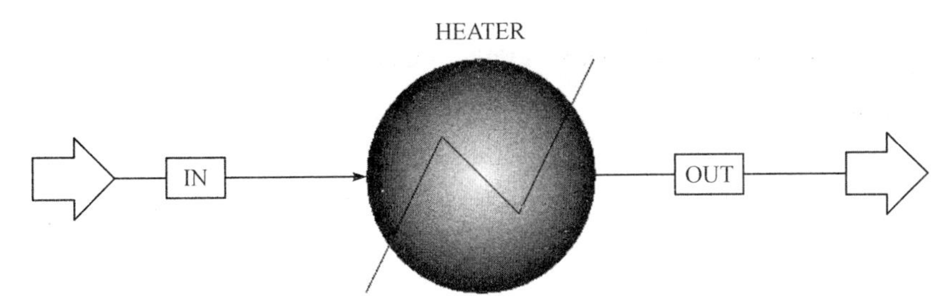

图 3.30 加热/冷却器 Heater 流程

进入“Blocks|HEATER|Input|Specification”页面，输入模块参数(即设置闪蒸规定)，换热器/冷却器 Heater 的闪蒸规定有多种组合，基于不同的相态可选的闪蒸规定组合不同，详见表 3.7。

表 3.7 加热器/冷却器 Heater 的几种闪蒸规定组合

压力(或压降关联式参数)与右列参数之一	出口温度	适用于两相或三相物流计算
	温度改变	
	热负荷	
	气相分数	
	过冷度或过热度	
出口温度或温度改变与右列参数之一	出口压力	适用于两相或三相物流计算
	热负荷	
	气相分数	
	压降关联式参数	
压力(或压降关联式参数与右列参数之一	出口压力	适用于单相物流计算
	热负荷	
	温度改变	

本例题规定 Pressure(压力)为“0.39MPa(3.9bar)”，Vapor fraction(气相分数)为“1”，如图 3.31 所示。

对于 Pressure(压力)的指定，当指定值>0 时，代表出口的绝对压力值；当指定值≤0 时，代表出口相对于进口的压降。故本题中 Pressure 亦可填入“−0.02MPa(0.2bar)”。

(9)进行计算。

(10)查看并分析结果。

进入“Results Summary|Streams|Material”页面或“Blocks|HEATER|Stream Results|Material”页面，查看所有物流的温度、压力、相态及各组分流量，如图 3.32 所示。

进入“Blocks|HEATER|Results|Summary”页面，查看蒸汽物流出口温度为142.778℃，锅炉供热量即热负荷为 2969.82kW，如图 3.33 所示。

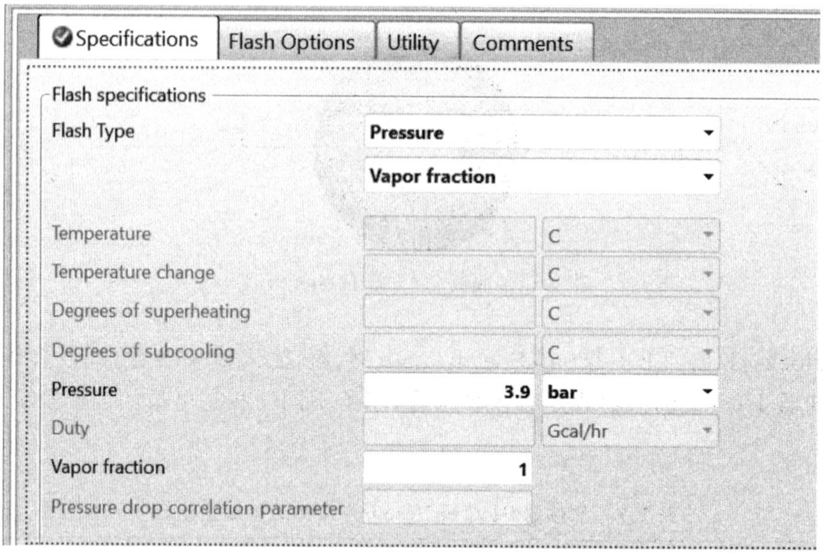

Specifications | Flash Options | Utility | Comments

Flash specifications

Flash Type	Pressure	
	Vapor fraction	
Temperature		C
Temperature change		C
Degrees of superheating		C
Degrees of subcooling		C
Pressure	3.9	bar
Duty		Gcal/hr
Vapor fraction	1	
Pressure drop correlation parameter		

图 3.31　设置加热器/冷却器 Heater 参数

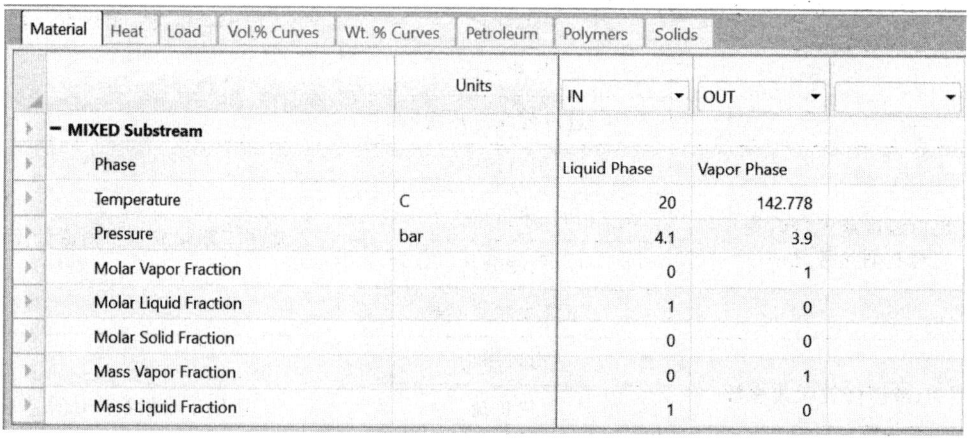

Material | Heat | Load | Vol.% Curves | Wt. % Curves | Petroleum | Polymers | Solids

	Units	IN	OUT
− MIXED Substream			
Phase		Liquid Phase	Vapor Phase
Temperature	C	20	142.778
Pressure	bar	4.1	3.9
Molar Vapor Fraction		0	1
Molar Liquid Fraction		1	0
Molar Solid Fraction		0	0
Mass Vapor Fraction		0	1
Mass Liquid Fraction		1	0

图 3.32　加热器/冷却器 Heater 物流信息

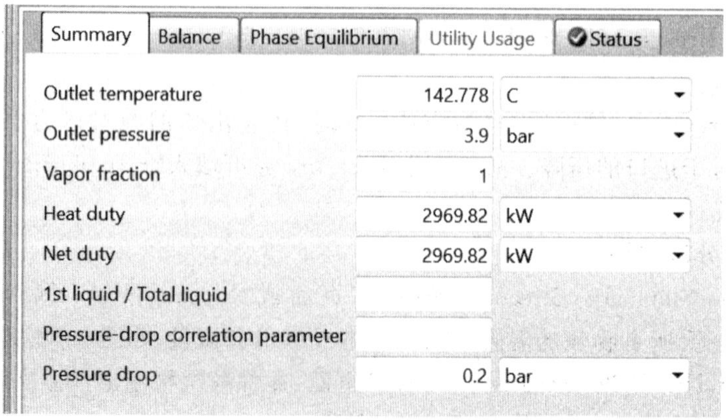

Summary | Balance | Phase Equilibrium | Utility Usage | Status

Outlet temperature	142.778	C
Outlet pressure	3.9	bar
Vapor fraction	1	
Heat duty	2969.82	kW
Net duty	2969.82	kW
1st liquid / Total liquid		
Pressure-drop correlation parameter		
Pressure drop	0.2	bar

图 3.33　加热器/冷却器 Heater 信息

例 3.3

3.5.2 两股物流换热器

两股物流换热器 HeatX 模块可以进行以下计算：①简捷法（Shortcut），简捷设计或模拟；②详细法（Detailed），大多数两股物流换热器的详细校核或模拟；③严格法（Rigorous），通过与 Aspen EDR 程序接口进行严格的设计、校核或模拟。这三种计算方法的主要区别在于计算总传热系数的程序不同。用户可以在 Setup|Specifications 中指定合适的计算方法。

简捷法采用用户指定（或缺省）的总传热系数，可以使用最少的输入模拟一台换热器，不需要提供换热器的结构参数。

详细法采用严格传热关联式计算传热膜系数，并结合壳侧和管侧的热阻与管壁热阻计算总传热系数。用户采用详细法时需要提供换热器的结构参数，程序根据给定的换热器结构和流动情况计算换热器的传热面积、传热系数、对数平均温差校正因子和压降等参数。详细法提供了很多的缺省选项，用户可以改变缺省的选项来控制整个计算过程，详见表 6.3。

严格法采用 Aspen EDR 模型计算传热膜系数，并结合壳侧和管侧的热阻及管壁热阻计算总传热系数，对于不同的 EDR 程序计算传热膜系数的方法不同。用户可以采用严格法对现有的换热设备进行校核或模拟，也可以对新的换热器进行设计计算及成本估算。除了更加严格的传热计算和水力学分析外，程序也可以确定振动或流速过大等可能的操作问题。对管壳式换热器分析时，严格法所使用的模块与 Aspen EDR 软件中的相同。

HeatX 模块有 12 种换热器规定（Exchanger specification）可供用户选择，如表 3.8 所示。在具体的计算过程中，用户可根据实际情况进行选择。

表 3.8 HeatX 工艺规定

换热器规定	说明	适用情形
Hot stream outlet temperature	指定热物流出口温度	适用于热流侧没有相变发生的模拟
Hot stream outlet temperature decrease	指定热物流出口温降	所有换热模拟
Hot outlet-cold inlet temperature difference	指定热物流出口与冷物流进口温差	适用于逆流换热
Hot stream outlet degrees subcooling	指定热物流出口过冷度	适用于沸腾或冷凝模拟
Hot stream outlet vapor fraction	指定热物流出口气相分数	适用于沸腾或冷凝模拟
Cold outlet temperature difference	指定热物流进口与冷物流出口温差	适用于逆流换热
Cold stream outlet temperature	指定冷物流出口温度	所有换热模拟
Cold stream outlet temperature increase	指定冷物流出口温升	所有换热模拟
Cold stream outlet degrees superheat	指定冷物流出口过热度	适用于沸腾或冷凝模拟
Cold stream outlet vapor fraction	指定冷物流出口气相分数	适用于沸腾或冷凝模拟
Exchanger duty	指定热负荷	所有换热模拟
Hot/cold outlet temperature approach	指定热物流与冷物流出口温差	适用于逆流换热

［**例 3.4**］ 用 800kg/h 饱和水蒸气（0.3MPa）加热 2000kg/h 乙醇（20℃、0.3MPa）。离开换热器的蒸汽冷凝水压力为 0.28MPa、过冷度为 2℃。换热器传热系数根据相态选择。求乙醇出口温度、相态、需要的换热面积。

本例模拟步骤如下：

（1）建立文件。

（2）保存文件。

（3）输入组分。

（4）选择物性方法及查看二元交互作用参数。

本题中选用 NRTL-RK 物性方法。

（5）进行全局设定。

（6）绘图。

在模块选项板 Model Palette 中点击 HeatX|Gen-HT 或 Gen-HS，绘制模块后连接物流线并命名，如图 3.34 所示。

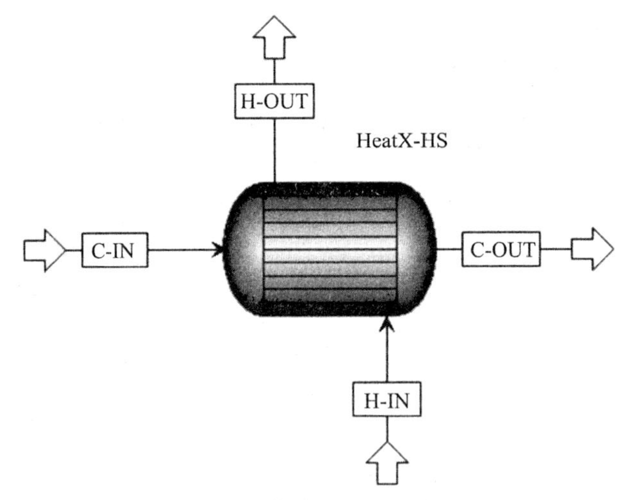

图 3.34 换热器 HeatX 流程

Gen-HT 是指热流体走管程，Gen-HS 是指热流体走壳程。注意所选择的图标应与其物流命名相一致。本题中选择 Gen-HS。

（7）输入物流信息。

（8）设置模块参数。

进入"Blocks|HeatX-HS|Setup|Specifications"页面，进行模块"HeatX"设置，"Model fidelity"选择"Shortcut"，"Shortcut flow direction"选择"Counter current"，"Calculation mode"选择"Design"，"Exchanger specification"选择"Hot stream outlet degrees subcooling"，其值为 2℃，如图 3.35 所示。

在"HeatX|Specifications"页面中有五组参数可供设置：Model fidelity、Hot fluid（热流体）、Shortcut flow direction（流动方向）、Calculation mode 和 Exchanger specification（换热器规定）。

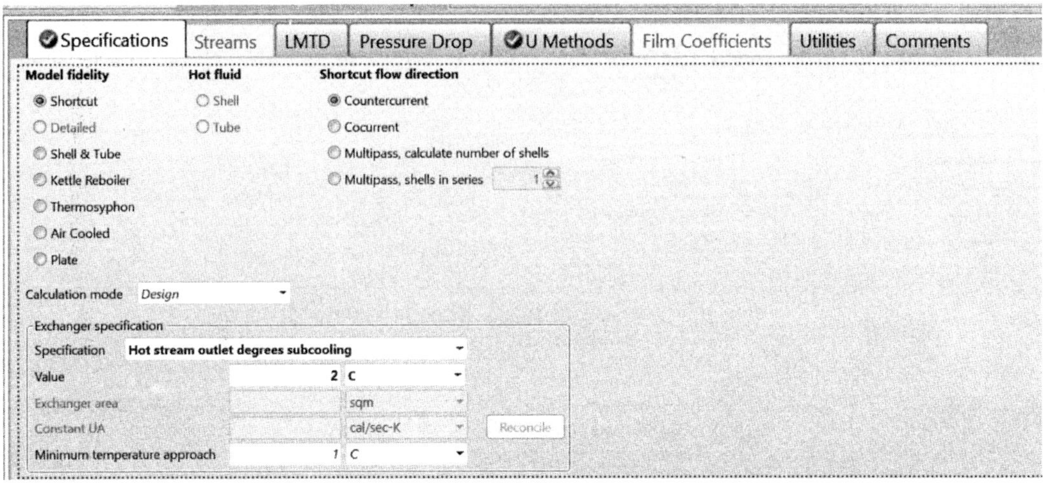

图 3.35 设置换热器 HeatX 参数(换热规定等)

“Model fidelity”中有 7 个选项:Shortcut(简捷计算)、Detailed(详细计算)、Shell&Tube(管壳式换热器)、Kettle Reboiler(釜式再沸器)、Thermosyphon(热虹吸式再沸器)、Air Cooled(空冷器)和 Plate(板式换热器)。

“Hot fluid(热流体)”中有 2 个选项:Shell(壳程)或 Tube(管程)。

“Shortcut flow direction(流动方向)”有 4 个选项:Counter current(逆流)、Cocurrent(并流)、Multiple passes,calculate number of shells 和 Multiple passes,shells in series(多管程流动、串联壳程)。

“Calculation mode”包括以下设置选项:Design(设计)、Rating(校核)、Simulation(模拟)及 Maximum fouling(最大污垢)。Calculation 中的设计模式不能用于详细计算,详细计算只能与 Type 中的校核或模拟选项配合。

“Exchanger specification”包括 12 种换热规定:Hot stream outlet temperature(热物流出口温度)、Hot stream outlet temperature decrease(热物流出口温降)、Hot outlet-cold inlet temperature difference(热物流出口与冷物流进口温差)、Hot stream outlet degrees subcooling(热物流出口过冷度)、Hot stream outlet vapor fraction(热物流出口气相分数)、Cold outlet temperature difference(热物流进口与冷物流出口温差)、Cold stream outlet temperature(冷物流出口温度)、Cold stream outlet temperature increase(冷物流出口温升)、Cold stream outlet degrees superheat(冷物流出口过热度)、Cold stream outlet vapor fraction(冷物流出口气相分数)、Exchanger duty(热负荷)和 Hot/cold outlet temperature approach(热物流与冷物流出口温差)。

进入“Blocks|HEATX-HS|Setup|Pressor Drop”页面,“Side”选择“Hot side”,“Outlet pressor”输入“2.8bar”,表示热物流出口压力为 2.8bar(即 0.28MPa),如图 3.36 所示。

进入“Blocks|HEATX-HS|Setup|U Methods”页面,点选“Phase specific values”,表示对模块 HEATX-HS 进行简捷设计时的总传热系数为相态法,如图 3.37 所示。

(9)进行计算。

(10)查看并分析结果。

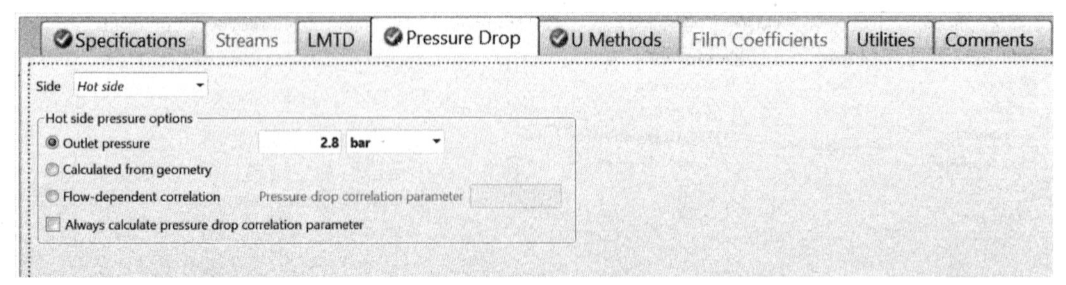

图 3.36　设置换热器 HeatX 参数(压力/压降)

Specifications | Streams | LMTD | Pressure Drop | U Methods | Film Coefficients | Utilities | Comments

Selected calculation method
- Constant U value　730.868 kcal/hr-sqm-K
- Phase specific values
- Power law for flow rate
- Exchanger geometry
- Film coefficients
- User subroutine

Scaling factor
U correction factor 1

Phase specific values

Hot side	Cold side	U value (kcal/hr-sqı)
Liquid	Liquid	730.868
Liquid	Boiling	730.868
Liquid	Vapor	730.868
Condensing	Liquid	730.868
Condensing	Boiling	730.868
Condensing	Vapor	730.868
Vapor	Liquid	730.868
Vapor	Boiling	730.868
Vapor	Vapor	730.868

图 3.37　设置换热器 HeatX 参数(总传热系数)

进入"Results Summary|Streams|Material"页面或"Blocks|HEATX-HS|Stream Results|Material"页面,查看所有物流的温度、压力、相态及各组分流量,如图 3.38 所示。

Material | Vol.% Curves | Wt. % Curves | Petroleum | Polymers | Solids

	Units	C-IN	H-IN	C-OUT	H-OUT
Phase		Liquid Phase	Vapor Phase		Liquid Phase
Temperature	C	20	133.595	108.721	129.256
Pressure	bar	3	3	3	2.8
Molar Vapor Fraction		0	1	0.765785	0
Molar Liquid Fraction		1	0	0.234215	1
Molar Solid Fraction		0	0	0	0

图 3.38　换热器 HeatX 物流信息

进入"Blocks|HEATX-HS|Results|Summary"页面,查看蒸汽物流出口温度为129.256℃,锅炉供热量即热负荷为 485.432kW,如图 3.39 所示。

进入"Blocks|HEATX-HS|Results|Exchangers Details"页面,查看 HEATX-HS 的设计细节,换热面积为 19.6379m^2,如图 3.40 所示。

例 3.4

Summary | Balance | Exchanger Details | Pres Drop/Velocities | Zones

Heatx results

Calculation Model	Shortcut			
	Inlet		Outlet	
Hot stream:	H-IN		H-OUT	
Temperature	133.595	C	129.256	C
Pressure	3	bar	2.8	bar
Vapor fraction	1		0	
1st liquid / Total liquid	1		1	
Cold stream	C-IN		C-OUT	
Temperature	20	C	108.721	C
Pressure	3	bar	3	bar
Vapor fraction	0		0.765785	
1st liquid / Total liquid	1		1	
Heat duty	485.432	kW		

图 3.39　换热器 HeatX 物流信息 2

Summary | Balance | Exchanger Details | Pres

Exchanger details

Calculated heat duty	485.432	kW
Required exchanger area	19.6379	sqm
Actual exchanger area	19.6379	sqm
Percent over (under) design	0	
Average U (Dirty)	850	Watt/sqm-K
Average U (Clean)		
UA	3986.86	cal/sec-K
LMTD (Corrected)	29.0814	C
LMTD correction factor	1	
Thermal effectiveness		
Number of transfer units		
Number of shells in series	1	
Number of shells in parallel		

图 3.40　换热器 HeatX 信息

3.6 反应器单元模拟

Aspen Plus 根据不同的反应器形式，提供了七种不同的反应器模块，见表 3.9。

表 3.9 反应器单元模块介绍

模块	说明	功能	适用对象
RStoic	化学计量反应器	模拟已知反应程度或转化率的反应器模块	反应动力学数据未知或不重要，但化学反应式计量系数和反应程度已知的反应器
RYield	产率反应器	模拟已知产率的反应器模块	化学反应式计量系数和反应动力学数据未知或不重要，但产率分布已知的反应器
REquil	平衡反应器	通过化学反应式计量关系计算化学平衡和相平衡	化学平衡和相平衡同时发生的反应器
RGibbs	吉布斯反应器	通过 Gibbs 自由能最小化计算化学平衡和相平衡	相平衡或者相平衡与化学平衡同时发生的反应器，对固体溶液和汽-液-固系统计算相平衡
RCSTR	全混釜反应器	模拟全混釜反应器	单相、两相和三相全混釜反应器，该反应器任一相态下的速率控制反应和平衡反应基于已知的化学计量关系和动力学方程
RPlug	平推流反应器	模拟平推流反应器	单相、两相和三相平推流反应器，该反应器任一相态下的速率控制反应基于已知的化学计量关系和动力学方程
RBatch	间歇反应器	模拟间歇或半间歇反应器	单相、两相或三相间歇和半间歇的反应器，该反应器任一相态下的速率控制反应基于已知的化学计量关系和动力学方程

反应器模块可以划分为三类：

（1）基于物料平衡的反应器，包括化学计量反应器（RStoic）模块、产率反应器（RYield）模块；

（2）基于化学平衡的反应器，包括平衡反应器（REquil）模块、吉布斯反应器（RGibbs）模块；

（3）动力学反应器，包括全混釜反应器（RCSTR）模块、平推流反应器（RPlug）模块、间歇反应器（RBatch）模块。

对于任何反应器模块，均不需要输入反应热，Aspen Plus 根据生成热计算反应热。对于动力学反应器模块，使用化学反应（Reactions）功能定义反应的化学反应式计量关系和反应器模块数据。

3.6.1 化学计量反应器

化学计量反应器（RStoic）模块用于模拟反应动力学数据未知或不重要，每个反应的化学反应式计量关系和反应程度或转化率已知的反应器。RStoic模块可以模拟平行反应和串联反应，还可以计算反应热和产物的选择性。

用RStoic模块模拟计算时，需要规定反应器的操作条件，并选择反应器的闪蒸计算相态，还需要规定在反应器中发生的反应，对每个反应必须规定化学反应式计量系数，并分别指定每一个反应的反应程度或转化率。

当反应生成固体或固体发生变化时，可以分别在“Blocks|RStoic|Setup|Component Attr.”页面和“Blocks|RStoic|Setup|PSD”页面规定出口物流组分属性和粒度分布。

如果需要计算反应热，可在“Blocks|RStoic|Setup|HeatofReaction”页面对每个反应规定参考组分，反应器根据产物和生成物之间焓值的差异来计算每个反应的反应热。该反应热是在规定基准条件下消耗单位摩尔或者单位质量参考组分计算得到的，默认的基准条件为25℃，1atm和气相状态。用户也可选择规定反应热，但该反应热可能与软件在参考条件下根据生成热计算的反应热不同，此时，RStoic模块通过调整计算的反应器热负荷来反映该差异。但出口物流的焓不受影响，因此，在这种情况下，计算的反应器热负荷将与进出口物流的焓值差异不一致。

下面通过例3.5至例3.7介绍RStoic。

[例3.5] 甲烷与水蒸气在镍催化剂下的转化反应为：$CH_4+2H_2O \longleftrightarrow CO_2+4H_2$，原料气中甲烷与水蒸气的摩尔比为1∶4，流量为100kmol/h。若反应在恒压及等温条件下进行，系统总压为0.1013MPa，温度为750℃，当反应器出口处CH_4转化率为73%时，CO_2和H_2的产量是多少？反应热负荷是多少？

本例模拟步骤如下：

(1)建立文件。

(2)保存文件。

(3)输入组分。

(4)选择物性方法及查看二元交互作用参数。

本题中选用NRTL-RK物性方法。

(5)进行全局设定。

(6)绘图。

在模块选项板“Model Palette”中点击“Reactors|RStoic|ICON1”，绘制模块后连接物流线并命名，如图3.41所示。

(7)输入物流信息。

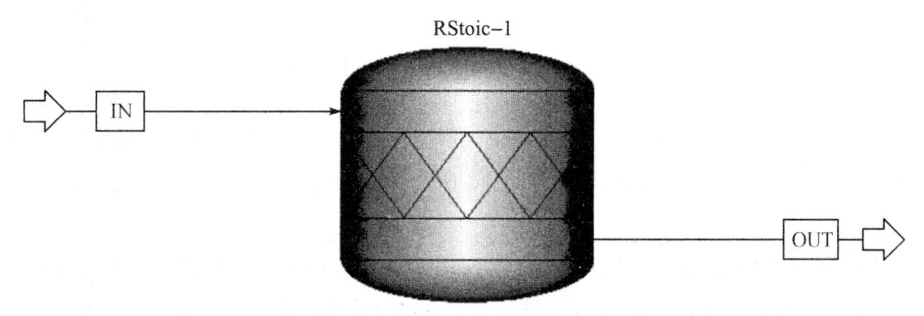

图3.41 静态反应器RStoic流程

(8)设置模块参数。

进入“Blocks|RStoic－1|Setup|Specifications”页面，输入模块 RStoic 参数。在“Operating conditions(操作条件)”项中输入温度为“750℃”，压力为“0.1013MPa”，“Valid phases(有效相态)”选择“Vapor-Only(纯气相)”，如图 3.42 所示。

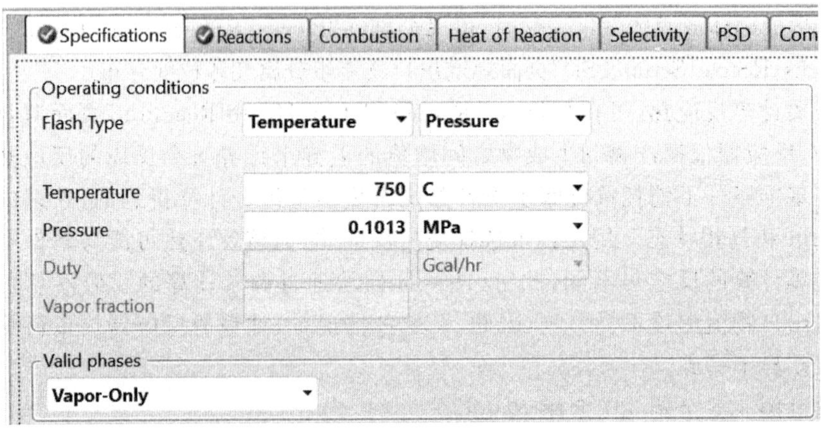

图 3.42　设置静态反应器 RStoic 参数

进入“Blocks|RStoic－1|Setup|Reactions”页面，定义化学反应，点击“New”按钮，出现“Edit Stoichiometry”对话框，“Reaction No.”默认为 1，输入反应方程式及 CH_4 的转化率为“0.73”，如图 3.43 所示。

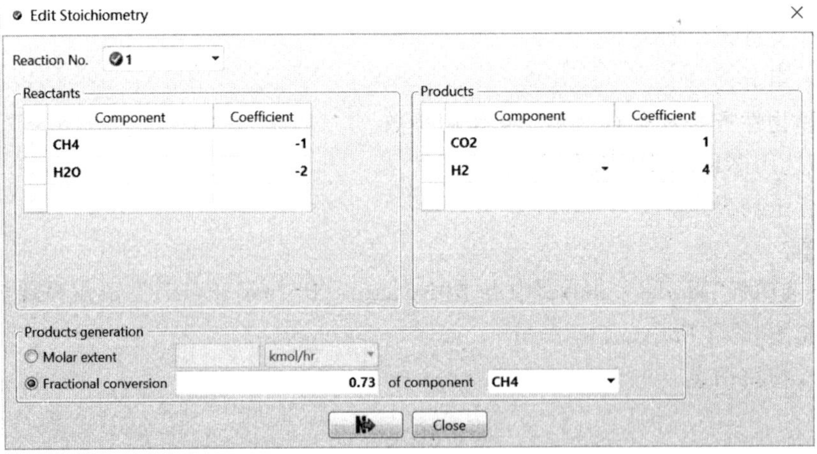

图 3.43　Edit Stoichiometry 对话框(输入反应方程式)

需要注意的是，“Reactants(反应物)”中的“Coefficient(化学反应式计量系数)”为负值，即使输入正值，系统也会自动将其改为负值，而“Products(产物)”中的“Coefficient”为正值。

将反应方程式及数化率数据输入，关闭“Edit Stoichiometry”对话框，即可返回“Reactions”页面，此时可以看到输入的反应方程式及转化率数据，如图 3.44 所示。

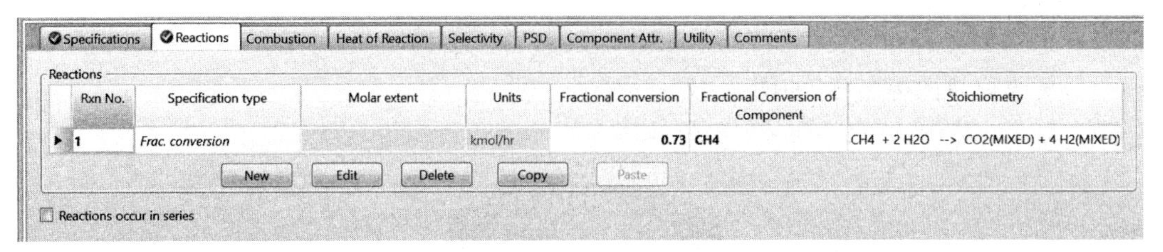

图 3.44　静态反应器 RStoic 反应方程式界面

(9)进行计算。

(10)查看并分析结果。

例 3.5

进入“Results Summary | Streams | Material”页面或“Blocks | RStoic - 1 | Stream Results | Material”页面，查看所有物流的温度、压力、相态及各组分流量，如图 3.45 所示。

查得 CO_2 为 14.6kmol/h，H_2 为 58.4kmol/h。

	Units	IN	OUT
− Mole Flows	**kmol/hr**	**100**	**129.2**
CH4	kmol/hr	20	5.4
H2O	kmol/hr	80	50.8
CO2	kmol/hr	0	14.6
H2	kmol/hr	0	58.4

图 3.45　静态反应器 RStoic 物流信息

进入“Blocks | RStoic - 1 | Results | Summary”页面，查看热负荷为 773.466kW，如图3.46 所示。

Outlet temperature	750	C
Outlet pressure	1.013	bar
Heat duty	773.466	kW
Net heat duty	773.466	kW
Vapor fraction	1	
1st liquid / Total liquid		

图 3.46　静态反应器 RStoic 信息

[例 3.6]　反应和原料同例 3.5，若反应在恒压及绝热条件下进行，系统总压为 0.1013MPa，反应器进口温度为 950℃，当反应器出口处 CH_4 转化率为 73%时，反应器出口温度是多少？

本例模拟步骤如下：

(1)将例 3.5 的 bkp 文件另存为"RStoic - 2. bkp"文件。

(2)更改模块图标名称，如图 3.47 所示。

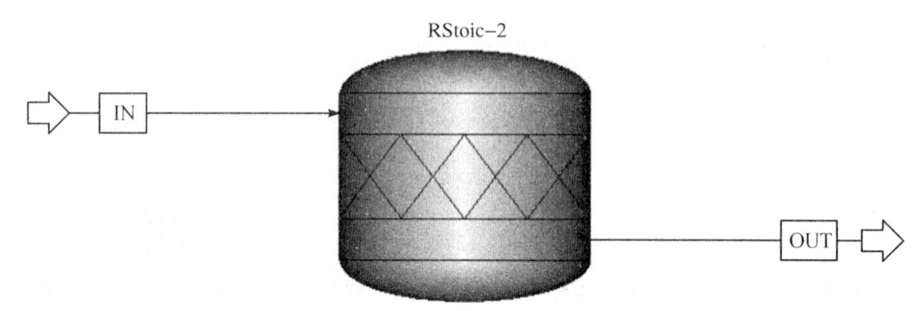

图 3.47 静态反应器 RStoic - 2 流程

(3)更改物流信息，如图 3.48 所示。

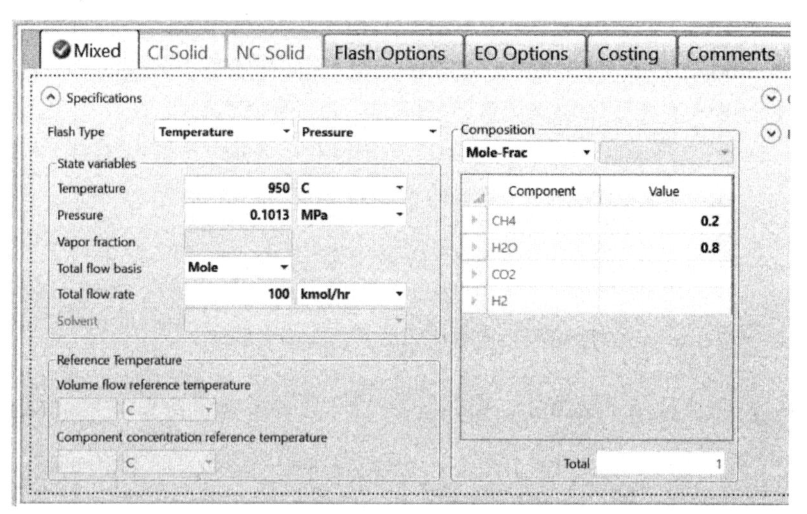

图 3.48 静态反应器 RStoic - 2 输入物流信息

(4)设置模块参数。

进入"Blocks | RStoic - 2 | Setup | Specifications"页面，输入模块 RStoic - 2 参数。在"Operating conditions(操作条件)"项中输入"Duty(热负荷)"为"0"，"Pessure(压力)"为"0.1013MPa"，"Valid phases(有效相态)"选择"Vapor-Only(纯气相)"，如图 3.49 所示。

(5)进行计算。

(6)查看并分析结果。

进入"Results Summary | Streams | Material"页面或"Blocks | RStoic - 2 | Stream Results | Material"页面，查看所有物流的温度、压力、相态及各组分流量，如图 3.50 所示。

例 3.6

查得 CO_2 为 14.6kmol/h，H_2 为 58.4kmol/h。

Specifications
Reactions
Combustion
Heat of Reaction
Operating conditions
Flash Type
Pressure
Duty
Temperature
750
C
Pressure
0.1013
MPa
Duty
0
kW
Vapor fraction
Valid phases
Vapor-Only

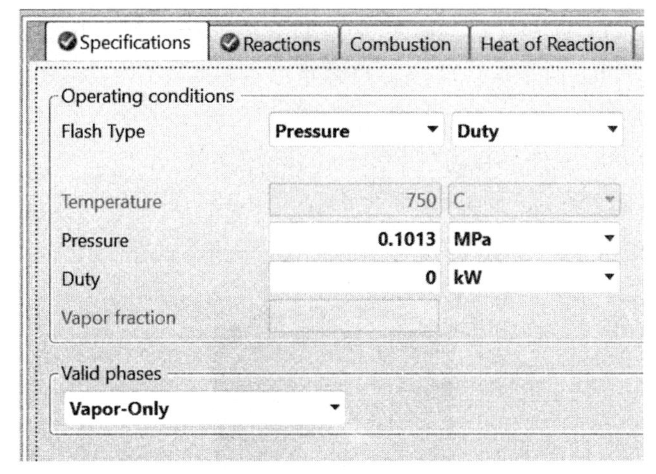

图 3.49 设置静态反应器 RStoic－2 参数

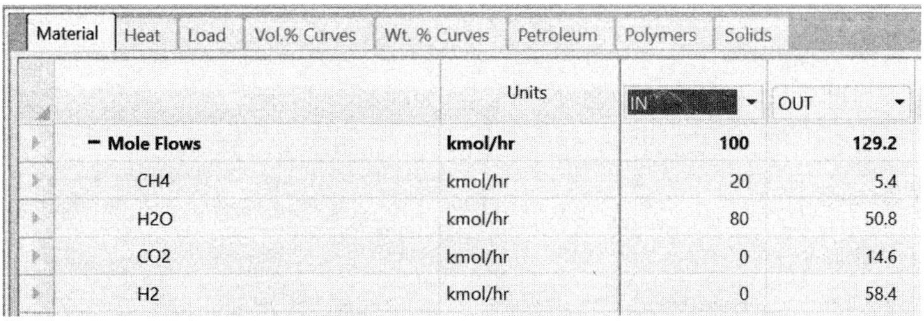

Material
Heat
Load
Vol.% Curves
Wt. % Curves
Petroleum
Polymers
Solids

	Units	IN	OUT
− Mole Flows	kmol/hr	100	129.2
CH4	kmol/hr	20	5.4
H2O	kmol/hr	80	50.8
CO2	kmol/hr	0	14.6
H2	kmol/hr	0	58.4

图 3.50 静态反应器 RStoic－2 物流信息

进入"Blocks|RStoic－2|Results|Summary"页面，查看反应器出口温度为 380.056℃，如图 3.51 所示。

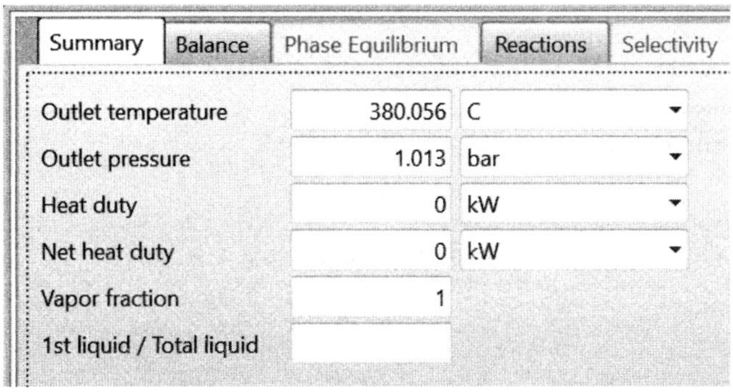

Summary
Balance
Phase Equilibrium
Reactions
Selectivity
Outlet temperature
380.056
C
Outlet pressure
1.013
bar
Heat duty
0
kW
Net heat duty
0
kW
Vapor fraction
1
1st liquid / Total liquid

图 3.51 静态反应器 RStoic－2 信息

[例 3.7] 甲烷与水蒸气在镍催化剂下的转化反应为：$CH_4 + 2H_2O \longleftrightarrow CO_2 + 4H_2$，原料气中甲烷与水蒸气的摩尔比为 1∶4，流量为 100kmol/h。增加甲烷部分氧化反应如下式：$2CH_4 + 3O_2 \longleftrightarrow 2CO + 4H_2O$，并在原料气中加入 15kmol/h 的氧气。反应在恒压及等温

条件下进行，系统总压为 0.1013MPa，温度为 750℃。上述两个反应中 CH_4 转化率均为 43%时，产品物流中 CO、H_2O、CO_2 和 H_2 的流量各是多少？如果将反应设为串联进行，上述流量又各是多少？以上两个反应的反应热各是多少？

本例模拟步骤如下：

（1）将例 3.5 的 bkp 文件另存为“RStoic－3.bkp”文件。

（2）更改模块图标名称，如图 3.52 所示。

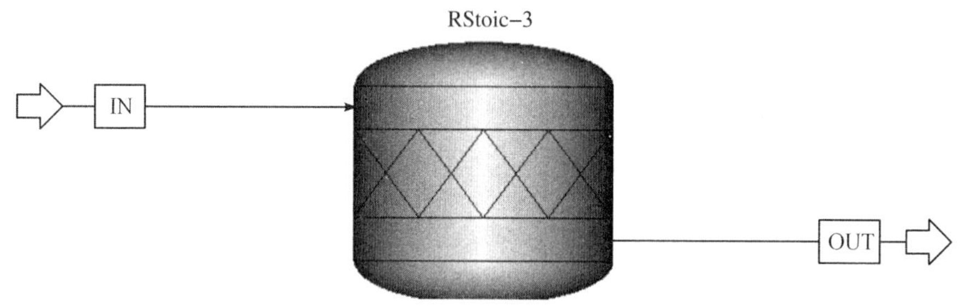

图 3.52　静态反应器 RStoic－3 流程

（3）添加组分 O_2 和 CO，添加物流 O_2 信息，如图 3.53 所示。

Mixed | CI Solid | NC Solid | Flash Options | EO Options | Costing | Comments

Specifications

Flash Type: Temperature | Pressure

State variables

Temperature	750	C
Pressure	0.1013	MPa
Vapor fraction		
Total flow basis	Mole	
Total flow rate		kmol/hr
Solvent		

Reference Temperature

Volume flow reference temperature

C

Component concentration reference temperature

Composition: Mole-Flow | kmol/hr

Component	Value
CH4	20
H2O	80
CO2	
H2	
O2	15
CO	

图 3.53　静态反应器 RStoic－3 输入物流信息

（4）设置模块参数。

进入“Blocks|RStoic－3|Setup|Specifications”页面，模块“RStoic－3”参数保持不变，如图 3.54 所示。

进入“Blocks|RStoic－3|Setup|Reactions”页面，选中主反应后点击“Edit”按钮，在“Edit Stoichiometry”界面中将 CH_4 的转化率改为 0.43，如图 3.55 所示。

点击对话框中的“Close”按钮，回到“Blocks|RStoic－3|Setup|Reactions”页面。

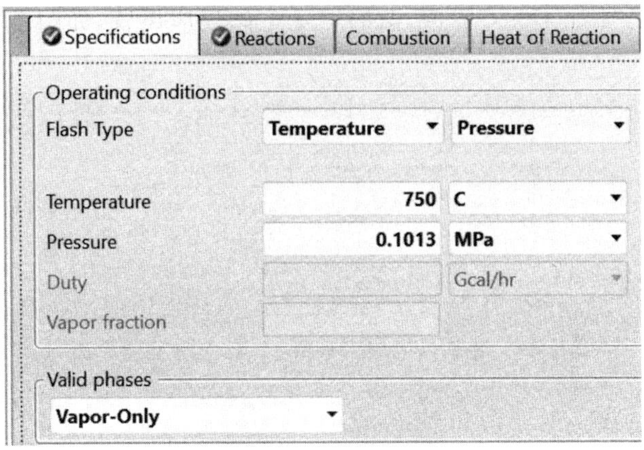

图 3.54　设置静态反应器 RStoic－3 参数

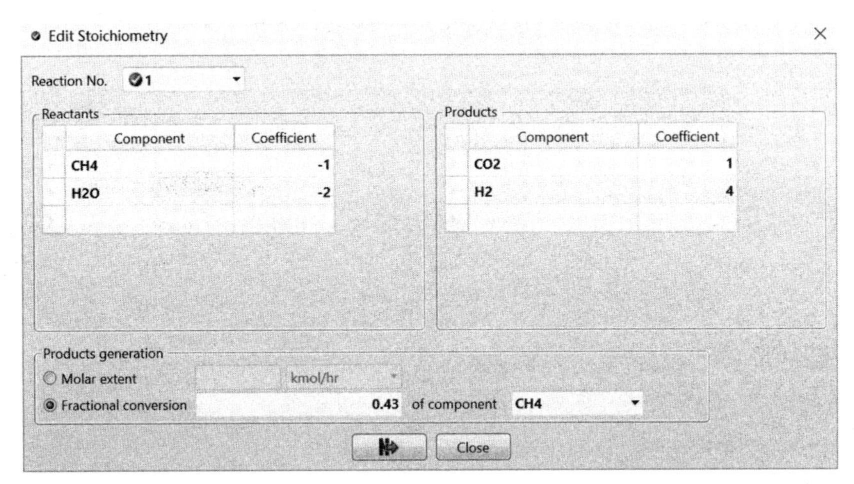

图 3.55　静态反应器 RStoic－3 Edit Stoichiometry 对话框(修改主反应转化率)

从“Reaction No.”下拉菜单中选择“New”，出现“New Reaction No.”对话框，点击“OK”按钮，创建反应 2，输入副反应及 CH_4 的转化率 0.43，如图 3.56 所示。

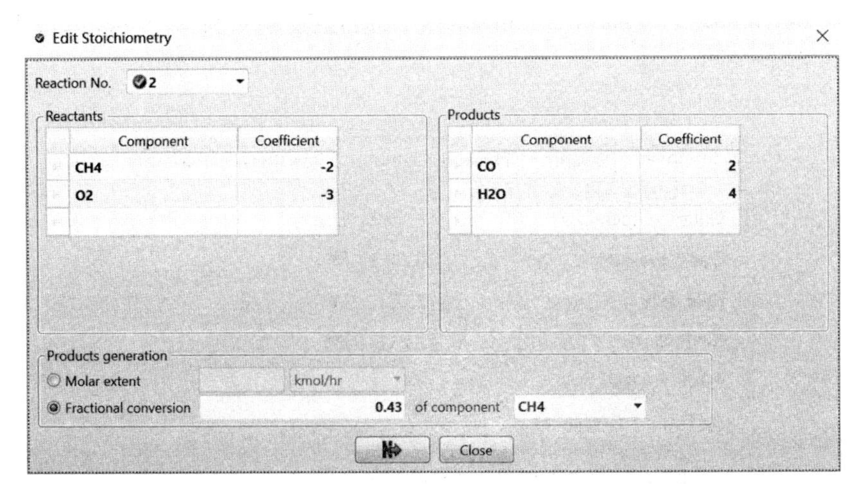

图 3.56　静态反应器 RStoic－3 Edit Stoichiometry 对话框(输入副反应转化率)

关闭对话框，返回“Reactions”界面，此时可见主副反应设置，如图 3.57 所示。

Specifications | Reactions | Combustion | Heat of Reaction | Selectivity | PSD | Component Attr. | Utility | Comments

Reactions

Rxn No.	Specification type	Molar extent	Units	Fractional conversion	Fractional Conversion of Component	Stoichiometry
1	Frac. conversion		kmol/hr	0.43	CH4	CH4 + 2 H2O --> CO2(MIXED) + 4 H2(MIXED)
2	Frac. conversion		kmol/hr	0.43	CH4	2 CH4 + 3 O2 --> 2 CO(MIXED) + 4 H2O(MIXED)

New Edit Delete Copy Paste

Reactions occur in series

图 3.57 静态反应器 RStoic－3 反应方程式界面

(5)查看并分析结果。

进入“Results Summary | Streams | Material”页面或“Blocks | RStoic － 3 | Stream Results | Material”页面，查看所有物流的温度、压力、相态及各组分流量，如图 3.58 所示。

Material | Heat | Load | Vol.% Curves | Wt. % Curves | Petroleum | Polymers | Solids

	Units	IN	OUT
Average MW		19.4962	16.4253
− Mole Flows	**kmol/hr**	**115**	**136.5**
CH4	kmol/hr	20	2.8
H2O	kmol/hr	80	80
CO2	kmol/hr	0	8.6
H2	kmol/hr	0	34.4
O2	kmol/hr	15	2.1
CO	kmol/hr	0	8.6

图 3.58 静态反应器 RStoic－3(并联反应)物流信息

查得反应后 CO_2 为 8.6kmol/h，H_2 为 34.4kmol/h，O_2 为 2.1kmol/h，CO 为8.6kmol/h。

进入“Blocks | RStoic－3 | Results | Summary”页面，查看热负荷为－783.527kW，反应放热，如图 3.59 所示。

Summary | Balance | Phase Equilibrium | Reactions | Selectivity

Outlet temperature	750	C
Outlet pressure	0.1013	MPa
Heat duty	-783.527	kW
Net heat duty	-783.527	kW
Vapor fraction	1	
1st liquid / Total liquid		

图 3.59 静态反应器 RStoic－3(并联反应)信息

(6)反应串联发生时,只需在“Blocks|RStoic－3|Setup|Reactions”页面中将“Reactions occur in series”打钩即可,如图 3.60 所示。

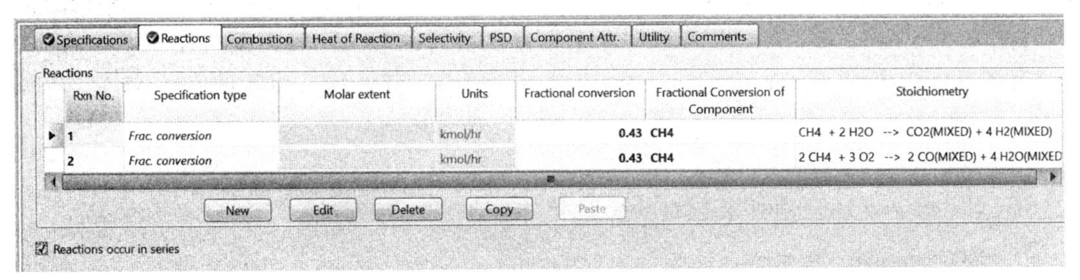

图 3.60 静态反应器 RStoic－3 反应方程式界面(串联反应)

(7)进入“Results Summary|Streams|Material”页面或“Blocks|RStoic－3|Stream Results|Material”页面,查看所有物流的温度、压力、相态及各组分流量,如图 3.61 所示。

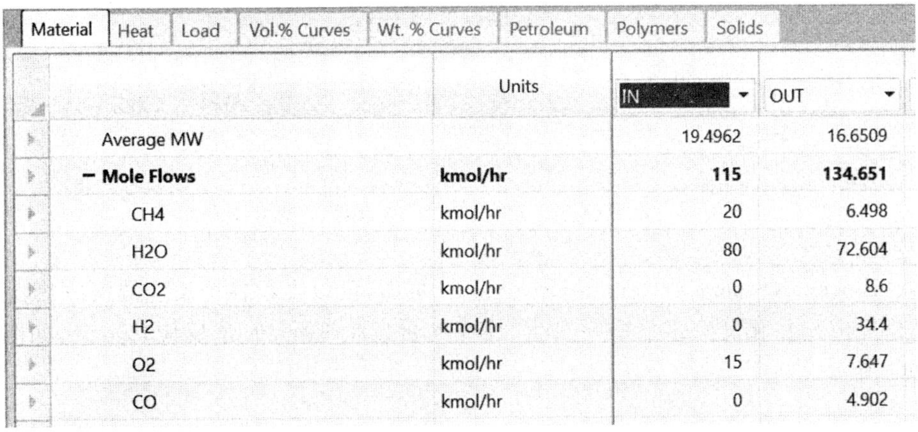

Material | Heat | Load | Vol.% Curves | Wt. % Curves | Petroleum | Polymers | Solids

	Units	IN	OUT
Average MW		19.4962	16.6509
− Mole Flows	**kmol/hr**	**115**	**134.651**
CH4	kmol/hr	20	6.498
H2O	kmol/hr	80	72.604
CO2	kmol/hr	0	8.6
H2	kmol/hr	0	34.4
O2	kmol/hr	15	7.647
CO	kmol/hr	0	4.902

图 3.61 静态反应器 RStoic－3(串联反应)物流信息

查得反应后 CO_2 为 8.6kmol/h,H_2 为 34.4kmol/h,O_2 为 7.647kmol/h,CO 为 4.902kmol/h。与并联反应相比,O_2 和 CO 的量有所变化。

进入“Blocks|RStoic－3|Results|Summary”页面,查看热负荷为－250.699kW,反应放热,如图 3.62 所示。

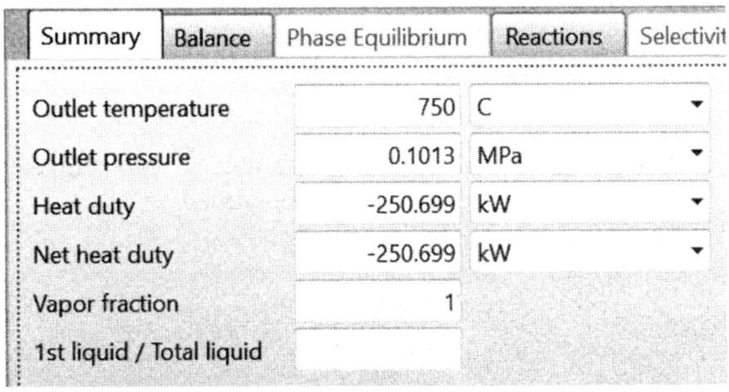

Summary | Balance | Phase Equilibrium | Reactions | Selectivit

Outlet temperature	750	C
Outlet pressure	0.1013	MPa
Heat duty	-250.699	kW
Net heat duty	-250.699	kW
Vapor fraction	1	
1st liquid / Total liquid		

图 3.62 静态反应器 RStoic－3(串联反应)信息

(8)计算反应热。

题目要求计算每个反应的反应热,因此,进入“Blocks | RStoic - 3 | Setup | Heat of Reaction”页面,点选“Report calculated heat of reaction(计算反应热)”,在“Reference condition(参考条件)”项中输入所有的“Rxn No.(反应序号)”及各反应对应的“Reference component(参考组分)”,其他均采用默认值,如图 3.63 所示。

例 3.7

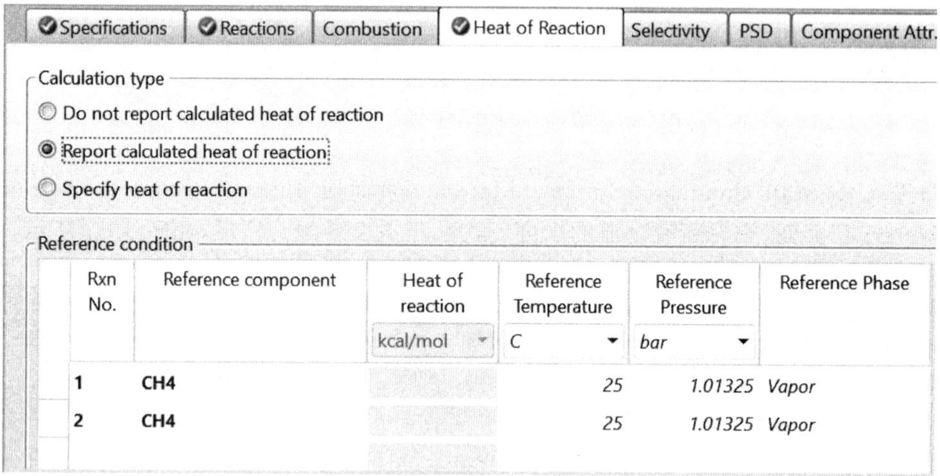

Specifications | Reactions | Combustion | Heat of Reaction | Selectivity | PSD | Component Attr.

Calculation type

- Do not report calculated heat of reaction
- Report calculated heat of reaction
- Specify heat of reaction

Reference condition

Rxn No.	Reference component	Heat of reaction (kcal/mol)	Reference Temperature (C)	Reference Pressure (bar)	Reference Phase
1	CH4		25	1.01325	Vapor
2	CH4		25	1.01325	Vapor

图 3.63 设置静态反应器 RStoic - 3 参数(计算反应热)

进入“Blocks | RStoic - 3 | Results | Reactions”页面,可以查看各个反应的反应热,经比较可得,无论反应是并联发生还是串联发生,反应的量发生变化,但是反应热不变,如图 3.64 和图 3.65 所示。

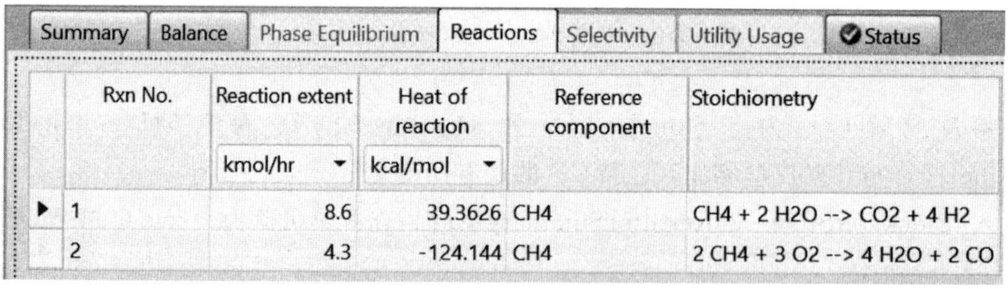

Summary | Balance | Phase Equilibrium | Reactions | Selectivity | Utility Usage | Status

Rxn No.	Reaction extent (kmol/hr)	Heat of reaction (kcal/mol)	Reference component	Stoichiometry
1	8.6	39.3626	CH4	CH4 + 2 H2O --> CO2 + 4 H2
2	4.3	-124.144	CH4	2 CH4 + 3 O2 --> 4 H2O + 2 CO

图 3.64 静态反应器 RStoic - 3(并联反应)反应热信息

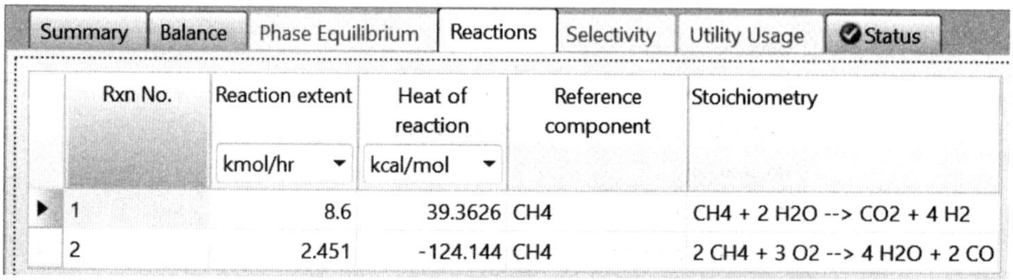

Summary | Balance | Phase Equilibrium | Reactions | Selectivity | Utility Usage | Status

Rxn No.	Reaction extent (kmol/hr)	Heat of reaction (kcal/mol)	Reference component	Stoichiometry
1	8.6	39.3626	CH4	CH4 + 2 H2O --> CO2 + 4 H2
2	2.451	-124.144	CH4	2 CH4 + 3 O2 --> 4 H2O + 2 CO

图 3.65 静态反应器 RStoic - 3(串联反应)反应热信息

3.6.2 全混釜反应器

全混釜反应器(RCSTR)模块严格模拟连续搅拌釜式反应器,可以模拟单相、两相或三相体系。RCSTR模块假定反应器内为完全混合,即反应器内部与出口物流的性质和组成相同,可处理动力学反应和平衡反应,也可以处理带有固体的反应。用户可以通过内置反应模型或者通过用户自定义子程序提供反应动力学。

RCSTR模块需要规定反应器压力、温度或者热负荷、有效相态、反应器体积或停留时间(Residence Time)等。若RCSTR模块连接了两股或三股出口物流,则应在Streams页面中设定每一股物流的出口相态。RCSTR模块中的化学反应式通过化学反应定义。

下面通过例3.8介绍RCSTR模块的应用。

[**例3.8**] 乙酸乙酯的平衡方程式为:$CH_3CH_2OH+CH_3COOH \longrightarrow CH_3COOC_2H_5+H_2O$,进料为0.1013MPa下的饱和液体,其中,水、乙醇和乙酸的流率分别为736、218和225kmol/h,全混釜反应器的反应器容积为21000L,温度为60℃,压力为0.1013MPa,化学反应对象选用指数型。基于摩尔浓度的反应平衡常数为K,$\ln K=1.335$。物性方法选用NRTL-HOC。问产品乙酸乙酯的流率为多少?

本例模拟步骤如下:

(1)建立文件。

(2)保存文件。

(3)输入组分。

(4)选择物性方法及查看二元交互作用参数。

本题中选用NRTL-HOC物性方法。

(5)进行全局设定。

(6)绘图。

在模块选项板“Model Palette”中点击“Reactors|RCSTR|ICON1”,绘制模块后连接物流线并命名,如图3.66所示。

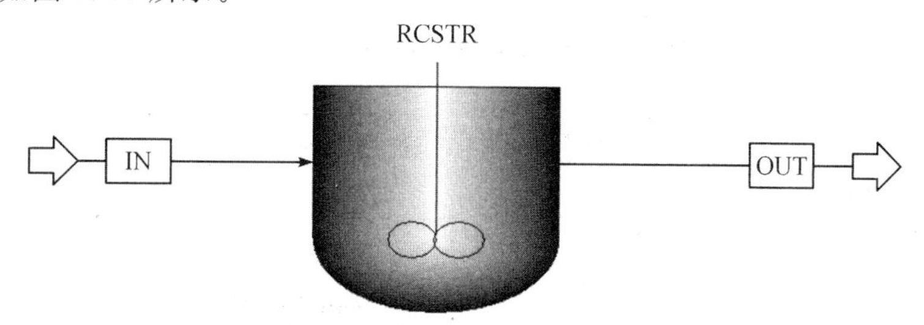

图3.66 全混釜RCSTR流程图

(7)输入物流信息,如图3.67所示。

(8)设置模块参数。

进入“Blocks|RCSTR|Setup|Specifications”页面,输入“RCSTR”模块参数。操作压力为“0.1013MPa”,温度为“60℃”,“Valid phases(有效相态)”选择“Liquid-Only”,“Reactor Volume(反应器体积)”为“21000L”,如图3.68所示。

进入“Reactions|Reactions”页面,创建化学反应。点击“New”按钮,出现“Create New ID”对话框,默认“ID”为“R-1,Select type”选择“POWERLAW”,如图3.69所示。

Mixed | CI Solid | NC Solid | Flash Options | EO Options | Costing | Comments

Specifications

Flash Type: Pressure, Vapor Fraction

State variables

Temperature		C
Pressure	0.1013	MPa
Vapor fraction	0	
Total flow basis	Mole	
Total flow rate		kmol/hr
Solvent		

Reference Temperature

Volume flow reference temperature

C

Component concentration reference temperature

Composition: Mole-Flow, kmol/hr

Component	Value
C2H5OH	218
CH3COOH	225
MECOOET	
H2O	736

图 3.67　全混釜 RCSTR 输入物流信息(饱和液体)

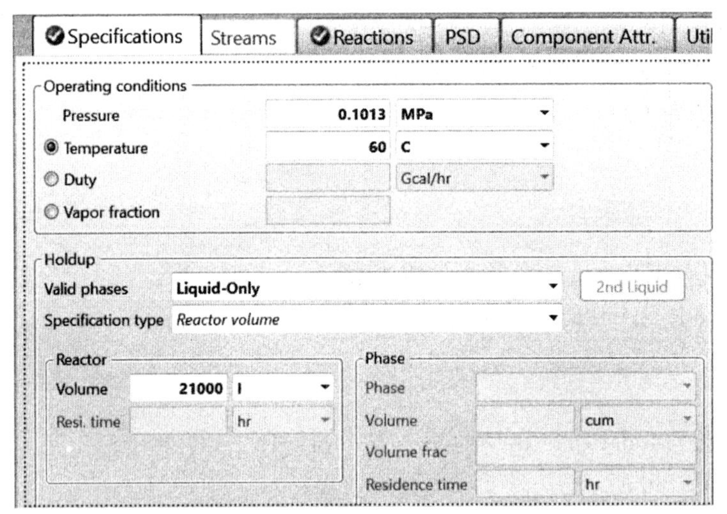

图 3.68　设置全混釜 RCSTR 参数

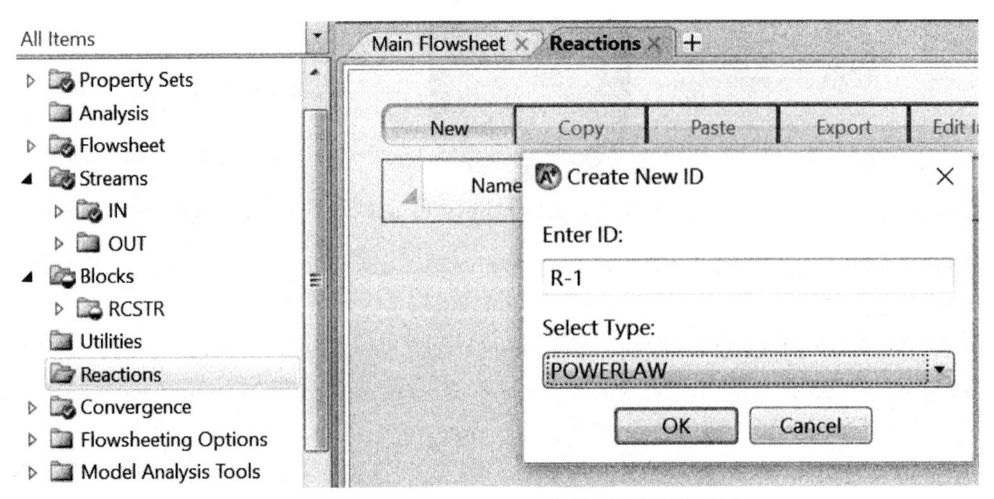

图 3.69　设置全混釜 RCSTR 参数(创建化学反应)

进入“Reactions|R-1|Input|Stoichiometry”页面。点击“New”按钮，出现“Edit Reaction”对话框，选择“Reaction type(反应类型)”为“Equilibrium(平衡型)”，输入化学反应方程式，如图3.70所示。

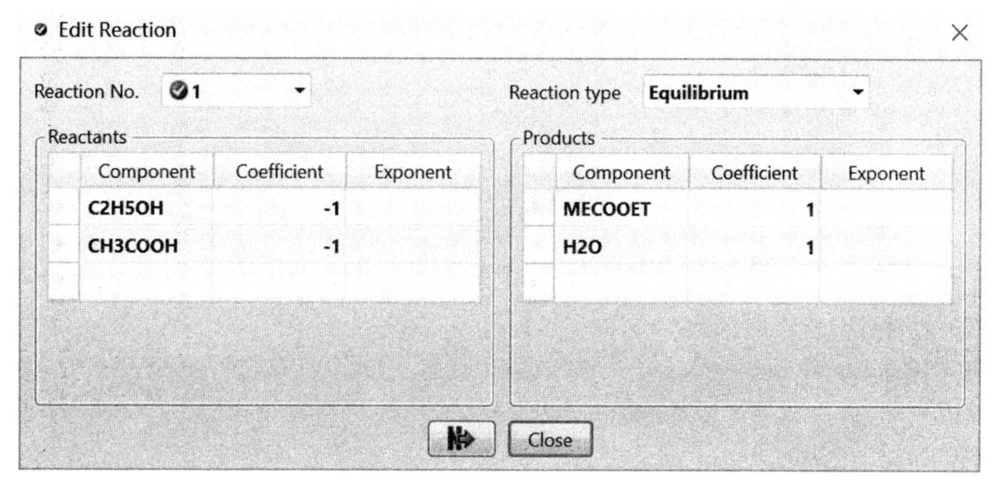

图3.70　设置全混釜RCSTR参数(输入反应方程式)

进入“Reactions|R-1|Input|Equilibrium”页面，默认为反应“1”，默认“Reacting phase(反应相态)”为“Liquid”，默认“Temperature approach to equilibrium(平衡温差)”为0℃。选择“Compute Keq from built-in expression”，“Keq basis”选择“Molarity(摩尔浓度)”，A=1.335，如图3.71所示。

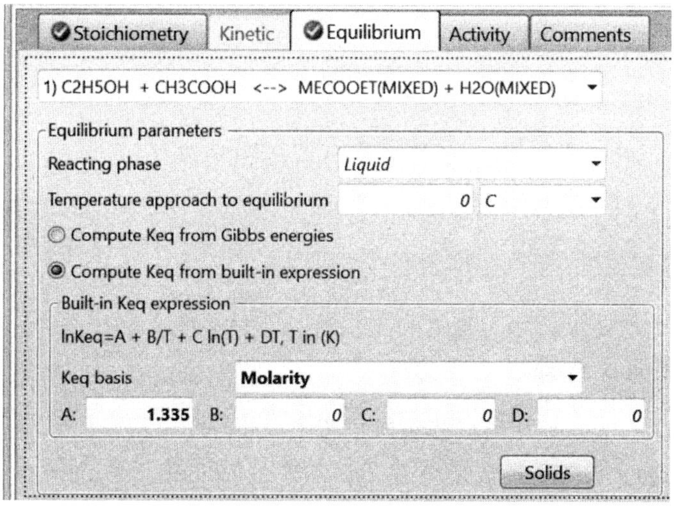

图3.71　设置全混釜RCSTR参数(动力学数据)

化学反应创建完成。

进入“Blocks|RCSTR|Setup|Reactions”页面，将“Available reaction sets”中的“R-1”选入“Selected reaction sets”，如图3.72所示。

(9)进行计算。

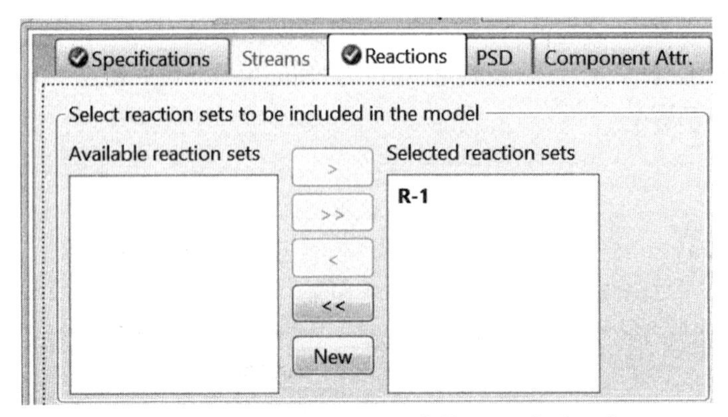

图 3.72　设置全混釜 RCSTR 参数(调用化学反应)

(10)查看并分析结果。

进入“Results Summary|Streams|Material”页面或“Blocks|RCSTR|Stream Results|Material”页面,可以看到反应后“MECOOET(乙酸乙酯)”的流量为“85.5kmol/h”,如图3.73所示。

例 3.8

Material | Heat | Load | Vol.% Curves | Wt. % Curves | Petroleum | Polymers | Solids

	Units	IN	OUT
− Mole Flows	kmol/hr	1179	1179
C2H5OH	kmol/hr	218	132.5
CH3COOH	kmol/hr	225	139.5
MECOOET	kmol/hr	0	85.5
H2O	kmol/hr	736	821.5
− Mole Fractions			
C2H5OH		0.184902	0.112383
CH3COOH		0.19084	0.118321
MECOOET		0	0.0725191
H2O		0.624258	0.696777

图 3.73　全混釜 RCSTR 物流信息

进入“Blocks|RCSTR|Results|Summary”页面,可以查看热负荷及反应停留时间等数据,如图3.74所示。

3.6.3　平推流反应器

平推流反应器(RPlug)模块可以模拟轴向没有返混、径向完全混合的理想平推流反应器,可以模拟单相、两相或三相体系,也可以模拟带传热流体(冷却或加热)物流(并流或逆流)的反应器。RPlug模块处理动力学反应,包括涉及固体的化学反应,使用 RPlug 模块时必须已知反应动力学,用户可以通过内置反应模型或者通过用户自定义子程序提供反应动力学。

Summary | Balance | Utility Usage

Outlet temperature	60	C
Outlet pressure	0.1013	MPa
Outlet vapor fraction	0	
Heat duty	-994.349	kW
Net heat duty	-994.349	kW
Volume		
Reactor	21	cum
Vapor phase		
Liquid phase	21	cum
Liquid 1 phase		
Salt phase		
Condensed phase	21	cum
Residence time		
Reactor	0.512204	hr
Vapor phase		
Condensed phase	0.512204	hr

图 3.74　全混釜 RCSTR 信息

使用 RPlug 模块时需要规定反应器管长、管径以及管数(若反应器由多根管组成),需要输入反应器压降,其他输入参数取决于反应器类型。

RPlug 模块的类型包括:指定温度的反应器(Reactor with Specified Temperature)、绝热反应器(Adiabatic Reactor)、恒定传热流体温度的反应器(Reactor with Constant Thermal Fluid Temperature)、与传热流体并流换热的反应器(Reactor with Co-current Thermal Fluid)、与传热流体逆流换热的反应器(Reactor with Counter-current Thermal Fluid)等。平推流反应器(RPlug)中的化学反应式通过化学反应定义。

3.7　塔单元模拟

Aspen Plus 提供了 DSTWU、Distl、RadFrac、Extract 等塔单元模块,这些模块可以模拟精馏、吸收、萃取等过程;可以进行操作型计算,也可以进行设计型计算;可以模拟普通精馏,也可以模拟复杂精馏,如萃取精馏、共沸精馏、反应精馏等。各个塔单元模块的介绍见表 3.9。

表 3.9　反应器单元模块介绍

模块	说明	功能	适用对象
DSTWU	用 Winn-Underwood-Gilliland 方法的多组分精馏简捷设计模块	确定最小回流比、最小理论板数以及实际回流比、实际理论板数等	仅有一股进料和两股产品出料的简单精馏塔
Distl	使用 Edmister 方法的多组分精馏简捷校核模块	基于回流比、理论板数及 D/F(塔顶采出与进料比值)确定分离情况	仅有一股进料和两股产品出料的简单精馏塔
SFrac	复杂石油分馏单元简捷设计模块	确定产品组成和流量,估算每个塔段理论板数和热负荷等	原油常减压蒸馏塔等
RadFrac	单塔精馏严格计算模块	进行单个精馏塔的严格校核和设计计算	常规精馏、吸收、汽提、萃取精馏、共沸精馏、三相精馏、反应精馏等
MultiFrac	多塔精馏严格计算模块	进行复杂多塔的严格校核和设计计算	原油常减压蒸馏塔、吸收/汽提塔组合等
PetroFrac	石油蒸馏模块	进行石油炼制工业中复杂塔的严格校核和设计计算	预闪蒸塔、原油常减压蒸馏塔、催化裂化主分馏塔、乙烯装置初馏塔和急冷塔组合等
Extract	溶剂萃取模块	萃取剂与原料液在塔内逆流完成原料液中所需组分的萃取	液-液萃取塔

3.7.1　简捷精馏

多组分精馏的简捷设计模块 DSTWU 假定恒摩尔流和恒定的相对挥发度,采用 Winn-Underwood-Gilliland 方法计算仅有一股进料和两股出料的简单精馏塔,其中,采用 Winn 方程计算最小理论板数，通过 Underwood 公式计算最小回流比，依据 Gilliland 关联式确定指定回流比下所需要的理论板数及进料位置，或指定理论板数下所需要的回流比及进料位置。塔的理论板数由冷凝器开始自上向下进行编号，DSTWU 模块要求一股进料、一股塔顶产品出料及一股塔底产品出料，其中，塔顶产品允许在冷凝器中分出水相。

DSTWU 模块通过计算可给出最小回流比、最小理论板数、实际回流比、实际理论板数（包括冷凝器和再沸器）、进料位置、冷凝器热负荷和再沸器热负荷等参数，但其计算精度不高，常用于初步设计，其计算结果可为严格精馏计算提供初值。

DSTWU 模块有两个计算选项，分别为生成回流比随理论板数变化表（“Blocks|DSTWU|Input|Calculation Options”页面下的“Generate table of reflux ratio vs number of theoretical stages”选项）和计算等板高度（“Blocks|DSTWU|Input|Calculation Options”页面下的“Calculate HET”选项）。

回流比随理论板数变化表对选取合理的理论板数具有很大的参考价值。在实际回流比对理论板数（Table of actual reflux ratio vs number of theoretical stages）一栏中输入要分析的理论板数的初值（Initial number of stages）、终值（Final number of stages），并输入理论板数变化量（Increment size for number of stages）或者表中理论板数值的个数（Number of values in table），据此可以计算出不同理论板数下的回流比（Reflux ratio profile），并可以绘制回流比-理论板数关系曲线。

下面通过示例介绍精馏塔简捷设计模块 DSTWU 的应用。

［例 3.9］ 含乙苯 30%w、苯乙烯 70%w 的混合物（$F=1000\text{kg/h}$、$p=0.12\text{MPa}$、$T=30℃$）用精馏塔（塔压 0.02MPa）分离，要求 99.8%的乙苯从塔顶排出，99.9%的苯乙烯从塔底排出，采用全凝器。物性方法采用 PENG-ROB。求 $R_{\min}$，$N_{T\min}$，$R=1.5R_{\min}$时的 R、N_T 和 N_F。

本例模拟步骤如下：

（1）建立文件。

（2）保存文件。

（3）输入组分。

（4）选择物性方法及查看二元交互作用参数。

（5）进行全局设定。

（6）绘图，如图 3.75 所示。

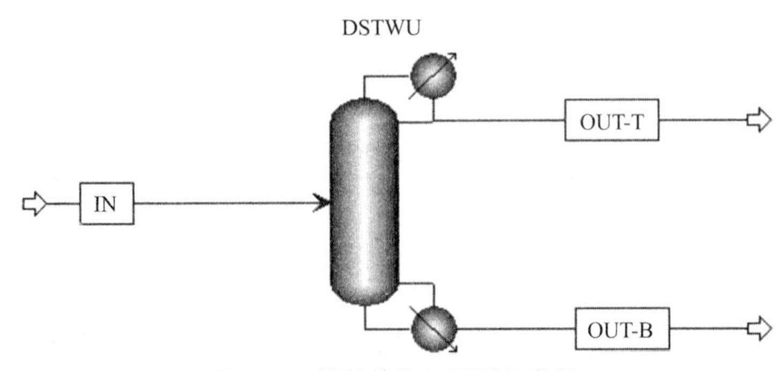

图 3.75　简捷精馏 DSTWU 流程

在模块选项板 Model Palette 中点击“Columns|DSTWU|ICON1”，绘制模块后连接物流线并命名。

（7）输入物流信息。

（8）设置模块参数。

进入“Blocks|DSTWU|Input|Specifications”页面，输入模块“DSTWU”参数。

“Reflux ratio(回流比)”中输入“－1.5”，表示实际回流比是最小回流比的 1.5 倍，若输入“1.5”则表示实际回流比是 1.5。本例中 C_8H_{10}（乙苯）为 Light key(轻关键组分)，C_8H_8（苯乙烯）为 Heavy key(重关键组分)。根据产品纯度要求，塔顶乙苯的质量回收率为 99.9%，塔底苯乙烯的质量回收率为 99.9%，苯乙烯在塔顶中的质量回收率为：1－0.999＝0.001。

“Pressure”项中输入“Condenser(冷凝器)”为“0.2bar(即 0.02MPa)”，假定“Reboiler(再沸器)”为“0.3bar(即 0.03MPa)”，如图 3.76 所示。

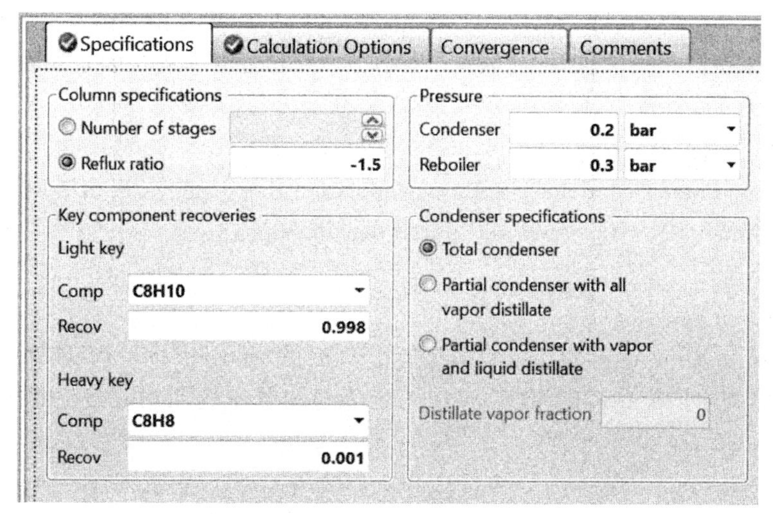

图 3.76 设置简捷精馏 DSTWU 参数

“Condenser specifications”项中选择“Total condenser(全凝器)”。

关于 DSTWU 四组模块参数设定的说明。

①塔设定(Column specifications)包括理论板数(Number of stages)和回流比(Reflux ratio)，回流比与理论板数仅允许规定一个。理论板数包括冷凝器和再沸器。选择规定回流比时，输入值＞0，表示实际回流比；输入值＜－1，其绝对值表示实际回流比与最小回流比的比值。

②关键组分回收率(Key component recoveries)包括轻关键组分在塔顶产品中的摩尔回收率(即塔顶产品中的轻关键组分摩尔流量/进料中的轻关键组分摩尔流量)和重关键组分在塔顶产品中的摩尔回收率(即塔顶产品中的重关键组分摩尔流量/进料中的重关键组分摩尔流量)。

由用户指定浓度或者提出分离要求的两个组分称为关键组分(Key components)，易挥发的低沸点组分称为轻关键组分(Light key components)，难挥发的高沸点组分称为重关键组分(Heavy key components)。假定塔内存在组分 A、B、C 和 D，其沸点依次降低，表 3.10

可清楚地表示不同的分离要求下所对应的轻重关键组分情况。

表 3.10　不同分离要求对应的轻重关键组分情况

位置	1	2	3
塔顶	A	AB	ABC
塔底	BCD	CD	D
轻关键组分	A	B	C
重关键组分	B	C	D

③压力(Pressure)包括冷凝器压力、再沸器压力。塔压的选择实质上是塔顶、塔底温度选取的问题,塔顶、塔底产品的组成是由分离要求规定的,故据此及公用工程条件和物系性质(如热敏性等)确定塔顶、塔底温度,继而确定塔压,塔的压降是由塔的水力学计算决定的。操作压力可以采用简化法试算,即先假设一操作压力,若温度未满足要求则调整压力,直至温度要求满足为止。

④冷凝器设定(Condenser specifications)包括全凝器(Total condenser)、带汽相塔顶产品的部分冷凝器(Partial condenser with all vapor distillate)、带汽、液相塔顶产品的部分冷凝器(Partial condenser with vapor and liquid distillate)。

(9)进行计算。

(10)查看并分析结果。

进入"Results Summary|Streams|Material"页面或"Blocks|DSTWU|Stream Results|Material"页面,查看所有物流的温度、压力、相态及各组分流量,如图 3.77 和图 3.78 所示。

	Units	IN	OUT-B	OUT-T
Phase		Liquid Phase	Liquid Phase	Liquid Phase
Temperature	C	30	104.427	84.3152
Pressure	bar	1.2	0.3	0.2

图 3.77　简捷精馏 DSTWU 物流信息(压力和温度)

	Units	IN	OUT-B	OUT-T
− Mass Flows	**kg/hr**	**1000**	**699.9**	**300.1**
C8H10	kg/hr	300	0.6	299.4
C8H8	kg/hr	700	699.3	0.7
− Mass Fractions				
C8H10		0.3	0.000857265	0.997667
C8H8		0.7	0.999143	0.00233256
Volume Flow	l/min	18.8616	14.1062	6.16892

图 3.78　简捷精馏 DSTWU 物流信息(质量流量和质量分数)

进入“Blocks|DSTWU|Results|Summary”页面，可看到计算出的最小回流比为9.26，实际回流比为 13.88($R=1.5R_{min}$)，最小理论板数为 45(包括全凝器和再沸器)，实际理论板数为 69(包括全凝器和再沸器)，进料位置为第 37 块板，塔顶温度为 84.32℃，如图 3.79 所示。

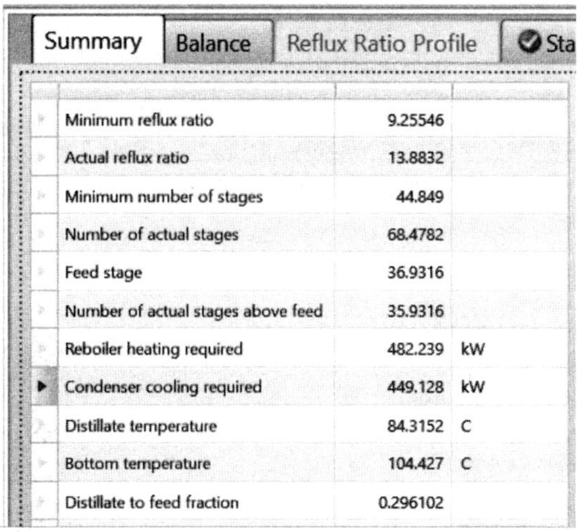

Summary | Balance | Reflux Ratio Profile | Sta

Minimum reflux ratio	9.25546	
Actual reflux ratio	13.8832	
Minimum number of stages	44.849	
Number of actual stages	68.4782	
Feed stage	36.9316	
Number of actual stages above feed	35.9316	
Reboiler heating required	482.239	kW
Condenser cooling required	449.128	kW
Distillate temperature	84.3152	C
Bottom temperature	104.427	C
Distillate to feed fraction	0.296102	

例 3.9

图 3.79 简捷精馏 DSTWU 信息

[例 3.10] 绘制例 3.9 的 $N_T \sim R$ 关系图，根据该图选取合理的 R 值，求取相应的 N_T、N_F、冷凝器和再沸器的温度和热负荷。

本例模拟步骤如下：

(1)生成塔板数-回流比曲线图。

进入“Blocks|DSTWU|Input|Calculation Options”页面，选中“Generate table of reflux ratio vs number of theoretical stages”，输入初值“45”(初值需≥最小理论板数)，终值“69”(终值一般≥实际理论板数)，变化量“1”，如图 3.80 所示。

出现“All required Input Complete”对话框，点击“OK”按钮，运行模拟。

进入“Blocks|DSTWU|Results|Reflux Ratio Profile”页面，可看到回流比随理论板数变化表，如图 3.81 所示。

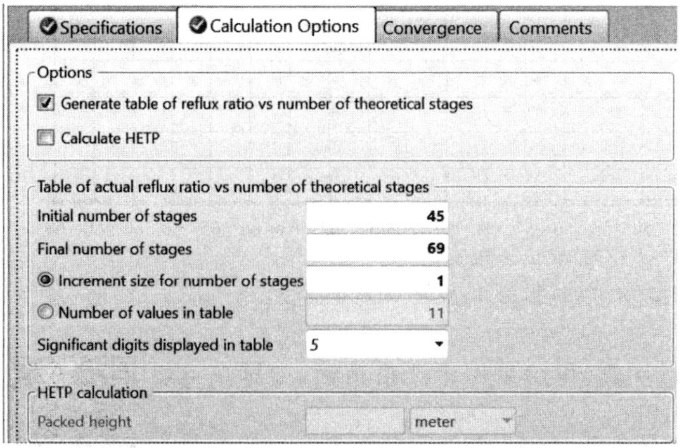

Specifications | Calculation Options | Convergence | Comments

Options
- ☑ Generate table of reflux ratio vs number of theoretical stages
- ☐ Calculate HETP

Table of actual reflux ratio vs number of theoretical stages

Initial number of stages	45
Final number of stages	69
◉ Increment size for number of stages	1
○ Number of values in table	11
Significant digits displayed in table	5

HETP calculation

Packed height | meter

图 3.80 设置简捷精馏 DSTWU 参数(生成塔板数-回流比曲线)

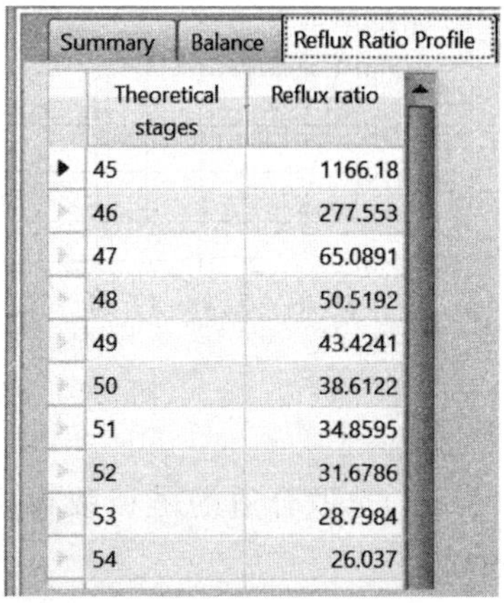

Summary | Balance | Reflux Ratio Profile

Theoretical stages	Reflux ratio
45	1166.18
46	277.553
47	65.0891
48	50.5192
49	43.4241
50	38.6122
51	34.8595
52	31.6786
53	28.7984
54	26.037

图 3.81 简捷精馏 DSTWU 信息(塔板数-回流比)

(2)作图。

点击右上角“plot”工具栏中的“Custom”按钮(见图 3.82),选择“Theoretical stages”为“X Axis”;选择“Reflux ratio”为“Y Axis”,点击“OK”即可得到回流比与理论板数关系曲线,如图 3.83 所示。

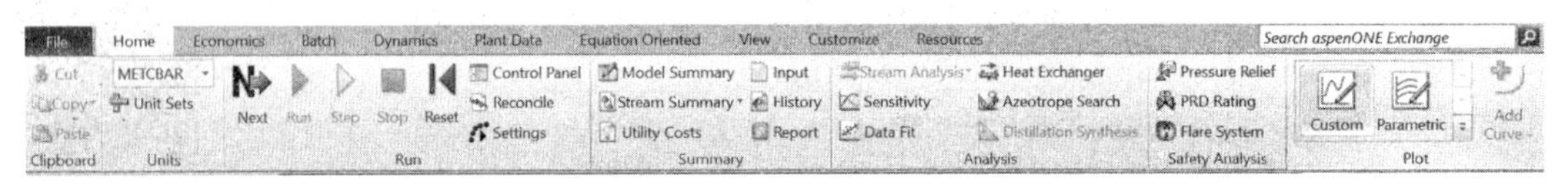

图 3.82 作图工具 Plot

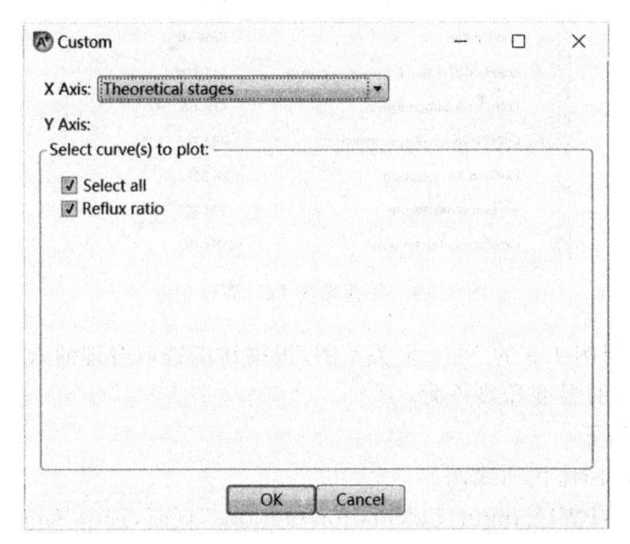

图 3.83 设置作图工具 Plot 参数(x 轴和 y 轴)

合理的理论板数应在曲线斜率绝对值较小的区域内选择,理论板数取 58 较为合适,如图 3.84 所示。

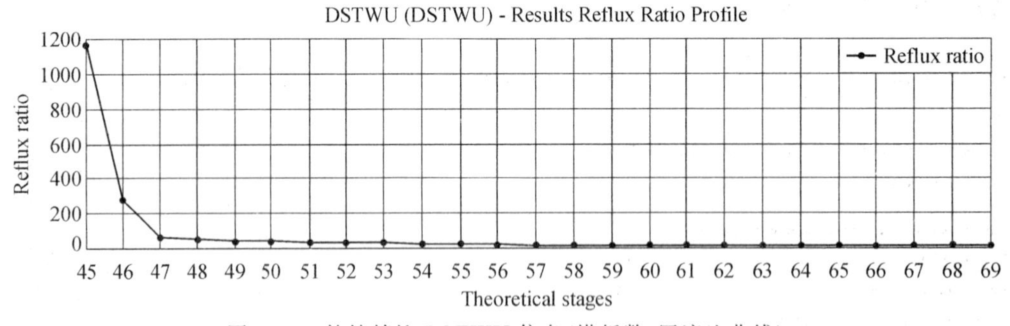

图 3.84 简捷精馏 DSTWU 信息(塔板数-回流比曲线)

(3)选取合适的塔板数再次进行计算,得结果用于严格精馏,如图 3.85 所示。

例 3.10

进入“Blocks|DSTWU|Results|Summary”页面,可看到当理论塔板数为 58 块时,最小回流比为 9.255,实际回流比为 18.125(此时 $R=1.96R_{min}$,在推

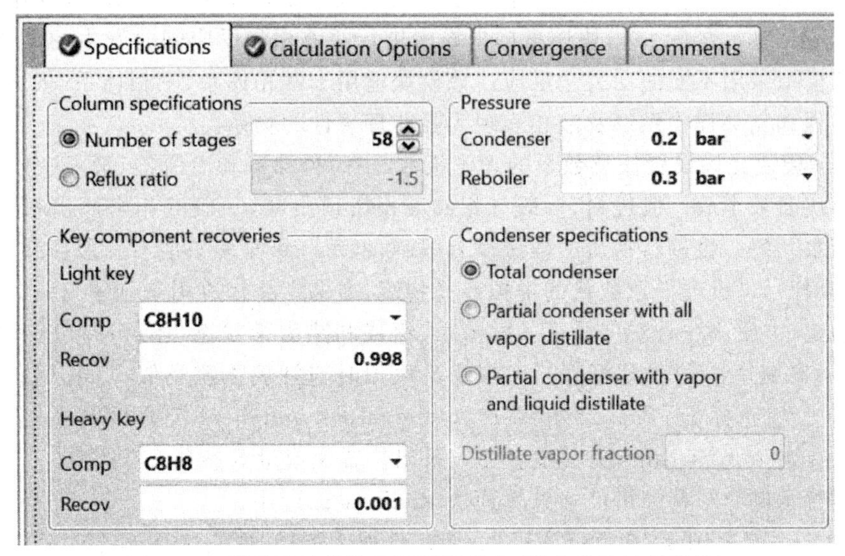

图 3.85 设置简捷精馏 DSTWU 信息(输入选定的塔板数)

荐范围 1.2～2 内),最小理论板数为 45(包括全凝器和再沸器),实际理论板数为 58(包括全凝器和再沸器),进料位置为第 32 块板,冷凝器热负荷为610.365kW,再沸器热负荷为 577.254kW,冷凝器温度为 84.315℃,再沸器温度为 104.427℃,馏出物/进料比为 0.296,如图 3.86 所示。

Summary | Balance | Reflux Ratio Profile | Status

Minimum reflux ratio	9.24277	
Actual reflux ratio	18.8791	
Minimum number of stages	43.8469	
Number of actual stages	56	
Feed stage	29.776	
Number of actual stages above feed	28.776	
Reboiler heating required	633.265	kW
Condenser cooling required	570.012	kW
Distillate temperature	84.321	C
Bottom temperature	104.427	C
Distillate to feed fraction	0.296102	

图 3.86 简捷精馏 DSTWU 信息(选定塔板 58 块)

3.7.2 严格精馏

精馏塔严格计算模块 RadFrac 可对下述过程进行严格模拟计算:普通精馏、吸收、再沸吸收、汽提、再沸汽提、萃取精馏、共沸精馏。除此之外,该模块也可模拟反应精馏,包括固定转化率的反应精馏、平衡反应精馏、速率控制反应精馏以及电解质反应精馏，且在平衡级模式(Equilibrium Mode)下，该模块还可模拟塔内进行两液相和反应同时发生的精馏过程，此时对两液相模拟采用不同的动力学反应。该模块适用于两相体系、三相体系(仅适用于平衡模型)、窄沸程和宽沸程物系以及液相表现为强非理想性的物系。

RadFrac 模块允许设置任意数量的理论板数、中间再沸器和冷凝器、液-液分相器、中段循环。该模块要求至少一股进料，一股气相或液相塔顶出料，一股液相塔底出料，允许塔顶出一股倾析水。每一级进料物流的数量没有限制，但每一级至多只能有三股侧线产品(一股汽相，两股液相)，可设置任意数量的虚拟产品物流，虚拟产品物流用来创建与精馏塔内部物流相关的物流，方便用户查看任意塔板的流量、组成和热力学状态，还可连接至其他单元模块，但其并不影响塔内的质量衡算。虚拟物流模拟时与常规物流类似，点击 Material 物流连接至塔身蓝色光标处[Pseudo Stream(Optional; anynumber)]，然后在该塔模块下的 Specifications|Setup|Streams 页面设置相应采出位置及流量等参数。

下面通过示例介绍精馏塔严格计算模块 RadFrac 的应用。

[例 3.11] 根据例 3.10 DSTWU 的结果，选取 $R=18.125$、$N_T=58$、$N_F=32$，馏出物/进料比为 0.296，用 RadFrac 模块进行严格计算。

本例模拟步骤如下：

(1)将例 3.10 的 bkp 文件另存为"RadFrac. bkp"文件。

(2)绘图。

删除图中的"DSTWU"图标，在模块选项板"Model Palette"中点击"Columns|RadFrac|FRACT1"，重新连接物流线，模块命名为"RadFrac"，如图 3.87 所示。

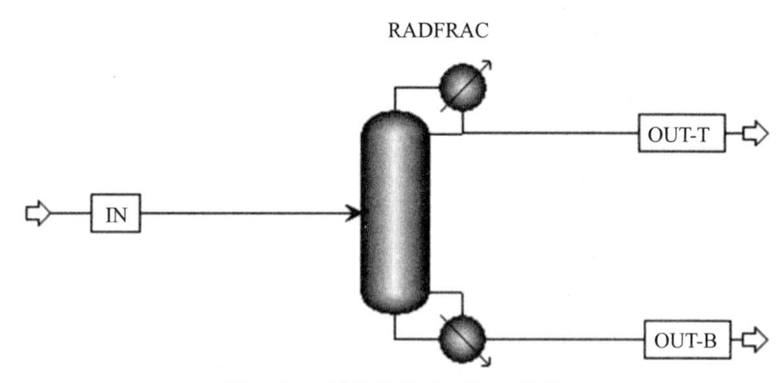

图 3.87 严格精馏 RadFrac 流程

(3)设置模块参数。

进入"Blocks|RadFrac|Specification|Setup|Configuration"页面，按照例 3.10 计算结果输入模块配置参数，如图 3.88 所示。

关于"Configuration"页面下各选项的说明：

①计算类型(Calculation type)包括平衡级模式(Equilibrium)和非平衡级模式(Rate-Based)。平衡级模式的计算基于平衡级假定，即离开每块理论级的汽液相完全达到平衡，非平衡级模式的计算基于热量交换和能量交换，不需要诸如塔效率、HETP 之类的经验因子。

本例采用缺省的平衡级模式。

②塔板数(Number of stages)要求输入的塔板数既可以是理论板数,也可以是实际塔板数。若输入的是实际塔板数,需要设置塔的效率。此处的塔板数包括冷凝器和再沸器。

本例输入的塔板数指理论板数,后续例题中,如果没有特别说明,板数均指理论板数。

③冷凝器(Condenser)包含四个选项,全凝器(Total)、部分冷凝器-汽相塔顶产品(Partial-Vapor)、部分冷凝器-汽相和液相塔顶产品(Partial-Vapor-Liquid)、无冷凝器(None)。本例采用全凝器。

④再沸器(Reboiler)包含三个选项,釜式再沸器(Kettle)、热虹吸式再沸器(Thermosiphon)、无再沸器(None)。本例采用缺省的釜式再沸器。

釜式再沸器作为塔的最后一块理论板来模拟,其气相分数高,操作弹性大,但造价也高。热虹吸式再沸器作为一个塔底带加热器的中段回流来模拟,其造价低,易维修,工业中应用较广泛。

热虹吸式再沸器的模拟包括带挡板和不带挡板两类,模拟时均需通过勾选"指定再沸器流量"(Specify reboiler flow rate)、"指定再沸器出口条件"(Specify reboiler outlet condition)或者"指定再沸器流量和出口条件"(Specify both flow outlet condition),以设置下列参数之一:温度、温差、气相分数、流量、流量和温度、流量和温差、流量和气相分数,当勾选"Specify both flow outlet condition"时,必须在Configuration界面给定再沸器热负荷,RadFrac模块将其作为初值进行计算。

选用釜式还是热虹吸式再沸器的一个重要原则是看塔底液相产品是否与返塔的汽相成相平衡。如果成相平衡,选用釜式,否则选用热虹吸式;如果塔底产品是从再沸器出口流出的液体,选用釜式;如果塔底产品与进入再沸器的液体条件完全一致,那么选用热虹吸式。选择带挡板和不带挡板的热虹吸式再沸器时,通常气相分数控制在5%～35%,若低于5%,因出口管线阻力降过大,将导致再沸器物料无法循环;若高于35%,应当采用釜式再沸器。

针对本例,读者可取气相分数为20%,分别采用釜式再沸器和热虹吸式再沸器,可以发现两者对模拟结果几乎没有影响。但对于某些物系,不同的再沸器对于模拟结果有一定的影响,需谨慎选择。

可使用HeatX模块及Flash2模块严格模拟RadFrac中的再沸器。此时在Exchanger Design and Rating(EDR)环境中创建合适的EDR模型,然后通过Blocks|RadFrac|Specifications|Setup|Reboiler|Reboiler Wizard进行EDR文件的调用与设置。

⑤RadFrac模块的有效相态有六种,包括汽-液(Vapor-Liquid)、汽-液-液(Vapor-Liquid-Liquid)、汽-液-冷凝器游离水(Vapor-Liquid-Free Water Condenser)、汽-液-任意塔板游离水(Vapor-Liquid-Free Water Any Stage)、汽-液-冷凝器污水相(Vapor-Liquid-Dirty Water-Condenser)以及汽-液-任意塔板污水相(Vapor-Liquid-Dirty Water Any Stage),如表3.11所示。

本例的有效相态为汽-液两相。

表 3.11 有效相态类型及各自特点

相态类型	特 点
Vapor-Liquid	液相不分离,反应在每一相发生
Vapor-Liquid-Liquid	完全严格法计算,选择的所有板上均进行三相计算;对两个液相的性质不做任何假设;任意板上均可设置分相器
Vapor-Liquid-Free Water Condenser	只在冷凝器处进行自由水的计算;分相器只能设置在冷凝器处;通过参数 Free Water Reflux Ratio(缺省值为 0)规定自由水回流量与全部流出量的比值
Vapor-Liquid-Free Water Any Stage	选择的所有板上均进行三相计算,即可在任意塔板上进行自由水的计算;任意板上均可设置分相器
Vapor-Liquid-Dirty Water Condenser	允许水相中含有很低浓度的可溶性有机组分,但仍将其当作水相处理;只在冷凝器处进行水相的计算;分相器只能设置在冷凝器处
Vapor-Liquid-Dirty Water-Any Stage	允许水相中含有很低浓度的可溶性的有机组分;选择的所有板上均进行三相计算;任意板上均可设置分相器

⑥RadFrac 模块的收敛方法有六种:标准方法(Standard)、石油/宽沸程物系(Petroleum/Wide-boiling)、强非理想液体(Strongly non-ideal liquid)、共沸物系(Azeotropic)、深冷体系(Cryogenic)以及用户自定义(Custom)。

本例物系为乙苯和苯乙烯,采用缺省的标准方法即可。

⑦RadFrac 模块操作规定(Operating specifications)。在进料、压力、塔板数、进料位置一定的情况下,精馏塔的操作规定有十个待选项,即回流比(Reflux ratio)、回流量(Reflux rate)、再沸量(Boilup rate)、再沸比(Boilup ratio)、冷凝器热负荷(Condenser duty)、再沸器热负荷(Reboiler duty)、塔顶产品流量(Distillate rate)、塔底产品流量(Bottoms rate)、塔顶产品与进料流量比(Distillate to feed ratio)、塔底产品与进料流量比(Bottoms to Feed ratio)。

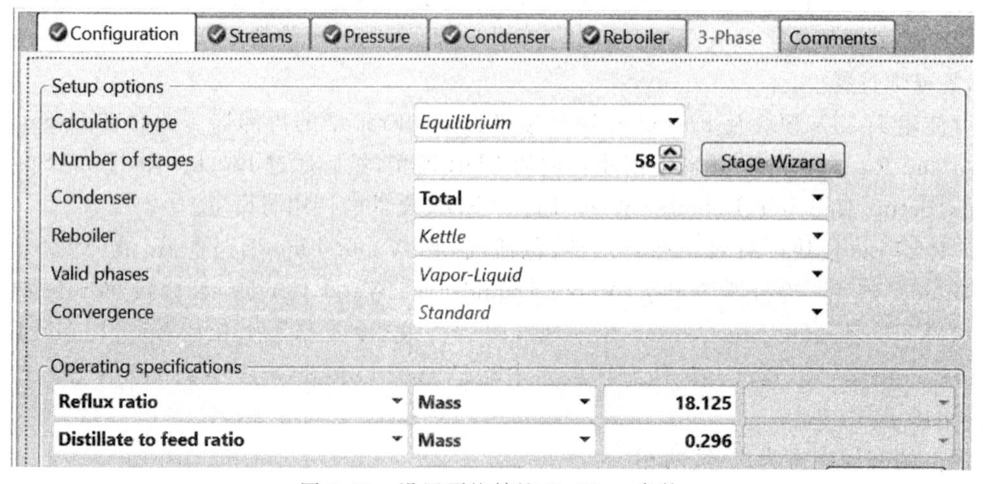

图 3.88 设置严格精馏 RadFrac 参数

一般首先选择回流比和塔顶产品与进料流量比(Distillate to feed ratio)或塔顶产品流量(Distillate rate),当获得收敛的模拟结果后,为了满足设计规定的要求,有时需要重新选择合适的操作规定,并赋予初值。

精馏塔各工艺参数之间是相互影响的,明确它们之间的相互关系,有助于更好地设计精馏塔,如图3.12所示。

表3.12　精馏塔各工艺参数之间的相互关系

参数变化	冷凝器温度变化趋势	釜温变化趋势	说明
塔顶采出量加大	升高	升高	塔顶采出量加大,使更多重组分从塔顶出去,故冷凝器温度升高。重组分从塔顶馏出越多,塔底组分就会更重,故釜温升高
塔顶采出量减小	降低	降低	塔顶采出量减少,塔顶采出变轻,故冷凝器温度降低。塔底的轻组分也随之增加,故釜温降低
回流比增加	降低	升高	回流比增加,顶、底分离更好,塔顶采出变轻,塔底采出变重,故冷凝器温度降低,釜温升高
塔板数增加	降低	升高	塔板数增加,顶、底分离更好,塔顶采出变轻,塔底采出变重,故冷凝器温度降低,釜温升高,但需进料板位置仍然保持在原有比例

进入"Blocks|RadFrac|Specifications|Setup|Streams"页面,输入进料位置及进料方式(见图3.89),进料方式有如下几种。

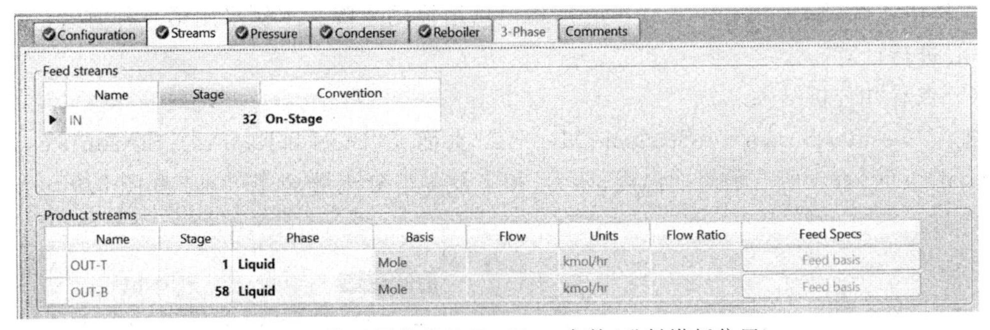

图3.89　设置严格精馏RadFrac参数(进料塔板位置)

①在板上方进料(Above-Stage),指在理论板间引入进料物流,液相部分流动到指定的理论板,气相部分流动到上一块理论板,缺省情况下为Above-Stage。若气相自塔底进入,可使用Above-Stage,将塔板数设为N+1。

②在板上进料(On-Stage),指汽液两相均流动到指定的理论板,若规定为On-Stage,只有存在水力学计算和默弗里效率计算时,才进行进料闪蒸计算。因此,如果没有水力学计算和默弗里效率计算,单相进料时选择"On-Stage",可减少闪蒸计算,同时避免超临界体系的闪蒸问题。

③汽相(Vapor)在级上进料以及液相(Liquid)在级上进料,即Vapor on stage和Liquid

on stage，不对进料进行闪蒸计算，完全将进料处理为规定的相态，仅在最后一次收敛计算时对进料进行闪蒸计算，以确认规定的相态是否正确，这避免了在进行默弗里效率计算和塔板/填料设计或校核计算时不必要的进料闪蒸计算。

进入“Blocks|RadFrac|Specifications|Setup|Pressure”页面，输入相关压力，如图 3.90 所示。

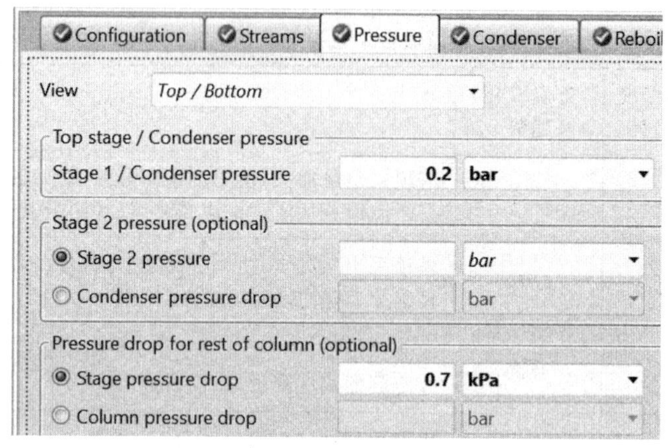

图 3.90　设置严格精馏 RadFrac(压力/压降)

压力的设置有三种方式：

①塔顶/塔底(Top/Bottom)，用户可以仅指定第一块板压力；当塔内存在压降时，用户需指定第二块板压力或冷凝器压降，同时还可以指定单板压降或是全塔压降；

②塔内压力分布(Pressure profile)，指定某些塔板压力；

③塔段压降(Section pressure drop)，指定每塔段的压降。本例采用第一种方式。

(4)进行计算。

(5)查看并分析结果。

进入“Results Summary|Streams|Material”页面或“Blocks|RadFrac|Stream Results|Material”页面，查看所有物流的温度、压力、相态及各组分流量，如图 3.91 和图 3.92 所示。

	Units	IN	OUT-B	OUT-T
Phase		Liquid Phase	Liquid Phase	Liquid Phase
Temperature	C	30	126.576	84.3167
Pressure	bar	1.2	0.599	0.2

图 3.91　严格精馏 RadFrac 物流信息(压力和温度)

塔顶物流中乙苯为 295.25kg/h，塔釜物流中苯乙烯为 699.25kg/h，经计算 98.4%的乙苯从塔顶排出，99.89%的苯乙烯从塔底排出，均不满足产品分离要求(乙苯 99.8%，苯乙烯 99.9%)，需做进一步调整优化。

例 3.11

进入“Blocks|RadFrac|Results|Summary”页面，可以查看冷凝器和再沸器的具体信息，如图 3.93 所示。

进入“Blocks|RadFrac|Profiles|Compositions”页面，可以查看各塔板上物料组成，如图

3.94 所示。

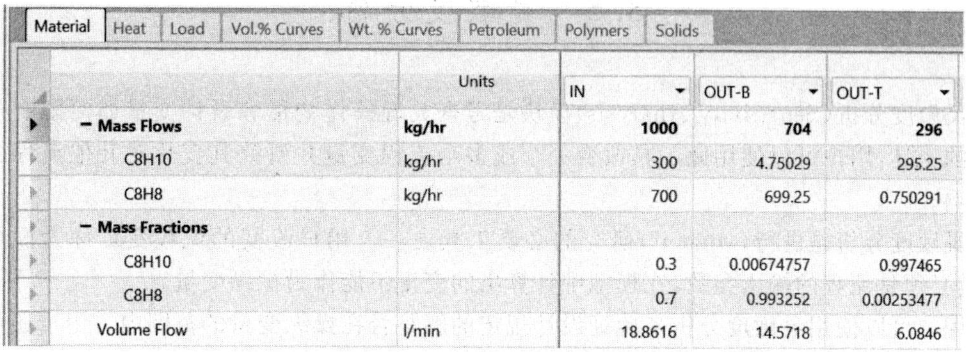

Material | Heat | Load | Vol.% Curves | Wt. % Curves | Petroleum | Polymers | Solids

	Units	IN	OUT-B	OUT-T
− Mass Flows	**kg/hr**	**1000**	**704**	**296**
C8H10	kg/hr	300	4.75029	295.25
C8H8	kg/hr	700	699.25	0.750291
− Mass Fractions				
C8H10		0.3	0.00674757	0.997465
C8H8		0.7	0.993252	0.00253477
Volume Flow	l/min	18.8616	14.5718	6.0846

图 3.92　严格精馏 RadFrac 物流信息(质量流量和质量分数)

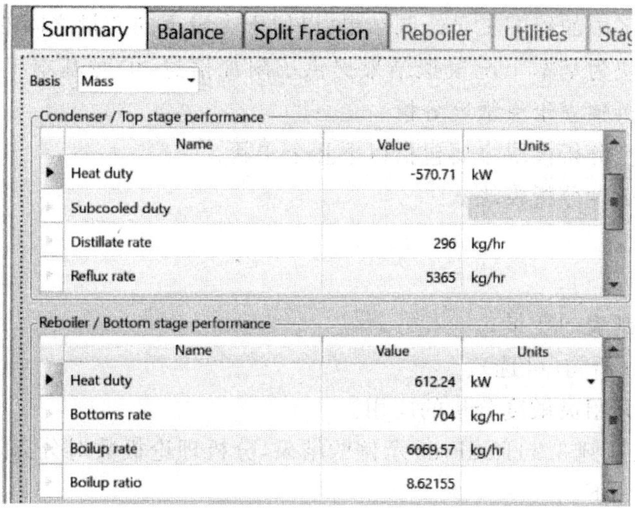

Summary | Balance | Split Fraction | Reboiler | Utilities | Stag

Basis　Mass

Condenser / Top stage performance

Name	Value	Units
Heat duty	-570.71	kW
Subcooled duty		
Distillate rate	296	kg/hr
Reflux rate	5365	kg/hr

Reboiler / Bottom stage performance

Name	Value	Units
Heat duty	612.24	kW
Bottoms rate	704	kg/hr
Boilup rate	6069.57	kg/hr
Boilup ratio	8.62155	

图 3.93　严格精馏 RadFrac 信息(冷凝器和再沸器)

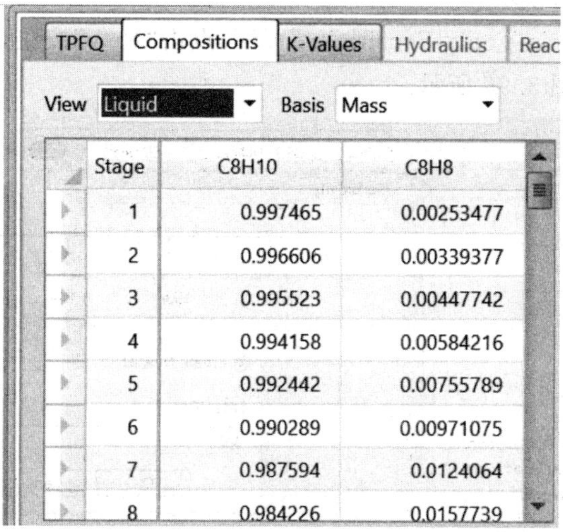

TPFQ | Compositions | K-Values | Hydraulics | Reac

View　Liquid　　Basis　Mass

Stage	C8H10	C8H8
1	0.997465	0.00253477
2	0.996606	0.00339377
3	0.995523	0.00447742
4	0.994158	0.00584216
5	0.992442	0.00755789
6	0.990289	0.00971075
7	0.987594	0.0124064
8	0.984226	0.0157739

图 3.94　严格精馏 RadFrac 信息(各塔板的物料组成)

3.8 灵敏度分析

灵敏度分析(Sensitivity Analysis)模块是考查关键操作变量和设计变量如何影响模拟过程的工具,用户可以使用此工具改变一个或多个流程变量并研究其变化对其他流程变量的影响。

灵敏度分析是进行(what if)研究的必要工具之一。用户改变的流程变量称为操纵变量,其必须是流程的输入参数,在模拟中计算出的变量不能作为操纵变量。

用户可以使用灵敏度分析来验证设计规定的解是否在操纵变量的范围内。用户还可以使用此工具来进行简单的过程优化。

灵敏度分析模块的结果在"Sensitivity|Results|Summary"页面上以表的形式输出,用户还可以使用功能区中的绘图工具绘制结果,以便于查看不同变量之间的关系。

灵敏度分析模块为基本工况模拟结果提供了附加信息,但对基本工况模拟没有影响。基本工况的模拟运行独立于灵敏度分析。

定义一个灵敏度分析模块主要包括以下几个步骤:

①创建一个灵敏度分析模块;

②标识采集变量;

③标识操纵变量;

④定义要进行制表的变量;

⑤输入 Fortran 语句(可选)。

下面通过示例介绍灵敏度分析的应用。

[例 3.12] 根据例 3.11RadFrac 示例的结果,分析理论板数对分离效果的影响。

本例模拟步骤如下。

(1)将例 3.11 的 bkp 文件另存为"RadFrac-2.bkp"文件。

(2)创建灵敏度分析模块。

进入"Model Analysis Tools|Sensitivity"页面,点击"New"按钮,采用默认标识"S-1",创建灵敏分析模块,如图 3.95 所示。

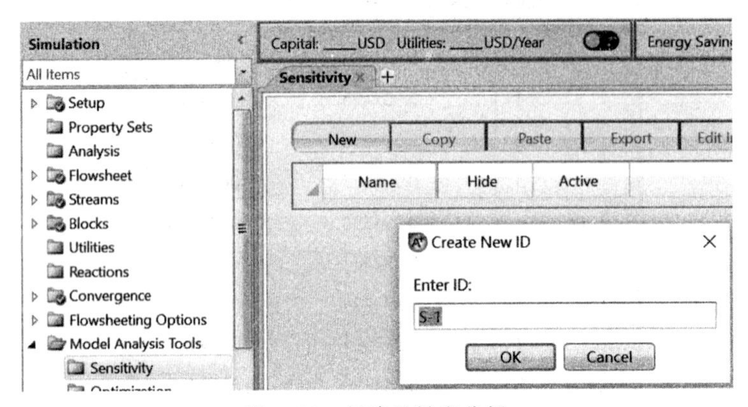

图 3.95 创建灵敏度分析

(3)定义操纵变量(自变量 x)。

进入“Model Analysis Tools|Sensitivity|S-1|Input|Vary”页面,定义操纵变量为塔板数,本例中需改变的是塔板数,要指明变量的变化范围以及步长,本例中操纵变量的变化范围为 42～80,步长为 1,如图 3.96 所示。

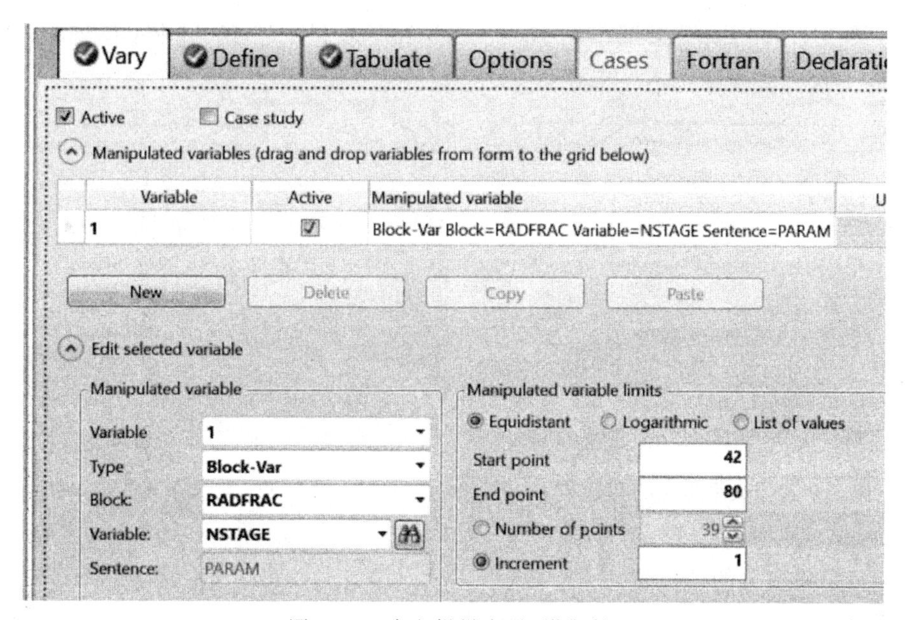

图 3.96　定义操纵变量(塔板数)

(4)调整理论板数。

由于目前的理论板数为 58 块,不一定是最优,为匹配操纵变量,因此需要进一步调整,故将“Blocks|RadFrac Specifications|Setup|Configuration”中的理论板数增大为 80,如图 3.97 所示。

Configuration | Streams | Pressure | Condenser | Reboiler | 3-Phase | Comments

Setup options

Calculation type	Equilibrium
Number of stages	80
Condenser	Total
Reboiler	Kettle
Valid phases	Vapor-Liquid
Convergence	Standard

Stage Wizard

Operating specifications

Reflux ratio	Mass	18.88
Distillate to feed ratio	Mass	0.3

图 3.97　调整操纵变量范围

(5)定义采集变量(因变量 y)。

进入“Model Analysis Tools|Sensitivity|S-1|Input|Define”页面，定义 2 个采集变量 W1 和 W2，W1 是指塔釜物流中苯乙烯的质量分数，W2 是指塔顶物流中乙苯的质量分数，如图 3.98 和图 3.99 所示。

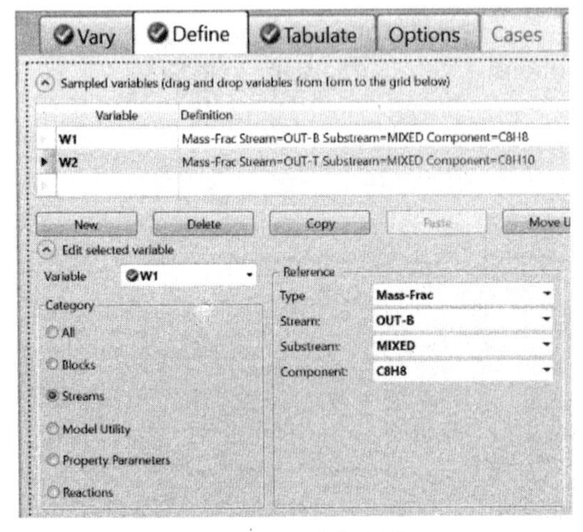

图 3.98　定义采集变量 W1

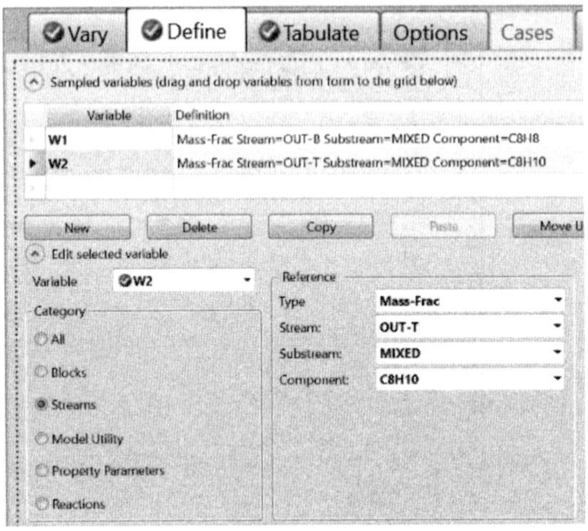

图 3.99　定义采集变量 W2

(6)定义采集变量的列位置。

进入“Model Analysis Tools|Sensitivity|S-1|Input|Tabulate”页面，定义结果列表中各变量或表达式的列位置，如图 3.100 所示。

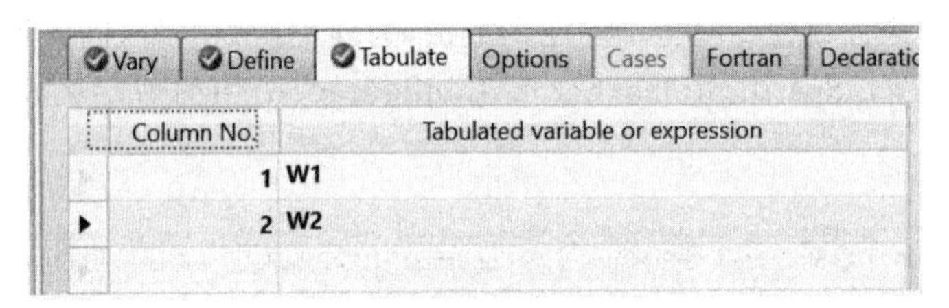

图 3.100　定义采集变量的列位置

(7)进行计算。

(8)查看并分析结果。

进入“Model Analysis Tools|Sensitivity|S-1|Results|Summary”页面，可查看不同理论板数时塔釜苯乙烯和塔顶乙苯的质量分数，如图 3.101 所示。

对灵敏度分析结果作图。X Axis(横坐标，自变量或操纵变量)“选择理论板数”，Y Axis(纵坐标，因变量或采集变量)：选择“W1”和“W2”，点击“OK”即可生成不同理论板数时塔釜苯乙烯质量分数和塔顶乙苯质量分数的变化曲线图，如图 3.102 所示。

从图中可以看出：随着塔板数的增加，塔釜苯乙烯和塔顶乙苯的纯度也逐渐增加，分离效果提高。但增加至 64 块塔板以后，塔釜苯乙烯和塔顶乙苯的纯度已经基本持平，继续增加塔板对提高纯度的影响很微弱。

例 3.12

Summary　Define Variable　Status

25	OK	66	0.996826	0.992593
26	OK	67	0.997257	0.993601
27	OK	68	0.997628	0.994465
28	OK	69	0.997946	0.995207
29	OK	70	0.998218	0.995843
30	OK	71	0.998452	0.996389
31	OK	72	0.998653	0.996857
32	OK	73	0.998825	0.997259
33	OK	74	0.998973	0.997605
34	OK	75	0.999101	0.997901
35	OK	76	0.99921	0.998157
36	OK	77	0.999304	0.998377
37	OK	78	0.999386	0.998567
38	OK	79	0.999456	0.998731
39	OK	80	0.999517	0.998873

图 3.101　灵敏度分析结果

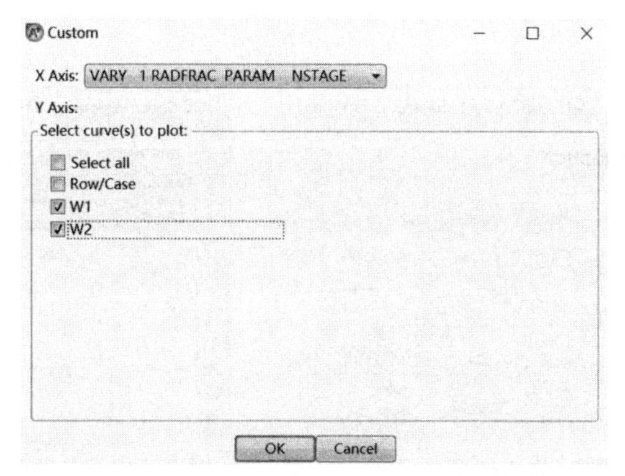

图 3.102　作图工具 Plot(定义 x 轴和 y 轴)

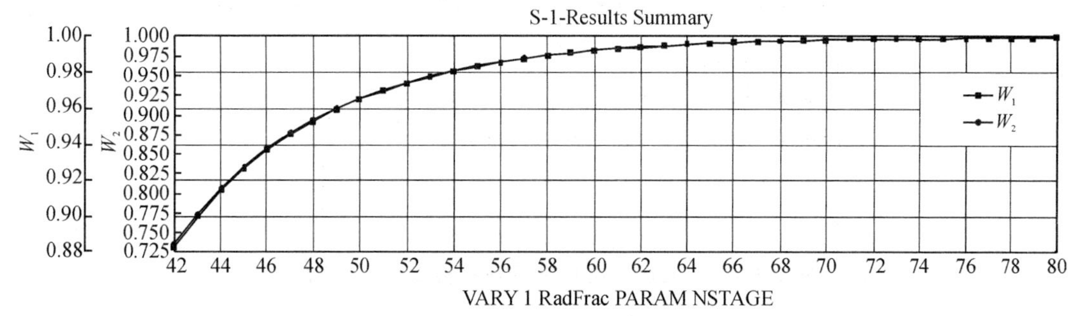

图 3.103　灵敏度分析结果曲线

3.9 设计规定

RadFrac 模块可通过添加 Design Specs(设计规定)达到分离要求，如产品的纯度或回收率。

[例 3.13] 要求乙苯的质量分数为 0.998，苯乙烯的质量分数为 0.999。

本例模拟步骤如下：

(1)将例 3.11 的 bkp 文件另存为“RadFrac - 3. bkp”文件。

(2)创建第一个塔内设计规定，设计规定内容为塔顶产品中乙苯的质量纯度为 0.998，第一个调节变量为回流比。

进入“Blocks|RadFrac|Design Specifications”页面，点击下方的“New”按钮；进入“RadFrac|Specifications|Design Specifications|1|Specifications”页面，选择“Design specification Type”为“Mass purity”，在“Target”中输入“0.998”(见图 3.104)；进入“RadFrac|Specifications|Design Specifications|1|Components”页面，选中“Available components”栏中的“C_8H_{10}”，点击图标，将“C_8H_{10}”移动至“Selected components”栏(见图3.105)；进入“RadFrac|Specifications|Design Specifications|1|Feed/Product Streams”页面，选中“Available streams”栏中的“OUT-T”，点击图标，将“OUT-T”移动至“Selected stream”栏，如图 3.106 所示。

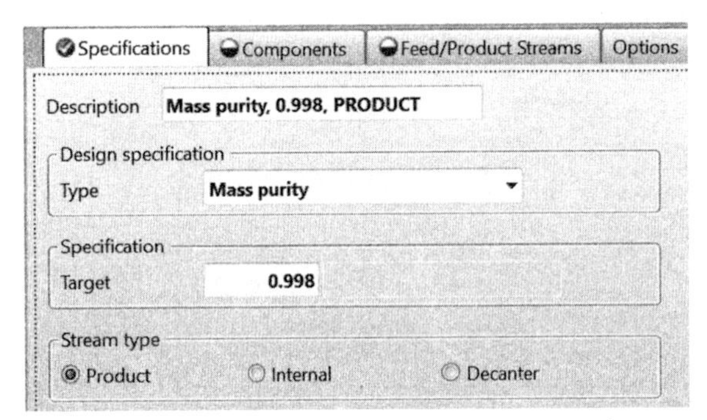

图 3.104 定义设计规定(物质纯度 0.998)

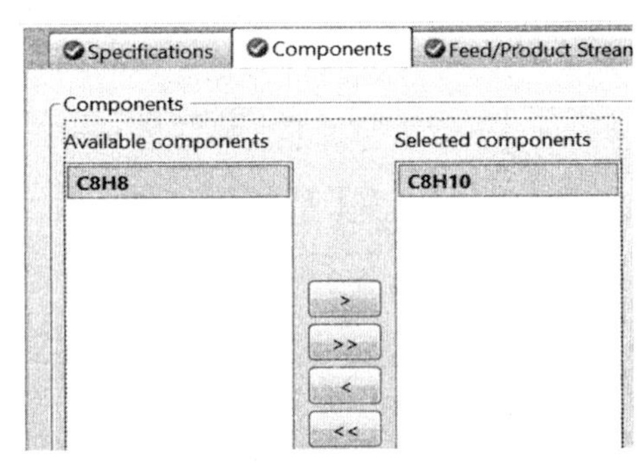

图 3.105 定义设计规定(物质组分乙苯)

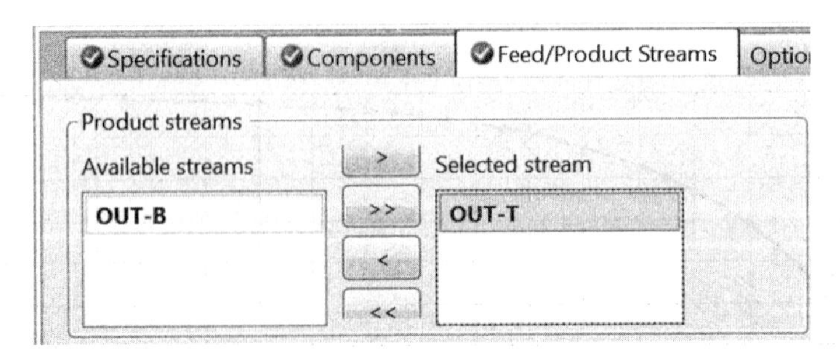

图 3.106 定义设计规定(物质所在物流为塔顶产品)

添加第一个调节变量，规定回流比变化范围为 10～30。进入“Blocks|RadFrac|Specitications|Vary”页面，点击“New”按钮，进入“RadFrac|Specifications|Vary|1|Specifications”页面，“Adjusted variable Type”选择“Reflux ratio”，输入“Lower bound”为10，输入“Upper bound”为“30”，如图3.107所示。

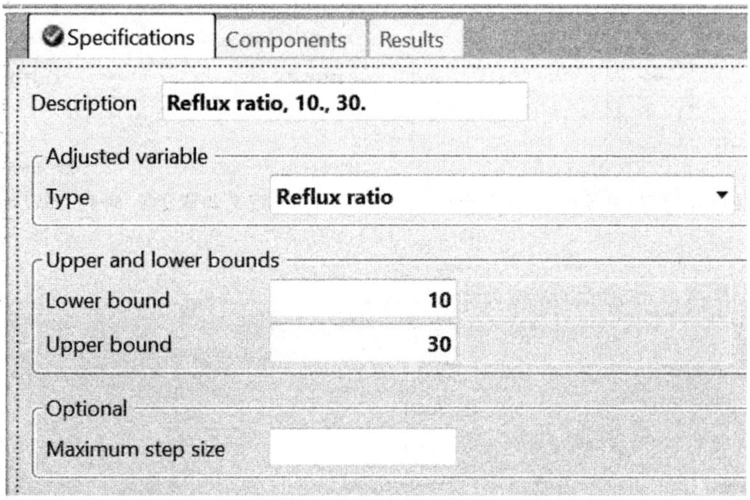

Specifications | Components | Results

Description: Reflux ratio, 10., 30.

Adjusted variable
Type: Reflux ratio

Upper and lower bounds
Lower bound: 10
Upper bound: 30

Optional
Maximum step size

图3.107 定义调节变量及其范围(回流比)

至此，第一个塔内设计规定(塔顶产品中乙苯的质量纯度为0.998)和一个调节变量Reflux ratio(回流比)已添加完毕。

(3)创建第二个塔内设计规定，设计规定内容为塔釜产品中苯乙烯的质量分数为0.999，第二个调节变量为“Bottoms to feed ratio(塔底产品与进料的流量比)”，如图3.108至图3.110所示。

Specifications | Components | Feed/Product Streams | Options

Description: Mass purity, 0.999, PRODUCT

Design specification
Type: Mass purity

Specification
Target: 0.999

Stream type
Product　Internal　Decanter

图3.108 定义设计规定(物质纯度0.999)

既然选择“Bottoms to feed ratio”作为调节变量，则在塔模块的“Setup|Con figuration”页面应赋予“Bottoms to feed ratio”初值，因此将“Blocks|RadFrac|Setup|Configuration”页面中的“Distillate to feed ratio”改为“Bottoms to feed ratio”，其数值为“0.704”(例3.11中添加设计规定前的严格计算结果)，如图3.111所示。

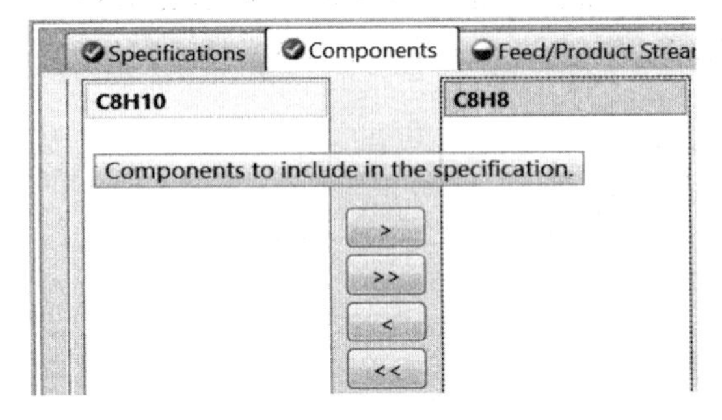

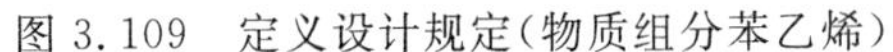
图 3.109 定义设计规定(物质组分苯乙烯)

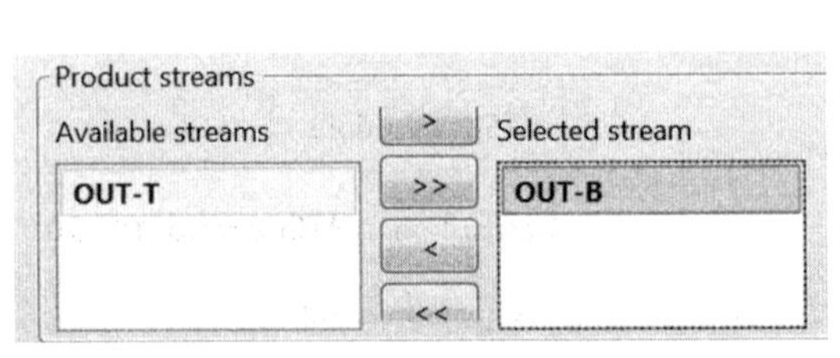

图 3.110 定义调节变量(塔底产品与进料的流量比)

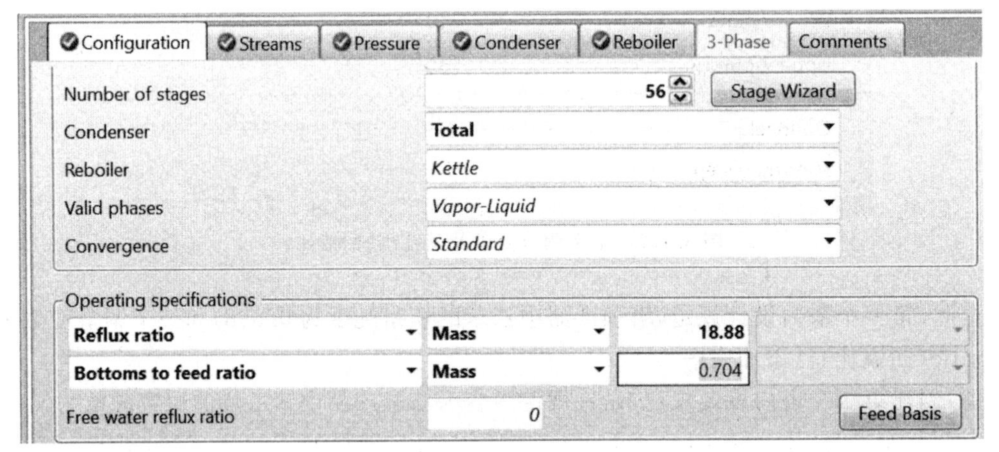

图 3.111 调节变量赋初值

添加第二个调节变量,规定“Bottoms to feed ratio”变化范围为 0.6~0.8,如图 3.112 所示。

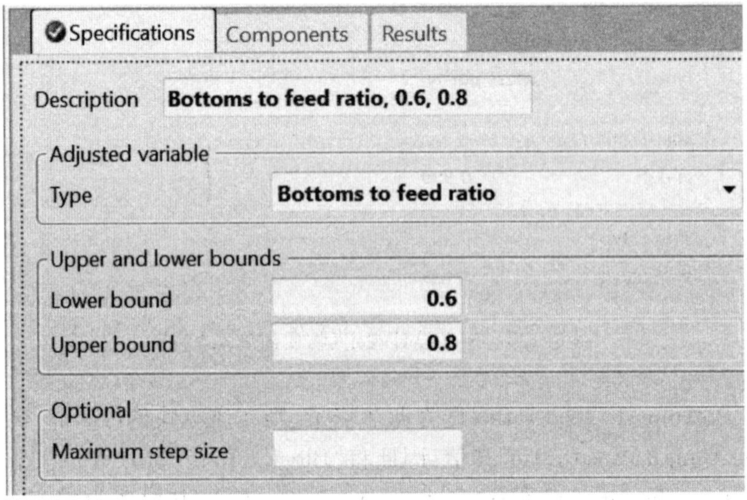

图 3.112 定义调节变量及其范围(塔底产品与进料的流量比)

(4)进行计算。

模拟报错,如图 3.113 所示,变量所在的范围无法到达设计规定,因此调整变量范围,"Reflux ratio(回流比)"范围从 10～30 调整为 1～50(见图 3.114),塔底产品与进料的流量比从 0.6～0.8 调整为 0.1～1.5(见图 3.115)。

```
Block: RADFRAC   Model: RADFRAC

     Convergence iterations:
        OL    ML    IL       Err/Tol
         1     1     4        158.45
         2     6    17        9.9173
         3     2     5        1.6253
         4     2     4       0.17728
 **   ERROR
      DESIGN SPEC IS NOT SATISFIED BECAUSE ONE OR MORE MANIPULATED
      VARIABLE IS AT ITS BOUND.
```

图 3.113　运行报错

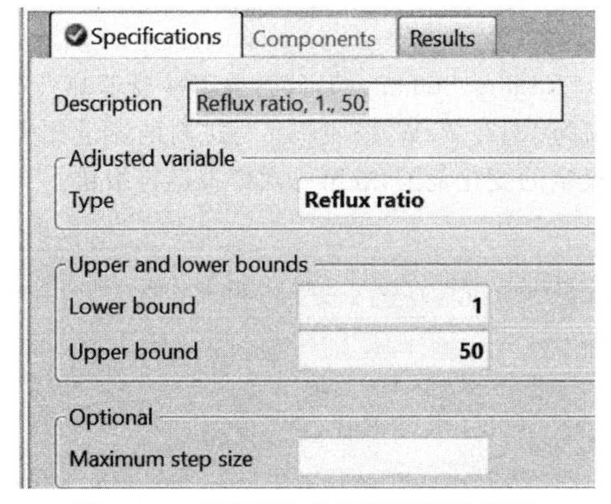

图 3.114　调整调节变量的范围(回流比)

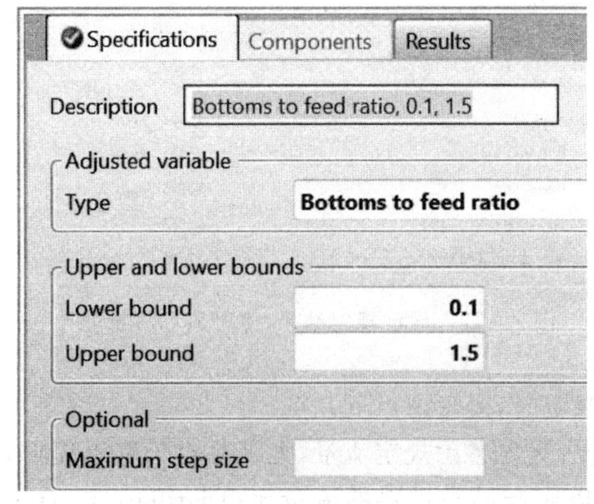

图 3.115　调整调节变量的范围(塔底产品与进料的流量比)

再次运行计算。

(5)查看并分析结果。

进入“Results Summary|Streams|Material”页面或“Blocks|RadFrac|Stream Results|Material”页面，可以看出塔顶物流中乙苯的质量分数为99.8%，塔釜物流中苯乙烯的质量分数为99.9%，达到目标任务，如图3.116所示。

Material | Heat | Load | Vol.% Curves | Wt. % Curves | Petroleum | Polymers | Solids

	Units	IN	OUT-B	OUT-T
− Mass Flows	kg/hr	1000	700.1	299.9
C8H10	kg/hr	300	0.700092	299.3
C8H8	kg/hr	700	699.4	0.59979
− Mass Fractions				
C8H10		0.3	0.000999988	0.998
C8H8		0.7	0.999	0.00199997
Volume Flow	l/min	18.8616	14.474	6.16487

图3.116　设计规定结果(质量流量和质量分数)

进入“Blocks|RadFrac|Results|Summary”页面，查得冷凝器热负荷为−1276.42kW，回流比为41.22；再沸器热负荷为1317.57kW，塔底产品与进料的流量比为0.7001，如图3.117所示。回流比超出第一次设定的变化范围，故第一次模拟运行报错。

Summary | Balance | Split Fraction | Reboiler | Utilit

Basis: Mass

Condenser / Top stage performance

Name	Value	Units
Heat duty	-1276.42	kW
Subcooled duty		
Distillate rate	299.9	kg/hr
Reflux rate	12361.6	kg/hr
Reflux ratio	41.2191	

Reboiler / Bottom stage performance

Name	Value	Units
Heat duty	1317.57	kW
Bottoms rate	700.1	kg/hr
Boilup rate	13045.5	kg/hr
Boilup ratio	18.6338	
Bottoms to feed ratio	0.7001	

图3.117　设定规定结果(冷凝器和再沸器)

例3.13

添加精馏塔的设计规定时，需考虑以下几点：

①与规定热负荷相比，优先考虑规定流量，尤其是对于宽沸程物系。

②规定塔顶产品或塔底产品与进料的流量比(Distillate to feed ratio 或

Bottoms to feed ratio)是一种很有效的方法,特别是在进料流量不明确的情况下。与规定产品流量相比,塔顶产品与进料流量比(Distillate to feed ratio)或塔底产品与进料的流量比(Bottoms to feed ratio)的值和边界条件更容易估计。规定塔顶产品或塔底产品与进料的流量比适合进行流量灵敏度分析的场合。

③当两个规定等价时,优先考虑数值较小者。如果没有侧线采出,塔顶采出与塔底采出等价,应优先规定数值较小者。一般情况下,规定下面参数中数值较小者:回流量(Reflux rate)或再沸量(Boil up rate);回流比(Reflux ratio)或再沸比(Boil up ratio);塔顶产品流量(Distillate rate)或塔底产品流量(Bottoms rate);塔顶产品与进料流量比(Distillate to feed ratio)或塔底产品与进料流量比(Bottoms to feed ratio)。

第4章　列管式换热器的工艺设计

摘要：本章讲授了列管式换热器设计选型的相关知识，包括列管式换热器的主要分类、设计方案的确定和选型的工艺计算，最后以工程实例详细介绍分别采用手工计算和 Aspen Plus 模拟进行列管式换热器选型的具体方法，并配有视频演示。

4.1　概述

换热器是化工、石油、制药及其他工业部门常用的设备。通常化工厂建厂中换热器投资比例为 11%，在炼油厂中高达 40%。换热器按用途可以分为加热器、冷却器、冷凝器、再沸器等，按其结构形式可分为管壳式、板壳式、板式、螺旋板式、夹套式、蛇管式、套管式等。不同结构形式的换热器适用场所不同，性能各异，需要充分了解各种结构形式换热器的特点要求，进行适当选型。

管壳式换热器又称为列管式换热器，是最典型的间壁式换热器。列管式换热器主要由壳体、管束、管板、折流挡板和封头等组成。一种流体在管内流动，其行程称为管程；另一种流体在管外流动，其行程称为壳程。管束的壁面即为传热面。为提高壳程流体流速，往往在壳体内安装一定数目与管束相互垂直的折流挡板。折流挡板不仅可防止流体短路、增加流体流速，还迫使流体按规定路径多次错流通过管束，使湍动程度大为增加。列管式换热器的优点很多，如单位体积设备所能提供的传热面积大，传热效果好，结构坚固，可选用的结构材料范围宽广、操作弹性大，在大型装置中较普遍采用。它结构简单、适应性强、制造容易，设计资料和经验数据较为完善，目前在许多国家都有系列化标准可以遵循，所以在列管式换热器设计中应当尽量选择采用标准化系列，即以选型为主。

4.1.1　列管式换热器的主要类型

列管式换热器型号的表示方法为：

$$\times\times\times\ \mathrm{DN}-\frac{\mathrm{P_t}}{\mathrm{P_s}}-\mathrm{A}-\frac{\mathrm{LN}}{\mathrm{d_0}}-\frac{\mathrm{N_t}}{\mathrm{N_s}}-\mathrm{I}\text{（或Ⅱ）}$$

我们以 AES 500－1.6－54－6/25－4－I 型号为例来说明 GB151 中换热器的表示方法中的各项含义：

(1)A 表示前端管箱为平盖箱；

(2)E 表示壳体形式为单进单出冷凝器壳体；

(3)S 表示后端结构形式为浮头式；

(4)500 表示公称直径为 500mm；

(5)1.6 表示公称压力为 1.6MPa；

(6)54 表示公称换热面积为 $54m^2$；

(7)6 表示公称长度为 6m；

(8)25 表示换热管外径为 25mm；

(9)4 表示管程数为 4；

(10)I 表示管束为 I 级，采用较高级冷拔钢管。

这个型号代表平盖管箱，公称直径 500mm，管程和壳程设计压力均为 1.6MPa，公称换热面积 $54m^2$，碳素钢较高级冷拔换热管外径 25mm，管长 6m，4 管程，单壳程的浮头式换热器。这个例子中提到的公称直径、管程、壳程、换热管外径、管长均是换热器的主要结构参数，后面我们会逐一讲到。同时这里说到的浮头式换热器是列管式换热器中较为常见的一种。其实列管式换热器类型很多，主要有以下几种：

4.1.1.1　固定管板式换热器

当冷热流体温差不大(两流体温差小于 50℃)时，可采用固定管板式换热器，即两块管板和壳体是连在一起的。该类型换热器特点是结构简单、制造成本低，但由于壳程不易清洗或检修，壳程必须走洁净且不易结垢的流体。

当两流体温差较大时，管内、外的冷、热流体温度不同，壳体、管束受热程度不同，故它们的膨胀程度也不同，这会在换热器内部产生热应力导致管子扭曲，或从管板上脱落，甚至毁坏换热器，因此必须采用具有膨胀节(或称补偿圈)的壳体。但是不宜用于两流体温差过大(大于 70℃)和壳程压力过高(可通过改变材料、壳体厚度、封头与管板的设计来增加其可承受压力)的场合。其结构如图 4.1 所示。

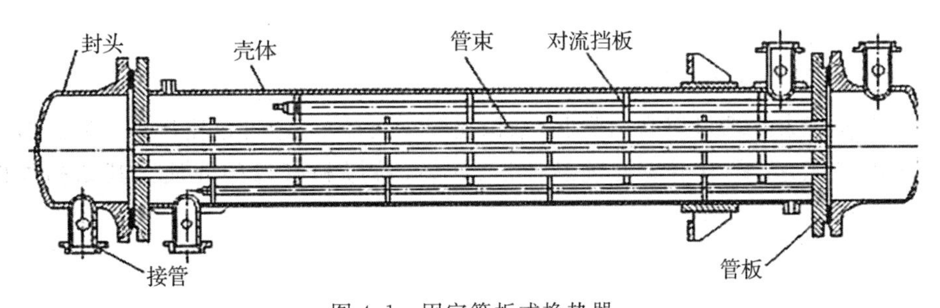

图 4.1　固定管板式换热器

4.1.1.2　U 型管式换热器

该类型换热器每根管子都弯成 U 形，两端固定在同一块管板上，每根管子皆可自由伸缩，从而解决热补偿问题。管程至少为两程，管束可以抽出清洗，管子可以自由膨胀。其缺点是管子内壁清洗困难，管子更换困难，管板上排列的管子少，优点是结构简单，质量轻，适用于高温高压条件。其结构如图 4.2 所示。

4.1.1.3　浮头式换热器

该类型换热器两端管板只有一端与壳体用法兰实现固定连接，称为固定端。另一端管

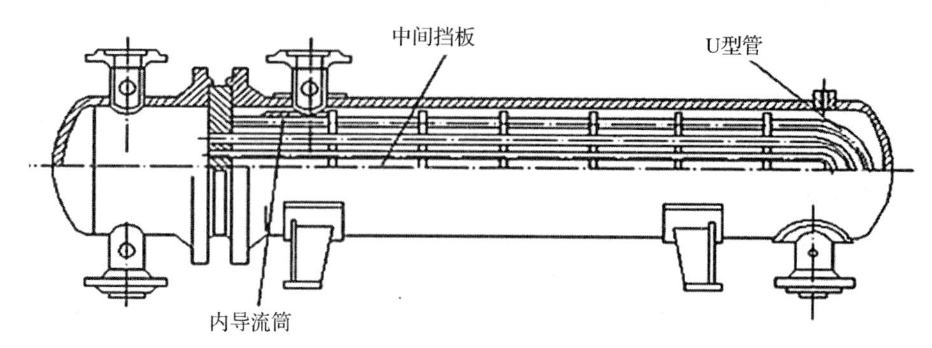

图 4.2 U 形管式换热器

板不与壳体连接而可相对滑动，称为浮头端。因此，管束的热膨胀不受壳体的约束，检修和清洗时只要将整个管束抽出即可。适用于冷热流体温差较大，壳程介质腐蚀性强、易结垢的情况。其结构如图 4.3 所示。

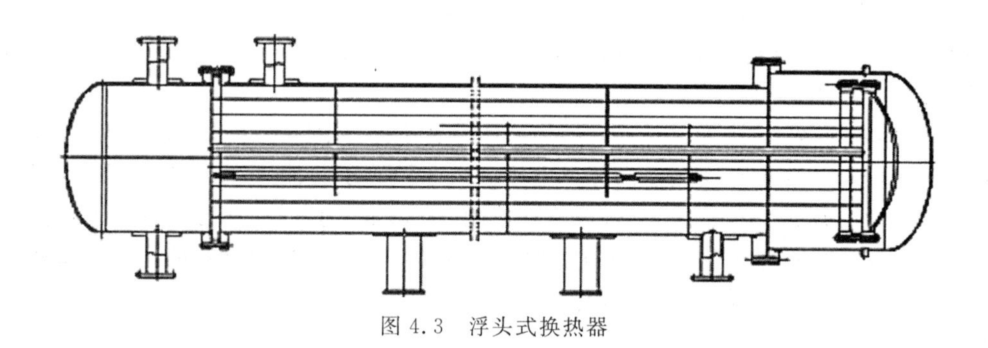
图 4.3 浮头式换热器

4.1.1.4 填料函式换热器

这类换热器管束一端可以自由膨胀，结构比浮头式简单，造价也比浮头式低。但壳程内介质有外漏的可能，壳程中不应处理易挥发、易燃、易爆和有毒的介质。其结构如图 4.4 所示。

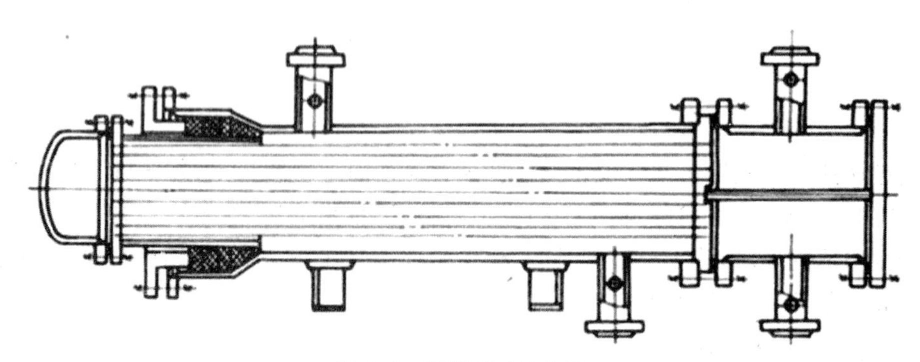
图 4.4 填料函式换热器

4.1.2　列管式换热器设计的基本内容与要求

在选用标准化系列产品之前，必须根据工艺要求进行必要的设计计算，以确定所需要的传热面积和设备结构，才能够有依据的选用。本章将重点对列管式换热器的设计选型进行介绍。列管式换热器的工艺设计主要包括以下内容：

(1)根据换热任务和有关要求确定设计方案。

(2)初步确定换热器的结构和基本尺寸。

(3)核算换热器的传热面积和流体阻力。

(4)确定换热器的工艺结构。

设计要求必须做到工艺上先进、技术上合理、经济上可行，即得到优化设计的结果。

4.2　设计方案的确定

确定设计方案的原则是要保证达到工艺要求的传热指标，操作上要安全可靠，结构上要简单，便于维修，尽可能节省操作费用和设备投资。对于列管式换热器，其设计方案应从以下几方面入手：①选择换热器类型；②选择流体流动空间；③选择流体流速；④选择加热剂和冷却剂；⑤确定流体进出口温度；⑥选择材质；⑦确定管程数和壳程数。

4.2.1　换热器结构类型的选择

列管换热器中常用的是固定管板式和浮头式两种。换热器类型的选择一般要根据物流的性质、流量、腐蚀性、允许压降、操作温度与压力、结垢情况和检修清洗等要素决定选用列管换热器的形式。从经济角度看，只要工艺条件允许，应该优先选用固定管板式换热器。但遇到以下两种情况时，应选用浮头式换热器：

(1)壳壁与管壁的温差超过 70℃；壁温相差 50～70℃。而壳程流体压力大于 0.6MPa 时，不宜采用有波形膨胀节的固定管板式换热器。

(2)壳程流体易结垢或腐蚀性强时不能采用固定管板式换热器。

4.2.2　流程的选择

在列管式换热器设计中，冷、热流体的流程需进行合理安排，一般应考虑如下原则：

(1)当两流体温差大时，高温物流一般走管程，除此之外有时为了节省保温层和减少壳体厚度，也可以使高温物流走壳程。

(2)较高压的物流应走壳程，在壳程可以得到较高的传热系数。

(3)较粘的物流应走壳程，在壳程可以得到较高的传热系数。

(4)腐蚀性较强的物流应位于管程。

(5)对压力降有特定要求的工艺物流，应位于管程，因管程的传热系数和压降计算误差小。

(6)较脏和易结垢的物流应走管程，以便清洗和控制结垢。若必须走壳程，则应采用正方形管子排列,并可用可拆式(浮头式、填料函式、U形管式)换热器。

(7)流量较少的物流应走壳程,因为在壳程易使物流成为湍流状态,从而增加传热系数,或给热系数较小的物流,像气体,应走壳程,也易于提高传热系数。

实际设计上述要求不可能同时满足,应考虑其中的主要问题,首先满足其中较为重要的要求。

4.2.3 流体的流速选择

提高流体在管程或壳程中的流速,可以增大对流传热系数,又可以避免含有泥沙等颗粒的流体产生沉积,可降低污垢热阻,但流速增大,又将使流体阻力增大,使操作过程中泵功增加,操作费用增加。因此选择适宜的流速是十分重要的。根据经验,表4.1列出一些工业上不同黏度流体常用的流速范围,以供参考。

表4.1 不同黏度液体在列管换热器中的流速(在钢管中)

液体黏度/(Pa·s)	最大流速/(m/s)
>1.5	0.6
0.5~1.0	0.75
0.10~0.50	1.1
0.035~0.10	1.5
0.001~0.035	1.8
<0.001	2.4
烃类	3

4.2.4 加热剂或冷却剂的选择和终端温度确定

一般情况下,用加热剂或冷却剂的流体是由实际情况决定的。但有些时候则需要设计者自行选择。在选加热剂或冷却剂时,首先应满足工艺要求,达到加热或冷却温度,还应考虑其来源方便,价格低廉,使用安全。在化工生产中,水、空气是常用的冷却剂,如需冷却到较低温度,则需采取低温介质,如冷冻盐水、氨、氟利昂等。饱和水蒸气是常用的加热介质,此外还有热导油、烟道气等。

工艺流体的进出口温度由工艺条件确定的,加热剂或冷却剂的进口温度也是确定的,但其出口温度有时可由设计者自行选定。根据热量衡算式可知,该出口温度直接影响加热剂或冷却剂的用量,从而影响换热器的大小,因而这个温度的确定有一个经济上的优化问题。考虑到操作费用、设备费用和结垢问题,加热剂或冷却剂的温度选择应考虑以下几个方面:

(1)冷却水的出口温度不宜高于60℃,以免结垢严重。

(2)高温端的温差不应小于20℃,低温端的温差不应小于5℃。

(3)当采用多管程、单壳程的管壳式换热器,并用水作为冷却剂时,冷却剂的出口温度不应高于工艺流体的出口温度。

(4)在冷却或者冷凝工艺物流时,冷却剂的入口温度应高于工艺物流中易结冻组分的冰点,一般高5℃。

(5)在冷却反应物时,为了控制反应,应该维持反应流体和冷却剂之间的温差不小于10℃。

(6)换热器的设计温度应高于最大使用温度,一般高15℃。

4.2.5　换热管规格选择及排列方式

列管换热器的管子外形有光滑管和螺纹管两种。一般按光滑管设计。当壳程膜系数低,采取其他措施效果不显著时,可选用螺纹管,它能强化壳程的传热效果,减少结垢的影响。

管子的排列方式:正三角形、正方形直列和错列排列,如图4.5所示。

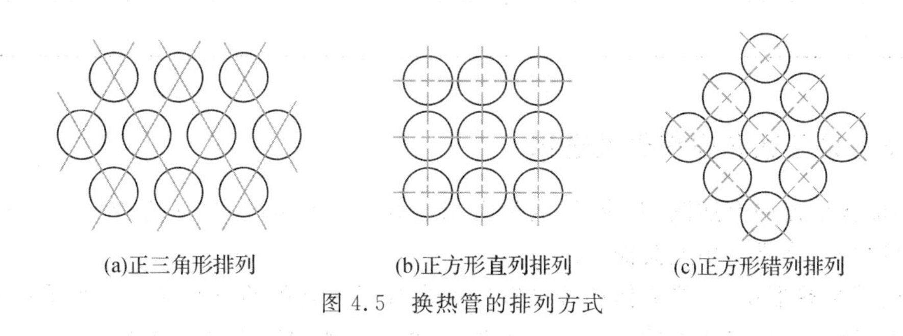

图4.5　换热管的排列方式

相同壳径时,采用正三角形排列要比正方形排列可多排布管,使单位传热面积的金属耗量降低。一般壳程流体不易结垢或可以进行化学清洗的场合下,推荐用正三角形排列。必须进行机械清洗的场合,则采用正方形排列。

在相同的壳径下,管径越小,能排列的管子数越多,使传热面积增大,单位传热面积的金属耗量降低;另外,管径小的管子可以承受更大的压力,所以同样压力下,可以采用的管壁较薄,有利传热。但是,管径越小,换热器的压降越大。对于易结垢的物料,为方便清洗,还是应采用外径较大的管子。另外,对于有气液两相流的工艺物流,一般选用较大的管径。

我国的系列标准中最常采用的管径规格为ϕ19mm×2mm和ϕ25mm×2.5mm,这对一般流体大都能适用。固定管板式换热器采用ϕ19mm×2mm或ϕ25mm×2.5mm的管,以正三角形排列;浮头式换热器若采用ϕ19mm×2mm的管,则以正三角形排列,而采用ϕ25mm×2.5mm的管时,则采用正方形排列。

按选定的管径和流速可以确定管数,再根据所需的传热面积就可以求得管长。但管长L和管径D的比例应适当,一般$L/D=4\sim6$。选用时,要根据出厂的钢管长度合理选择。我国生产的无缝钢管长度一般为6m或9m,故系列标准中管长有1.5m,2m,3m,4.5m,6m和9m几种。

管子的中心距t称为管间距,管间距小,有利于提高传热系数,且设备紧凑。但由于制造上的限制,一般$t=(1.25-1.5)d_0$,d_0为管的外径。常用的d_0与t的对比关系见表4.2。

表 4.2 常用的 d_0 与 t 的对比关系

换热管外径 d_0/mm	换热管中心距 t/mm	分程隔板槽相邻两侧管中心距/mm
10	13～14	28
14	19	32
19	25	38
25	32	44
32	40	52
38	48	60
45	57	68
57	72	80

4.2.6 管程数和壳程数的选择

冷、热流体的流向有逆流、并流、错流和折流之分。一般情况下，逆流传热温差最大，若无其他特殊要求，常常采用逆流操作。

在列管式换热器中冷、热流体还可以作各种多管程多壳程的复杂流动。当采用多管程或多壳程时，列管式换热器内的流动形式复杂，对数平均值的温差要加以修正。

常见情形之一为：当换热器的换热面积较大而管子又不能很长时，就得排列较多的管子，为了提高流体在管内的流速，需将管束分程。但是程数过多，导致管程流动阻力加大，动力能耗增大，同时多程会使平均温差下降，设计时应权衡考虑。管壳式换热器系列标准中管程数有 1、2、4、6 四种。采用多程时，每程的管子数相等。

还有一种情形是当温差校正系数 $\Phi<0.8$ 时，应采用壳方多程。壳方多程可通过安装与管束平行的隔板来实现。流体在管内流经的次数称壳程数。但由于壳程隔板在制造、安装和检修方面都很困难，故一般不宜采用。常用的方法是将几个换热器串联使用，以代替壳方多程。

4.2.7 折流板

列管式换热器壳程支撑部件最主要的结构形式为折流板。弓形折流板是最常见的折流板形式，它是在整圆形板上切除一段圆缺区域。折流板迫流体经由圆缺处流过，迫使流体依次翻越折流板，几乎呈垂直角度冲刷管束，减薄了边层，有利于传热。折流板还具有支撑换热管的作用。但所付出的代价是，折流板的设置增大了壳程流体的流动阻力。

为取得良好的效果，挡板的形状和间距必须适当。对圆缺形挡板而言，弓形缺口的大小对壳程流体的流动情况有重要影响。由图 4.6 可以看出，弓形缺口太大或太小都会产生“死区”，既不利于传热，又往往增加流体阻力。挡板的间距对壳体的流动亦有重要的影响。间距太大，不能保证流体垂直流过管束，使管外表面传热系数下降；间距太小，不便于制造和检修，阻力损失亦大。一般取挡板间距为壳体内径的 0.2～1.0。

(a) 切除过少　　(b) 切除适当　　(c) 切除过多

图 4.6　挡板切除对流动的影响

折流板类型、数目和间距必须满足合适的流速和流量，据此选定。有多个选择值时根据《化工工艺设计手册》(第四版)的推荐值设定。折流板标准间距如 4.3 所示。

表 4.3　折流板标准间距表

公称直径/mm	管长/mm	折流板间距/mm					
≤500	≤300	100	200	300	450	600	—
	4500～6000						—
600～800	1500～6000	150	200	300	450	600	—
900～1300	≤6000	—	200	300	450	600	—
	500～900		—				750
1400～1600	6000	—	—	300	450	600	750
1700～1800	6000～9000	—	—	—	450	600	750

4.2.8　压力降

增强工艺物流流速，可增大传热系数，使换热器结构紧凑。但增加流速将关系到换热器的压力降，增加动力消耗，设备磨蚀和振动破坏加剧等，所以要限制列管式换热器的最大压力降。一般最大允许的压力降范围如表 4.4 所示。

表 4.4　允许的压力降范围

操作压力(绝)/Pa	允许压力降$\triangle p$/Pa
$0\sim1\times10^5$	$0.1p$
$1\times10^5\sim1.7\times10^5$	$0.5p$
$1.7\times10^5\sim11\times10^5$	0.35×10^5
$11\times10^5\sim31\times10^5$	$0.35\times10^5\sim1.8\times10^5$
$31\times10^5\sim81\times10^5$(表)	$0.7\times10^5\sim2.5\times10^5$

一般说来，液体流经换热器的压降为 $10^4\sim10^5$ Pa，气体的压降为 $10^3\sim10^4$ Pa。

流体流经列管式换热器时，因流动阻力所引起的压降可按管程和壳程分别计算。

4.3 列管式换热器的工艺计算

对于一个能满足工艺要求的换热器，其传热速率值必须等于或略大于热负荷值。而在实际设计换热器时，通常将传热速率和热负荷数值上认为相等，通过热负荷可确定换热器应具有的传热速率，再依据传热速率来计算换热器所需的传热面积。因此，传热过程计算的基础是传热速率方程和热量衡算式。列管式换热器的计算选型大体可分为估算传热面积、初选换热器型号、换热器校核三步。

4.3.1 估算传热面积

4.3.1.1 根据工艺任务，计算热负荷

热负荷是由生产工艺条件决定的，是对换热器换热能力的要求。

在热损失可以忽略不计的前提下，对于无相变的物流，换热器的热流量由公式

$$Q=m_{s1}c_{p1}(T_1-T_2)=m_{s2}c_{p2}(t_2-t_1) \tag{4.1}$$

若热流体有相变化，如饱和蒸汽冷凝，而冷流体无相变化，如下式所示：

$$Q=m_{s1}[r+c_{p1}(T_s-T_2)]=m_{s2}c_{p2}(t_1-t_2) \tag{4.2}$$

式中，Q 为流体放出或吸收的热量，J/s；m_{s1}、m_{s2} 分别为热流体和冷流体的质量流量，kg/s；T_1、T_2 分别为热流体的进出口温度，℃或 K；t_1、t_2 分别为冷流体的进出口温度，℃或 K；r 为流体的汽化潜热，kJ/kg；T_s 为饱和蒸汽温度（$=T_1$）。

4.3.1.2 计算平均温度差

（1）按逆流计算对数平均温差

$$\Delta t_{m,逆}=\frac{\Delta t_1-\Delta t_2}{\ln\dfrac{\Delta t_1}{\Delta t_2}} \tag{4.3}$$

（2）求平均温差校正系数

$$\varphi=f(P,R)$$

$$\left.\begin{aligned}P&=\frac{t_2-t_1}{T_1-t_1}=\frac{冷流体温升}{两流体最初温差}\\R&=\frac{T_1-T_2}{t_2-t_1}=\frac{热流体温降}{冷流体温升}\end{aligned}\right\}查图得\ \varphi$$

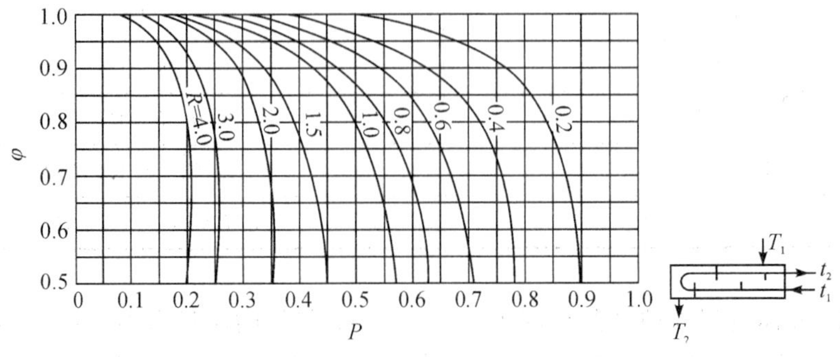

(a)单壳程，两管程或两管程以上

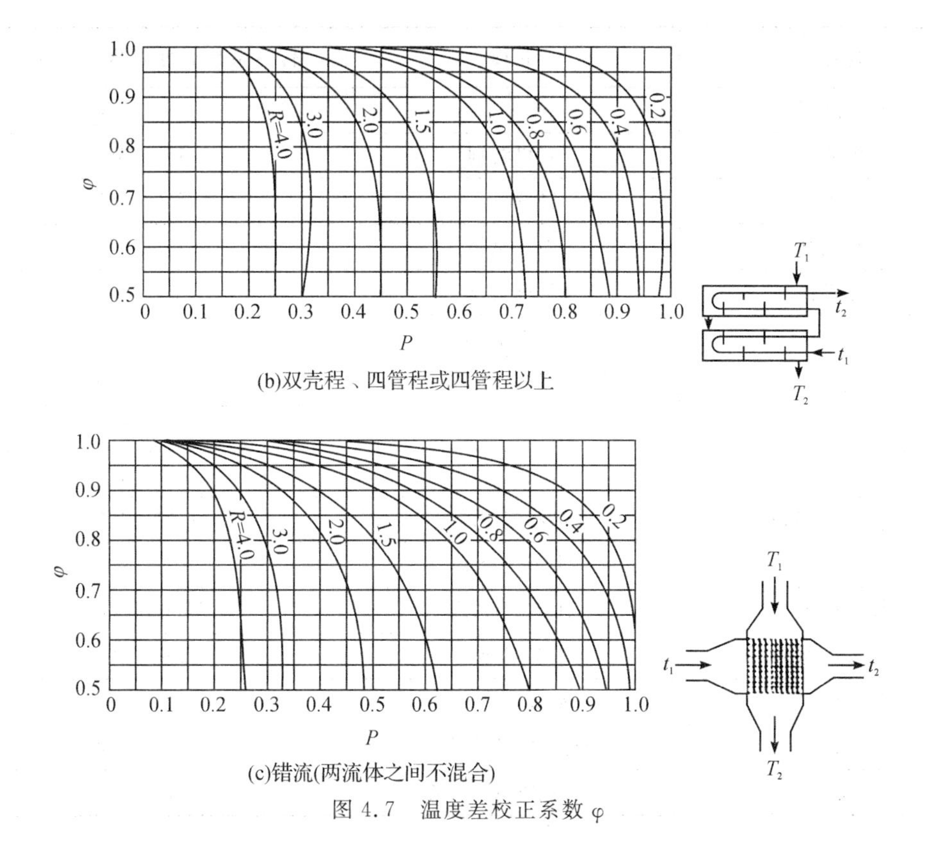

(b)双壳程、四管程或四管程以上

(c)错流(两流体之间不混合)

图 4.7　温度差校正系数 φ

(3)求平均传热温差

$$\Delta t_m = \varphi \Delta t_{m,\text{逆}}$$

平均温差校正系数 $\varphi<1$，这是由于在列管换热器内增设了折流挡板及采用多管程，使得换热的冷、热流体在换热器内呈折流或错流，导致实际平均传热温差恒低于纯逆流时的平均传热温差。

先按单壳程多管程的计算，如果校正系数 $\varphi<0.8$，应增加壳程数。

4.3.1.3　依据经验选取总传热系数 K

K 值的经验数据，如表 4.5 所示，估算传热面积 A。

表 4.5　K 值的经验数据

管程	壳程	传热系数 K 值/[W/(m^2·℃)]
水	水	850～1700
水	气体	17～280
水	轻有机物	470～815
水	中有机物	290～700
水	重有机物	115～470

续表

管程	壳程	传热系数 K 值/[W/(m^2·℃)]
有机溶剂	水	280～850
有机溶剂	有机溶剂	115～340
轻有机物	轻有机物	230～465
中有机物	中有机物	115～350
重有机物	重有机物	60～230
水	水蒸气冷凝(加压)	2330～4650
水	水蒸气冷凝(常压或负压)	1745～3490
气体	水蒸气冷凝	30～300
水沸腾	水蒸气冷凝	2000～4250
水溶液(μ<0.002Pa·s)	水蒸气冷凝	1160～4070
水溶液(μ>0.002Pa·s)	水蒸气冷凝	580～2910
轻有机物	水蒸气冷凝	580～1190
中有机物	水蒸气冷凝	290～580
重有机物	水蒸气冷凝	115～350
水	轻有机物蒸汽冷凝	580～1160
水	重有机物蒸汽冷凝	115～350

4.3.2 初选换热器型号

确定冷热流体流经管程或壳程，选定管程流体流速后，根据管内流体体积流量 V_s 和选定流速 u 估算单管程的管子根数

$$n=\frac{V_s}{\frac{\pi}{4}d^2 u} \tag{4.4}$$

再由管子根数 n 和估算的传热面积 A，估算管子长度

$$L=\frac{A}{n\pi d_1} \tag{4.5}$$

式中，L 为按单程计算的传热管长度，m；d_1 为管子外径，m。

如果按单程计算的传热管太长，则考虑采用多管程。确定换热管的单程管长后，即可求出管程数

$$N_p=L/l \tag{4.6}$$

再由系列标准选适当型号的换热器。

4.3.3 换热器核算

4.3.3.1 核算总传热系数

分别计算管程和壳程的对流传热系数(关于各种状况下，不同流体的对流传热系数的计

算方法，教材书中都有详细介绍，在此不再赘述)，确定垢阻(见表 4.6)，求出总传热系数，并与前估算的总传热系数进行比较。如果相差较多，应重新估算。

$$\frac{1}{K}=\frac{1}{\alpha_1}+R_1+\frac{b}{\lambda}\cdot\frac{d_1}{d_m}+R_2\cdot\frac{d_1}{d_2}+\frac{1}{\alpha_2}\cdot\frac{d_1}{d_2} \tag{4.7}$$

式中，R_1、R_2 分别为传热面两侧的污垢热阻，$m^2\cdot℃/W$。

表 4.6　常见流体的污垢热阻

流体名称	污垢热阻 /($m^2\cdot℃/W$)	流体名称	污垢热阻 /($m^2\cdot℃/W$)	流体名称	污垢热阻 /($m^2\cdot℃/W$)
有机化合物蒸汽	0.000086	有机化合物	0.000172	石脑油	0.000172
溶剂蒸汽	0.000172	盐水	0.000172	煤油	0.000172
天然气	0.000172	熔盐	0.000086	汽油	0.000172
焦炉气	0.000172	植物油	0.000516	重油	0.000086
水蒸气	0.000086	原油	0.000344～0.001210	沥青油	0.000172
空气	0.000034	柴油	0.000344～0.000516		

4.3.3.2　计算所需的传热面积

根据计算的总传热系数和平均温度差，计算所需的传热面积，选定的换热器传热面积应比计算出的换热面积大，保证有 15%～35%的裕量。

$$A=\frac{Q}{K\Delta t_m} \tag{4.8}$$

4.3.3.3　流体阻力核算

换热器内流体阻力的大小与多种因素有关，如流体流速的大小、结构形式等。列管式换热器管程和壳程的阻力计算方法有很大的不同。对于流体无相变化的换热器，可用下述方法计算流体阻力。

(1)管程阻力。管程总阻力等于各程直管摩擦阻力、单程回弯阻力和进、出口阻力之和，其中进、出口阻力常可忽略不计，因此有

$$\Delta p_t=(\Delta p_i+\Delta p_r)N_sN_pF_s \tag{4.9}$$

式中，Δp_i 为单程直管阻力；Δp_r 为单程回弯阻力；N_s 为壳程数；N_p 为管程数；Δp_t 为管程总阻力；F_s 为管程结构校正系数，量纲为 l，可近似取 1.5。

其中，直管阻力和回弯阻力可分别计算如下：

$$\Delta p_i=\lambda_i\frac{l}{d_2}\times\frac{\rho u^2}{2} \tag{4.10}$$

$$\Delta p_r=\xi\frac{\rho u^2}{2} \tag{4.11}$$

式中，λ_i 为摩擦因数；l 为传热管长度，m；d_2 为传热管内径，m；u 为管内流速，m/s；ρ 为流体密度，kg/m^3；ξ 为局部阻力系数，一般情况下取 3。

(2)壳程阻力。壳程装有弓形折流板时，流动状态比较复杂，计算流体阻力的方法有 Bell 法、Kern 法和 Esso 法等。其中，Bell 法计算值与实际数据显示出很好的一致性，但该

法计算比较麻烦，而且对换热器的结构尺寸要求比较详细。工程计算中常用的方法时 Esso 法，其计算方法如下：

$$\Delta p_s=(\Delta p_0+\Delta p_i)F_sN_s \tag{4.12}$$

式中，Δp_s 为壳程总阻力，Pa；Δp_0 为流体流过管束的阻力，Pa；Δp_i 为流体流过折流板缺口的阻力，Pa；F_s 为壳程结构校正系数，量纲为 1，$F_s=\begin{cases}1.15(对液体),\\1.0(对气体);\end{cases}$ N_s 为壳程数。

其中

$$\Delta p_0=Ff_0N_{TC}(N_B+1)\frac{\rho u_0^2}{2} \tag{4.13}$$

$$\Delta p_i=N_B\left(3.5-\frac{2B}{D}\right)\frac{\rho u_0^2}{2}$$

$$N_{TC}=\begin{cases}1.1N_T^{0.5}(正三角形排列)\\1.19N_T^{0.5}(正方形排列)\end{cases}$$

式中，N_T 为每一壳程的管子总数；N_B 为折流板数目；B 为折流板间距，m；D 为换热器壳体内径，m；u_0 为壳程流体流过管束的最小流速[按最大流通截面积 $S_0=B(D-N_{TC}d_0)$ 计算的流速]，m/s；f_0 为壳程流体摩擦因子；$F=\begin{cases}0.4(正方形斜转 45°),\\0.5(正三角形)\end{cases}$ 为管子排列形式对阻力的影响。

$$f_0=5.0\mathrm{Re}_0^{-0.228}(\mathrm{Re}_0>500) \tag{4.14}$$

4.4 设计示例

选题工程背景：合成气是一种重要的化工原料气，以一氧化碳和氢气为主要组分。其原料可以是煤、油或天然气等。高温条件下，这些有机物烃类与水蒸气作用生成氢和一氧化碳。而合成氨的原料只需要氢和氮，所以需要将合成气中大量的一氧化碳通过变换工序使一氧化碳与水蒸气作用变为氢气。进入变换系统转换后气体称为“变换气”。变换气可用来生产合成氨、甲醇等，氨加工产品有尿素、各种铵盐(如氮肥和复合肥料)、硝酸、乌洛托品、三聚氰胺等。

设计任务：某厂用冷却水冷却从合成氨变换工段来的变换气，其组成如表 4.7 所示。

表 4.7 变换气成分及所占比例

成分	H_2	N_2	CH_4	CO	CO_2	H_2O	O_2
占比/%	51.0	17.0	2.00	1.70	27.0	1.2	0.1

设计条件：冷水的进口温度 25℃，出口温度 32℃，平均操作压力 0.12MPa(表压)；变换气的进口温度 60℃，出口温度 34℃，平均操作压力 0.8MPa(表压)，流量 2778kmol/h。

根据以上条件选用一适当型号的列管式换热器。

4.4.1 换热器选型的手算设计

4.4.1.1 设计方案的确定

壳程混合气体的定性温度：$T=\frac{60+34}{2}=47℃$；

管程冷却水的定性温度：$t=\frac{25+32}{2}=28.5$℃。

根据两流体温度变化情况，冷热流体主体平均温差：47—28.5＝18.5℃，不大，初步选定用固定管板式换热器。变换气压力高，适合走管程，这样能够避免采用耐高压的壳体和密封结构。同时还能提高变换气的流速以提高其对流传热系数；冷却水走壳程，在壳程有折流板的作用，很容易可达到湍流。

4.4.1.2 物性数据的确定

(1)混合气体黏度

变换气在定性温度47℃，0.8MPa下的黏度采用《化工设计手册(第四版)》第21章中第1235页“低压气体混合物的黏度”的Dean-Stiel法计算。

先利用各组分的临界参数计算出混合气体的临界参数值后，再代入具体公式计算。各组分临界参数值见表4.8。

表4.8 各组分的临界参数

物质	体积/%	分子量 M	T_c/K	p_c/atm	V_c/(cm^3/mol)	ρ_c/(kg·m^{-3})	临界压缩系数 Z_c	T_b/K
H_2	0.51	2.016	32.97	12.76	65	31	0.307	20.4
N_2	0.17	28.02	126.21	33.46	90	311	0.291	77.37
CH_4	0.02	16.03	190.56	45.39	98.6	163	0.286	111.57
CO	0.017	28	132.91	34.53	93	301	0.295	81.67
CO_2	0.27	44	304.13	72.786	94	468	0.274	194.95
H_2O	0.012	18.02	647.14	217.71	56	322	0.23	373.15
O_2	0.001	32	154.59	49.77	73	438	0.286	140.17

$$\begin{aligned}T_{cm}&=0.51\times32.97+0.17\times126.21+0.02\times190.56+0.017\times132.91\\&\quad+0.27\times304.13+0.012\times647.14+0.001\times154.59\\&=134.376\text{K}\end{aligned}$$

同理可得 $M_m=18.71$；$V_{cm}=78.128\text{cm}^2/\text{mol}$；$Z_{cm}=0.293$；$\omega_m=0.0143$；

$$p_{cm}=\frac{Z_{cm}RT_{cm}}{V_{cm}}=\frac{0.293\times82.06\times134.376}{78.128}=41.354\text{atm}$$

由式 $\xi_m=\frac{T_{cm}^{1/6}}{M_m^{1/2}P_{cm}^{2/3}}$ 得 $\xi_m=\frac{134.376^{1/6}}{18.71^{1/2}\times41.354^{2/3}}=0.0437$；

$$T_r=\frac{T}{T_{cm}}=\frac{47+273.15}{134.376}=2.382;\ p_r=\frac{p}{p_{cm}}=\frac{9}{41.467}=0.218$$

由 Z^0(简单球形分子的压缩系数)、Z^1(非球形的压缩校正系数)知：

$$Z_m^0=0.9983;Z_m^1=0.0139$$

由式 $Z=Z^0+\omega Z^1$ 得

$$Z_m=Z_m^0+\omega Z_m^1=0.9983+0.0143\times0.0139=0.998$$

$$V_m=\frac{Z_mRT}{p}=\frac{0.998\times82.06\times320.15}{9}=2913.22(\text{cm}^3/\text{mol})$$

$$\rho_r = V_{cm}/V_m = 78.128/2913.22 = 0.0268$$

低压气体黏度由式 $\eta_m^0 \xi_m = 166.8 \times 10^{-5}(0.1338T_r - 0.0932)^{5/9}$ 求得

$$\eta_m^0 \times 0.0437 = 166.8 \times 10^{-5} \times (0.1338 \times 2.382 - 0.0932)^{5/9}$$

$$\eta_m^0 = 0.0167$$

(2)混合气体比热容

真实气体的比热容经常是求取同温度下理想气体的比热容,然后加上它们之间的差 Δc_p。

$$c_p = c_p^0 + \Delta c_p$$

$$C_p^0 = B + 2CT + 3DT^2 + 4ET^3 + 5FT^4 [\mathrm{Btu/(lb \cdot {}^\circ R)}]$$

$$1\mathrm{Btu/(lb \cdot {}^\circ R)} = 4.1868\mathrm{kJ/(kg \cdot K)}$$

理想气体比热容的多项式中系数见表 4.9。

表 4.9 理想气体的比热容系数

物质	B	$C\times10^3$	$D\times10^6$	$E\times10^{10}$	$F\times10^{14}$
H_2	3.199617	0.392786	−0.293452	1.090069	−1.387867
N_2	0.253664	−0.014549	0.012544	−0.017106	−0.008239
CH_4	0.564834	−0.282973	0.417399	−1.525576	1.958857
CO	0.256524	−0.022911	0.02228	−0.056326	0.045588
CO_2	0.114433	0.101132	−0.026494	0.034706	−0.01314
H_2O	0.457392	−0.052512	0.064594	−0.202759	0.23631
O_2	0.227486	−0.037305	0.048302	−0.185243	0.247488

计算得到理想气体比热容,如表 4.10 所示。

表 4.10 理想气体比热容计算结果

物质	H_2	N_2	CH_4	CO	CO_2	H_2O	O_2
C_p^0/[Btu/(lb · °R)]	3.3139	0.2535	0.5646	0.2564	0.1144	0.4573	0.2274
C_p^0/[cal/(mol · K)]	6.6821	7.1063	9.0537	7.1833	5.0382	8.2435	7.2798

根据各组分气体的对比温度 $T_r(T/T_c)$、对比压力 $p_r(p/p_c)$(计算结果如表 4.11 所示),查"气体热容等温压力校正"图,得 ΔC_p,如图 4.12 所示。

表 4.11 各组分气体的对比温度与对比压力

物质	H_2	N_2	CH_4	CO	CO_2	H_2O	O_2
T_r	9.7103	2.5366	1.6800	2.4087	1.0526	0.4947	2.0709
p_r	0.7052	0.2690	0.1982	0.2606	0.1236	0.0413	0.1808

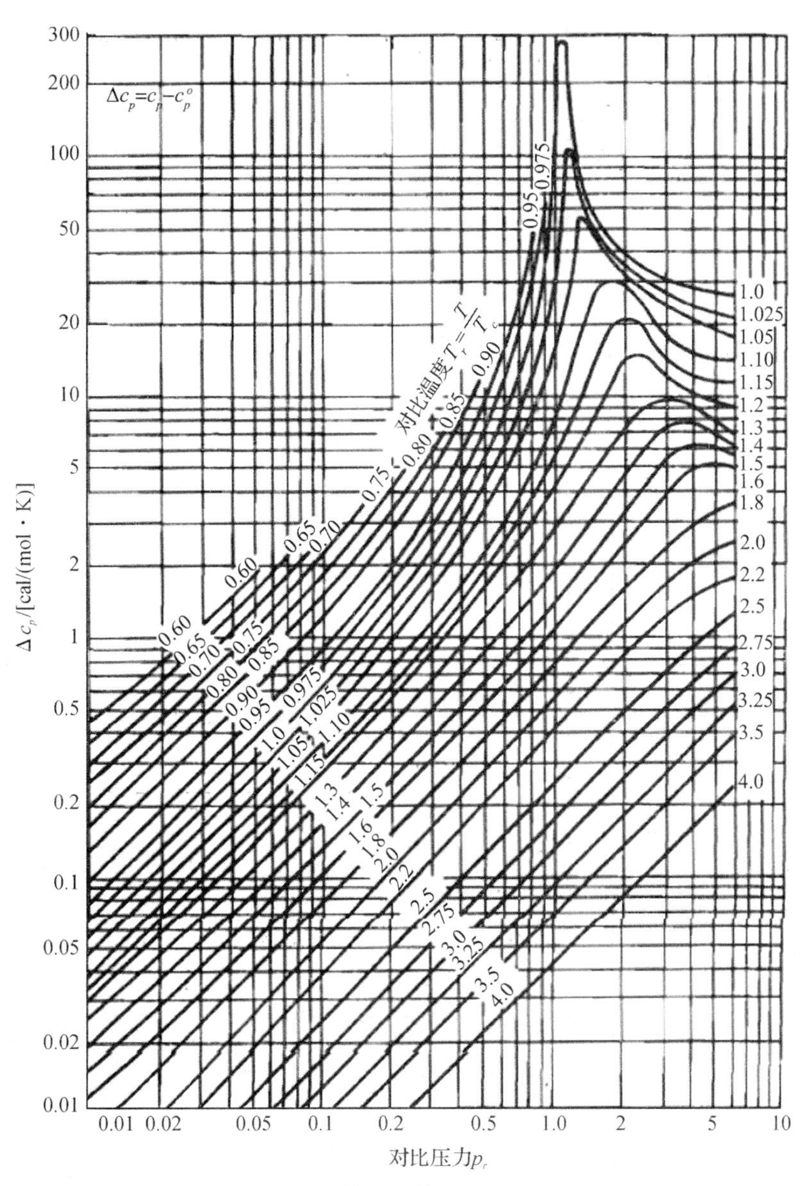

图 4.8　气体热容等温压力校正图

表 4.12　各组分的 C_p 和 ΔC_p

物质	H_2	N_2	CH_4	CO	CO_2	H_2O	O_2
ΔC_p/[cal/(mol·K)]	0.01	0.06	0.19	0.07	0.45	1.9	0.085
C_p/[cal/(mol·K)]	6.6922	7.1663	9.2437	7.2533	5.488	10.143	7.3648

$$C_p = \sum_{i=1}^{n} \varphi_i C_{Pi} = 6.55\text{cal/(mol·K)} = 1.465\text{kJ/(kg·K)}$$

其中，φ_i 为各组分气体体积分率。

(3)混合气体的热导率计算

气体的热导率随温度的升高而增大,与压力基本无关(除非气体的压力很高或很低)。通过查化工工艺手册得各组分气体在47℃下的热导率(见表4.13)。

$$\lambda = \sum_{i=1}^{n} \varphi_i \lambda_i = 0.0872\text{kcal/(m·h·℃)} = 0.1014\text{W/(m·K)}$$

表4.13 各组分气体的热导率

物质	H_2	N_2	CH_4	CO	CO_2	H_2O	O_2
λ_i/[kcal/(m·h·℃)]	0.161	0.0336	0.0321	0.0242	0.014	0.021	0.0232

(4)混合气体的密度计算

$$\rho = \sum_{i=1}^{n} \varphi_i \rho_i = 6.422\text{kg/m}^3$$

所得结果如表4.14所示。

表4.14 各组分气体密度

物质	H_2	N_2	CH_4	CO	CO_2	H_2O	O_2
ρ_i/(kg/m³)	0.6910	9.6044	5.4946	9.5976	15.082	6.7173	10.9687

(5)冷却水的物性数据

液体的物性数据基本不受压力影响(在压力不太大时),0.12MPa下水的物性数据与0.1MPa下水的物性数据近似相同。水在常压下物性数据可直接查得。

综上所述,可得物性数据如表4.15所示。

表4.15 冷却水和变换气的物性数据

物质	ρ/(kg/m³)	C_p/[kJ/(kg·K)]	λ/[W/(m·K)]	η/(Pa·s)	M
冷却水	996.375	4.175	0.615	0.0008316	18
变换气	6.422	1.465	0.10144	0.0000167	18.72

4.4.1.3 估算传热面积

(1)换热器的热流量

$$Q = m_{s1} C_{p1} (T_1 - T_2) = 2778 \times 18.72 \times 1.465 \times (60 - 34)$$
$$= 1980838.454(\text{kJ/h}) = 550232.9(\text{W})$$

由
$$Q = m_{s1} C_{p1} (T_1 - T_2) = m_{s2} C_{p2} (t_2 - t_1)$$

得冷却水的流量

$$m_{s2} = \frac{Q}{C_{p2}(t_2 - t_1)} = \frac{1980838.454}{4.175 \times (32 - 25)} = 67778.90(\text{kg/h})$$

(2)计算逆流平均温度差 $\Delta t_{m,逆}$

冷却水 25℃→32℃

变换气 34℃←60℃

$$\Delta t_{m,逆}=\frac{(34-25)+(60-32)}{2}=18.5℃$$

(3)估算传热面积

为求得传热面积 A,先估算总传热系数 K 值。按照表 4.5,气体和水进行换热时的 K 值大致为 12～280W(m²·℃),先取 K 值为 230W(m²·℃),则所需传热面积为

$$A=\frac{Q}{K\Delta t_m}=\frac{550232.9}{230\times18.5}=129.31(\mathrm{m}^2)$$

4.4.1.4 初步选定换热器的型号

在决定管数和管长时,首先要选定管内流速 u_i。中低压气体在管内流速范围为 8～15m/s,取 $u_i=15\mathrm{m/s}$。

设所需的单程管数为 n,ϕ25mm×2.5mm 的管内径为 0.02m,则管内体积流量为

$$\nu_i=n\frac{\pi}{4}\times0.02^2\times15\times3600=\frac{2778\times18.72}{6.422}=8097.8138$$

解得 $n=478$ 根。又由传热面积 $A=n\pi d_1 l'=129.31\mathrm{m}^2$,可以求得单程管长

$$l'=\frac{129.32}{478\times\pi\times0.025}=3.45\mathrm{m}$$

若选用 4.5m 长的管,1 管程,则一台换热器的总管数为 1×478=478 根。

查附录中的列管式换热器的主要参数,见表 4.16。

表 4.16 初选换热器型号的主要参数

项目	数据	项目	数据
壳径 D(DN)	700mm	管尺寸	ϕ25mm×2.5mm
管程数 N_p	1	管长 1	4.5m
管数 n	355	管排列方式	正三角排列
中心排管数 n_c	27	管心距	32mm
管程流通面积 S_i	0.1115m²	传热面积 A	122.6m²

可对表中查到的数据核算如下:

①每程的管数 n_1=总管数 n÷管程数 N_p=355÷1=355(根)

管程流通面积 $S_i=(\pi/4)(0.02)^2\times355=0.11147\mathrm{m}^2$,与查到的 0.1115m² 符合较好。

②传热面积 $A=n\pi d_1 l=355\times3.14\times0.025\times45=125.4\mathrm{m}^2$,比查到的 122.6m² 稍大,这是由于管长的一小部分要用于在管板上固定管子,因此以查到的 $A=122.6\mathrm{m}^2$ 为准。

③中心排管数 n_c,按 $n_c=1.1\sqrt{355}\approx21$,与查到的 n_c 相符。

4.4.1.5 阻力损失计算

(1)管程

流速 $$u_i=\frac{\nu_i/3600}{S_i}=\frac{8087.82/3600}{0.1115}=20.15(\mathrm{m/s})$$

雷诺数 $\mathrm{Re}_i=\dfrac{d_i u_i \rho_i}{\mu_i}=\dfrac{0.02\times 20.17\times 6.422}{0.0000167}=1.55\times 10^5$

取钢管绝对粗糙度 $\varepsilon=0.1\mathrm{mm}$，得相对粗糙度 $\varepsilon/d_i=0.1/20=0.005$；

查摩擦因数图，得 $\lambda_i=0.034$。

管内阻力损失 $\Delta p_i=\lambda_i \dfrac{l}{d_i}\left(\dfrac{u_i^2\rho_i}{2}\right)=0.034\times\dfrac{4.5}{0.02}\times\left(\dfrac{20.15^2\times 6.422}{2}\right)=9997.30(\mathrm{Pa})$。

回弯阻力损失 $\Delta p_r=0\mathrm{Pa}$。

管程总损失

$$\begin{aligned}\Delta p_t&=(\Delta p_i+\Delta p_r)F_t N_s N_p\\&=(9997.3+0)\times 1.4\times 1\times 1\\&=13996.22(\mathrm{Pa})=13.99\mathrm{kPa}\end{aligned}$$

低压气体流经换热器的阻力损失为 15～25kPa，因此适用。

(2)壳程

取折流挡板间距 $h=0.2\mathrm{m}$。

计算截面积 $S_0=h\times(D-n_c d_0)=0.2\times(0.7-21\times 0.025)=0.035(\mathrm{m}^2)$。

计算流速 $u_0=\dfrac{67778.90/3600}{996.375\times 0.035}=0.54(\mathrm{m/s})$。

雷诺数 $\mathrm{Re}_o=\dfrac{d_1 u_0 \rho_0}{\mu_0}=\dfrac{0.025\times 0.54\times 996.375}{0.0008316}=16170$。

摩擦因数 $f_0=\dfrac{5.0}{\mathrm{Re}^{0.228}}=\dfrac{5.0}{16170^{0.228}}=0.5488$。

折流挡板数 $N_B=\dfrac{l}{h}-1=\dfrac{4.5}{0.2}-1=21.5\approx 21$。

管束损失

$$\begin{aligned}\Delta p_1&=F f_0 N_{TC}(N_B+1)\left(\frac{\rho_0 u_0^2}{2}\right)\\&=0.5\times 0.5488\times 1.1\times\sqrt{355}\times(21+1)\times\left(\frac{996.375\times 0.54^2}{2}\right)\\&=18175.82(\mathrm{Pa})\end{aligned}$$

缺口损失

$$\begin{aligned}\Delta p_2&=N_B\left(3.5-\frac{2h}{D}\right)\left(\frac{\rho_0 u_0^2}{2}\right)\\&=21\times\left(3.5-\frac{2\times 0.2}{0.7}\right)\times\left(\frac{996.375\times 0.54^2}{2}\right)\\&=8934.20(\mathrm{Pa})\end{aligned}$$

壳程损失

$$\begin{aligned}\Delta p_s&=(\Delta p_1+\Delta p_2)F_s N_s=(18175.82+8934.20)\times 1.15\times 1\\&=31176.52(\mathrm{Pa})=31.18\mathrm{kPa}\end{aligned}$$

液体流经换热器的阻力损失为 10～100kPa，因此适用。

4.4.1.6 传热系数校核

(1)管程对流传热系数 a_i

$$\mathrm{Pr}_i=\frac{c p_i \mu_i}{\lambda_i}=\frac{1.465\times 10^3\times 0.0000167}{0.1014}=0.241$$

$$\mathrm{Nu}_i=0.023\times(1.55\times 10^5)^{0.8}\times 0.241^{0.4}=185.05$$

$$\alpha_i = \mathrm{Nu_i}\frac{\lambda_i}{d_i} = 185.05 \times \frac{0.10144}{0.02} = 938.20[\mathrm{W/(m^2 \cdot K)}]$$

(2)壳程对流传热系数 a_0

从《化工原理》可知 $\mathrm{Nu_0} = 0.36\mathrm{Re_0^{0.55}}\mathrm{Pr^{1/3}}(\mu/\mu_w)^{0.14}$ 计算 a_0。

$$\mathrm{Pr_0} = \frac{cp_0\mu_0}{\lambda_0} = \frac{4.175 \times 10^3 \times 0.0008316}{0.615} = 5.64$$

因为冷却水在被加热，所以 μ/μ_w 可取 1.05。

$$\mathrm{Nu_0} = 0.36 \times 16170^{0.55} \times 5.64^{1/3} \times 1.05 = 138.90$$

$$\alpha_0 = \mathrm{Nu_0}\frac{\lambda_0}{d_1} = 138.90 \times \frac{0.615}{0.025} = 3416.94[\mathrm{W/(m^2 \cdot K)}]$$

(3)总传热系数

污垢系数 R_i、R_0 查看表 4.6 中“污垢系数参考值”，得

$$\frac{1}{K_0} = \frac{1}{\alpha_i}\left(\frac{d_1}{d_i}\right) + R_i\frac{d_1}{d_i} + \frac{b}{\lambda}\frac{d_1}{d_m} + R_0 + \frac{1}{\alpha_0}$$

$$= \frac{1}{938.57} \times 1.25 + \left(\frac{0.5}{1000}\right) \times 1.25 + \frac{0.0025}{45} \times \frac{25}{22.5} + \frac{0.5}{1000} + \frac{1}{3416.94}$$

$$= 0.002811$$

$$K_0 = 355.74\mathrm{W/(m^2 \cdot K)}$$

(4)传热面积 A 的裕度

$$A_0 = \frac{Q}{K_0\Delta t_m} = \frac{550232.9}{355.74 \times 18.5} = 83.6(\mathrm{m^2})$$

裕度：

$$\frac{122.6 - 83.6}{83.6} \times 100\% = 46.63\%$$

裕度偏大，需要重新选用换热器。

4.4.1.7　进行换热器的重新选型

选择壳径 600mm，换热面积为 84.6m² 的固定管板式换热器，具体参数如表 4.17 所示。

表 4.17　重选换热器型号参数

项目	数据	项目	数据
壳径 D(DN)	600mm	管尺寸	ϕ25mm×2.5mm
管程数 N_p	1	管长 l	4.5m
管数 n	355	管排列方式	正三角排列
中心排管数 n_c	17	管心距	32mm
管程流通面积 S_i	0.0769m²	传热面积 A	84.6m²

按照上面(5)(6)步重新计算，数据如表 4.18 所示。

表 4.18　换热器管程和壳程有关数据

流程	流速/(m/s)	压降/(kPa)	雷诺数 Re	折流板间距/mm	裕度/%
管程	29.3	25	224969	200	35
壳程	0.54	24.6	16172		

由校核结果数据可得，此换热器适用。

4.4.1.8 其他工艺结构尺寸

(1)接管直径计算

在壳程流体进出口接管，选冷却水流速 1.5m/s，则

$$d_i(d_{内})=\sqrt{\frac{4V_2}{3.14u_0}}=\sqrt{\frac{4\times 67778.90}{3600\times 3.14\times 996.375\times 1.5}}=126.65(\text{mm})$$

选接管公称直径为 125mm，ϕ133mm×3mm 的无缝钢管。

管程流体进出口接管，选变换气流速 15m/s，则

$$d_i(d_{内})=\sqrt{\frac{4V_2}{3.14u_0}}=\sqrt{\frac{4\times 52004.16}{3600\times 3.14\times 6.422\times 20}}=378.51(\text{mm})$$

选接管公称直径为 350mm，ϕ377mm×10mm 的无缝钢管。

(2)折流板

采用弓形折流板，取弓形折流板圆缺高度为壳体内径的 20%，则切去的圆缺高度为 120mm。

4.4.2 换热器选型的模拟设计

手工计算进行换热器的选型，计算比较麻烦，选型成功往往要经过几次选型计算。学生在经过一次手算熟悉掌握了换热器选型的基本方法之后，完全可以借助 Aspen 软件进行换热器的设计和校核。

现在仍就 4.4 中的示例说明采用 Aspen 软件进行换热器选型的方法。

4.4.2.1 先估算换热面积

Aspen Plus 中 HeatX 里的 Shortcut 可以通过很少的信息输入，完成换热器的简单、快速的估算。

模拟步骤如下：

(1)建立和保存文件。启动 Aspen Plus，选择模板“General with Metric Units”，将文件保存为“Example3.1 - Heat.bkp”。

(2)输入组分。进入“Components | Specifications | Selection”页面，输入物系组分“H_2、N_2、CH_4、CO、CO_2、H_2O、O_2”。

进入“Methods | Specifications | Global”页面，热力学方法选择“PENG-ROB”。

建立流程图，其中换热器 HEX 采用模块选项板中的“Ex-changers | HeatX | GEN-HS”图标，并注意查看模块中冷热物流进料位置提示。输入冷物流“COLDIN”和热物流“HOT-IN”的进料条件(温度、压力、流量及组成)。其中冷却水(冷物流)流量未知，需要通过热量衡算自己计算得出后填入“67774.33kg/h”。

(3)进入“Blocks | HEX | Setup | Specifications”页面，进行模块“HEX”设置，如图 4.9 所示。选用捷算法“Shortcut”，设计计算模式“Design”，要求热流体出口温度(Hot stream let temperature)达到 34℃。进入“Blocks | HEX | Setup | U Methods”页面，点选“Constant U value”，表示对模块 HEX 进行简捷设计时的总传热系数为恒定值，输入估计的总传热系数“280W/(m^2·K)”，如图 4.10 所示。

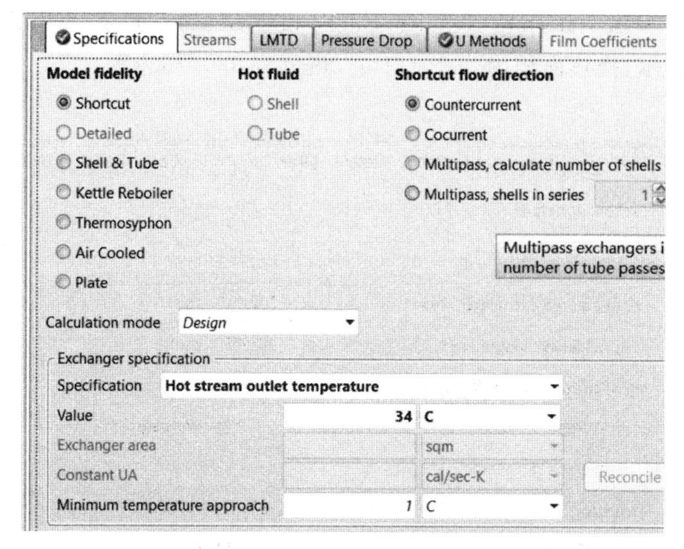

图 4.9　模块 HEX 的参数设置

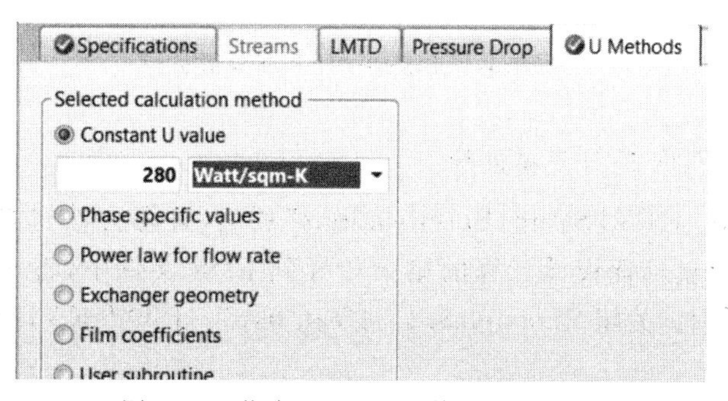

图 4.10　指定 HEX 的总传热系数 U 值

(4)运行模拟，流程收敛。进入“Blocks|HEX|Thermal Results|Summary”页面，查看模块 HEX 的模拟结果，如图 4.11 所示。冷物流出口温度为 35.344℃。

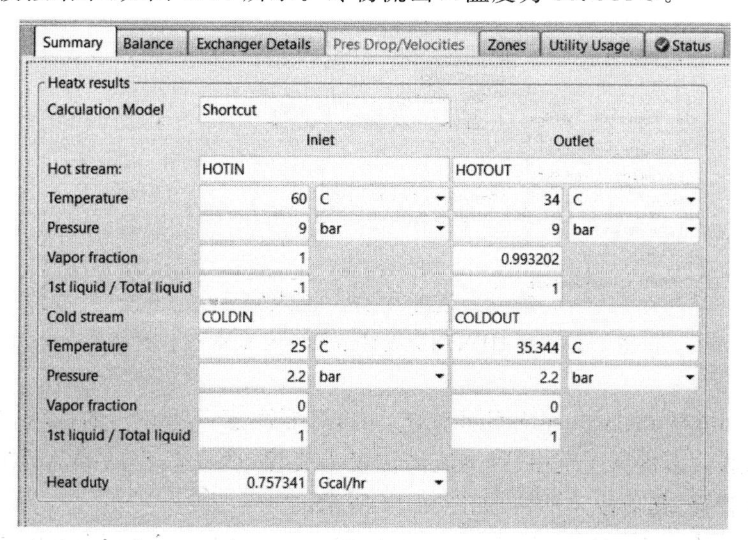

图 4.11　换热器 HEX 物流结果

进入“Blocks|HEX|Thermal Results|Exchanger Details”页面，查看模块 HEX 的设计细节，如图 4.12 所示，换热面积为 202.491m^2，热负荷 880.788kW。

Summary | Balance | Exchanger Details | Pres Drop/Velocities | Zones | Utility

Exchanger details

Calculated heat duty	880.788	kW
Required exchanger area	202.491	sqm
Actual exchanger area	202.491	sqm
Percent over (under) design	0	
Average U (Dirty)	280	Watt/sqm-K
Average U (Clean)		
UA	13541.9	cal/sec-K
LMTD (Corrected)	15.5349	C
LMTD correction factor	1	

图 4.12 换热器 HEX 细节信息

例 4.1 换热器的捷算法(1)

4.4.2.2 采用 EDR 进行严格设计。

(1)进入“Blocks|HEX|Setup|Specifications”页面，计算方法选择“Shell&Tube”，将 Aspen Plus 对换热器的简捷设计计算的结果传导到 EDR 文件中，将文件另存为“HEAT.EDR”，如图 4.13 所示。关闭“Example3.1 - Heat.bkp”，打开“HEAT.EDR”文件。

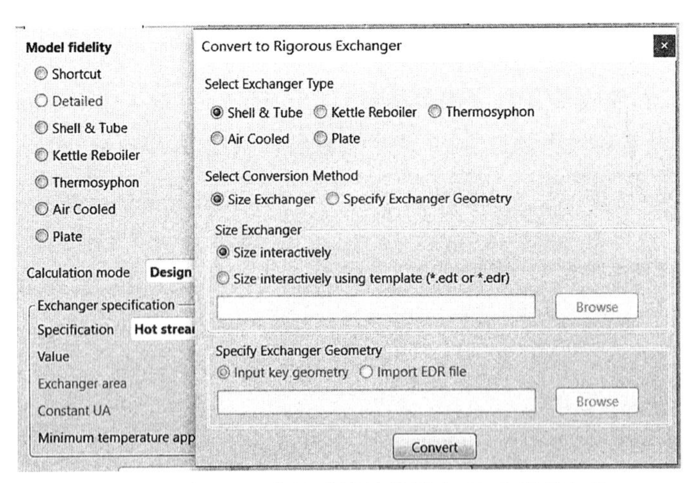

图 4.13 将 HEX 简捷设计结果导入 EDR 模拟文件

(2)在“Shell&Tube/Console/Geometry”中，需要注意一些必要的选项，如计算模式为“Design(其他选项为核算或模拟)”，热流体位置为壳程，填入管径 19mm，管间距 25mm，热流体流程选择管程，其他按照默认，如图 4.14 所示。

(3)在“Shell&Tube/Console/Process”中，在“Process Data”页面数据输入区域中，左边

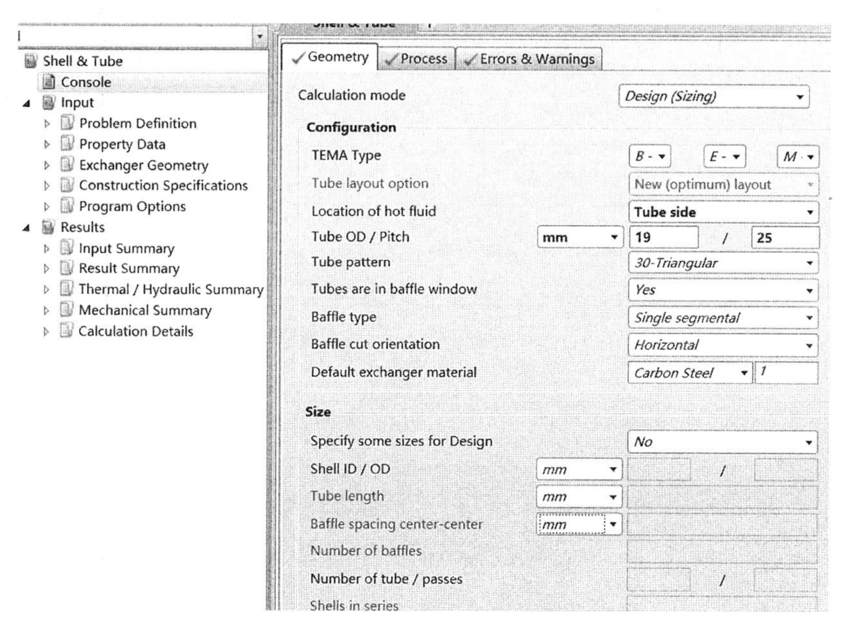

图 4.14　在 EDR 中输入管子尺寸

对应热侧流体（变换气），右边对应冷侧流体（冷却水），按设计任务输入热流体的流量（冷流体流量未知，不填）、进出口温度、进口压力和允许压降及污垢热阻等。如图 4.15 所示。

Geometry | Process | Errors & Warnings

		Hotside	ColdSide
Calculation mode		Design (Sizing)	
Process Conditions			
Mass flow rate	kg/h	51999	
Inlet pressure	MPa	0.9	0.22
Outlet pressure	MPa	0.881	0.208
Pressure at liquid surface in column	MPa		
Inlet Temperature	℃	60	25
Outlet Temperature	℃	34	32
Inlet vapor mass fraction		1	0
Outlet vapor mass fraction			
Heat exchanged	kW	880.8	
Process Input			
Allowable pressure drop	kPa	26	44
Fouling resistance	m²-K/W	0.0001	0.0002
Calculated Results			
Pressure drop	bar		

图 4.15　在 EDR 中输入过程参数

（4）运行模拟，流程收敛。进入“Shell&Tube/Result/Results Summary/Optimization path”中，可以得到如图 4.16 所示的几组推荐形式。

Current selected case 3 Select

	Item	Shell Size	Tube Length Actual	Tube Length Reqd.	Tube Length Area ratio	Pressure Drop Shell	Pressure Drop Dp Ratio	Pressure Drop Tube	Pressure Drop Dp Ratio	Baffle Pitch	Baffle No.	Tube Tube Pass	Tube No.	Units P	Units S
		mm	mm	mm		bar		bar		mm					
1	1	590.55	4050	3653.2	1.11	0.0855	0.17	0.3014	1.21 *	500	6	1	423	1	1
2	2	600	3900	3607.5	1.08	0.0792	0.16	0.27054	1.08 *	455	6	1	446	1	1
3	3	625	3450	3419.4	1.01	0.07283	0.15	0.21623	0.86	430	6	1	488	1	1
4	4	650	3300	3297.4	1	0.07527	0.15	0.1882	0.75	410	6	1	526	1	1
5	5	675	3150	3126.9	1.01	0.10171	0.2	0.16128	0.65	290	8	1	575	1	1
6	6	700	3000	2968.9	1.01	0.29691	0.59	0.14084	0.56	140	16	1	622	1	1
7															
8	3	625	3450	3419.4	1.01	0.07283	0.15	0.21623	0.86	430	6	1	488	1	1

图 4.16 Aspen EDR Design 模式换热器推荐

根据 EDR 提供的方案，选择第一种方案，此方案面积裕度较接近需要值。选择第 1 种方案，点击“Select”。

4.4.2.3 使用 EDR 的 Rating/Checking 工具进行圆整校核

进入“Shell&Tube/Console”中，先将 EDR 中的计算模式改为“Rating”，见图 4.17。

图 4.17 将 EDR 中的计算模式改为“Rating”

进入“Shell&Tube/Input/Exchanger Geometry/Geometry Summary”中，根据《化工工艺设计手册》中“固定管板式换热器”标准型号对该页面的设计结果进行圆整和反复核算，最后的结构参数如图 4.18 所示。

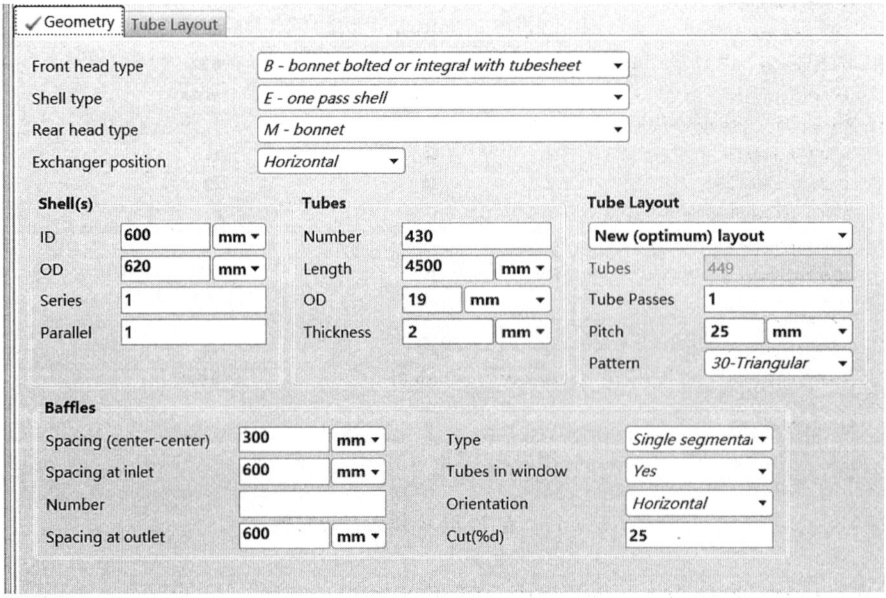

Geometry | Tube Layout

Front head type: B - bonnet bolted or integral with tubesheet
Shell type: E - one pass shell
Rear head type: M - bonnet
Exchanger position: Horizontal

Shell(s)
ID: 600 mm
OD: 620 mm
Series: 1
Parallel: 1

Tubes
Number: 430
Length: 4500 mm
OD: 19 mm
Thickness: 2 mm

Tube Layout
New (optimum) layout
Tubes: 449
Tube Passes: 1
Pitch: 25 mm
Pattern: 30-Triangular

Baffles
Spacing (center-center): 300 mm
Spacing at inlet: 600 mm
Number:
Spacing at outlet: 600 mm
Type: Single segmenta
Tubes in window: Yes
Orientation: Horizontal
Cut(%d): 25

图 4.18 圆整后的换热器尺寸

经圆整后，该换热器的壳径取为 600mm，管径为 19mm，管长为 4500mm，管程数为单管程，管间距为 25mm。折流板形式为单弓形折流板，折流板为横缺型，其圆缺率为 25%。折流板间距为 300mm，在理论值范围之内。

同时在“Shell&Tube/Input/Exchanger Geometry/Nozzles”中输入壳程和管程接管尺寸，根据其外径选择相接近的 ISO 值，如图 4.19 所示。

✓Shell Side Nozzles　✓Tube Side Nozzles　✓Domes/Belts　✓Impingement

Use separate outlet nozzles for cold side liquid/vapor flows: no

Use the specified nozzle dimensions in 'Design' mode: Set default

		Inlet	Outlet	Intermediate
Nominal pipe size		ISO 200	ISO 200	
Nominal diameter	mm	200	200	
Actual OD	mm	219.1	219.1	
Actual ID	mm	203.1	203.1	
Wall thickness	mm	8	8	
Nozzle orientation		Bottom	Bottom	
Distance to front tubesheet	mm			
Number of nozzles		1	1	1
Multiple nozzle spacing	mm			
Nozzle / Impingement type		No impingement	No impingement	
Remove tubes below nozzle		Equate areas	Equate areas	
Maximum nozzle RhoV2	kg/(m-s²)			

✓Shell Side Nozzles　✓Tube Side Nozzles　✓Domes/Belts　✓Impingement

Use separate outlet nozzles for hot side liquid/vapor flows: no

Use the specified nozzle dimensions in 'Design' mode: Set default

		Inlet	Outlet	Intermediate
Nominal pipe size		ISO 350	ISO 350	
Nominal diameter	mm	350	350	
Actual OD	mm	355.6	355.6	
Actual ID	mm	335.6	335.6	
Wall thickness	mm	10	10	
Nozzle orientation		Top	Bottom	
Distance to tubesheet	mm			
Centerline offset distance	mm			
Maximum nozzle RhoV2	kg/(m-s²)			

图 4.19　壳程和管程接管尺寸

经圆整后，该换热器的壳径取为 600mm，管径为 25mm，管长为 4500mm，管子根数为 430 根，管程数为单管程，管间距为 32mm。折流板形式为单弓形折流板，折流板为横缺型，其圆缺率为 25%。折流板间距为 300～600mm。

进行模拟计算后，由计算结果(见图 4.20)可以看到，换热器换热面积为 115.5m^2，设计余量为 23%，符合设计要求；壳程最高流速为 0.37m/s，管程最高流速为 30.7m/s，雷诺数均大于 6000，满足经验流速范围；壳程压降为10.18kPa，管程压降为 31.25kPa，压降在可接受范围内。

例 4.1 EDR 严格计算(2)

1	Size	600 X 4500 mm	Type	BEM	Hor		Connected in	1 parallel	1 series	
2	Surf/Unit (gross/eff/finned)		115.5 /	113.3 /		m^2	Shells/unit	1		
3	Surf/Shell (gross/eff/finned)		115.5 /	113.3 /		m^2				
4	Rating / Checking				PERFORMANCE OF ONE UNIT					
5			Shell Side		Tube Side		Heat Transfer Parameters			
6	Process Data		In	Out	In	Out	Total heat load	kW		1178.9
7	Total flow	kg/s	37.255		14.4317		Eff. MTD/ 1 pass MTD	°C 17.73	/	17.69
8	Vapor	kg/s	0	0	14.2283	14.0209	Actual/Reqd area ratio - fouled/clean	1.23	/	1.7
9	Liquid	kg/s	37.255	37.255	0.2034	0.4109				
10	Noncondensable	kg/s	0		0		Coef./Resist.	W/(m^2-K)	m^2-K/W	%
11	Cond./Evap.	kg/s	0		0.2074		Overall fouled	723.8	0.00138	
12	Temperature	°C	25	32	60	33.92	Overall clean	995	0.001	
13	Bubble Point	°C			-233.85	-233.99	Tube side film	1307.5	0.00076	55.36
14	Dew Point	°C			75.59	74.35	Tube side fouling	7894.7	0.00013	9.17
15	Vapor mass fraction		0	0	0.99	0.97	Tube wall	22954	4E-05	3.15
16	Pressure (abs)	bar	2.2	2.09813	9	8.68747	Outside fouling	4000	0.00025	18.09
17	DeltaP allow/cal	kPa	50	10.187	40	31.253	Outside film	5086.8	0.0002	14.23
18	Velocity	m/s	0.37	0.37	30.73	28.87				
19	Liquid Properties						Shell Side Pressure Drop		bar	%
20	Density	kg/m^3	993.96	987.18	959.54	985.32	Inlet nozzle		0.00952	9.35
21	Viscosity	mPa-s	0.9125	0.7864	0.4741	0.7562	InletspaceXflow		0.00865	8.49
22	Specific heat	kJ/(kg-K)	4.524	4.523	4.533	4.522	Baffle Xflow		0.04968	48.78
23	Therm. cond.	W/(m-K)	0.6063	0.6158	0.6444	0.6164	Baffle window		0.01875	18.41
24	Surface tension	N/m			0.0285	0.0321	OutletspaceXflow		0.00853	8.37
25	Molecular weight		18.02	18.02	18.02	18.02	Outlet nozzle		0.00671	6.59
26	Vapor Properties						Intermediate nozzles			
27	Density	kg/m^3			6.09	6.39	Tube Side Pressure Drop		bar	%
28	Viscosity	mPa-s			0.0169	0.0158	Inlet nozzle		0.02994	9.44
29	Specific heat	kJ/(kg-K)			1.727	1.703	Entering tubes		0.01433	4.52
30	Therm. cond.	W/(m-K)			0.08	0.0754	Inside tubes		0.23584	74.35
31	Molecular weight				18.71	18.72	Exiting tubes		0.02127	6.71
32	Two-Phase Properties						Outlet nozzle		0.01583	4.99
34	Heat Transfer Parameters						Velocity / Rho*V2		m/s	kg/(m-s^2)
35	Reynolds No. vapor				166556.3	175553	Shell nozzle inlet		1.16	1330
36	Reynolds No. liquid		7679.28	8911.33	84.71	107.26	Shell bundle Xflow	0.37	0.37	
37	Prandtl No. vapor				0.36	0.36	Shell baffle window	0.51	0.52	
38	Prandtl No. liquid		6.81	5.78	3.33	5.55	Shell nozzle outlet		1.16	1340
39	Heat Load		kW		kW		Shell nozzle interm			
40	Vapor only		0		0				m/s	kg/(m-s^2)
41	2-Phase vapor		0		-630		Tube nozzle inlet		32.19	6405
42	Latent heat		0		-510.5		Tubes	30.73	28.87	
43	2-Phase liquid		0		-38.5		Tube nozzle outlet		30.25	6018
44	Liquid only		1178.9		0		Tube nozzle interm			

图 4.20　计算结果表

参考 GB151—2014，得换热器型号为 BEM $600-\frac{0.9}{0.22}-115-\frac{4.5}{19}-1-\text{I}$。

总结：虽然手工计算和模拟选型结果里，换热器公称直径都为 600mm，换热管长度为 4500mm，但还是有诸多不同，主要差异点如表 4.19 所示。

表 4.19　换热器的技术参数差异

计算方式	换热管型号/mm	换热管数/根	换热面积/m^2	壳程压降/kPa	管程压降/kPa	裕度/%
手算	$\phi 25\times 2.5$	245	84.6	24.6	25	35
模拟	$\phi 19\times 2$	430	115.5	10.18	31.25	23

一般来说，由于手工计算中常采用估算、平均值等简化计算来代表流体主体物性，手工计算值准确度小于 Aspen 模拟值。虽然手工计算准确度跟模拟有一定的差距，但通过手工计算我们可以准确掌握传热过程中间壁两侧给热系数、总传热系数、对数平均温差和热量衡算、总传热速率方程的应用，有助于巩固基础知识。采用 Aspen EDR 软件进行选型设计，速度快，选型准，数据全。对软件的熟练运用是建立在我们熟悉换热器结构和明确传热效果的影响因素的基础上的，这样在数据圆整时，才能有的放矢找准应改变的结构参数。

第5章 列管式换热器的机械设计

摘要:本章介绍了列管式换热器机械设计的主要内容和设计方法,包括强度设计和结构设计两部分。重点讲述换热器标准系列选型后的强度设计计算,再以工程实例分别展示采用手工计算和SW6软件模拟进行列管式换热器机械设计的过程。

在换热器设计中,当完成了其工艺设计计算后,换热器的工艺尺寸即可确定。若能用换热器标准系列选型,则结构尺寸随之而定,否则尽管在传热计算和流体阻力计算中已部分确定了结构尺寸,仍需进行结构设计,这时的结构设计除应进一步确定那些尚未确定的尺寸以外,还应对那些已确定的尺寸作某些校核和修正。

列管式换热器的机械设计主要有两方面,一方面是换热器受力元件的应力计算和强度校核,以保证换热器安全运行,比如封头、管箱、壳体、膨胀节、管板、换热管等,另一方面是工艺结构与机械结构设计,主要是确定有关部件的结构形式,结构尺寸、零件之间的连接等,比如,管板结构尺寸确定:折流板尺寸、间距确定;管板与换热管的连接;管板与壳体、管箱的连接;管箱结构;折流板与分程隔板的固定;法兰与垫片;膨胀节等。

5.1 强度设计

换热器的受力元件有:筒体、管箱、封头、管板、法兰、膨胀节等,这些元件都需进行应力计算和强度校核,以保证安全可靠。

5.1.1 容器材料选择

在设计和制造化工容器与设备时,合理选择和正确使用材料是一项十分重要的工作。选择容器用钢必须综合考虑:

容器的操作条件——设计压力、设计温度、介质特性和操作特点等;

材料的使用性能——力学性能、物理性能、化学性能(主要是耐腐蚀性能);

材料的加工工艺性能——焊接性能、热处理性能、冷弯性能及其他冷热加工性能;

经济合理性及容器结构——材料价格、制造费用和使用寿命等。

通常,容器的材料选择须遵循下列一般原则:

(1)压力容器用钢材应符合GB 150.2—2011《压力容器第2部分:材料》的要求,材料适用于设计压力不大于35MPa的压力容器。选材应接受国家质量技术监督局颁发的《固定式压力容器安全技术监察规程》的监督。压力容器受压元件用钢应是由电炉或氧气顶吹转炉冶炼的镇静钢。对于标准抗拉强度下限值≥540MPa的低合金钢钢板和奥氏体-铁素体不锈钢钢板，以及用于设计温度低于－20℃的低温钢板和低温钢锻件，还应采用炉外精炼工艺。钢材(板材、带材、管材、型材、锻件等)的质量与规格应符合现行国家标准、行业标准或有关技术规定。

(2)选用材料时还应考虑容器具体使用条件及标准对材料附加要求的力学性能试验项目，应注意中高温、低温及腐蚀条件下材料可能出现的问题，如碳素钢、碳锰钢在高于425℃温度下长期使用时，钢中碳化物的石墨化倾向；低温下某些材料出现低应力脆断等。

(3)一般情况下，按下列原则规定选材是经济的。

①所需钢板厚度小于8mm时，在碳素钢与低合金钢之间，应优先选用碳素钢钢板。在以刚度设计或结构设计为主时，亦应尽量选用普通碳素钢钢板。

②在以强度设计为主时，应根据材料对压力、温度、介质等的使用限制，依次选用Q245R、Q345R、18MnMoNbR等钢板(由于15MnVR、15MnVNR、18MnMoNbR焊接性能差，焊接工艺要求严格，在使用中发现较多压力容器焊接接头处有裂纹，因此，近年来为新钢种13MnNiMoNbR和07MnCrMoVR所代替)。高压容器应优先选用低合金钢和高、中强度钢。如选用屈服强度级别为350MPa和400MPa的低合金钢Q345R与Q370R，价格与碳素钢相近，但强度比碳素钢(如Q235R和Q245R)高30％～60％。

③所需不锈钢厚度大于12mm时，应尽量采用衬里、复合、堆焊等结构形式。另外，不锈钢应尽量不用做设计温度≤500℃的耐热用钢。

④珠光体耐热钢应尽量不用做设计温度≤350℃的耐热用钢。在必须用做耐热或抗氢用途时，应尽量减少、合并钢材的品种与规格(减少钢材的品种与规格也是所有设计选材中应遵循的原则)。

⑤温度不低于－196℃的低温用钢，应尽可能采用无镍铬铁素体钢，以代替镍铬不锈钢和有色金属；中温用钢(温度不超过500℃)可采用含钼或钒的中、高强度钢，以代替Cr-Mo钢。

⑥在有强腐蚀介质的情况下，应积极试用无镍铬或少镍铬的新型合金钢(如含Si、Al、V、Mo的钢种)。对要求耐大气腐蚀及海水腐蚀场合，应尽量采用我国自己研制的含铜和含磷等钢种，如16MnCu、15MnVCu、12MnPV及10PCuRe、16MnRe、10MnPNbRe等。

(4)通常，下列各类钢材选用对象也是设计选材的指导准则。

①碳素钢用于介质腐蚀性不强的常、低压容器，厚度不大的中压容器，锻件、承压钢管、非受压元件以及其他由刚性和结构因素决定厚度的场合。

②低合金高强度钢用于介质腐蚀性不强、厚度较大(≥8mm)的受压容器。

③珠光体耐热钢用做抗高温、氢或硫化氢腐蚀，或设计温度为350～650℃的压力容器用耐热钢。

④不锈钢用于介质腐蚀性较强(电化学腐蚀、化学腐蚀)及防铁离子污染时的耐腐蚀用钢及设计温度＞500℃或＜－100℃的耐热或低温用钢。

⑤不含稳定化元素且碳含量＞0.03％的奥氏体不锈钢，需经焊接或400℃以上热加工时，不应使用于可能引起不锈钢发生晶间腐蚀的环境。

(5)用做设备法兰、管法兰、管件、人(手)孔、液面计等化工设备标准零部件的钢材，应符合有关零部件的国家标准、行业标准对钢材的技术要求。

(6)钢板(除奥氏体型钢材外)根据最低使用温度下限板厚和使用状态进行冲击试验。低于－196～－253℃,由设计文件规定冲击试验要求。

各种钢材都有其一定的允许使用温度范围,设计时应根据由工艺条件和设备结构确定的设计温度选择材料,具体见表 5.1。

表 5.1　各种钢材的使用温度范围

钢材种类	使用温度范围/℃	钢材种类	使用温度范围/℃
非受压容器用碳素钢	—	碳钼钢及锰钼铌钢	～475
沸腾钢	0～250	铬钼低合金钢	～575
镇静钢	0～300	铁素体高合金钢	0～500
压力容器用碳素钢	－20～475	奥氏体高合金钢	－253～700
低合金钢	－40～475	铁素体－奥氏体高合金钢	－20～700
低温用钢	～－196		

注:"—"的含义:容器需受压,故非受压容器材料无须测试温度。

5.1.2　强度计算

5.1.2.1　厚度计算

(1)薄壁圆筒体

根据第三强度理论,对于受内压的薄壁圆筒体,有以下计算公式:

计算厚度
$$\delta=\frac{p_c D_i}{2[\sigma]^t\Phi-p_c} \tag{5.1}$$

名义厚度
$$\delta_n=\frac{p_c D_i}{2[\sigma]^t\Phi-P_c}+C_1+C_2+\text{圆整量} \tag{5.2}$$

有效厚度
$$\delta_e=\delta_n-C_1-C_2 \tag{5.3}$$

筒壁应力校核
$$\sigma^t=\frac{p_c(D_i+\delta_e)}{2\delta_e}\leqslant[\sigma]^t\Phi \tag{5.4}$$

最大允许工作压力
$$[p_w]=\frac{2[\sigma]^t\varphi\delta_e}{D_i+\delta_e} \tag{5.5}$$

上述各式中,各符号含义如下:p_c 为计算压力,MPa;D_i 为圆筒的内径,mm;$[\sigma]^t$ 为在设计温度下圆筒材料的许用应力,MPa;Φ 为焊接接头系数;C_i 为钢板厚度负偏差,mm;C_2 为腐蚀裕量,mm。

(2)球形容器

对于受内压的球形容器,有以下计算公式:

计算厚度
$$\delta=\frac{p_c D_i}{4[\sigma]^t\Phi-p_c} \tag{5.6}$$

名义厚度
$$\delta_n=\frac{p_c D_i}{4[\sigma]^t\Phi-p_c}+C_1+C_2+\text{圆整量} \tag{5.7}$$

有效厚度
$$\delta_e=\delta_n-C_1-C_2 \tag{5.8}$$

筒壁应力校核 $$\sigma^t=\frac{p_c(D_i+\delta_e)}{4\delta_e}\leqslant[\sigma]^t\Phi \quad (5.9)$$

最大允许工作压力 $$[p_w]=\frac{4[\sigma]^t\Phi\delta_e}{D_i+\delta_e} \quad (5.10)$$

(3)半球形封头

对于受内压的半球形封头，其厚度计算公式与球壳相同。

半球形封头厚度可较相同直径和压力的圆筒壳减薄一半。但在实际工作中，为了焊接方便以及降低边界处的边缘应力，半球形封头也常和筒体取相同的厚度。半球形封头多用于压力较高的容器。

(4)椭圆形封头

椭圆形封头由长短半轴分别为 a 和 b 的半椭球和高度为 h_0 的短圆筒(通常称为直边)两部分所组成。直边的作用是为了保证封头的制造质量和避免筒体与封头间的环向焊缝受边缘应力作用。

受内压(凹面受压)的椭圆形封头各公式如下：

计算厚度 $$\delta_h=\frac{Kp_cD_i}{2[\sigma]^t\Phi-0.5p_c} \quad (5.11)$$

最大允许工作压力 $$[p_w]=\frac{2[\sigma]^t\Phi\delta_{eh}}{KD_i+0.5\delta_{eh}} \quad (5.12)$$

上述各式中，各符号含义如下：K 为椭圆形封头的形状系数；δ_e 为封头的有效厚度，mm。

工程上将 $\frac{D_i}{2h_i}=2$，即 $\frac{a}{b}=2$ 的椭圆形封头称为标准椭圆形封头，此时形状系数 $K=1$，于是标准椭圆形封头的计算厚度公式可以写成：

$$\delta_h=\frac{p_cD_i}{2[\sigma]^t\Phi-0.5p_c} \quad (5.13)$$

表 5.2 标准椭圆形封头的直边高度(GB/T 25198—2010) (单位：mm)

直边高度	倾斜度	
	向外	向内
25	≤1.5	≤1.0
40	≤2.5	≤1.5

(5)碟形封头

碟形封头由三部分构成：以 R_i 为内半径的球面、以 r 为转角内半径的过渡圆弧和高度为 h_0 的直边。

受内压(凹面受压)的碟形封头各公式如下：

计算厚度 $$\delta_h=\frac{Mp_cR_i}{2[\sigma]^t\Phi-0.5p_c} \quad (5.14)$$

最大允许工作压力 $$[p_w]=\frac{2[\sigma]^t\Phi\delta_{eh}}{MR_i+0.5\delta_{eh}} \quad (5.15)$$

上述各式中，各符号含义如下：

M 碟型封头的形状系数。

当碟型封头的球面内半径 $R_i = 0.9D_i$，过渡圆弧内半径 $r = 0.17D_i$ 时，称为标准碟形封头。此时 $M = 1.325$，于是标准碟形封头的计算厚度公式可以写成如下形式：

计算厚度
$$\delta_h = \frac{Mp_cD_i}{2[\sigma]^t\Phi - 0.5p_c} \tag{5.16}$$

5.1.2.2　设计参数的确定

(1)压力

①工作压力 p_w：指在正常工作情况下，容器顶部可能达到的最高压力。

②设计压力 p：指设定的容器顶部的最高压力，它与相应的设计温度一起作为容器的基本设计载荷条件，其值不低于工作压力，具体如表 5.3 所示。

表 5.3　设计压力的取值方法

<table>
<tr><th colspan="3">类型</th><th>设计压力</th></tr>
<tr><td rowspan="3">内压容器</td><td colspan="2">无安全泄放装置</td><td>1.0～1.10 倍工作压力</td></tr>
<tr><td colspan="2">装有安全阀</td><td>不低于(等于或稍大于)安全阀开启压力(安全阀开启压力取 1.05～1.10 倍工作压力)</td></tr>
<tr><td colspan="2">装有爆破片</td><td>取爆破片设计爆破压力加制造范围上限</td></tr>
<tr><td rowspan="6">真空容器</td><td rowspan="2">无夹套真空容器</td><td>有安全泄放装置</td><td>设计外压力取 1.25 倍最大内外压力差或 0.1MPa 两者中的小值</td></tr>
<tr><td>无安全泄放装置</td><td>设计外压力取 0.1MPa</td></tr>
<tr><td rowspan="2">夹套内为内压的带夹套真空容器</td><td>容器(真空)</td><td>设计外压力按无夹套真空容器规定选取</td></tr>
<tr><td>夹套(内压)</td><td>设计内压力按内压容器固定选取</td></tr>
<tr><td rowspan="2">夹套内为真空的带夹套内压容器</td><td>容器(内压)</td><td>设计内压力按内压容器固定选取</td></tr>
<tr><td>夹套(真空)</td><td>设计外压力按无夹套真空容器规定选取</td></tr>
<tr><td colspan="3">外压容器</td><td>设计外压力取不小于在正常工作情况下可能产生的最大内外压力差</td></tr>
</table>

③计算压力 p_c：指在相应设计温度下，用以确定壳体各部位厚度的压力，包括液柱静压力等附加载荷。

(2)设计温度

设计温度是指容器在正常工作情况下，在相应的设计压力下，设定的元件的金属温度(沿元件金属截面厚度的温度平均值)。设计温度与设计压力一起作为设计载荷条件。标志在产品铭牌上的设计温度应是壳体金属设计温度的最高值或最低值。

设计温度虽不直接反映在上述计算公式中，但它是设计中选择材料和确定许用应力时不可缺少的一个基本参数。容器的壁温可由实测类设备获得，或由传热过程计算确定，当无法计算或实测壁温时，应按下列原则确定：

①容器器壁与介质直接接触且有外保温(保冷)时，设计温度应按表 5.4 中的Ⅰ或Ⅱ确定。

表 5.4　设计温度选取

介质工作温度 t/℃	设计温度	
	Ⅰ	Ⅱ
$t<-20$	介质最低工作温度	介质工作温度减去(0～10)
$-20\leqslant t\leqslant 15$	介质最低工作温度	介质工作温度减去(5～10)
$t>15$	介质最高工作温度	介质工作温度加上(15～30)

注：当最高(低)工作温度不明确时，按表中的Ⅱ确定。

②容器内介质用蒸气直接加热或被内置加热元件间接加热时，设计温度取最高工作温度。

③设计温度必须在材料允许的使用温度范围内，可从－196℃至钢材的蠕变范围。

材料的具体适用温度范围是：

①压力容器用碳素钢：－19～475℃；

②低合金钢：－40～475℃；

③低温用钢：至－70℃；

④碳锢钢及专孟锢铝钢：至 520℃；

⑤锦铝低合金钢：至 580℃；

⑥铁素体高合金钢：至 500℃；

⑦非受压容器用碳素钢：沸腾钢 0～250℃，镇静钢 0～350℃。

⑧奥氏体高合金钢：－196～700℃[低于－100℃使用时，需补做设计温度下焊接接头的夏比(V 形缺口)冲击试验]。

(3)许用应力和安全系数

许用应力的取值是强度计算的关键，是容器设计的一个主要参数。许用应力以材料的极限应力 σ^0 为基础，并选择合理的安全系数，即

$$[\sigma]^t=\frac{\text{极限应力}(\sigma^0)}{\text{安全系数}(n)}$$

①极限应力 σ^0 的取法。选用哪一个强度指标作为极限应力来确定许用应力，与部件的使用条件及失效准则有关，根据不同的情况，极限应力 σ^0 可以是 R_m、R_{eL}($R_{p0.2}$)、R_{eL}^t($R_{p0.2}^t$)、R_D^t 和 R_n^t。

②安全系数及其取法。安全系数的合理选择是设计中一个比较复杂和关键的问题，因为它与许多因素有关，其中包括：

a. 计算方法的准确性、可靠性和受力分析的精确程度；

b. 材料的质量、焊接检验等制造技术水平；

c. 容器的工作条件，如压力、温度和温压波动及容器在生产中的重要性和危险性等。

安全系数是一个不断发展变化的参数。按照科学技术发展的总趋势，安全系数将逐渐变小。

应该指出的是，关于材料的许用应力，有关技术部门已根据上述原则将其计算出来，设计者可以根据所选用材料的种类、牌号、尺寸规格及设计温度直接查取。

(4)焊接接头系数

焊接接头系数是指对接焊接接头强度与母材强度之比值,用以反映由于焊接材料、焊接缺陷和焊接残余应力等因素使焊接接头强度被削弱的程度,是焊接接头力学性能的综合反映。

我国的压力容器标准中的焊接接头系数仅根据压力容器的A、B类对接接头的焊接结构特点(单面焊、双面焊,有或无垫板)及无损检测的长度比例确定(见表5.5),与其他类别的焊接接头无关。

表5.5 焊接接头系数

焊接接头结构	示意图	焊接接头系数 Φ	
		100%无损检测	局部无损检测
双面焊对接接头和相当于双面焊的全焊透对接接头		1.0	0.85
单面焊对接接头(沿焊缝根部全长有紧贴基本金属的垫板)		0.90	0.80

压力容器的焊接必须由持有压力容器安全技术监察部门颁发的相应类别焊工合格证的焊工担任。压力容器无损检测亦必须由持有压力容器安全技术监察部门颁发的相应检测方法无损检测人员资格证书的人员担任。

(5)厚度附加量

压力容器在制造、使用过程中都会有厚度的减薄,为了保证容器在整个使用过程中保有必需的设计厚度,从而确保其设计寿命内的安全,因此在设计中应考虑厚度附加量。厚度附加量 C 包括材料厚度负偏差 C_1、介质的腐蚀裕量 C_2 和加工裕量 C_3,即

$$C=C_1+C_2+C_3$$

①材料厚度负偏差 C_1。板材或管材的厚度负偏差按相应材料标准的规定选取(见表5.6)。

表5.6 部分板材标准厚度负偏差

钢板标准	钢板厚度	偏差 C_1	说明
GB 713—2008	全部厚度	−0.3	钢板厚度负偏差按GB/T 709的B类偏差
GB 3531—2008	全部厚度	−0.3	钢板厚度负偏差按GB/T 709的B类偏差
GB 4511—2009	全部厚度	−0.3 −0.3~−0.22 −0.17~−0.08	热轧厚板 热轧钢板钢带 GB 24511—2009 表3 冷轧钢板钢带 GB 24511—2009 表4

②介质的腐蚀裕量 C_2。为防止容器元件在运行过程中由于腐蚀、机械磨损、冲蚀而导致厚度减薄,设计时应根据具体运行情况,对与工作介质接触的筒体、封头、接管、人孔、手孔

等部件考虑腐蚀裕量。腐蚀裕量的选取原则如下：

a. 对有腐蚀、磨损或冲蚀的元件，应根据预期的容器寿命和介质对金属材料的腐蚀速率确定腐蚀裕量；

b. 容器各元件受到的腐蚀程度不同时，可采取不同的腐蚀裕量；

c. 介质为压缩空气、水蒸气或水的碳素钢或低合金钢制容器，腐蚀裕量不小于 1mm。

具体要求见表 5.7 和 5.8。

表 5.7　筒体、封头的腐蚀裕量

腐蚀程度	腐蚀速度/(mm/a)	腐蚀裕量/mm	腐蚀程度	腐蚀速度/(mm/a)	腐蚀裕量/mm
不腐蚀	<0.05	0	腐蚀	0.13～0.25	≥2
轻微腐蚀	0.05～0.13	≥1	严重腐蚀	>0.25	≥3

注：表中腐蚀速度为均匀、单面腐蚀。最大腐蚀裕量不大于 6mm，否则应采取防腐蚀措施。

表 5.8　容器内件的单面腐蚀裕量

内件		腐蚀裕量
结构形式	受力状态	
不可拆卸或无法从人孔取出者	受力 不受力	取壳体腐蚀裕量 取壳体腐蚀裕量的 1/2
可拆卸并可从人孔取出者	受力 不受力	取壳体腐蚀裕量的 1/4 0

③加工裕量。加工裕量又称加工减薄量，1989 年以前设计依据《钢制石油化工压力容器设计规定》规定：在厚度附加量中计入加工裕量，并由设计者根据容器的不同冷热加工成型状况选取加工裕量；GB 150 1989《钢制压力容器》规定：设计者在图纸上注明的厚度不包括加工裕量，加工裕量由制造单位依据各自的加工工艺和加工能力自行确定，只要保证产品的实际厚度不小于名义厚度减去钢板的厚度负偏差即可。

GB 150—1998《钢制压力容器》进一步规定：对冷卷圆筒，投料的钢板厚度不得小于名义厚度减去钢板的厚度负偏差；对凸形封头和热卷筒节成形后的厚度不小于该部件的名义厚度减去钢板的厚度负偏差。

GB 150—2011《压力容器》依然把加工裕量的确定交给制造厂处理，即由制造厂根据图样中名义厚度和最小成形厚度以及制造工艺自行决定加工裕量，同时也考虑到如果设计者根据设计经验和制造的实际经验，已经在设计中考虑了加工减薄量的需要，则应在图样中予以说明。

5.1.2.3　最小厚度

在容器设计中，对于计算压力很低的容器，按强度计算公式计算出的厚度很小，不能满足制造、运输和安装时的刚度要求。因此，对容器规定一最小厚度。

最小厚度是指壳体加工成型后不包括腐蚀裕量的最小厚度。GB 150.1—2011《压力容器第 1 部分：通用要求》中对容器最小厚度的规定是：对碳素钢、低合金钢制容器，不少于

3mm；对高合金钢制容器，一般应不小于 2mm。

换热器的圆筒壳体、封头和管箱圆筒短节的厚度计算按 GB 150《压力容器》相关要求进行，但壳体的最小厚度按 GB 151《管壳式换热器》规定，不得小于表 5.9 和表 5.10 规定值。

表 5.9　碳素钢或低合金钢圆筒的最小厚度

公称直径	400～≤700	>700～≤1000	>1000～≤1500	>1500～≤2000	>2000～≤2600
浮头式，U 形管式	8	10	12	14	16
固定管板式	6	8	10	12	15

表 5.10　高合金钢圆筒的最小厚度

公称直径	400～≤500	>700～≤1000	>1000～≤1500	>1500～≤2000	>2000～≤2600
浮头式，U 形管式	8	10	12	14	16
固定管板式	6	8	10	12	15

5.1.2.4　试验校核

内压容器进行液压试验的试验压力

$$p_T = 1.25p\frac{[\sigma]}{[\sigma]^t} \tag{5.17}$$

内压容器进行气压试验或气液组合试验的试验压力

$$p_T = 1.1p\frac{[\sigma]}{[\sigma]^t} \tag{5.18}$$

外压容器进行液压试验的试验压力

$$p_T = 1.25p \tag{5.19}$$

外压容器进行气压试验或气液组合试验的试验压力

$$p_T = 1.1p \tag{5.20}$$

液压试验的应力校核

$$\sigma_T = \frac{p_T(D_i + \delta_e)}{2\delta_e} \leqslant 0.9\Phi R_{eL} \tag{5.21}$$

气压试验或气液组合试验的应力校核

$$\sigma_T = \frac{p_T(D_i + \delta_e)}{2\delta_e} \leqslant 0.8\Phi R_{eL} \tag{5.22}$$

式中，p 为设计压力，MPa；$[\sigma]$为容器元件材料在试验温度下的许用应力，MPa；$[\sigma]^t$ 为容器元件材料在设计温度下的许用应力，MPa；σ_T 为圆筒壁在试验压力下的计算应力，MPa；R_{eL} 为壳体材料在试验温度下的屈服强度(或 $R_{p0.2}$)，MPa。

5.1.3　管板强度计算

管板与管子、壳体、管箱、法兰等连接在一起，构成复杂的弹性体系，因此管板的受力受到许多因素的影响,精确的强度计算比较困难。寻求先进合理的管板计算方法一直以来是各国相关行业和组织共同努力的目标,并且开展了大量的卓有成效的研究工作,修改和完善了相关的法规和标准。

目前,各国的管板计算方法本质上都是以弹性板壳理论为基础的分析设计方法,取代了曾广泛应用的、在力学模型上做了过分简化的美国 TEMA 方法,各国设计规范都不同程度地考虑了以下各种因素:

(1)把实际管板简化为受到管孔削弱,同时又被管子加强的等效弹性基础上的均质等效圆平板。

(2)管板周边部分较窄的非布管区按其面积简化为圆环形实心板。

(3)管板边缘可有各种不同形式的连接结构,按管板边缘实际弹性约束条件计算。

(4)考虑法兰力矩对管板的作用。

(5)考虑管子与壳程圆筒的热膨胀差所引起的温差应力。

(6)仔细地计算带管子的多孔板折算为等效实心板的各种等效弹性常数和强度参数。

我国标准 GB 151—1999《管壳式换热器》在规则设计可能的范围内,对上述诸因素做了尽可能多的考虑,与国际同类先进标准相一致,其体的计算方法详见该标准。

为了避免繁复的计算,节省设计时间,应用计算机对常用条件下的管板强度进行计算,将管板厚度计算结果列表,设计时根据条件直接查取。表 5.11 为按 GB 151 标准计算的管板厚度,表中结果计算条件为:

(1)延长部分兼作法兰的固定式管板;

(2)换热管材料 10 号钢;

(4)管板材料 16Mn(锻);

(5)设计温度为 200℃;

(6)换热管与管板采用胀接连接。对 PN=6.4MPa 以及带星号"*"者,采用焊接。

表 5.11 管板厚度

序号	公称压力 PN/MPa	壳体内径 D_i×壁厚 δ /(mm×mm)	换热管数目 n	管板厚度 b/mm			
				Δt=±50℃		Δt=±10℃	
				计算值	设计值	计算值	设计值
1	1.0	400×8	96	33.8	40.0	25.3	32.0
2		450×8	137	34.9	40.0	26.5	32.0
3		500×8	172	35.1	40.0	27.4	32.0
4		600×8	247	35.7	40.0	27.4	32.0
5		700×8	355	36.4	42.0	30.6	36.0
6		800×8	469	44.1	50.0	35.4	40.0
7		900×8	605	44.3	50.0	37.2	42.0
8		1000×8	749	44.9	50.0	38.7	44.0

续表

序号	公称压力 PN/MPa	壳体内径 D_i× 壁厚 δ /(mm×mm)	换热管数目 n	管板厚度 b/mm			
				$\Delta t=\pm 50$℃		$\Delta t=\pm 10$℃	
				计算值	设计值	计算值	设计值
9	1.0	1100×12	931	50.7	56.0	43.0	48.0
10		1200×12	1117	51.5	56.0	44.3	50.0
11		1300×12	1301	52.3	58.0	45.7	52.0
12		1400×12	1547	52.9	58.0	46.9	52.0
13		1500×12	1755	53.6	60.0	48.1	54.0
14		1600×14	2023	61.7	68.0	53.2	58.0
15		1700×14	2245	62.4	68.0	54.5	60.0
16		1800×14	2559	62.9	68.0	55.6	62.0
17		1900×14	2833	60.5	66.0	55.5	62.0
18		2000×14	3185	61.5	66.0	56.5	62.0
19	1.6	400×8	96	36.5	42.0	33.0	40.0
20		450×8	137	37.6	44.0	34.0	40.0
21		500×8	172	38.7	46.0	35.4	42.0
22		600×8	247	40.1	46.0	36.7	44.0
23		700×10	355	46.4	52.0	41.1	48.0
24		800×10	469	47.4	54.0	43.7	50.0
25		900×10	605	48.2	54.0	45.3	52.0
26		1000×10	749	48.9	56.0	46.8	54.0
27		1100×12	931	56.6	64.0	53.0	60.0
28		1200×12	1117	57.4	64.0	54.6	62.0
29		1300×14	1301	65.3	72.0	60.1	66.0
30		1400×14	1547	6.1	72.0	61.7	68.0
31		1500×14	1755	63.9	70.0	61.8	68.0
32		1600×14	2023	64.7	72.0	63.2	70.0
33		1700×14	2245	65.6	72.0*	64.3	70.0
34		1800×14	2559	66.3	72.0*	65.4	72.0
35		1900×14	2833	66.7	74.0*	66.6	74.0
36		2000×14	3185	67.9	74.0*	67.9	74.0
37	2.5	400×8	96	39.4	46.0	38.8	46.0
38		450×8	137	40.8	48.0	39.1	46.0

续表

序号	公称压力 PN/MPa	壳体内径 D_i×壁厚 δ /(mm×mm)	换热管数目 n	管板厚度 b/mm			
				$\Delta t=\pm 50$℃		$\Delta t=\pm 10$℃	
				计算值	设计值	计算值	设计值
39	2.5	500×8	172	41.8	48.0	40.7	48.0
40		600×10	247	49.4	56.0	46.4	52.0
41		700×10	355	50.6	58.0	47.9	54.0
42		800×10	469	52.5	58.0	50.3	56.0
43		900×12	605	57.9	64.0	55.9	62.0
44		1000×12	749	59.7	66.0	57.6	64.0
45		1100×14	931	66.4	72.0	64.4	70.0
46		1200×14	1117	67.9	74.0*	65.5	72.0
47		1300×14	1301	69.8	76.0*	69.8	76.0
48		1400×16	1547	76.3	82.0*	76.3	82.0
49		1500×16	1755	77.7	84.0*	77.7	84.0
50		1600×18	2023	79.4	86.0*	79.4	86.0
51		1700×18	2245	84.9	92.0*	84.9	92.0
52		1800×20	2559	86.3	92.0*	86.3	92.0
53	4.0	400×10	96	50.2	56.0	50.2	56.0
54		450×10	137	52.6	60.0	52.6	60.0
55		500×12	172	57.9	66.0	57.9	66.0
56		600×14	247	66.4	74.0	66.4	74.0
57		700×14	355	70.5	76.0	70.5	76.0
58		800×14	469	74.0	80.0	74.1	80.0
59		900×16	605	81.1	88.0*	81.1	88.0
60		1000×18	749	88.4	96.0*	88.4	96.0
61		1100×18	931	90.9	98.0*	90.9	98.0
62		1200×20	1117	97.7	104.0*	97.7	104.0
63	6.4	400×14	96	71.2	84.0	71.2	84.0
64		450×16	137	77.9	92.0	77.9	92.0
65		500×16	172	83.5	96.0	83.5	96.0
66		600×20	247	98.8	112.0	98.8	112.0
67		700×22	355	111.9	124.0	111.9	124.0
68		800×22	496	117.5	130.0	117.5	130.0

5.2 结构设计

5.2.1 管板

管板的结构比较复杂，一台列管式换热器无论从设计的复杂程度，制造的成本，还是使用的可靠性方面来说都与管板的设计有关。在管板设计中主要是选定合适的结构形式后，进行结构尺寸和强度尺寸确定。

5.2.1.1 固定管板兼作法兰的尺寸确定

这种形式的管板主要是用在固定管板式换热器上，如图 5.1 所示，其结构尺寸的确定，先确定壳体内径，再依据设计压力、壳体内径来选择或设计法兰，然后根据法兰的结构尺寸确定管板的最大外径、密封面位置、宽度、螺栓直径、位置、个数等；也可直接查表得到有关尺寸（见附录二），再与对应的标准设备法兰有关尺寸相一致。

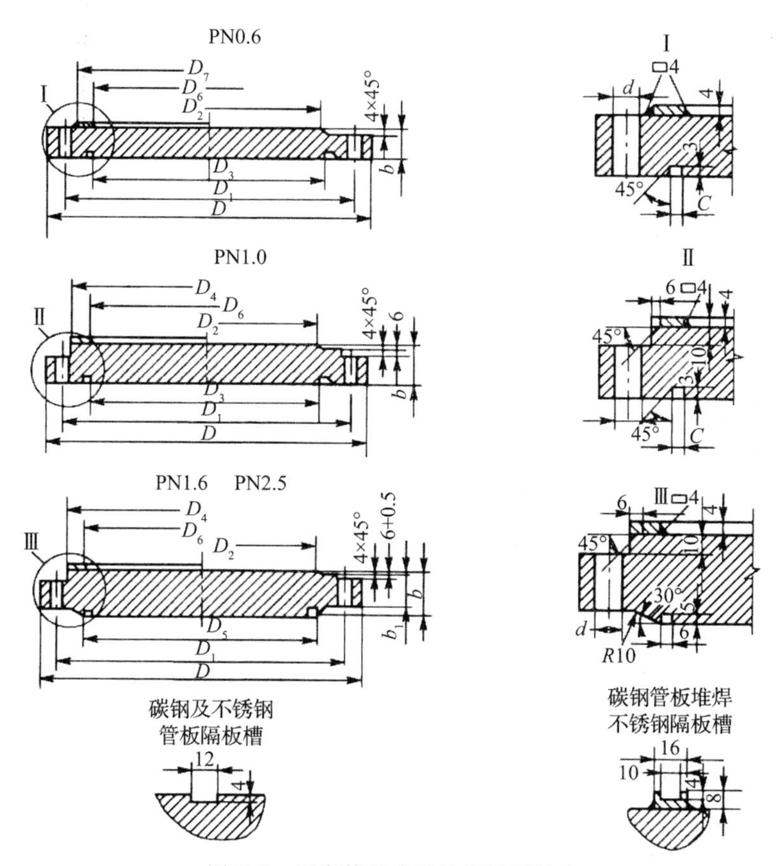

图 5.1 固定管板式换热器管板尺寸

布管限定圆直径 $D_L = D_i - 2b_3$，$b_3 = 0.25d$，且不小于 8mm，d 为换热管外径，如图 5.2 所示。

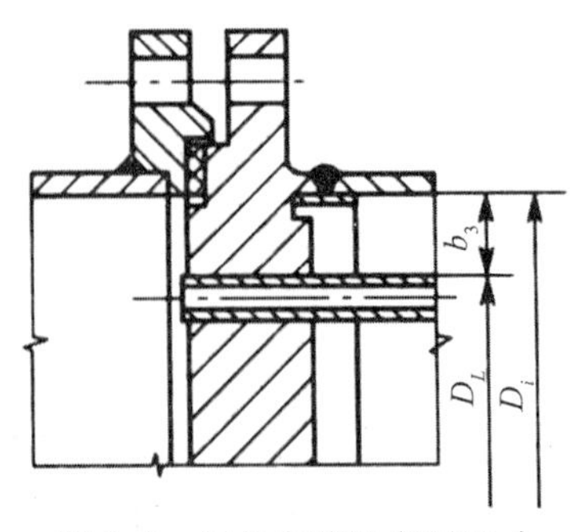

图 5.2 管板布管限定圆尺寸

5.2.1.2 管板孔直径和允差

表 5.12 为换热管直径和管板孔直径的允许偏差。

表 5.12 换热管和管板孔直径允许偏差

换热管	外径/mm		10	14	19	25	32	38	45	57
	允许偏差/mm	Ⅰ级	±0.15		±0.20		±0.30		±0.45	
		Ⅱ级	±0.20		±0.40		±0.45		±0.57	
管板	管孔直径/mm	Ⅰ级	10.20	14.25	19.25	25.25	32.35	38.40	45.40	57.55
		Ⅱ级	10.30	14.40	19.40	25.40	32.50	38.50	45.50	57.70
	允许偏差/mm	Ⅰ级	$^{+0.15}_{0}$				$^{+0.20}_{0}$		$^{+0.25}_{0}$	
		Ⅱ级	$^{+0.15}_{0}$		$^{+0.20}_{0}$		$^{+0.30}_{0}$		$^{+0.40}_{0}$	

5.2.2 折流板

管壳式换热器中几种常用的折流板形式如图 5.3 所示。弓形折流板引导流体垂直流过管束，流经缺口处顺流经过管子后进入下一板间，改变方向，流动中死区较少，能提供高度的湍动和良好的传热，一般标准换热器中只采用这种形式，盘环形折流板制造不方便，流体在

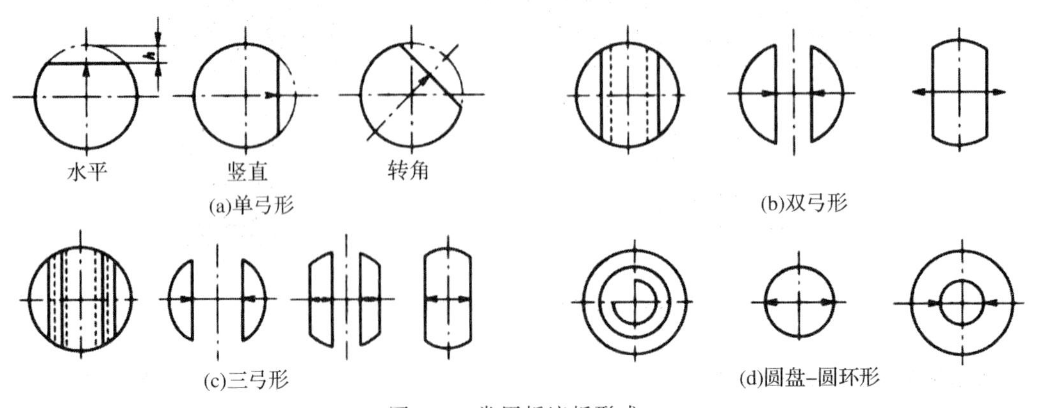

图 5.3 常用折流板形式

管束中为轴向流动，效率较低，而且要求介质必须是清洁的，否则沉淀物将会沉积在圆环后面，使传热面积失效，此外，如有惰性气体或溶解气体放出时，不能有效地从圆环上部排出，所以一般用于压力比较高而又清洁的介质。

5.2.2.1　弓形折流板的主要几何参数

弓形折流板的两个主要几何参数是缺口尺寸 h 和折流板间距 B，缺口尺寸 h 用切去的弓形弦高占壳体内直径的百分数来确定，经验证明，缺口弦高 h 值为 20%最为适宜，在相同的压力降下，能提供最好的传热性能。大于 25%的缺口容易形成污垢，而采用 40%～45%的缺口则从未达到过设计的传热性能。

折流板间距 B 的选取最好使壳体直径处的管间流动面积与折流板切口处的有效流动面积近似相等，这样可以减少介质在通过缺口前后由于流通面积的扩大与收缩而引起的局部压力损失。一般情况下，折流板最小间距不小于壳体内径 D_i 的 1/5，最大间距不大于 D_i，对于 20%缺口的弓形折流板，适宜的折流板间距 B 为 $D_i/3$。

在上述原则下确定的尺寸和 B 并不是绝对的，还应考虑制造，安装及实际情况进行圆整和调节，以适于工程上的需要。

(1)缺口弦高 h 按 $20\%D_i$(或 $25\%D_i$)确定后，还应考虑折流板制造中可能产生的管孔变形而影响换热管的穿入，故应将该尺寸调整到使被切除管孔保留到小于 1/2 孔位，如图 5.4 中，(a)(b)不合理，(c)为合理。

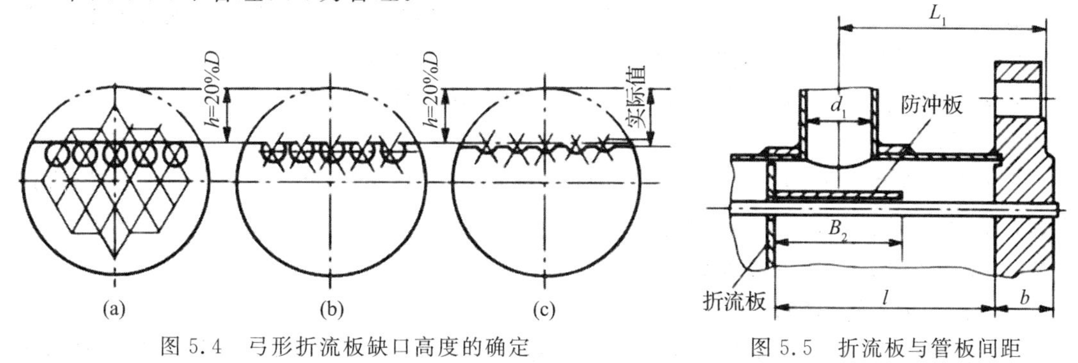

图 5.4　弓形折流板缺口高度的确定

图 5.5　折流板与管板间距

(2)折流板间距 B 按 $B=(1/5\sim1)D_i$ 确定后，从最小 50mm 起按 50mm，100mm，200mm，300mm，450mm，600mm 圆整。

(3)由工艺条件决定管内流体给热系数 α_i 很小而管外 α_o 又很大时，这时就没有必要通过减小间距 B 来提高壳程的给热系数 α_o，因为 B 降低一半，α_o 可增加 44%，壳程阻力降 Δp 则增加 4 倍。

(4)折流板的布置一般应使靠近管板的第一块或最后一块折流板尽可能靠近壳程进、出口接管，而总的管板内侧距离减掉第一块和最后一块折流板与管板的距离后剩余的空间，按以上原则确定的 B 值等距离布置，靠近管板的折流板与管板间的距离如图 5.5 所示，其最小尺寸可按下式计算

$$l=\left(L_1+\frac{B_2}{2}\right)-(b-4)+(20\sim100)\text{mm}$$

式中，L_1 为壳程接管位置最小尺寸；B_2 为防冲板长度，无防冲板时，可取 $B_2=d_i$(接管内径)。

5.2.2.2　弓形折流板排列方式确定

卧式换热器设置弓形折流板时，以弓形缺口位置分为以下几种（见图5.6）。

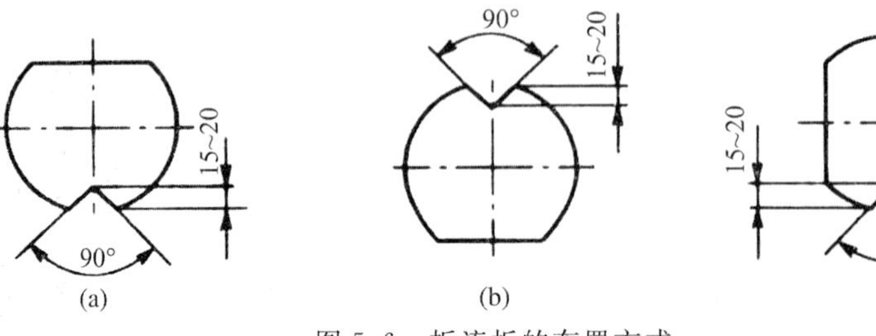

图5.6　折流板的布置方式

（1）水平缺口（缺口上下布置）

水平缺口用得最普遍，这种排列可造成流体激烈扰动，增大传热系数，一般用于全液相且流体是清洁的，否则沉淀物会在每一块折流板底部集聚使下部传热面积失效。液体中有少量气或汽时，应在上折流板上方开小孔或缺口排气，但在上方开口排气或在下方开口泄液措施会造成流体的旁通泄漏，应尽量避免采用。

（2）垂直缺口（缺口左右布置）

这种形式一般用于带悬浮物或结垢严重的流体，也宜用于两相流体。最低处应留排液孔。在卧式冷凝器、再沸器、蒸发器和换热器中，壳程中的不凝蒸气和惰性气体沿壳内顶部流动或逸出，避免了蒸汽或不凝性气体在壳体上部集聚或停滞。

（3）倾斜缺口

对正方直列的管束，采用与水平面成45°的倾斜缺口折流板，可使流体横过正方形错列管束流动，有利于传热，但不适宜于脏污流体。

（4）双弓形缺口与双弓形板交替

一般在壳侧容许压降很小时才考虑采用。

在大型换热器中，折流板缺口部分常不装管子，尽管布管不紧凑，但可保证全面的横向流动，且每根管子都有众多的折流板支撑，对防止振动和弯曲是有利的。

5.2.2.3　折流板与壳体间隙

折流板壳体的间隙依据制造安装条件，在保证顺利的装入前提下，越小越好，以减少壳程中旁路损失，一般浮头式和U形管式换热器由于经常拆装管束，间隙可允许比固定管板式大1mm，折流板的最小外圆直径和下偏差见表5.13。

表5.13　折流板外直径

壳体公称直径DN/mm	<400	400~<500	500~<900	900~<1300	1300~<1700	1700~<2000	2000~<2300	2300~<2600
折流板名义外直径/mm	DN-2.5	DN-3.5	DN-4.5	DN-6	DN-8	DN-10	DN-12	DN-14
折流板外径允许偏差/mm	0 −0.5		0 0.8		0 −1.2		0 −1.4	0 −1.6

5.2.2.4 折流板厚度

折流板厚度与壳体直径和换热管无支撑跨距有关，其数值不得小于表5.14的规定。

表5.14 折流板的最小厚度

壳体公称直径DN	换热管无支撑跨距/mm					
	≤300	>300～600	>600～900	>900～1200	>1200～15000	>1500
	最小厚度					
<400	3	4	5	8	10	10
400～≤700	4	5	6	10	10	12
>700～≤900	5	6	8	10	12	16
>900～≤1500	6	8	10	12	16	16
>1500～≤2000	—	10	12	16	20	20
>2000～≤2600	—	12	14	18	20	22

5.2.2.5 折流板的管孔

(1)折流板的管孔直径和公差

按GB151规定，对于Ⅰ级管束(采用较高级、高级冷拔钢管做换热管)，管孔直径及允差按表5.15规定(适用于碳素钢、低合金钢和不锈钢换热管)。对于Ⅱ级管束(采用普通级冷拔钢管)，管孔直径及允差按表5.16规定(适用于碳素钢、低合金钢)。

表5.15 Ⅰ级管束折流板管孔尺寸及允许偏差

换热管外径 d 或无支撑跨距 l/mm	$d>32$ 或 $l\leqslant900$	$l>900$ 且 $d\leqslant32$
折流板管孔直径/mm	$d+0.7$	$d+0.4$
管孔直径允许偏差/mm	$^{+0.30}_{0}$	

表5.16 Ⅱ级管束折流板管孔尺寸及允许偏差

换热管外径 d/mm	14	16	19	25	32	38	45	57
折流板管孔直径/mm	14.6	16.6	19.6	25.8	32.8	38.8	45.8	58.0
管孔直径允许偏差/mm	$^{+0.4}_{0}$				$^{+0.45}_{0}$		$^{+0.50}_{0}$	

(2)管孔中心距折流板上管孔中心距(包括分程隔板处的管孔中心距)公差为相邻两孔±0.30mm，任意两孔±1.00mm。

(3)管孔加工

折流板上管孔加工后两端必须倒角0.5×45°。

5.2.2.6 支撑板

当换热器壳程介质有相变化时，无须设置折流板，当换热管无支撑跨距超过表5.17规定时，应设置支撑板，用来支撑换热管，以防止换热管产生过大的挠度或诱导振动，支撑板的形状和尺寸均按折流板一样来处理。浮头式换热器浮头端须设置加厚环板的支撑板。

表 5.17 换热管的最大无支撑跨距

换热管外径 d/mm		10	12	14	16	19	25	32	38	45	57
最大无支撑跨距	钢管	—	—	1100	1300	1500	1850	2200	2500	2750	3200
	有色金属管	750	850	950	1100	1300	1600	1900	2200	2400	2800

5.2.3 拉杆、定距管

5.2.3.1 拉杆的结构形式

折流板与支持板一般均采用拉杆与定距管等元件与管板固定，其固定形式有以下几种。

(1)拉杆定距管结构

拉杆一端用螺纹拧入管板，每两块折流板的间距用定距管固定，最后一块折流板用两个螺母锁紧固定，是最常用的形式[见图 5.7(b)]。还可采用最后一块折流板与拉杆焊接[见图 5.7(d)]，适用于换热管外径≥19mm 的管束。

(2)拉杆与折流板点焊结构

拉杆一端用螺纹拧入管板[见图 5.7(a)]，或者插入管板并与管板焊接[见图 5.7(c)]，每块折流板与拉杆焊接固定。适用于换热管外径≤14mm 的管束。

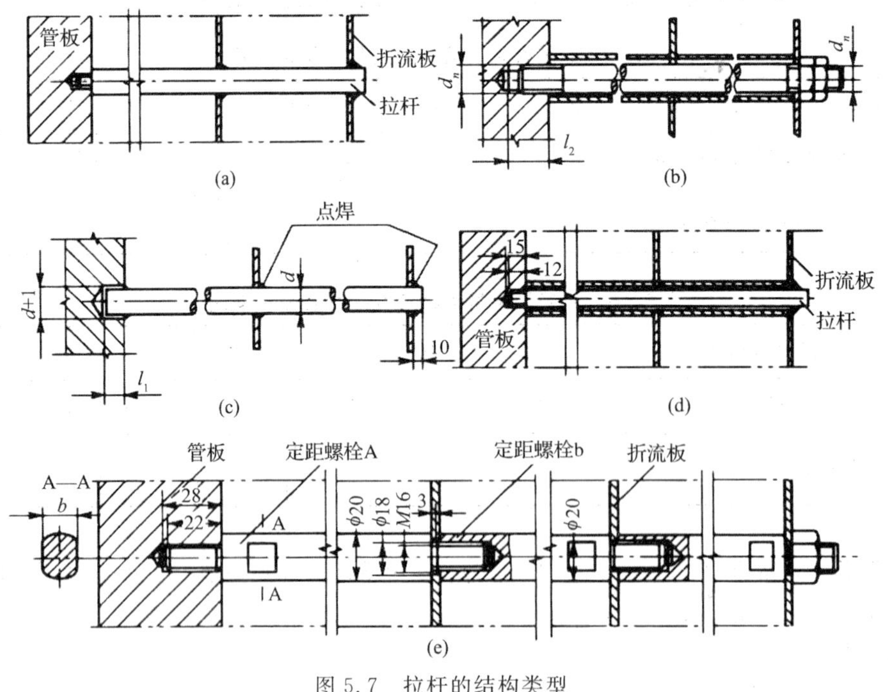

图 5.7 拉杆的结构类型

(3)定距螺栓拉杆

定距螺栓拉杆是靠一节节定距螺栓将折流板夹持而达定距及固定折流板的目的。定距螺栓分 A、B 两种形式[见图 5.7(e)],A 型是与管板连接的定距螺栓,其两端均为螺栓;B 型是两折流板之间采用的,其一端是螺栓,另一端为螺母,该结构安装简单方便,间距正确。换热器直径≤1000mm 时,每台换热器可只用两根拉杆固定。

5.2.3.2　拉杆直径、数量和尺寸

(1)拉杆直径和数量

按表 5.18 和表 5.19 选取,拉杆的直径和数量可以变动,但其直径不得小于 10mm,数量不少于 4 根。

表 5.18　拉杆直径

换热管外径/mm	$10\leqslant d\leqslant 14$	$14<d<25$	$25\leqslant d\leqslant 57$
拉杆直径/mm	10	12	16

表 5.19　拉杆数量

拉杆直径/mm	公称直径 DN/mm								
	<400	≥400 <700	≥700 <900	≥900 <1300	≥1300 <1500	≥1500 <1800	≥1800 <2000	≥2000 <2300	≥2300 <2600
10	4	6	10	12	16	18	24	28	32
12	4	4	8	10	12	14	18	20	24
16	4	4	6	6	8	10	12	14	16

(2)拉杆尺寸

按图 5.8 和表 5.20 确定拉杆尺寸,拉杆的长度 L 按需要确定。

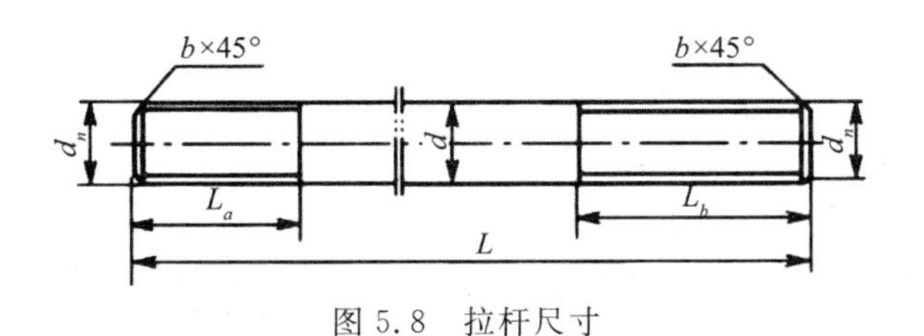

图 5.8　拉杆尺寸

表 5.20　拉杆尺寸

拉杆直径 d/mm	拉杆螺纹公称 直径 d_n/mm	L_a/mm	L_b/mm	b/mm	管板上拉杆 孔深 L_d/mm
10	10	13	≥40	1.5	16
12	12	15	≥50	2.0	18
16	16	20	≥60	2.0	20

5.2.3.3　拉杆的布置

拉杆应尽量均匀布置在管束的外边缘。拉杆位置占据换热管的位置,对于大直径换热器，在布管区的中心部位或靠近折流板缺口处也应布置适当数量的拉杆。

5.2.4 分程隔板

在换热器中，不论是管外还是管内的流体，要提高它们的给热系数，通常采用设置隔板增加程数以提高流体流速实现其目的。习惯上将设置在管程的隔板称为分程隔板，设置在壳程的隔板称为纵向隔板。

5.2.4.1 管程分程隔板

管程分程隔板是用来将管内流体分程，"一个管程"意味着流体在管内走一次，分程隔板装置在管箱内，根据程数的不同有不同的组合方法，但都应遵循如下规则：尽量使各管程的换热管数大致相等；隔板形状简单，密封长度要短；程与程之间温度差不宜过大，温差不超过28℃为宜，为使制造、维修和操作方便，一般采用偶数管程。

(1)分程隔板结构

分程隔板应采用与封头、管箱短节相同材料，除密封面(为可拆而设置)外，应满焊于管箱上(包括四管程以上浮头式换热器的浮头盖隔板)。在设计时要求管箱隔板的密封面与管箱法兰密封面、管板密封面与分程槽面必须处于同一基面，如图 5.9 所示，其中图(a)、图(b)为一般常用的结构形式；图(c)、图(e)是用于换热器的管程与壳程分别采用不锈钢与碳钢时的结构处理方式；图(d)为具有隔热空间的双层隔板，可以防止两管程流体之间经隔板相互传热。为了保证隔板与管箱法兰的密封面处于同一基准面，在制造上常将管箱法兰加工成半成品(密封面暂不加工)，待管箱短节、封头、分程隔板与法兰焊接后经检验合格以后，再进行二次加工，以保证法兰密封面与隔板密封面处于同一基准。在管板上的分程隔板槽深度一般不少于 4mm，槽宽为：碳钢 12mm，不锈钢 11mm，槽的拐角处的倒角 45°，侧角宽度为分程垫片圆角半径 R 加 1～2mm。

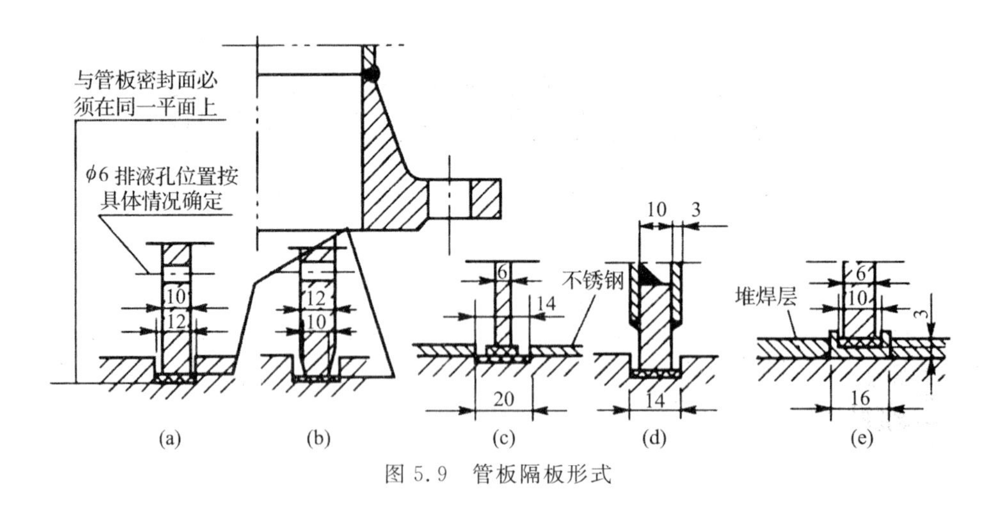

图 5.9 管板隔板形式

(2)分程隔板厚度及有关尺寸

分程隔板的最小厚度不得小于表 5.21 的数值，当承受脉动流体或隔板两侧压差很大时，隔板的厚度应适当增厚，当厚度大于 10mm 的分程隔板，则按图 5.9(b)所示，在距端部 15mm 处开始削成楔形，使端部保持 10mm。

当管程介质为易燃、易爆、有毒及腐蚀等情况下，为了停车、检修时排净残留介质，应在处于水平位置的分程隔板上开设直径为6mm的排净液孔，如图5.9(a)(b)所示。

表5.21　分程隔板的最小厚度

公称直径DN/mm	隔板最小厚度/mm	
	碳素钢及低合金钢	高合金钢
≤600	8	6
>600，≤1200	10	8
>1200	14	10

5.2.4.2　壳程纵向隔板

当壳侧介质流量较小的情况下，在壳程内安装一平行于换热管的纵向隔板，如图5.10所示。

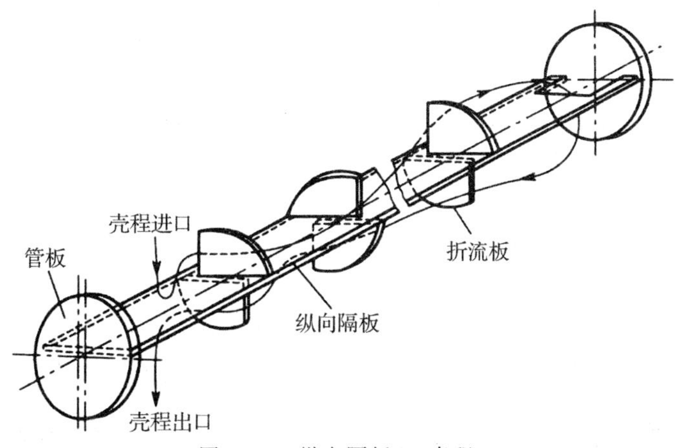

图5.10　纵向隔板(双壳程)

在换热器的壳程加隔板提高壳程给热系数，但带来了阻力降的增大，更主要的是制造上难度比较大，因此只有在壳侧给热系数远小于管侧，壳侧流量太小且采用了最小的折流板间距仍不能改善上述状况时，以及壳侧可利用的压降很大，且壳径较大又能容易地焊接纵向隔板时，才考虑采用纵向隔板。一般只能考虑设一块使壳程变为两程，若需要设更多块才能解决问题时，只能考虑采用多台换热器串联了。

5.2.5　法兰及垫片

5.2.5.1　法兰

换热器上使用的法兰主要有两类：

(1)压力容器法兰

压力容器法兰也称设备法兰，用于设备壳体之间或壳体与管板之间的连接。选用标准依据国家能源局2012年发布的最新标准，NB/T 47021《甲型平焊法兰》；NB/T 47022《乙型平焊法兰》；NB/T 47023《长颈对焊法兰》。

(2)管法兰

管法兰用于设备接管与管道的连接。管法兰的选用标准有 HG 20592～20614《钢制管法兰、垫片、紧固件》(欧洲体系)、HG 20615～20635《钢制管法兰、垫片、紧固件》(美洲体系)、GB/T 9112～9125《钢制管法兰》。

5.2.5.2 垫片

(1)垫片结构

换热器中使用的垫片用于设备法兰与管板、分程隔板与管板之间的密封。根据管程数的不同,垫片的结构形式也不同,并有不同的组合方式(见表 5.22)。

表 5.22 垫片组合形式

管程数	Ⅰ		Ⅱ		Ⅳ		Ⅵ	
管箱位置	前	后	前	后	前	后	前	后
垫片形式	(a)	(a)	(b)	(a)	(c)(d)	(b)(b)	(e)	(f)

(2)垫片尺寸

垫片的外径 D 和内径 d,按相应垫片标准选取。也可按与之相配的法兰密封面的形式和尺寸定取,由公称直径 DN 确定垫片的内径 d,再参考法兰垫片宽度求得垫片外径 D。

垫片隔板槽部分的宽度,管程材料为碳钢、低合金钢时,取 10mm;管程材料为不锈钢时,取 9mm。

垫片圆角尺寸,取 R=8mm,垫片圆角是为了保证垫片有足够的强度。

垫片尺寸 e_1、e_2,见图 5.11,其值列于表 5.23,也可根据排管图计算。

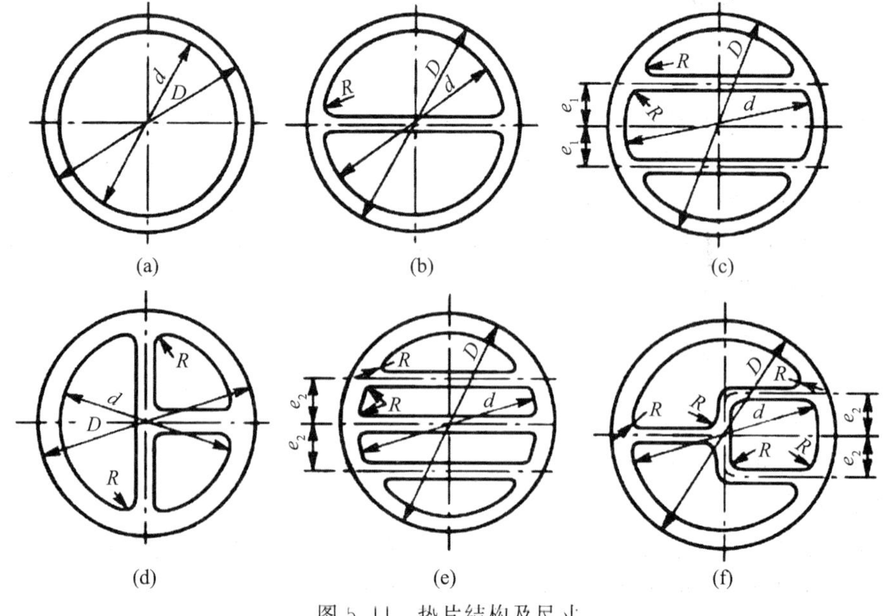

图 5.11 垫片结构及尺寸

表 5.23　垫片尺寸 e_1、e_2

DN/mm	换热管外径 d_o/mm			
	19	25	19	25
	e_1/mm		e_2/mm	
400	81.3	71.7	—	—
500	81.3	99.4	—	—
600	103	99.4	146.3	154.0
700	124.6	127.1	167.3	182.6
800	146.3	154.9	189.6	210.3
900	167.9	154.9	232.9	210.3
1000	189.6	182.6	254.5	238
1100	211.2	210.3	276.2	265.7
1200	232.9	238	297.8	293.4
1300	254.5	238	341.1	321.1
1400	254.4	265.7	362.8	348.8
1500	297.8	293.4	384.4	376.6
1600	319.5	293.4	427.7	404.3
1700	341.1	321.1	427.7	459.7
1800	341.1	321.1	471	459.7

(3)垫片的选择

垫片的选择要综合考虑各种因素，包括介质的性质、操作压力、操作温度、要求的密封程度，以及垫片性能、压紧面形式、螺栓力大小等。一般性原则，高温高压情况多采用金属垫片；中温、中压可采用金属与非金属组合式或非金属垫片；中、低压情况多采用非金属垫片；高真空或深冷温度下以采用金属垫片为宜。石油化工行业中换热器用垫片的选择可参考表 5.24，换热器用密封垫片的选用标准：JB 4718《金属包垫片》；JB 4719《缠绕垫片》；JB 4720(非金属软垫片)。

表 5.24　垫片选用

介质	法兰公称压力/MPa	介质温度/℃	法兰密封面形式	垫片名称	垫片材料或牌号
烃类化合物(烷烃、芳香烃、环烷烃、烯烃)、氢气、有机溶剂(甲醇、乙醇、苯、酚、糠、醛)、氨	≤1.6	≤200	平面 凹凸面 榫槽面	耐油橡胶石棉板垫片	耐油橡胶石棉板
		201～300		缠绕式垫片	金属带、石棉
	2.5	≤200		耐油橡胶石棉板垫片	耐油橡胶石棉板

续表

介质	法兰公称压力/MPa	介质温度/℃	法兰密封面形式	垫片名称	垫片材料或牌号
		≤200	平面	缠绕式垫片	金属带、石棉
	4.0,6.4	201～450		金属包橡胶石棉垫片	镀锌板、镀锡薄铁皮、橡胶石棉板、0Cr18Ni9
	2.5,4.0,6.4	451～600		缠绕式垫片	1Cr18Ni9Ti 金属带、柔性石墨
	2.5,4.0,6.4	≤200		平垫	铝
		≤450	凹凸面	金属齿形垫片	10
	≤35.0	451～550			1Cr13,1Cr18Ni9
		≤450	梯形槽	椭圆形垫片或八角形垫片	10
		451～550			1Cr13,1Cr18Ni9
		≤200	锥面	透镜垫片	20
		≤475			10MoWVNb
水、盐、空气、煤气、蒸气、液碱、惰性气体	1.6	≤200	平面 凹凸面	橡胶石棉垫片	XB-200 橡胶石棉板
	4.0	≤350			XB-350 橡胶石棉板
	6.4	≤450			XB-450 橡胶石棉板
	4.0、6.4	≤450	凹凸面	缠绕式垫片	金属带、石棉
				金属包橡胶石棉垫圈	镀锌薄铁皮,0Cr18Ni9,橡胶石棉板
	10.0	≤450	梯形槽	椭圆形垫片或八角形垫片	10

注:①苯对耐油橡胶石棉垫片中的丁腈橡胶有溶解作用,故 PN≤2.5MPa;②温度小于或等于 200℃ 的苯介质也应选用缠绕式垫片;③浮头等内部连接用的垫片,不宜用非金属软垫片;④易燃、易爆、有毒、渗透性强的介质,宜选用缠绕式垫片或金属包橡胶石棉板。

5.2.6 支座

5.2.6.1 卧式换热器支座

卧式换热器采用双鞍式支座,按 JB/T 4712.3—2007《容器支座第 1 部分:鞍式支座》标准选用。

鞍式支座的安放位置如图 5.12 所示,尺寸按下列原则确定:

(1)两支座应安放在换热器管束长度范围内的适当位置。

当 $L \leqslant 3000$mm 时,取 $L_B=(0.4\sim0.6)L$;

当 $L>3000$mm 时,取 $L_B=(0.5\sim0.7)L$;

尽量使 L_C 和 L'_C 相近。

(2)L_C 应满足壳程接管焊缝与支座焊缝之间的距离要求，即

$$L_C \geqslant L_1 + \frac{B}{2} + b_a + C$$

式中，取 $C \geqslant 4\delta$，且$\geqslant$50mm；δ 为筒体壁厚，B 为补强圈半径；b_a 为支座地脚螺栓孔中心线至支座点半边缘的距离，单位均为 mm。

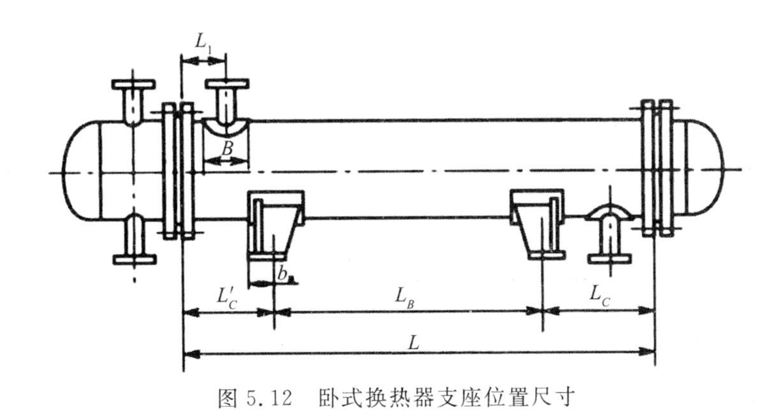

图 5.12 卧式换热器支座位置尺寸

5.2.6.2 立式换热器支座

立式换热器采用耳式支座，按 JB/T 4712.3—2007《容器支座 第3部分耳式支座》标准选用。

耳式支座的布置按下列原则确定：

公称直径 DN$\leqslant$800mm 时，至少应安装两个支座，且对称布置；

公称直径 DN$>$800mm 时，至少应安装四个支座，且均匀布置。

5.2.7 接管

5.2.7.1 接管的一般要求

(1)接管(含内焊缝)应与壳体内表面平齐，焊后要打磨平滑，以免妨碍管束的拆装。

(2)接管应尽量沿径向或轴向布置(4管程的例外)，以方便配管与检修。

(3)设计温度高于或等于 300℃时，不得使用平焊法兰，必须采用长颈对焊法兰。

(4)对于不能利用接管(或接口)进行放气和排液的换热器，应在管程和壳程的最高点设置放气口，最低点设置排液口，其最小公称直径为 20mm。

(5)操作允许时，一般是在高温、高压或不允许介质泄漏的场合，接管与外部管线的连接亦可采用焊接。

(6)必要时可设置温度计、压力表及液面计接口。

5.2.7.2 接管直径的确定

管径的选择取决于适宜的流速、处理量、结构协调及强度要求，选取时应综合考虑如下因素。

(1)使接管内的流速为相应管、壳程流速的 1.2～1.4 倍。

(2)在考虑压降允许的条件下,使接管内流速为以下值:

管程接管 $\rho v^2 < 3300\text{kg}/(\text{m}\cdot\text{s}^2)$;壳程接管 $\rho v^2 < 2200\text{kg}/(\text{m}\cdot\text{s}^2)$。

(3)管、壳程接管内的流速也可参考表5.25和表5.26选取。

表5.25　管程接管流速

水				空气		煤气	水蒸气	
长距离		中距离	短距离	低压管	高压管	—	饱和汽管	过热汽管
流速/(m/s)	0.5～0.7	约1.0	0.5～2.0	10～15	20～25	2～6	12～10	40～80

表5.26　壳程接管最大允许流速

介质	液体						气体
黏度/(10^{-3}Pa·s)	<1	1～35	35～100	100～500	500～1000	>1500	—
最大允许流速/(m/s)	2.5	2.0	1.5	0.75	0.7	0.6	壳程气体最大允许速度的1.2～1.4倍

由以上按合理的速度选取管径后,同时应考虑外形结构的匀称、合理、协调以及强度要求,还应使管径限制在 $d_0=\left(\frac{1}{3}\sim\frac{1}{4}\right)D_i$。

由上述几方面因素定出的管径,有时是矛盾的,工艺上要求直径大流阻小,强度上要求直径小,而结构上要求与壳体比例协调。尤其一些特殊情况如:对多管程流体换热,管程接管直径若按 $d_0=\left(\frac{1}{3}\sim\frac{1}{4}\right)D_i$ 确定,则接管内流速可能远低于1.2～1.4倍的管、壳程流速范围,使管径偏大;相反若是单管程气体按接管内流速等于1.2～1.4倍管、壳程流速确定管径,又远大于 $d_0=\left(\frac{1}{3}\sim\frac{1}{4}\right)D_i$ 的范围。这就要求在综合考虑各种因素的基础上,合理定出接管内径,然后按相应钢管标准选定接管公称直径。

5.2.7.3　接管高度(伸出长度)确定

接管伸出壳体(或管箱壳体)外壁的长度,主要考虑法兰形式,焊接操作条件,螺栓拆装,有无保温及保温层厚度等因素决定,一般最短应符合下式计算值:

$$l \geq h + h_1 + \delta + 15(\text{mm})$$

式中,h 为接管法兰厚度,mm;h_1 为接管法兰的螺母厚度,mm;δ 为保温层厚度,mm;l 为接管安装高度,见图5.13和图5.14。

上述估算后应圆整到标准尺寸,常见接管高度为150mm、200mm、250mm、300mm,也可按附录二参考选取。卧式重叠式换热器中间接管伸出长度主要与中间支座高度有关,由

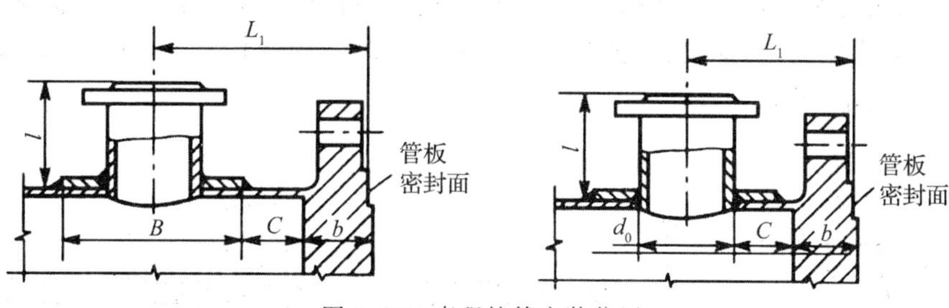

图 5.13　壳程接管安装位置

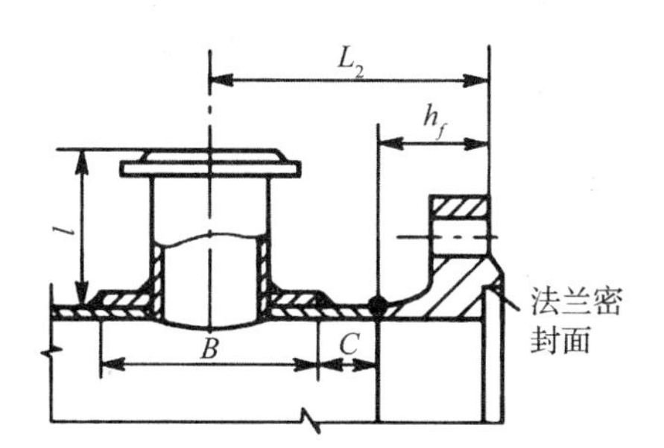

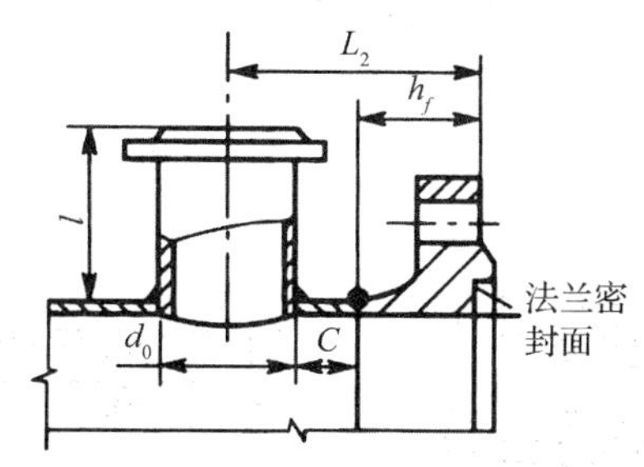

图 5.14　管箱接管安装位置

设计者根据具体情况确定。

5.2.7.4　接管安装位置最小尺寸确定

壳程接管安装位置最小尺寸见图 5.13，按下式估算：

带补强圈 $L_1 \geqslant \frac{B}{2}+(b-4)+C$；无补强圈 $L_1 \geqslant \frac{d_0}{2}+(b-4)+C$。

管箱接管安装位置最小尺寸见图 5.14，按下式估算：

带补强圈 $L_2 \geqslant \frac{B}{2}+h_f+C$；无补强圈 $L_1 \geqslant \frac{d_0}{2}+h_f+C$。

为考虑焊缝影响，一般取 $C \geqslant 3$ 倍壳体壁厚且不小于 50～100mm，有时壳径较大且折流板间距也很大，则 L_1 值还应考虑第一块折流板与管板间的距离，以使流体分布均匀。

5.2.7.5　接管法兰的要求

①凹凸或榫槽密封面的法兰，密封面向下的，一般应设计成凸面或榫面，其他朝向的，则设计成凹面或槽面，且在同一设备上成对使用。

②接管法兰螺栓通孔不应和壳体主轴中心线相重合，应对称地分布在主轴中心线两侧，也就是跨中布置法兰螺栓孔。

5.2.7.6　排气、排液接管

为提高传热效率，排除或回收工作残液（气），凡不能借助其他接管排气、排液的换热器，应在其壳程和管程的最高、最低点分别设置排气、排液接管。排气、排液接管的端部必须与壳体或管箱壳体内壁平齐，其结构如图 5.15 和图 5.16 所示，卧式换热器壳程排气、排液口多采用图 5.15(a)的形式，设置的位置分别在筒体的上部和底部。立式换热设备中，壳程的排气、排口采用在管板上开设不小于 16mm 的孔，孔端采用螺塞或焊上接管法兰，如图 5.15

(b)(e)所示，采用这种在管板上开孔的结构，适宜用于清洁的介质，否则易堵塞、不易清理，换热器壳程介质为蒸气时，排气、排液口可采用图 5.16(a)的结构，图 5.16(b)可用于排气口，图 5.16(c)可用于排液口。

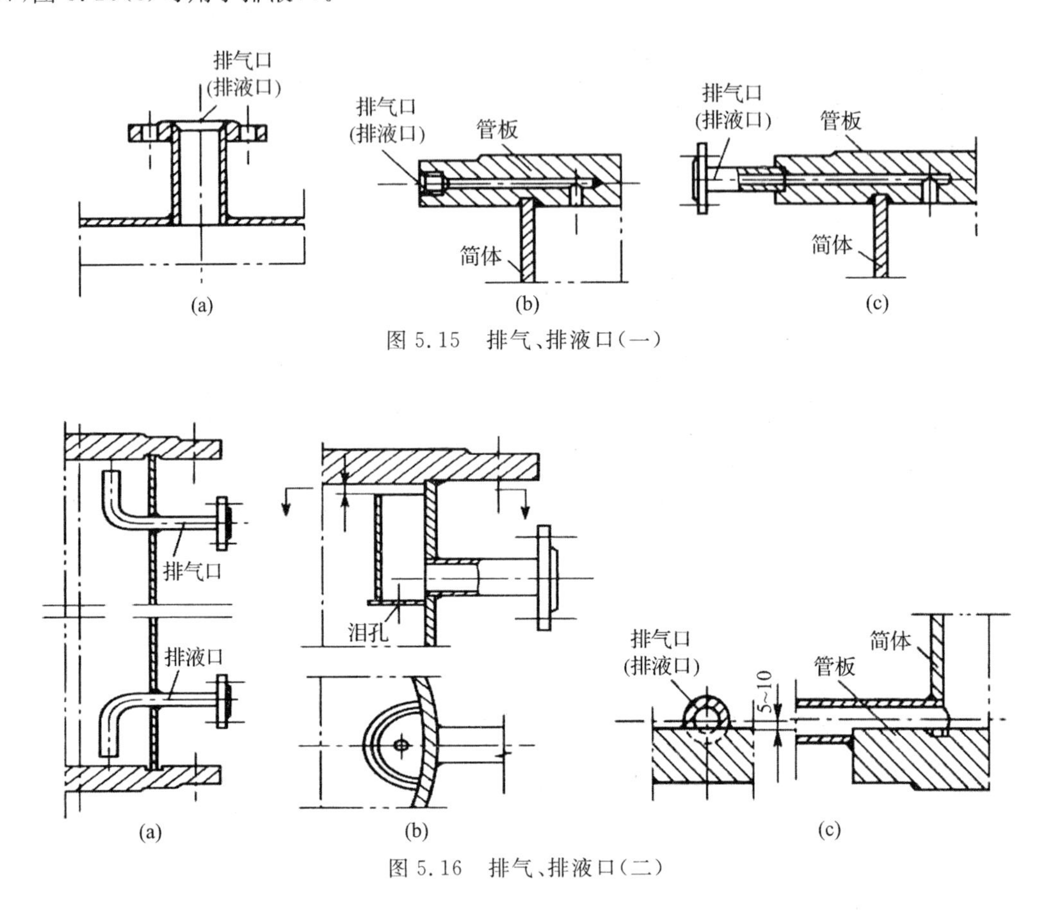

图 5.15 排气、排液口(一)

图 5.16 排气、排液口(二)

5.3 机械结构设计

5.3.1 换热管与管板的连接

管子与管板的连接是列管式换热器制造中最主要的问题之一，它不但耗费大量工时，更重要的是这个部位是换热器的薄弱环节，若处理不当，将造成连接处的泄漏或开裂，造成连接处破坏的原因主要有：

(1)高温下应力松弛而失效。当管子与管板采用胀接连接时，在高温下管子和管板发生蠕变，胀接时在连接处产生的残余应力会逐渐消失，使管端的密封性和紧固力失效。

(2)间隙腐蚀破坏。当管子与管板采用焊接连接时，由于管子和管板孔之间存在间隙，滞存在间隙中的介质易造成“间隙腐蚀”，此外，在高温高压下，焊接应力的存在，会使金属晶格发生变化，易形成“应力腐蚀”。

(3)疲劳破坏。有两种因素引发疲劳破坏，一是机械疲劳，管束在高压气流冲击下产生振动，使接头处产生疲劳；二是由于操作不当，使管板温度产生周期性变化或忽冷忽热，引发疲劳。

(4)过大的温差应力使得管子与管板连接处产生过大的拉脱力，从而导致管子松脱。

因此，要正确选择管子与管的连接形式，保证加工质量，设计合理的结构，以保证管子与管板连接的密封性和抗拉脱强度。

换热管与管板的连接方式有强度胀接、强度焊接和胀焊并用等以下形式：

5.3.1.1　强度胀接

强度胀接是指保证换热管与管板连接的密封性能及抗拉脱强度的胀接，其特点是，结构简单，管子更换和修补容易，由于管端胀接处产生塑性变形，存在残余应力，随着温度升高，残余应力逐渐消失，使管端失去密封和紧固能力，因此，强度胀接适用的范围是，设计压力≤4.0MPa，设计温度≤300℃，操作中无剧烈的振动，无过大的温度变化，无明显的应力腐蚀的情况。

为了提高胀管质量，要求换热管材料的硬度值须低于管板材料的硬度值。有应力腐蚀时，不应采用管端局部退火的方式来降低换热管的硬度。

强度胀接的管板孔结构及尺寸见图 5.17 和表 5.27，胀管时管端产生塑性变形，管壁被挤胀入槽内，形成迷宫式密封作用，增强密封性，提高抗拉脱强度。

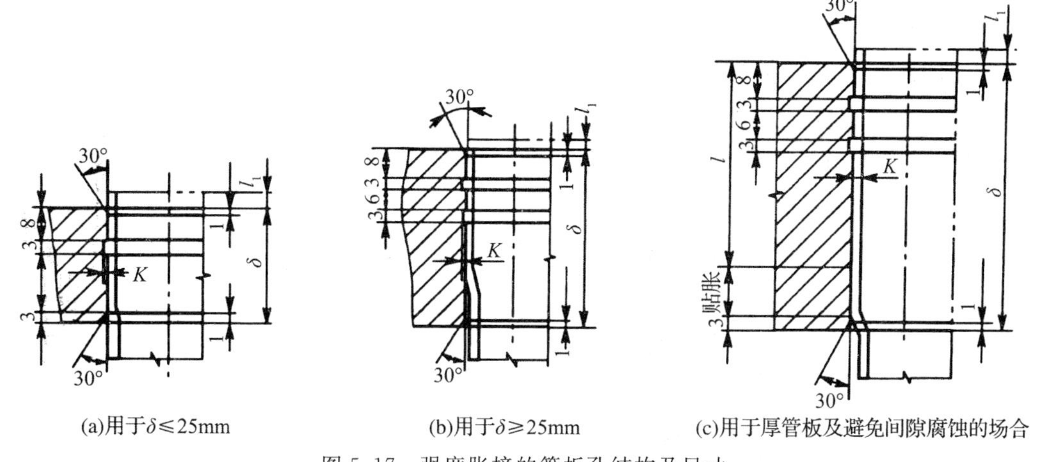

(a)用于$\delta\leqslant$25mm　(b)用于$\delta\geqslant$25mm　(c)用于厚管板及避免间隙腐蚀的场合

图 5.17　强度胀接的管板孔结构及尺寸

表 5.27　强度胀接结构尺寸

项目	换热管外径 d/mm						
	14	19	25	32	38	45	57
伸出长度 l_1/mm	3^{+2}	4^{+2}	5^{+2}				
槽深 K/mm	不开槽	0.5	0.6	0.8			

强度胀接的最小胀接长度 l 取下述两者的最小值：①管板名义厚度减去 3mm；②50mm。

当换热管与管板采用胀接时，管板的最小厚度 δ_{min}（不包括腐蚀裕量），见表 5.28。

表 5.28 管板与换热管胀接时管板最小厚度

<table>
<tr><td rowspan="3">应用范围</td><td colspan="8">换热管外径 d/mm</td></tr>
<tr><td>10</td><td>14</td><td>19</td><td>25</td><td>32</td><td>38</td><td>45</td><td>57</td></tr>
<tr><td colspan="8">δ_{min}/mm</td></tr>
<tr><td>用于炼油工业及易燃易爆有毒介质等严格场合</td><td colspan="3">20</td><td>25</td><td>32</td><td>38</td><td>45</td><td>57</td></tr>
<tr><td>用于无害介质的一般场合</td><td>10</td><td colspan="2">15</td><td>20</td><td>24</td><td>26</td><td>32</td><td>36</td></tr>
</table>

5.3.1.2 强度焊接

强度焊接是指保证换热管与管板连接的密封性能及抗拉脱强度的焊接，其优点是，焊接结构强度高，抗拉脱力强，在高温高压下能保持连续的紧密性，管板孔加工要求低，不需开槽，管子端部不需退火和磨光，制造加工较简便。缺点是，管子与管板孔之间存在间隙；焊接产生的热应力，易造成“间隙腐蚀”或“应力腐蚀”。

强度焊适用的场合：

(1)高温、高压条件下，对碳钢和低合金钢，温度在 300～400℃ 以上，或压力超过 7.0MPa，应优先采用焊接。

(2)不论压力大小、温度高低，不锈钢管与管板连接一般均采用焊接结构。

(3)薄管板厚度小于胀接需要的最小板厚无法胀接时，采用焊接。

(4)要求接头严密不漏的场合，如处理易燃、易爆、有毒性介质时，采用焊接。

(5)管间距太小或换热管直径较小，难以胀接时，采用焊接。

(6)不适用于有较大振动及有间原腐蚀的场合。

强度焊的一般结构形式及尺寸见图 5.18 和表 5.29。

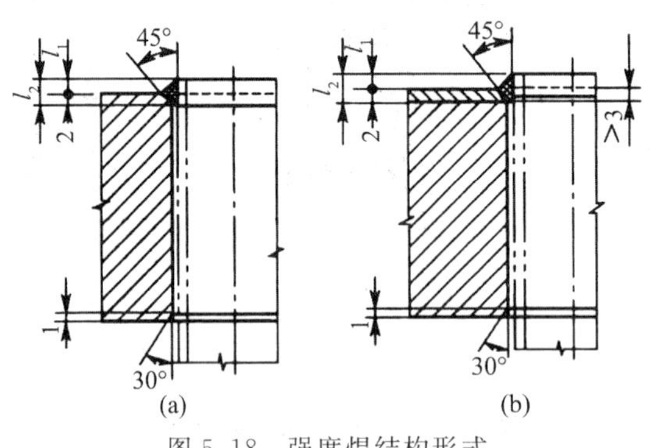

图 5.18 强度焊结构形式

表 5.29 强度焊结构尺寸

<table>
<tr><td>换热管规格(外径×壁厚)/mm</td><td>10×1.5</td><td>14×2</td><td>19×2</td><td>25×2.5</td><td>32×3</td><td>38×3</td><td>45×3</td><td>57×3.5</td></tr>
<tr><td>伸出长度 l₁/mm</td><td>0.5^{+0.5}</td><td colspan="2">1^{+0.5}</td><td>1.5^{+0.5}</td><td colspan="3">2.5^{+0.5}</td><td>3^{+0.5}</td></tr>
</table>

注：①工艺要求管端伸出长小于表所列值时，可以适当加大管板焊缝坡口深度，以保证焊脚高 l_2 不小于 1.4 倍管壁厚度。②换热管壁厚超标时，l_1 值可适当调整。

几种常见的焊接结构见图 5.19。图 5.19(a)为常用的结构形式,图 5.19(b)适用于立式换热器,且要求停车后管板上无滞留残液。这种结构对焊接技术要求高,焊接中要严格控制熔池熔化金属流淌,以防管口被阻塞变小,图 5.19(e)结构能减少管板焊接应力,适用于管板焊接(氩弧焊)后不允许产生较大变形,常用于管板很厚或不锈钢管和管板的焊接,但由于管板沟槽加工麻烦,采用受到限制。图 5.19(d)常用于小直径管的焊接形式。

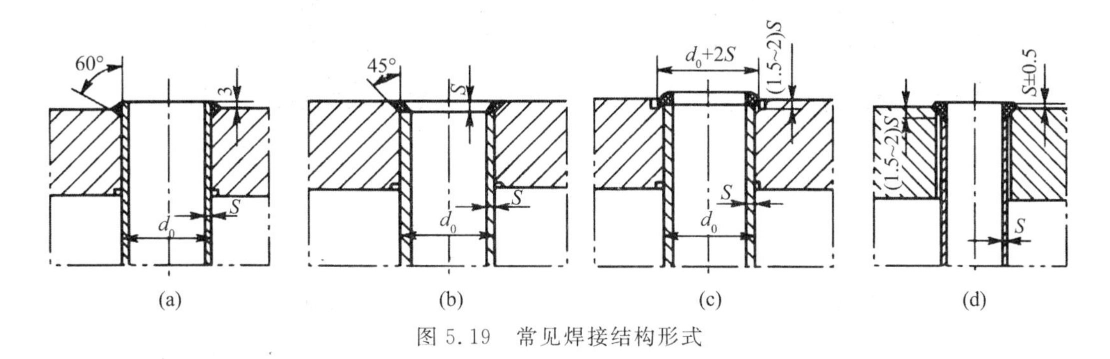

图 5.19　常见焊接结构形式

5.3.1.3　内孔焊接

如图 5.20 所示,这种形式的接头焊缝承受拉应力,强度及抗震性能都有很大提高,并且从根本上消除了间隙腐蚀的可能。不过要采用专门的氩弧焊枪,管板加工也较复杂。

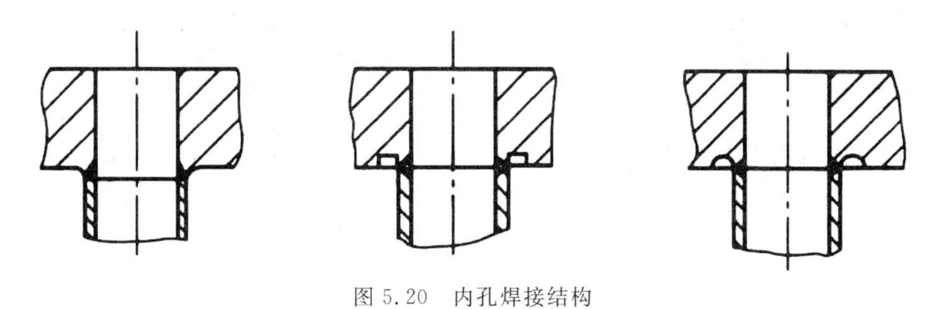
图 5.20　内孔焊接结构

5.3.1.4　胀焊并用

在高温、高压、载荷冲击、介质腐蚀、渗透等复杂操作条件下,要求管子与管板连接处的密封性和强度要更高、更可靠,在采用胀接或焊接都难以满足要求的情况下,采用胀焊结合的方法,能够达到取长补短的效果,这种连接方式适用于对密封性能要求较高、承受振动或疲劳载荷、有间隙腐蚀、采用复合管板的场合。

胀焊结合的形式:

(1)强度焊＋贴胀。如图 5.21 所示,主要目的是消除管子与管板孔的间隙,防止发生间隙腐蚀。

(2)强度胀＋密封焊。如图 5.22 所示,适用于温度不高,压力较高,或介质对密封要求很高的场合,用强度胀来保证强度,用密封焊来增加密封的可靠性。

(3)强度焊＋强度胀。适用于压力和温度均很高的场合,且消除间隙腐蚀以及管子振动的可能性,结构可参照图 5.22,只是将焊缝尺寸按强度焊的结构取值。

除上述方法外,对于较厚的管板,在压力、温度都很高,介质腐蚀严重的情况下,可以采用“强度胀＋贴胀＋密封焊”或“强度焊＋强度胀＋贴胀”结构形式,如图 5.23 所示。

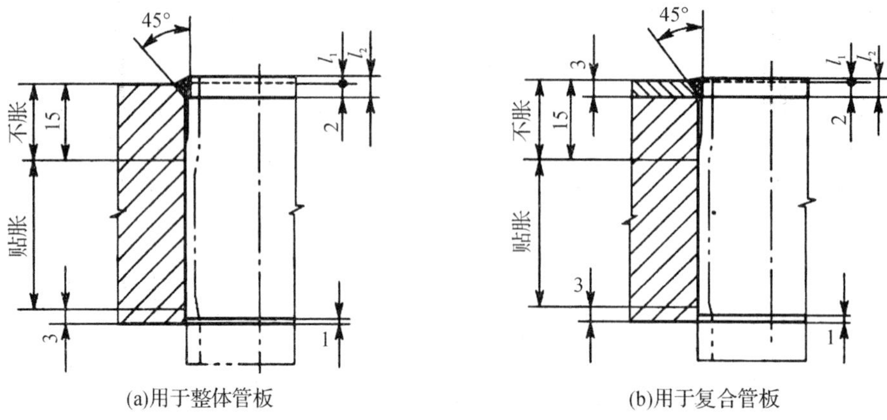

图 5.21 “强度焊＋贴胀”结构及尺寸

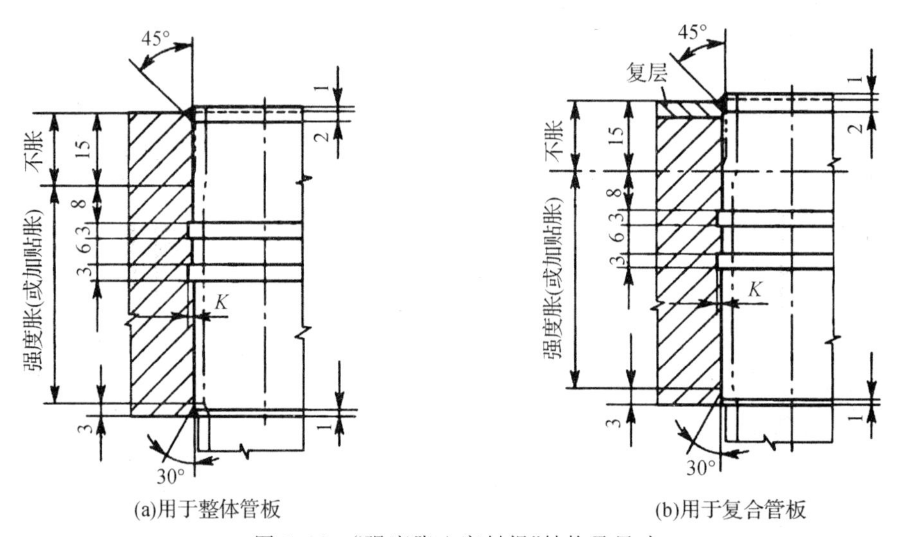

图 5.22 “强度胀＋密封焊”结构及尺寸

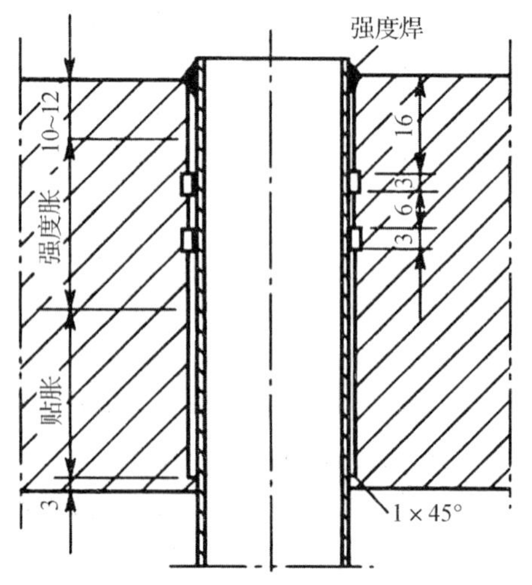

图 5.23 “强度焊＋强度胀＋贴胀”结构形式

胀焊结合中，采用先胀后焊还是先焊后胀，目前没有统一规定，一般取决于各制造厂的加工工艺和设备条件，但保证连接的质量要求是一致的。

5.3.2　管板与壳体及管箱的连接

管板与壳体的连接分为不可拆连接和可拆连接两种形式，不可拆连接用于固定管板式换热器，其管板与壳体用焊接连接。可拆连接用于浮头式，U形管式和填料函式换热器的固定端管板，其管板在壳体法兰和管箱法兰之间夹持固定。

固定管板式换热器管板与壳体及管箱的连接分为两种结构，一种为管板兼作法兰，另一种为管板不兼作法兰。

5.3.2.1　管板兼作法兰的连接结构

图5.24所示为常见的兼作法兰的管板与壳体连接结构。不同的结构处理主要考虑是，焊缝的可焊透性以及焊缝的受力，以适用不同的操作条件。

图5.24(a)管板上开环槽，壳体嵌入槽内后施焊，壳体对中性好，适用于壳体厚度$\delta \leqslant$ 12mm，壳程压力$p \leqslant 1$MPa，不宜用于易燃、易爆、易挥发及有毒介质的场合，图5.24(b)和图5.24(c)焊缝坡口形式优于图5.24(a)结构，焊透性好，焊缝强度提高，使用压力相应提

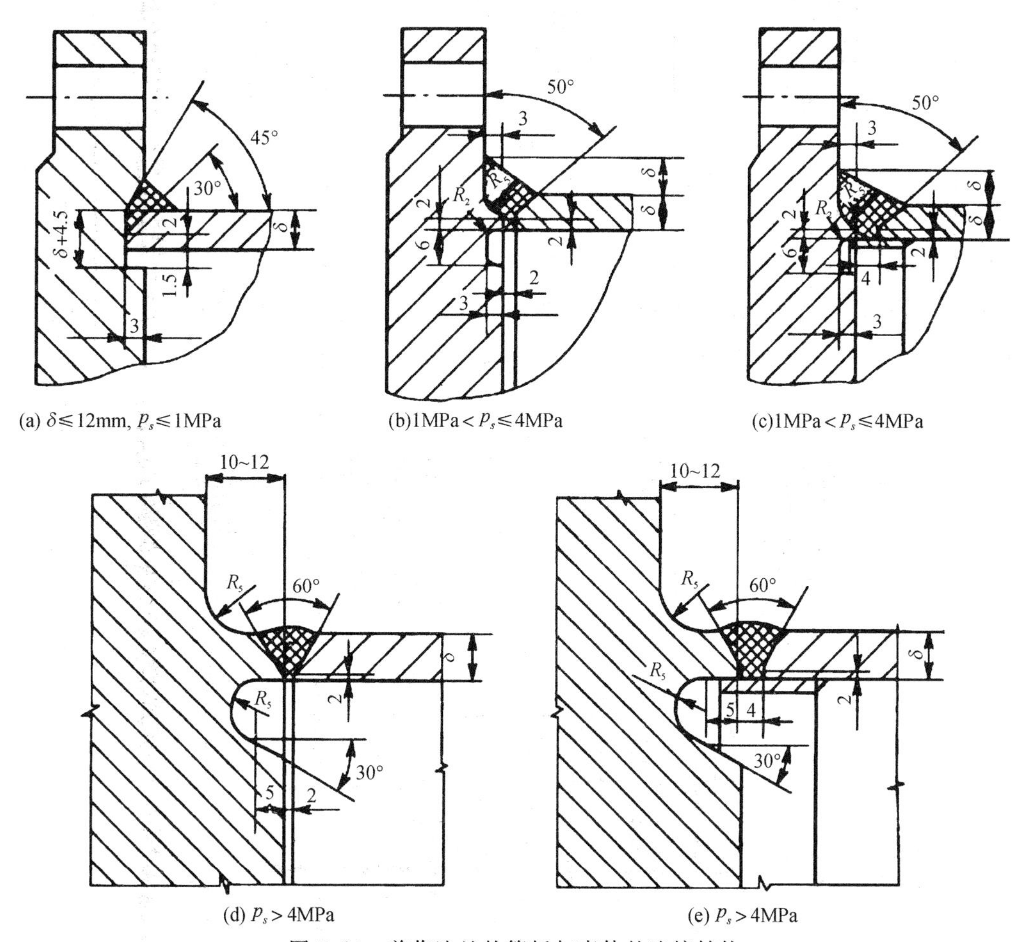

图5.24　兼作法兰的管板与壳体的连接结构

高，适用于设备直径较大，管板较厚的场合。图 5.24(d)、图 5.24(e)管板上带有凸肩，焊接形式由角接变为对接，改善了焊缝的受力，适用于压力更高的场合。

连接结构中，焊缝根部加垫板可以提高焊缝的焊透性，若壳程介质无间隙腐蚀作用，应选择带垫板的焊接结构；若壳程介质有间隙腐蚀作用，则应选择不带垫板的结构。管板上的环形圆角则起到减小焊接应力的作用。

图 5.25 所示为常见的兼作法兰的管板与管箱法兰连接结构。图 5.25(a)结构为平面密封形式，适用于管程压力小于 1.6MPa，且对气密性要求不高的场合，图 5.25(b)为榫槽密封面形式，适用于气密性要求较高的场合，一般中低压下较少采用，当在较高压力下使用时，法兰的形式应改用长颈法兰，图 5.25(c)为最常用的凹凸面密封形式，视压力的高低，法兰形式可为平焊法兰，更多的为长颈法兰。

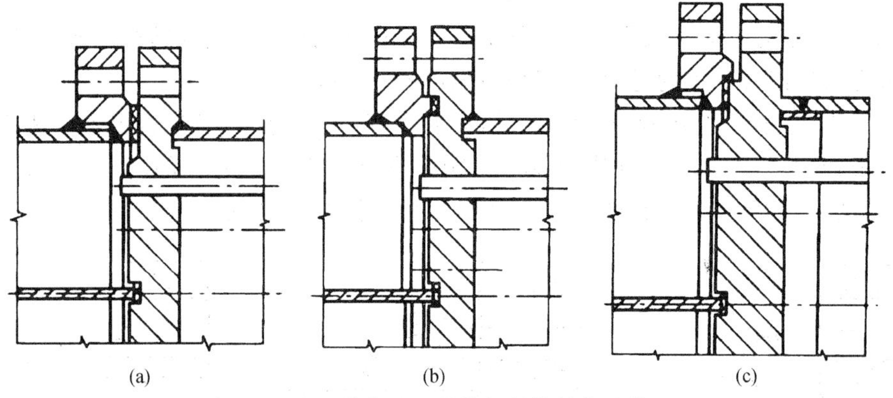

图 5.25　兼作法兰的管板与管箱的连接

5.3.2.2　管板不兼作法兰的连接结构

管板不兼作法兰的不可拆连接结构如图 5.26 所示，管板与壳体，管板与管箱的连接均采用焊接，适合于高温、高压，对密封性要求高的换热器。

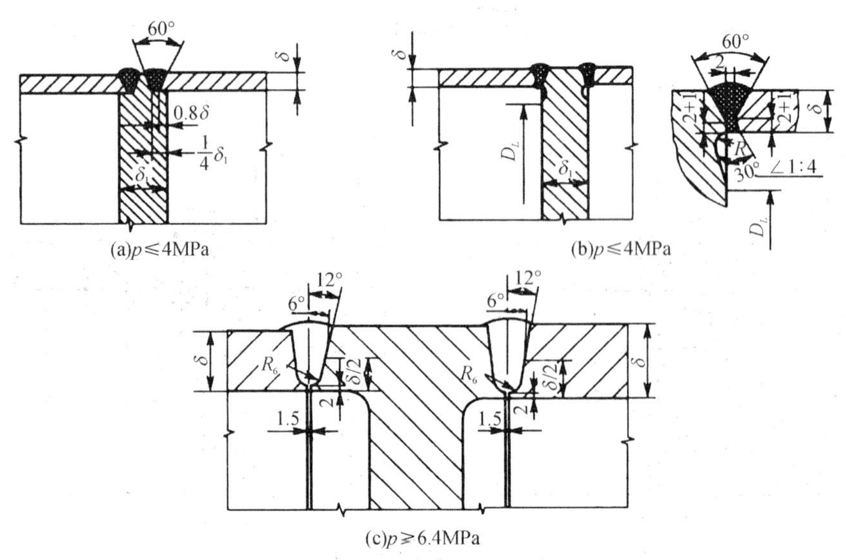

图 5.26　不兼作法兰的管板与壳体及管箱的连接结构

5.3.3 管箱

管箱是管程流体进出口流道空间，其作用是将进口流体均匀分布到管束的各换热管中，再将换热后的管内流体汇集送出换热器，在多管程换热器中，管箱还起到改变流体流向的作用。

管箱结构形式如图5.27所示。

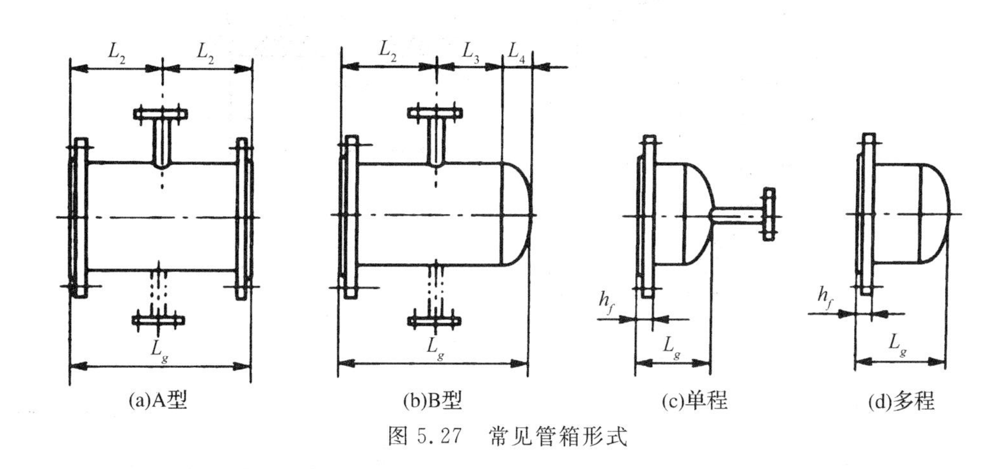

图5.27 常见管箱形式

(1)A型(平盖管箱)。如图5.27中前端管箱A所示，管箱装有平板盖(或称盲板)，检查或清洗时只要拆开盲板即可，不需拆卸整个管箱和相连的管路。缺点是盲板加工用材多，并增加一道法兰密封，一般多用于DN＜900mm的浮头式换热器中。

(2)B型(封头管箱)。如图5.27中前端管箱B所示，管箱端盖采用椭圆形封头焊接，结构简单，便于制造，适于高压，清洁介质，可用于单程或多程管箱。缺点是检查或清洗时必须拆下连接管道和管箱，但这种形式用得最多。

(3)C型、N型管箱。特点是管箱与管板焊成一体，可完全避免在管板密封处的泄漏，但管不能单独拆下，检修，清洗不方便，实际中很少采用。

(4)多管程返回管箱。

(5)单管程管箱。单管程箱如图5.27(c)所示。

5.4 其他部件设计

5.4.1 膨胀节

膨胀节是装在固定管板式换热器壳体上的挠性构件，依靠其变形对管束与壳体间的热膨胀差进行补偿，以此来消除或减小壳体与管束因温差面引起的温差应力。

5.4.1.1 波形膨胀节(U型膨胀节)

如图5.28所示，具有结构紧凑简单、补偿性能好、价格便宜等优点，使用最为普遍。波形膨胀节可制成单层或多层，与单层相比，多层膨胀节的弹性大，补偿能力强，疲劳强度高，使用寿命长。多层膨胀节的层数一般为2～4层，每层厚度为0.5～1.5mm，当要求补偿能力较大时，可采用多波形膨胀节。为了减少膨胀节的磨损，防止振动及降低流体阻力，可在膨胀节内侧沿液体流动方向焊一作导流用的内衬套，如图 5.28(b)所示。

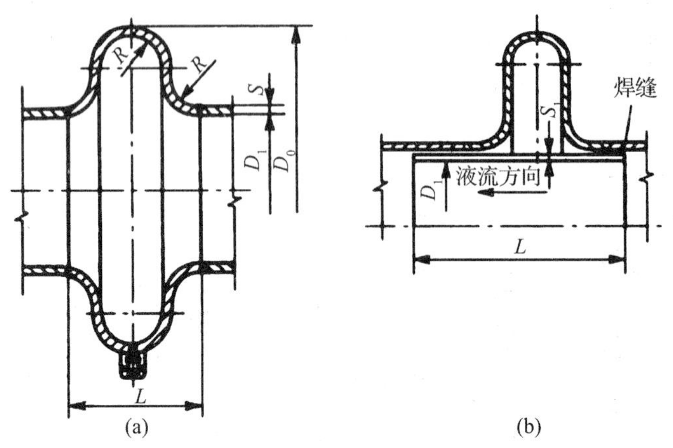

图 5.28 波形膨胀节

5.4.1.2 平板膨胀节

如图 5.29 所示，结构简单，便于制造，但承压能力低，挠性较差，补偿量小，只适用于直径大、温差小、常压、低压或真空系统的设备上。

5.4.1.3 Ω 型膨胀节

如图 5.30 所示，可用薄壁管煨制成圆环后，沿内壁剖开面成。Ω 形膨胀节所受的因压力引起的应力几乎与壳体直径无关，而仅取决于管子自身的直径和厚度，但在焊接处产生较大的应力，且焊缝不易焊透，因此，适用于小直径筒体或应力较小的场合。

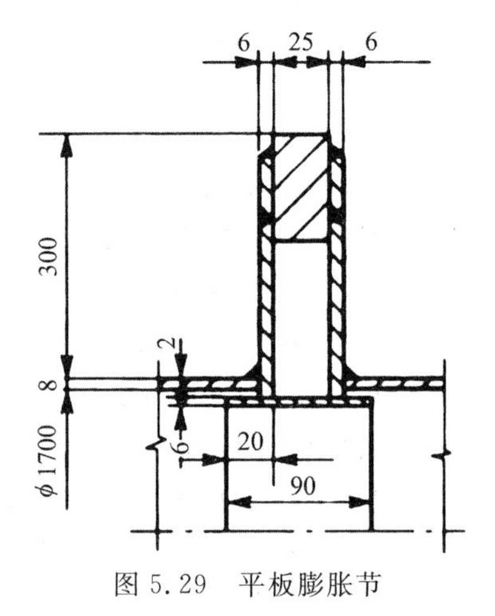

图 5.29 平板膨胀节

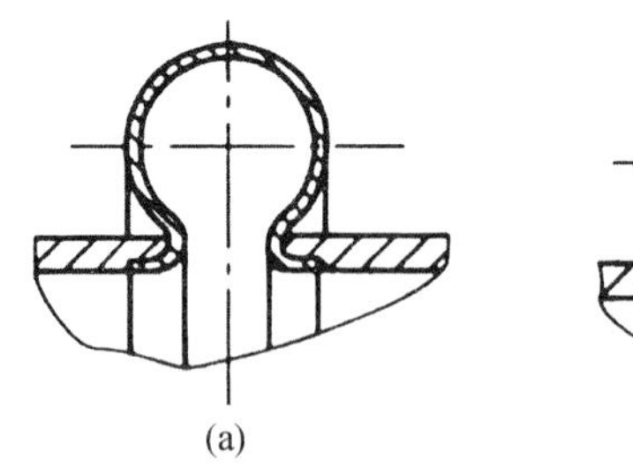

图 5.30 Ω 形膨胀节

5.4.1.4 夹壳膨胀节

如图 5.31 所示，夹壳和加强环的作用是，提高膨胀节的承压能力，防止波壳侧面过量变形，限制波壳在受压时弯曲，是一种耐压能力高、补偿能力大的“高压膨胀节”。

5.4.2 防短路结构

由于在管板边缘和分程隔板附近不能排满换热管，因此，在壳体与管束外缘之间、分程

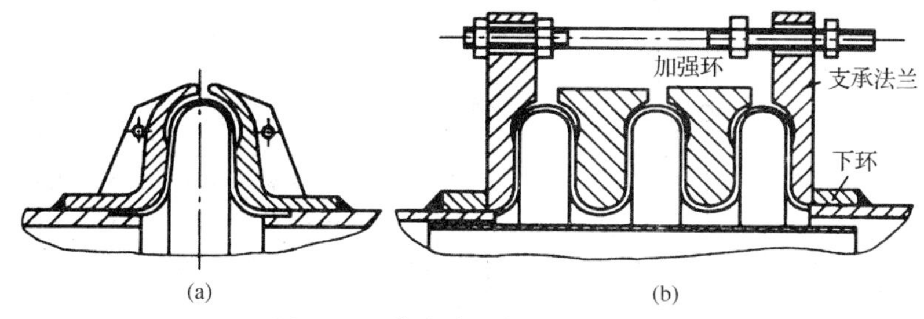

图 5.31　带夹壳和加强环膨胀节

部位存在较大间隙，形成旁路，为防止壳程流体大量流经旁路，造成短路，可在壳程设置防短路结构，增大旁路阻力，迫使壳程流体通过管束进行换热。

5.4.2.1　旁路挡板

旁路挡板可用钢板或扁钢制成，加工成规则的长条形，厚度可取与折流板相同，长度等于折流板的板间距，对称布置，两端焊在折流板上，如图 5.32 所示。

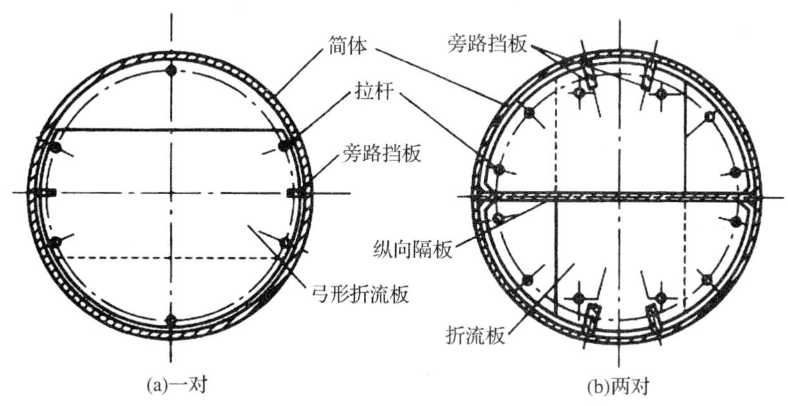

图 5.32　旁路挡板安装位置

旁路挡板的数量推荐为：当公称直径 DN≤500mm 时，一对挡板；500mm<DN<1000mm 时，两对挡板；DN≥1000mm 时，不少于三对挡板。

5.4.2.2　挡管

挡管（也称假管），为两端堵死的管子，设置于分程隔板槽背面两管板之间，挡管一般与换热管的规格相同（见图 5.33），可分段与折流板点焊固定，也可用拉杆（带定距管或不带定距管）代替，用来防止分程部位缺管短路。挡管应每隔 3～4 排换热管设置一根，但不应设置在折流板缺口处。

5.4.2.3　中间挡板

中间挡板设置在 U 形管束的中间通道处，并与折流板点焊固定（见图 5.33）。也可以把最里面一排的 U 形弯管倾斜布置，使中间通道变窄，并加挡管。中间挡板的数量按挡管的数量推荐为：当公称直径 DN≤500mm 时，一块挡板；500mm<DN<1000mm 时，两块挡板；DN≥1000mm 时，不少于三块挡板。

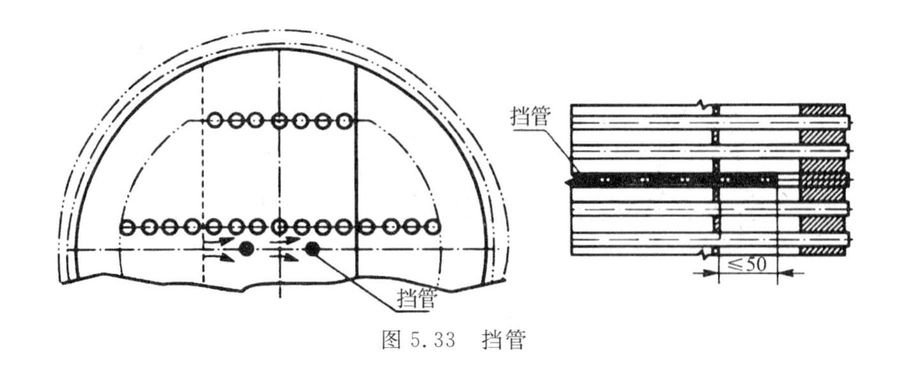

图 5.33 挡管

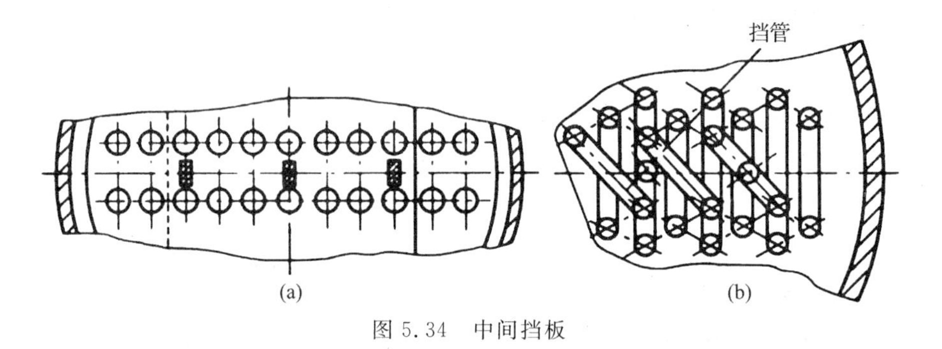

图 5.34 中间挡板

5.4.3 防冲板

5.4.3.1 防冲板的用途及其设置条件

为了防止壳程进口处流体对换热管表面的直接冲刷，引起侵蚀及振动，应在流体入口处装置防冲板，以保护换热管，其设置条件如下：

(1)对有腐蚀或有磨蚀的气体、蒸气及气液混合物料，应设置防冲板。

(2)对于液体物料，当其壳程进口管流体的 ρv^2 值为下列数值时，应设置防冲板或导流筒：

①非腐蚀、非磨蚀性的单相流体，$\rho v^2 > 2230 kg/(m \cdot s^2)$；

②其他各种液体，包括沸点下的液体，$\rho v^2 > 740 kg/(m \cdot s^2)$。

5.4.3.2 防冲板形式

常见的防冲板形式如图 5.35 所示，图中(a)(b)(e)为防冲板焊在拉杆或定距管上，也可同时焊在靠近管板的第一块折流板上，这种形式常用于壳体内径大于 700mm 的上、下缺口折流板的换热器上。其中图 5.35(a)(b)是拉杆位于换热管子上侧时的结构，当两拉杆间距离较大时，可采用图 5.35(b)的形式，以保证防冲板四周中的流体分布均匀及足够的通道面积，图中 5.35(c)是拉杆位于管子两侧的结构。图 5.35(d)为防冲板焊在壳体上，这种形式常用于壳体内径大于 325mm 时的折流板左、右缺口和壳体内径小于 600mm 时的折流板上、下缺口的换热器。图 5.35(e)(f)为防冲板的开槽、孔形式，但防冲板一般不宜开孔，若由于结构限制使防冲板与壳壁间的流通面积太小需要开孔扩大时，应通过计算确定开孔的数量和孔径大小，且注意不能将所开孔直接对准最上排管子。

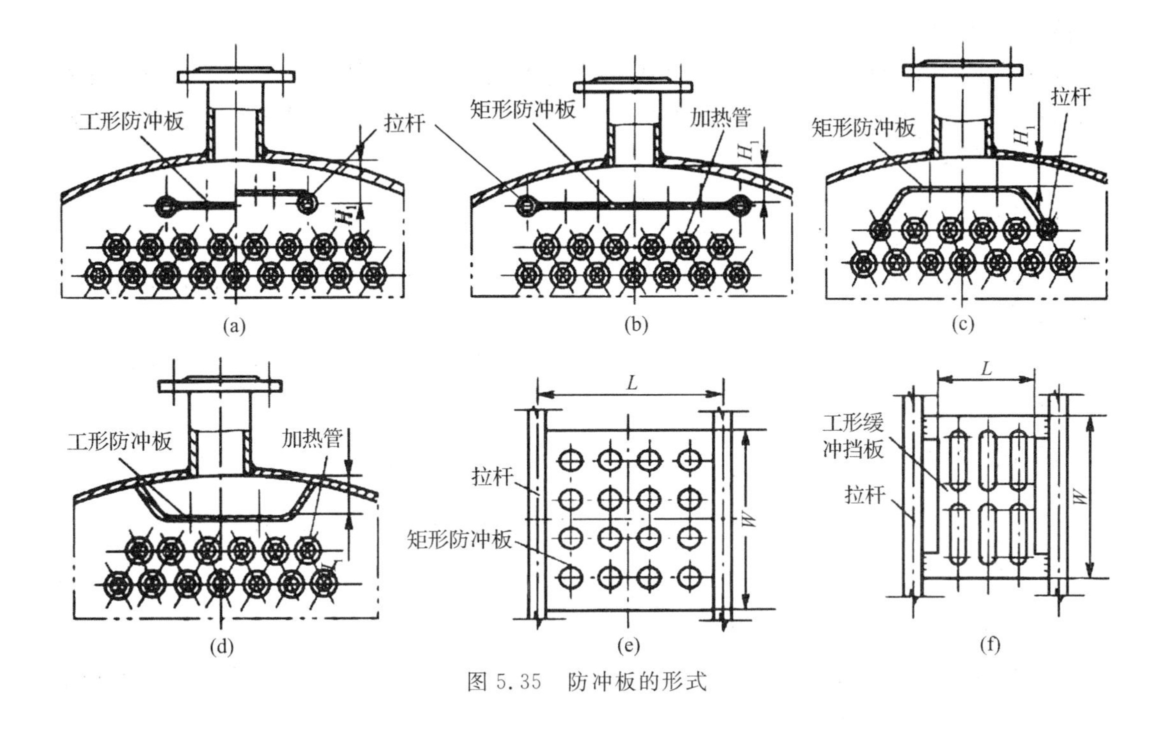

图 5.35　防冲板的形式

5.4.3.3　防冲板的位置和尺寸

防冲板在壳体内的位置，应使防冲板周边与壳体内壁形成的流通面积（即接管处壳体内表面与防冲板平面间形成的圆柱形侧面积）为壳程进口接管截面积的 1～1.25 倍。当接管管径确定后，即要满足防冲板外表画与壳体内壁的间距 H_1 大于 1/4 接管外径。

防冲板的直径 W 或边长 L[见图 5.35(e)(f)]应大于接管外径 50mm。

防冲板的最小厚度：当壳程进口接管直径小于 300mm 时，对碳钢和低合金钢取 4.5mm，对不锈钢取 3mm。当壳程进口接管直径大于 300mm 时，对碳钢和低合金钢取 6mm，对不锈钢取 4mm。

5.5　设计示例

［例 5.1］　继续对第 4 章中“例 4.1 合成氨变换气冷却器”选型结果进行机械设计，设计条件如下：

(1)设备结构形式：列管式换热器。

(2)已知管程冷水有关工艺参数：进口温度 25℃，出口温度 32℃，平均操作压力 0.12MPa(表压)。

(3)壳程变换气的工艺参数：进口温度 60℃，出口温度 34℃，平均操作压力 0.8MPa(表压)，流量：2778kmol/h。变换气成分及所占比例，如图 4.7 所示。

换热器型号为 BEM $600-\frac{0.9}{0.22}-115-\frac{4.5}{19}-1-\text{I}$。

解 (1)筒体壁厚计算

设计温度 50℃，计算压力 $p_c=0.22$MPa，焊缝系数取 $\Phi=1$，腐蚀裕量 $C_2=1$mm。筒体材料选用低合金钢板 Q345R，材料在设计温度下的许应压力 $[\sigma]^t=189$MPa，室温下的屈服强度 $R_{el}=345$MPa，钢板负偏差 $C_1=0.3$mm。

计算厚度 $\delta=\frac{p_cD_i}{2[\sigma]^t\Phi-p_c}=\frac{0.22\times600}{2\times189\times1-0.22}=0.35(\text{mm})$。

在 GB150 中规定，对于碳素钢和低合金钢制容器，不包括腐蚀裕量的最小厚度应不小于 3mm，则取 δ 为 3mm。

名义厚度 $\delta_n=\delta+C_1+C_2+$圆整量$=3+0.3+1+$圆整量$=4.3+$圆整量$=4.5(\text{mm})$；

有效厚度 $\delta_e=\delta_n-C_1-C_2=4.5-0.3-1=3.2(\text{mm})$；

水压试验压力 $p_T=1.25p\frac{[\sigma]}{[\sigma]^t}=1.25\times0.22\times1=0.275(\text{MPa})$；

水压试验压力校核 $\sigma_T=\frac{p_T(D_i+\delta_e)}{2\delta_e}=\frac{0.275\times(600+3.2)}{2\times3.2}=25.92(\text{MPa})$；

$$0.9\Phi R_{eL}=0.9\times1\times345=310.5(\text{MPa})；$$

$\sigma_T<0.9\Phi R_{eL}$，满足水压试验强度要求。

以上计算过程也可用 SW6 软件进行相应计算，输入设计参数如图 5.36 所示，结果如图 5.37 所示，与手工计算结果吻合。

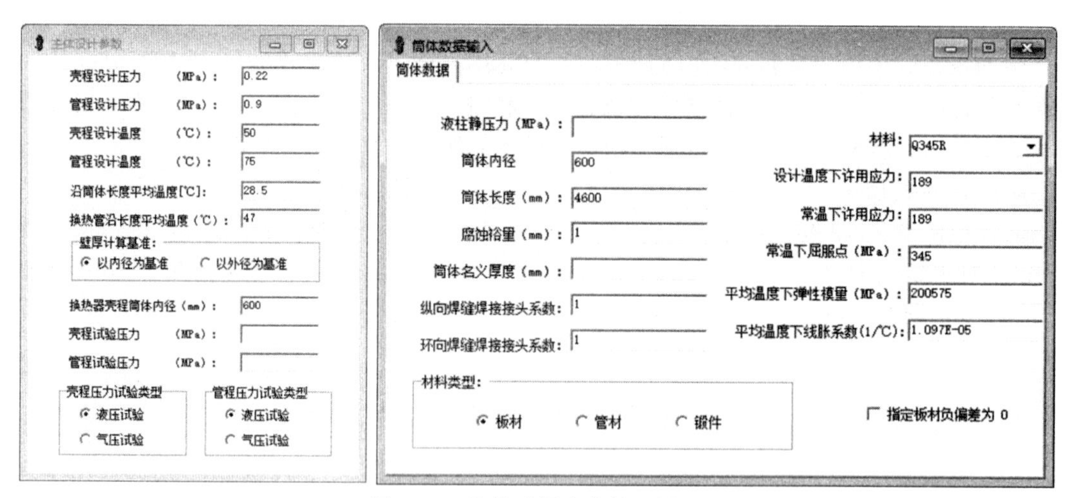

图 5.36 筒体壁厚参数输入界面

(2)管箱短节计算

设计温度 75℃，计算压力 $p_c=0.9$MPa，焊缝系数取 $\Phi=1$，腐蚀裕度 $C_2=1$mm。

筒体材料选用低合金钢板 Q345R，材料在设计温度下的许应压力 $[\sigma]^t=189$MPa，室温下的屈服强度 $R_{eL}=345$MPa，钢板负偏差 $C_1=0.3$mm。

计算厚度 $\delta-\frac{p_cD_i}{2[\sigma]^t\Phi-p_c}=\frac{0.9\times600}{2\times189\times1-0.9}=1.43(\text{mm})$

```
1. 主要设计参数
壳体内径      Di=600 mm
壳程设计压力 ps=0.22 MPa
管程设计压力 Pt=0.99 MPa
壳程设计温度 Ts=50 ℃
管程设计温度 Tt=75 ℃
**********内压圆筒设计**********
 计算条件:
  计算压力: 0.22       设计温度: 50.00      筒体内径: 600.00
  腐蚀裕量: 1.00       负 偏 差: 0.30       焊接接头系数: 1.00
  材料: Q345R
 计算结果:
  计算厚度:  0.35    有效厚度:  3.20    名义厚度:  4.50
  许用压力:  2.01    σt= 20.73     [σ]t*Φ= 189.00
  水压试验值:  0.2750   圆筒应力: 25.92   0.9*σs: 310.50  压力试验合格
 筒体名义厚度取 δn=6mm

筒体名义厚度大于或等于GB151中规定的最小厚度 6.00 mm, 合格。
```

图 5.37　筒体壁厚计算结果

在 GB150 中规定，对于碳素钢和低合金钢制容器，不包括腐蚀裕量的最小厚度应不小于 3mm，则取 δ 为 3mm。

$\delta_n = \delta + C_1 + C_2 +$ 圆整量 $= 3 + 0.3 + 1 +$ 圆整量 $= 4.3 +$ 圆整量 $= 4.5(\text{mm})$；

有效厚度 $\delta_e = \delta_n - C_1 - C_2 = 4.5 - 0.3 - 1 = 3.2(\text{mm})$；

水压试验压力 $p_T = 1.25p\dfrac{[\sigma]}{[\sigma]^t} = 1.25 \times 0.9 \times 1 = 1.125(\text{MPa})$；

水压试验压力校核 $\sigma_T = \dfrac{p_T(D_i + \delta_e)}{2\delta_e} = \dfrac{1.125 \times (600 + 3.2)}{2 \times 3.2} = 106.03(\text{MPa})$；

$$0.9\Phi R_{eL} = 0.9 \times 1 \times 345 = 310.5(\text{MPa})；$$

$\sigma_T < 0.9\Phi R_{eL}$，满足水压试验强度要求。

以上计算过程也可用 SW6 软件进行相应计算，输入设计参数如图 5.38 所示，结果如图 5.39 所示，与手工计算结果吻合。

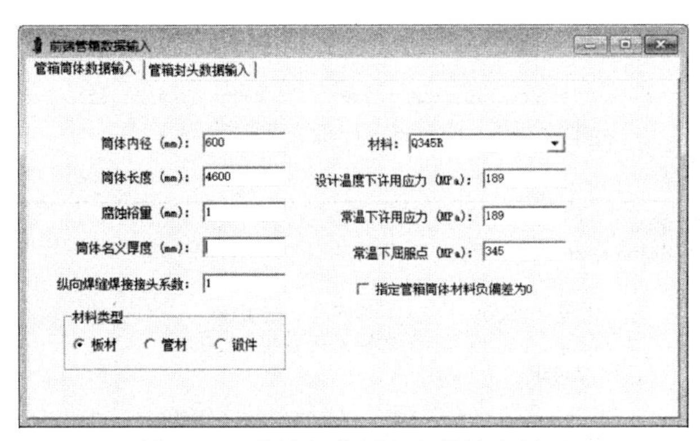

图 5.38　管箱短节厚度参数输入界面

(3)管箱封头选用标准椭圆封头

$$\delta = \frac{p_c D_i}{2[\sigma]^t\Phi - 0.5p_c} = \frac{0.9 \times 600}{2 \times 189 \times 1 - 0.5 \times 0.9} = 1.43(\text{mm})$$

在 GB150 中规定，对于碳素钢和低合金钢制容器，不包括腐蚀裕量的最小厚度应不小于 3mm，则取 δ 为 3mm。

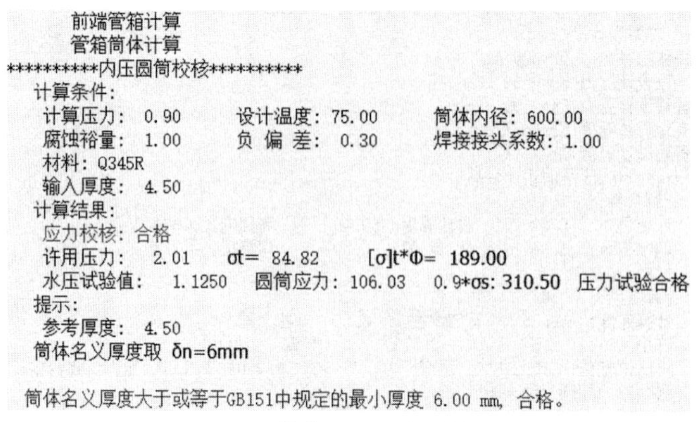

前端管箱计算
管箱筒体计算
**********内压圆筒校核**********
计算条件:
计算压力: 0.90　设计温度: 75.00　筒体内径: 600.00
腐蚀裕量: 1.00　负 偏 差: 0.30　焊接接头系数: 1.00
材料: Q345R
输入厚度: 4.50
计算结果:
应力校核: 合格
许用压力: 2.01　σt= 84.82　[σ]t*Φ= 189.00
水压试验值: 1.1250　圆筒应力: 106.03　0.9*σs: 310.50　压力试验合格
提示:
参考厚度: 4.50
筒体名义厚度取 δn=6mm

筒体名义厚度大于或等于GB151中规定的最小厚度 6.00 mm, 合格。

图 5.39　管箱短节厚度计算结果

$\delta_n=\delta+C_1+C_2+$圆整量$=3+0.3+1+$圆整量$=4.3+$圆整量$=4.5$(mm)。

以上计算过程也可用 SW6 软件进行相应计算,输入设计参数如图 5.40 所示,结果如图 5.41 所示,与手工计算结果吻合。

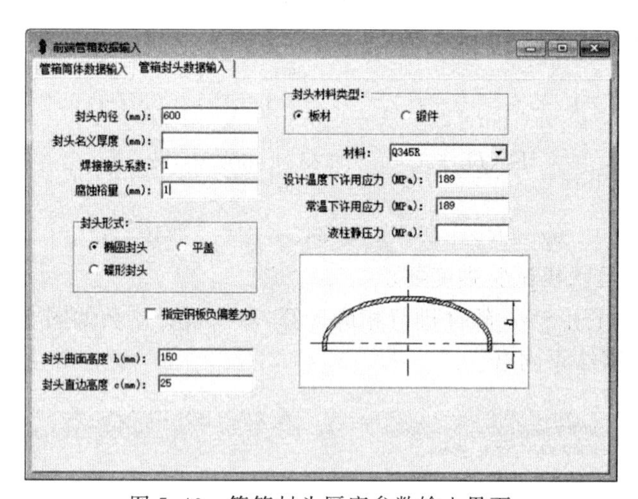

图 5.40　管箱封头厚度参数输入界面

管箱封头或平盖计算
**********内压椭圆封头设计**********
计算条件:
计算压力: 0.90　设计温度: 75.00　筒体内径: 600.00
腐蚀裕量: 1.00　负 偏 差: 0.30　焊接接头系数: 1.00
曲面高度: 150.00　材料: Q345R
计算结果:
计算厚度: 1.43　有效厚度: 3.20　名义厚度: 4.50
许用压力: 2.01　水压试验值: 1.1250　椭圆封头应力: 105.75　0.9*σs: 310.50　压力试验合格

图 5.41　管箱封头厚度计算结果

(4)管箱接管开孔补强校核

工艺设计给定的管程流体进出口内径为 320mm,实际选用 $\phi325\times13$ 的 20 号热轧碳素钢管,材料的许用应力$[\sigma]^t=147$MPa,取 $C_2=1$mm。采用等面积补强法校核。

接管计算壁厚 $\delta_t=\dfrac{p_c D_0}{2[\sigma]^t\Phi-p_c}=\dfrac{0.9\times325}{2\times147\times1-0.9}=1.0(\text{mm})$；

接管有效壁厚 $\delta_{et}=\delta_{nt}-C_2-C_1=13-1-13\times0.15=10.05(\text{mm})$；

开孔直径 $d=d_i+2C=325-2\times13+2\times2.5=304(\text{mm})$；

接管有效补强宽度 $B=2d=2\times304=608(\text{mm})$；

接管外侧有效补强高度 $h_1=\sqrt{d\delta_{nt}}=\sqrt{304\times10}=55.2(\text{mm})$；

需要补强面积 $A=d\delta=304\times3=912(\text{mm}^2)$。

可以作为补强的面积：

$$A_1=(B-d)(\delta_e-\delta)=(608-304)\times(5.7-3)=820.8(\text{mm}^2)$$

$$A_2=2h_1(\delta_{et}-\delta_t)f_r=2\times55.2\times(10.05-1)\times147/189=777.1(\text{mm}^2)$$

$$A_1+A_2=820.8+777.1=1597.9(\text{mm}^2)>A=912(\text{mm}^2)$$

接管补强的强度足够，不需另设补强结构。

(5)壳体接管开孔补强校核

工艺设计给定的壳体流体进出口内径为220mm，实际选用$\phi225\times10$的20号热轧碳素钢管，材料的许用应力$[\sigma]^t=147\text{MPa}$，取$C_2=1\text{mm}$。采用等面积补强法校核。

接管计算壁厚 $\delta_t=\dfrac{p_c D_0}{2[\sigma]^t\Phi-p_c}=\dfrac{0.22\times225}{2\times147\times1-0.22}=0.17(\text{mm})$；

接管有效壁厚 $\delta_{et}=\delta_{nt}-C_2-C_1=10-1-10\times0.15=7.5(\text{mm})$；

开孔直径 $d=d_i+2C=225-2\times10+2\times2.5=210(\text{mm})$；

接管有效补强宽度 $B=2d=2\times210=420(\text{mm})$；

接管外侧有效补强高度 $h_1=\sqrt{d\delta_{nt}}=\sqrt{420\times10}=64.8(\text{mm})$；

需要补强面积 $A=d\delta=210\times3=630(\text{mm}^2)$。

可以作为补强的面积：

$$A_1=(B-d)(\delta_e-\delta)=(420-210)\times(3.7-3)=147(\text{mm}^2)$$

$$A_2=2h_1(\delta_{et}-\delta_t)f_r=2\times64.8\times(7.5-0.17)\times147/189=738.9(\text{mm}^2)$$

$$A_1+A_2=147+738.9=885.9(\text{mm}^2)>A=630(\text{mm}^2)$$

接管补强的强度足够，不需另设补强结构。

以上计算过程也可用SW6软件进行相应计算，输入设计参数如图5.42和图5.43所示，结果如图5.44所示，与手工计算结果吻合。

(6)管板厚度计算

管板厚度计算采用BS法。

管板材料采用16Mn锻，许用应力$[\sigma]^t=178\text{MPa}$；

换热管材料采用10号碳素钢，设计温度下的许用应力$[\sigma]^t=121\text{MPa}$；

设计温度下的屈服强度$\sigma_s^t=181\text{MPa}$；

设计温度下的弹性模量$E_t^t=197\times10^3\text{MPa}$；

假定管板厚度$b=110\text{mm}$；总换热管数量$n=245$；

一根换热管管壁金属的横截面积

$$a=\frac{\pi}{4}(d_o^2-d_i^2)=\frac{\pi}{4}(25^2-20^2)=176.7(\text{mm}^2)；$$

开孔补强数据输入

接管符号与壳体数据 | 接管数据 | 筒体上接管方位

管口符号：N1

开孔位置：

筒体　夹套封头　左封头　前端管箱筒体　右封头　前端管箱封头　上封头　后端管箱筒体　下封头　后端管箱封头　夹套筒体　塔体

壳体名义厚度（mm）：6

壳体腐蚀裕量：1

壳体计算厚度（mm）：0.35

开孔处壳体材料类型：板材　管材　锻件

壳体材料：Q345R

壳体材料在设计温度下的许用应力（MPa）：189

壳体设计压力（MPa）：0.22

开孔处液柱静压（MPa）：

壳体设计温度（℃）：50

壳体内径（mm）：600

开孔处壳体焊接接头系数：1

补强计算方法：等面积补强法　联合补强　另一补强方法　分析方法

管口符号　开孔部位

N1　筒体

增加　删除

图 5.42　36 壳体接管开孔补强参数输入界面 1

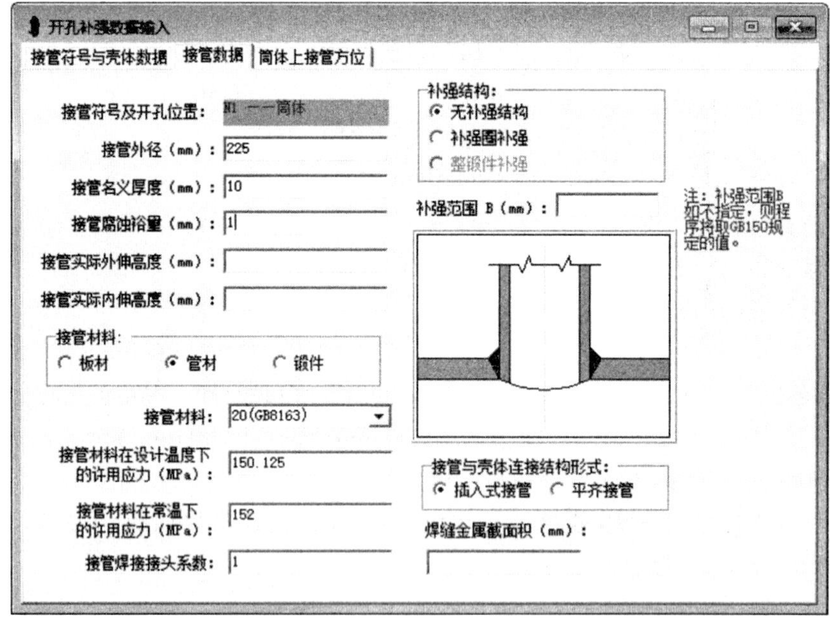

图 5.43　壳体接管开孔补强参数输入界面 2

**********开孔补强计算结果**********

管口 N1 ： 圆形筒体上开孔

计算方法：GB150-2011等面积法

计算压力0.22 MPa

壳体材料Q345R， 名义厚度6 mm

接管材料20(GB8163)， 规格φ225×10

A1=900， A2=0， A3=15， A4=0

A1+A2+A3+A4=915 >= A=74.454

合格（+1129%）

图 5.44　壳体接管开孔补强校核结果

壳体内径横截面积 $A=\frac{\pi}{4}D_i^2=\frac{\pi}{4}\times600^2=384845.1(\text{mm}^2)$；

管板上的管控所占的总截面积 $A_t=n\frac{\pi d_0^2}{4}=245\times\frac{\pi\times25^2}{4}=174260.2(\text{mm}^2)$；

圆筒壳壁金属横截面积 $A_s=\pi\delta(D_i+\delta)=\pi\times3\times(600+3)=6625.6(\text{mm}^2)$；

管束与壳体的刚度比 $Q=\frac{E_t na}{E_s A_s}=\frac{197\times245\times176.7}{197\times6625.6}=9.47$；

系数 $\beta=\frac{na}{A-A_t}=\frac{245\times176.7}{384845.1-174260.2}=0.298$；

系数 $\lambda=\frac{A-A_t}{A}=\frac{384845.1-174260.2}{384845.1}=0.547$；

壳程压力 $p_s=0.22\text{MPa}$，管程压力 $p_t=0.9\text{MPa}$；

当量压力组合 $p_a=p_s-p_t(1+\beta)=0.22-0.9\times(1+0.298)=-0.9482(\text{MPa})$；

有效压力组合 $p_b=\frac{p_s+\beta\lambda E_t}{2+\beta+\frac{Q}{\lambda}}=\frac{0.22+0.298\times0.547\times197000}{2+0.298+\frac{9347}{0.547}}=360.2(\text{MPa})$；

管板强度削弱系数(单程)$\mu=0.4$；

换热管有效长度(两管板内侧间距)取 $L=4500-2\times110=4280(\text{mm})$；

计算可得系数 K 为

$$K^2=1.318\frac{D_i}{b}\sqrt{\frac{na}{\mu Lb}}=1.318\times\frac{600}{110}\times\sqrt{\frac{245\times176.7}{0.4\times4280\times110}}=3.45$$

$$K=1.86$$

管板周边按简支考虑，根据 K 值查图 5.45、图 5.46 和图 5.47 可得 G_1、G_2 和 G_3 值。

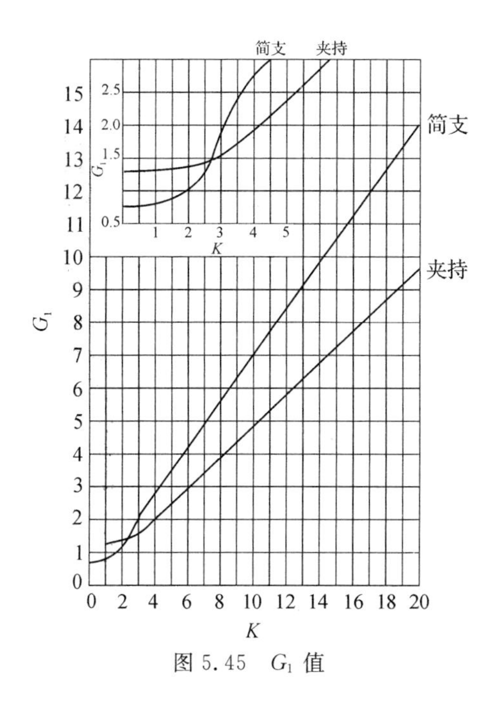

图 5.45　G_1 值

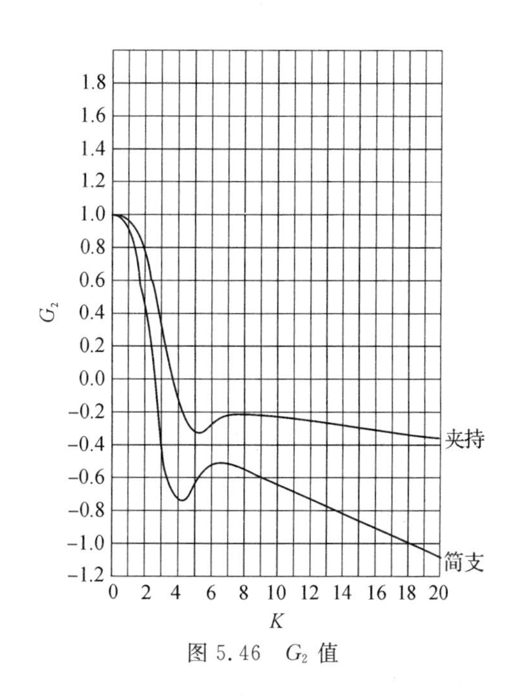

图 5.46　G_2 值

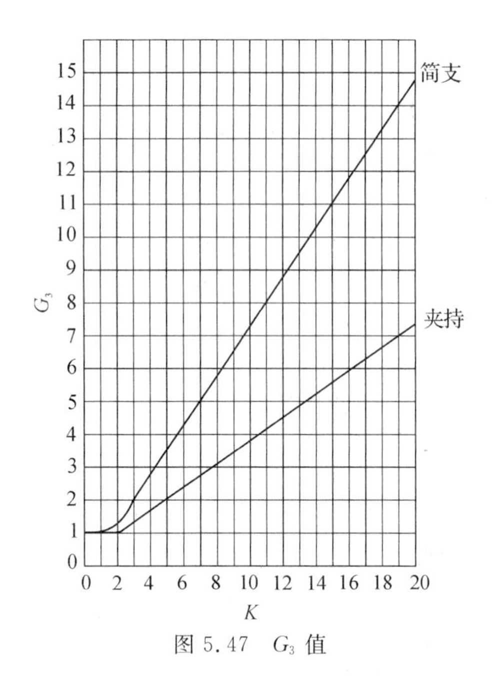

图 5.47　G_3 值

$G_1=1.0$;$G_2=0.45$;$G_3=1.35$;

管板最大应力 $\sigma_r=\dfrac{\lambda p_b}{4\mu G_1(Q+G_3)}=\dfrac{0.547\times360.2}{4\times0.4\times1.0\times(9.47+1.35)}=11.38(\text{MPa})$;

管板最大应力

$$\sigma_t=\frac{1}{\beta}\left(p_a-\frac{p_bG_2}{Q+G_3}\right)=\frac{1}{0.298}\times\left(-0.9482-\frac{360.2\times0.45}{9.47+1.35}\right)=-53.45(\text{MPa});$$

管子与管板采用强度焊接连接,计算可得管子拉脱力为

$$q=\frac{\sigma_t a}{\pi d_0 l_t}=\frac{53.5\times176.7}{\pi\times25\times3}=40.1(\text{MPa});$$

管子稳定许用应力$[\sigma]_{cr}$计算(按 GB151 规定):

系数 $C_r=\pi\sqrt{\dfrac{2E_t^t}{\sigma_s^t}}=3.14\times\sqrt{\dfrac{2\times197\times10^3}{181}}=146.5$;

换热管受压失稳当量长度 $l_{cr}=\dfrac{480+450}{\sqrt{2}}=657.6(\text{mm})$;

换热管的回转半径$i=0.25\sqrt{d_0^2+d_i^2}=0.25\times\sqrt{25^2+20^2}=8(\text{mm})$;

$$L_{cr}/i=657.6/8=82.2;$$

$C_r>L_{cr}/i$,则$[\sigma]_{cr}=\dfrac{\sigma_s^t}{2}\left(1-\dfrac{L_{cr}/i}{2C_r}\right)=\dfrac{181}{2}\times\left(1-\dfrac{82.2}{2\times146.5}\right)=65.1(\text{MPa})$。

强度校核:

$$\sigma_r=11.38\text{MPa}<1.5[\sigma]_r^t=1.5\times178=267(\text{MPa})$$

$$|\sigma_t|=53.45\text{MPa}<[\sigma]_{cr}=65.1\text{MPa}$$

$$q=40.1\text{MPa}<[q]=0.5[\sigma]_r^t=0.5\times121=60.5(\text{MPa})$$

管板计算厚度满足强度要求,校核通过。

考虑管板双面腐蚀取 $C_2=4\text{mm}$，隔板槽深取 4mm，实际管板厚度为 118mm。

以上计算过程也可用 SW6 软件进行相应计算，输入设计参数如图 5.48 和图 5.49 所示，结果如图 5.50 所示，与手工计算结果吻合。

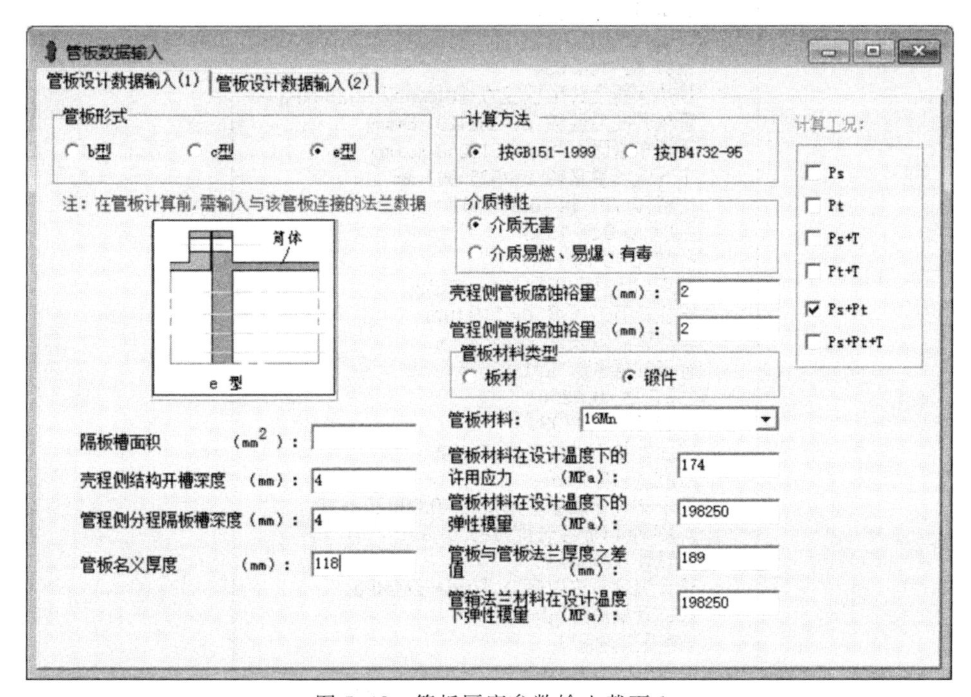

图 5.48　管板厚度参数输入截面 1

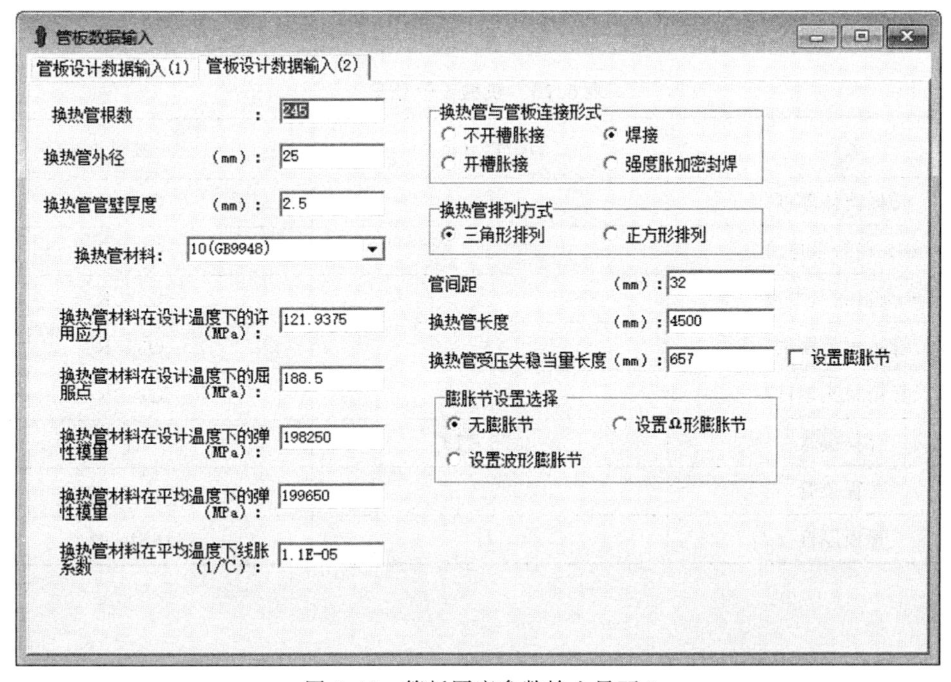

图 5.49　管板厚度参数输入界面 2

壳体金属横截面积 As=8928.68 mm*mm
管子金属截面积 a=176.714 mm*mm
管子金属总截面积 na=43295 mm*mm
管束模数 Kt=3378.62
管子回转半径 i=8.00391
系数 Cr=144.084
换热管稳定许用压应力 [σ]cr=67.4028 MPa
管板开孔后面积 A1=162479 mm*mm
管板布管区面积 At=217268 mm*mm
布管区当量直径 Dt=525.961 mm
比值 Dt/Di ρt=0.876601
系数 λ=0.574653
系数 β=0.266465
管束与壳体刚度比 Q=4.82662
管板计有效厚度 δ=110 mm
换热管有效长度 L=4264 mm
管子加强系数 K=1.83695
系数 Σs=6.48363
系数 Σt=9.94989
法兰外径与内径之比 K=1.2
系数 Y=10.7496
管子与壳体膨胀变形差 γ=0.000207119
焊脚高度(胀接长度)1=3.5 mm
3.设计计算结果:
设计温度下许用应力 [σ]rt=174MPa
校核管板厚度δd=118 mm
管板校核通过

图 5.50 管板厚度计算结果

(7)设计结果汇总

设计结果如表 5.25 所示。

表 5.25 机械设计结果

名称	尺寸/mm	材料
壳程筒体厚度	5	Q345R
外头盖短节厚度	5	Q345R
外头盖封头厚度	5	Q345R
管箱短节厚度	8	Q345R
管箱封头厚度	8	Q345R
管程接管	$\phi 325\times 13$	20
壳程接管	$\phi 225\times 10$	20
管板厚度	118	16Mn 锻

第6章　板式精馏塔的工艺设计

摘要：本章讲授了对板式精馏塔进行工艺设计的基本方法，包括板式精馏塔的常见类型、设计方案的确定和塔设计的相关工艺计算以及附属设备设计，最后以丙烯-丙烷精馏塔为例，介绍分别采用手工计算和 Aspen Plus 模拟进行精馏塔工艺设计的具体方法，并配有视频演示。

6.1　概述

塔设备是化工、石油化工和炼油等生产中最重要的设备之一。它可使气(或汽)、液或液、液两相进行紧密接触，达到相际传质及传热的目的。可以在塔设备中完成的常见操作有：精馏、吸收、解吸和萃取等分离操作。在化工生产中分离操作的能耗占总能耗的主要部分，塔设备的投资费用约占整个工艺设备费用的 20%～30%。因此塔设备的设计和研究，对石油、化工等工业的发展起着重要的作用。

塔设备类型有很多，可以从不同的角度对塔设备进行分类。例如：按操作压力可分为加压塔、常压塔和减压塔；按单元操作可分为精馏塔、吸收塔、解吸塔、萃取塔、反应塔和干燥塔等；按形成相际接触界面的方式可分为具有固定相界面的塔和流动过程中形成相界面的塔；按塔内气液接触方式可分为逐级接触式和微分(连续)接触式，也有按塔釜形式分类的。长期以来最常用的分类是按塔内接触构件的结构类型分为板式塔和填料塔，它们都可以用作蒸馏和吸收等气液传质过程。无论是板式塔还是填料塔，均由塔体、塔内件和塔附件三部分组成，其基本结构如图 6.1 所示。

板式塔内设置一定数量的塔板，气体以鼓泡或喷射形式穿过板上的液层，进行传质传热。一般操作情况下，气相为分散相，液相为连续相，气液相组成呈阶梯变化，属逐级接触逆流操作过程。

填料塔内装有一定高度的填料层，液体自塔顶沿填料表面下流，气体逆流向上(有时也采用并流向下)沿填料表面液膜和填料空隙流动，气液两相密切接触进行传质与传热。在正常操作下(一般是泛点以下)，气相为连续相，液相为分散相，气液相组成呈连续变化，属于微分接触逆流操作过程。

本章将着重介绍板式精馏塔的设计。

6.1.1　板式塔的常见类型

板式塔大致可分两类：一类是有降液管塔板，如泡罩、浮阀、筛板、导向筛板、新型垂直筛

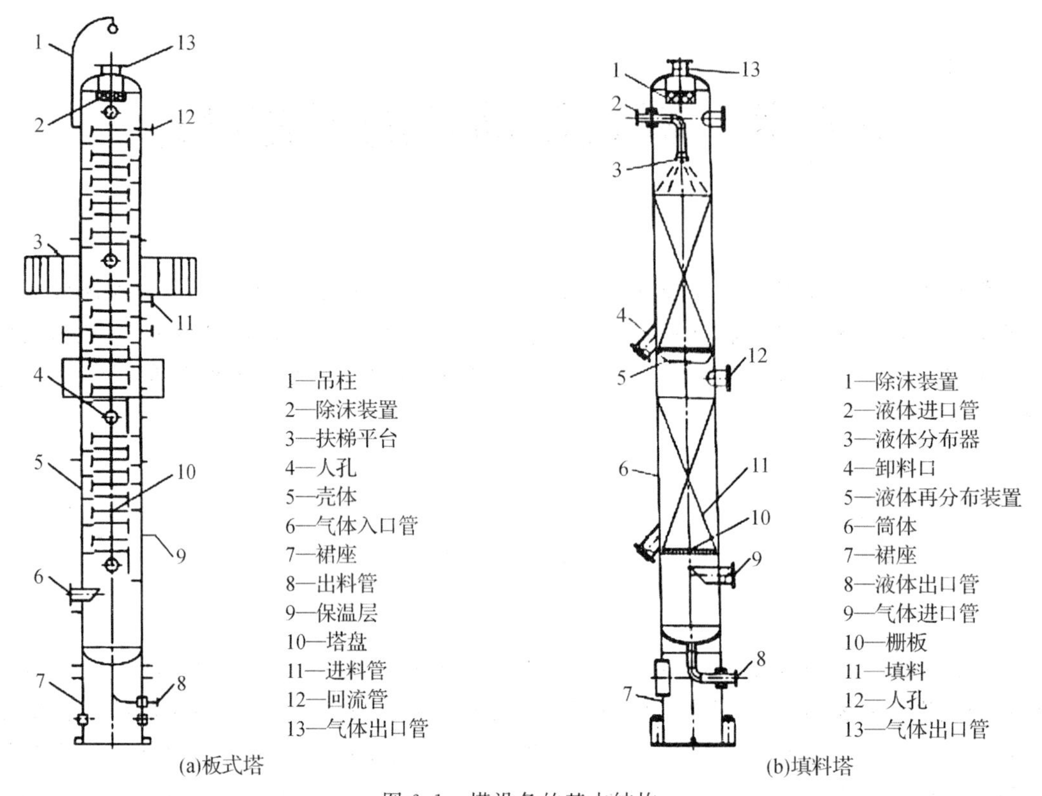

图 6.1 塔设备的基本结构

板、舌形、弓形、多降液管塔板等;另一类是无降液管塔板,如穿流式筛板、穿流式波纹板等。在工业生产中,以有降液管式塔板应用最为广泛,在此只讨论有降液管式塔板。

6.1.1.1 泡罩塔板

泡罩塔板是工业上应用最早的塔板,其结构如图 6.2 所示,它主要由升气管及泡罩构成。泡罩安装在升气管的顶部,分圆形和条形两种,其中前者使用较广。泡罩有 ϕ80mm、ϕ100mm、ϕ150mm 三种尺寸,可根据塔径的大小选择。泡罩的下部周边开有很多齿缝,齿缝一般为三角形、矩形或梯形。泡罩在塔板上为正三角形排列。操作时,液体横向流过塔板,靠溢流堰保持板上有一定厚度的液层,齿缝浸没于液层之中而形成液封。升气管的顶部应高于泡罩齿缝的上沿,以防止液体从中漏下。上升气体通过齿缝进入液层时,被分散成许多细小的气泡或流股,在板上形成鼓泡层,为汽液两相的传热和传质提供大量的界面。

泡罩塔板的优点是操作弹性较大,塔板不易堵塞;缺点是结构复杂、造价高,板上液层厚,塔板压降大,生产能力及板效率较低。泡罩塔板已逐渐被筛板、浮阀塔板所取代,在新建塔设备中已很少采用。

6.1.1.2 筛孔塔板

筛孔塔板简称筛板,其结构如图 6.3 所示。塔板上开有许多均匀的小孔,孔径一般为 3~8mm. 筛孔在塔板上为正三角形排列。塔板上设置溢流堰,使板上能保持一定厚度的液层。操作时,气体经筛孔分散成小股气流,鼓泡通过液层,气液间密切接触而进行传热和传

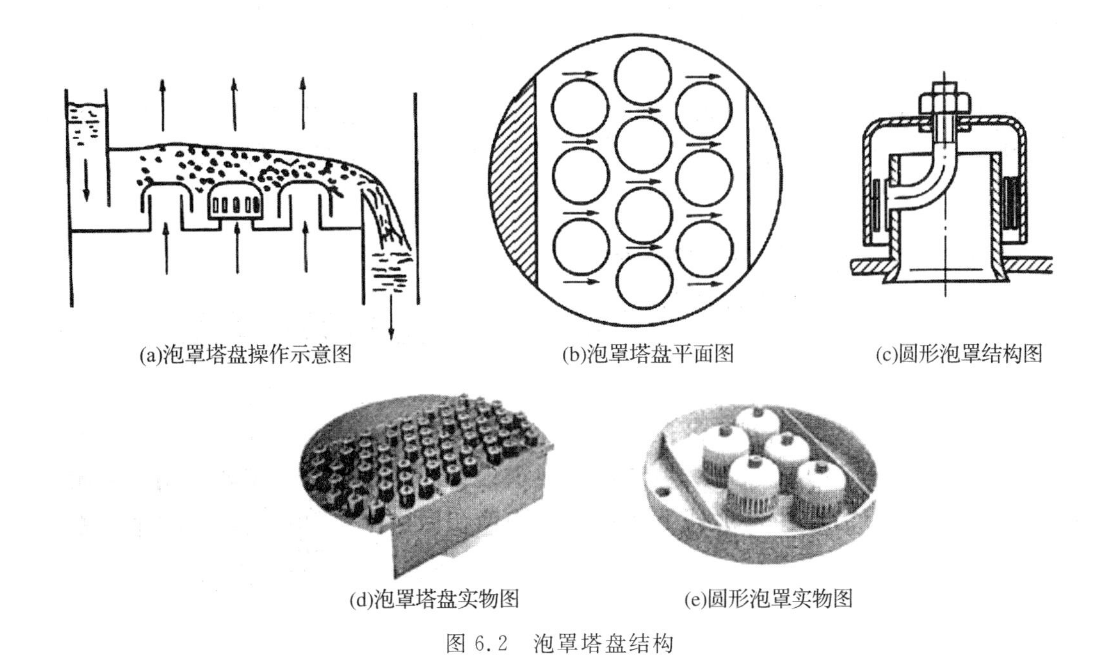

(a)泡罩塔盘操作示意图　(b)泡罩塔盘平面图　(c)圆形泡罩结构图

(d)泡罩塔盘实物图　(e)圆形泡罩实物图

图 6.2　泡罩塔盘结构

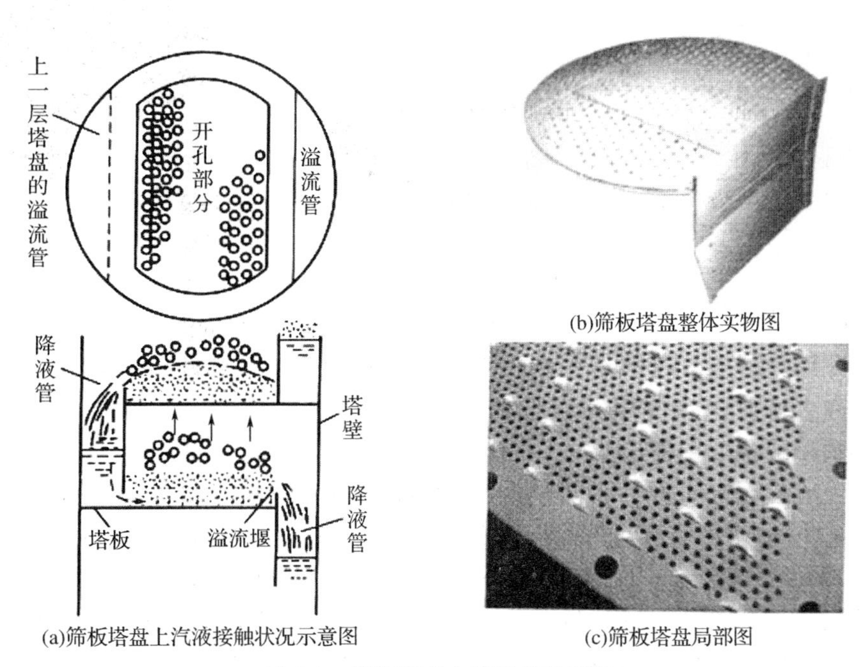

(a)筛板塔盘上汽液接触状况示意图　(b)筛板塔盘整体实物图　(c)筛板塔盘局部图

图 6.3　筛板塔盘上汽液接触状况

质。在正常的操作条件下，通过筛孔上升的气流，应能阻止液体经筛孔向下泄漏。

筛板的优点是结构简单、造价低，板上液面落差小，气体压降低，生产能力大，传质效率高。其缺点是筛孔易堵塞，不宜处理易结焦、黏度大的物料。

应予指出，筛板塔的设计和操作精度要求较高，过去工业上应用较为谨慎。近年来，由于设计和控制水平的不断提高，可使筛板塔的操作非常精确，故应用日趋广泛。

6.1.1.3 浮阀塔板

浮阀塔板具有泡罩塔板和筛孔塔板的优点，应用广泛。浮阀的类型很多，国内常用的如图 6.4 所示的 F_1 型、V-4 型及 T 型等。阀片最小开度为 2.5mm，最大开度为 8.5mm。

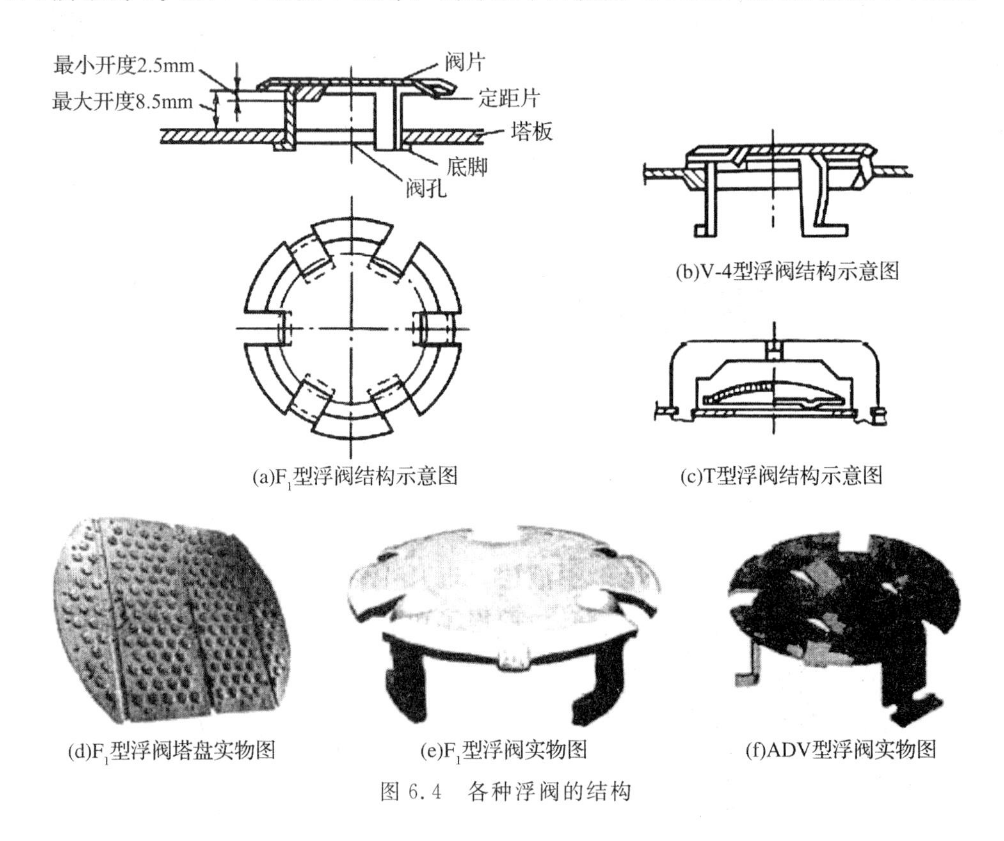

图 6.4 各种浮阀的结构

浮阀塔板的结构特点是在塔板上开有若干个阀孔，每个阀孔装有一个可上下浮动的阀片，阀片本身连有几个阀腿，插入阀孔后将阀腿底脚拨转 90°，以限制阀片升起的最大高度，并防止阀片被气体吹走。阀片周边冲出几个略向下弯的定距片，气速很低时，由于定距片的作用，可防止阀片与板面的黏结。

操作时，由阀孔上升的气流经阀片与塔板间隙沿水平方向进入液层，增加了汽液接触时间，浮阀开度随气体负荷而变。在低气量时，开度较小，气体仍能以足够的气速通过缝隙，避免过多的漏液；在高气量时，阀片自动浮起，开度增大，使气速不致过大。

浮阀塔的优点是结构简单、造价低、生产能力大，操作弹性大，塔板效率高，但在处理易结焦、高黏度的物料时，阀片易与塔板黏结；在操作过程中有时会发生阀片脱落或卡死等现象，使塔板效率和操作弹性下降。

6.1.1.4 喷射型塔板

上述几种塔板，气体以鼓泡或泡沫状态和液体接触，当气体垂直向上穿过液层时，使分散形成的液滴或泡沫具有一定的、向上的初速度。若气速过高，会造成较为严重的液沫夹带，使塔板效率下降，因而生产能力受到限制。为克服这一缺点，近年来开发出喷射型塔板，大致有以下几种类型。

(1)舌形塔板

舌形塔板的结构如图6.5所示,舌形塔板是在塔板上冲出许多舌孔,方向朝塔板液体流出口一侧张开。舌片与板面成一定的角度,有18°、20°、25°三种(一般为20°),舌片尺寸有50mm×50mm和25mm×50mm两种。舌孔按正三角形排列。塔板的液体流出口一侧不设溢流堰,只保留降液管,降液管截面积要比一般塔板设计得大些。

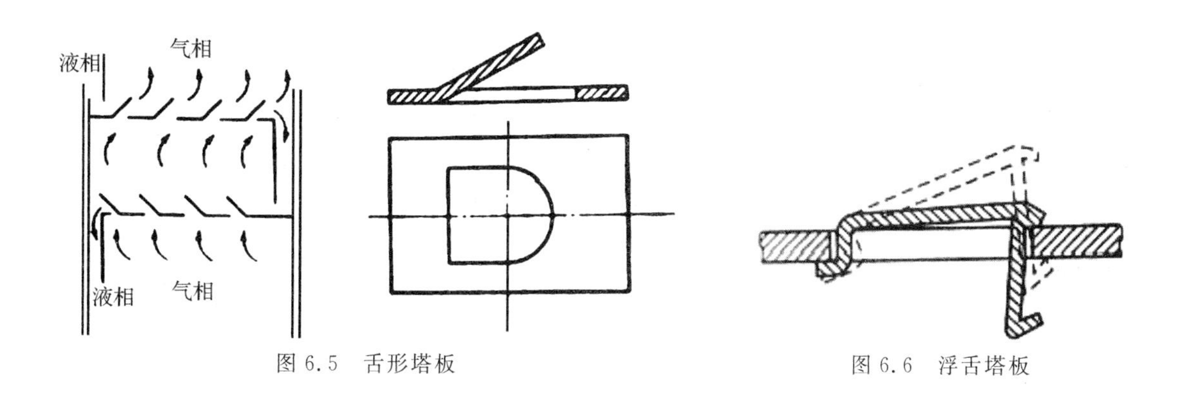

图6.5 舌形塔板

图6.6 浮舌塔板

操作时,上升的气流沿舌片喷出,其喷出速度可达20~30m/s.当液体流过每排舌孔时,即被喷出的气流强烈扰动而形成液沫,被斜向喷射到液层上方,喷射的液流冲至降液管上方的塔壁后流入降液管中,流到下一层塔板。

舌形塔板的优点是生产能力大,塔板压降低,传质效率较高;缺点是操作弹性较小,气体喷射作用易使降液管中的液体夹带气泡流到下层塔板,从而降低塔板效率。

(2)浮舌塔板

如图6.6所示,与舌形塔板相比,浮舌塔板的结构特点是其舌片可上下浮动。因此,浮舌塔板兼有浮阀塔板和固定舌形塔板的特点,具有处理能力大、压降低、操作弹性大等优点,特别适宜于热敏性物系的减压分离过程。

(3)斜孔塔板

斜孔塔板在板上开有斜孔,孔口向上与板面成一定角度。斜孔的开口方向与液流方向垂直,同一排孔的孔口方向一致,相邻两排开孔方向相反,使相邻两排孔的气体向相反的方向喷出。这样,气流不会对喷,既可得到水平方向较大的气速,又阻止了液沫夹带,使板面上液层低而均匀,气体和液体不断分散和聚集,其表面不断更新,汽液接触良好,传质效率提高。

斜孔塔板克服了筛孔塔板、浮阀塔板和舌形塔板的某些缺点。斜孔塔板的生产能力比浮阀塔板大30%左右,效率与之相当,且结构简单,加工制造方便,是一种性能优良的塔板。

工业上需分离的物料及其操作条件多种多样,为了适应各种不同的操作要求,迄今已开发和使用的塔板类型繁多。对塔型的评价具体可以从生产能力、塔板效率、操作弹性、气体通过塔盘的压力降、造价和操作是否方便等方面来考虑。常见的四种塔的典型性能比较见表6.1。

表 6.1 主要板式塔的性能比较

塔盘类型		优点	缺点	应用范围
泡罩塔	圆形泡罩	弹性好;无泄漏	造价高;压力降大;处理能力小	容易堵塞的物系
	S 型泡罩塔板			
浮阀塔	条形浮阀	操作弹性好;塔板效率高;处理能力大	浮阀易脱落	适用于加压及常压下的气液传质过程
	重盘式浮阀			
	T 型浮阀			
筛板塔	溢流式筛板	效率高;费用最低;压力降小	稳定操作范围窄;易堵物料;容易发生液体泄漏	适于处理量变动少且不析出固体物的系统
	波纹筛板			
喷射型板塔	固定舌形塔板	结构简单;压降小	效率低	减压蒸馏
	浮动舌形塔板			
	浮动喷射板	生产能力大;操作弹性大;压降小;持液量小	操作波动较大时,液体入口处泄漏较多;塔板结构复杂	适于处理量变动少的系统

6.1.2 板式精馏塔工艺设计的基本内容

板式精馏塔设计的内容主要有以下几点:

(1)设计方案的确定及说明。

(2)精馏塔的工艺设计,主要包括塔高和塔径的设计计算。

(3)精馏塔内的塔板设计,并进行流体力学校核,做出负荷性能图。

(4)附属设备的计算与选型。

(5)绘制工艺流程图及主要设备结构图。

(6)编制设备设计说明书。

6.2 设计方案的确定

确定精馏装置设计方案是指确定精馏装置的流程、设备的结构及一些操作指标,例如组分分离顺序、操作压力、进料状况、塔顶蒸汽的冷凝方式等。

6.2.1 蒸馏方式的选定

蒸馏装置包括精馏塔、原料预热器、再沸器、冷凝器、釜液冷却器和产品冷却器等设备。根据待分离混合物的流量、组成、温度、压力、物性及工艺提出的分离要求,选择精馏的类型,例如常规精馏或特殊精馏、连续精馏或间歇精馏等。一般来说,连续精馏具有生产能力大、产品质量稳定等优点,工业生产中以连续蒸馏为主。间歇蒸馏具有操作灵活、适应性强等优点,适合小规模、多品种或多组分物系的初步分离。

6.2.2　装置流程的确定

6.2.2.1　物料的储存和输送

在流程中应设置原料槽、产品槽及离心泵。原料可由泵直接送入塔内，也可以通过高位槽送料，以免受泵操作波动的影响。为使过程连续稳定地进行，产品还需用泵送入下一工序。

6.2.2.2　参数的检测和调控

流量、压力和温度等是生产中的重要参数，必须在流程中的适当位置装设仪表，以测量这些参数。同时，在生产过程中，物流的状态（流量、温度、压力）、加热剂和冷却剂的状态都不可避免地会有一定程度的波动，因此必须在流程中设置一定的阀门进行调节，以适应这种波动，保证产品达到规定的要求。

6.2.2.3　冷凝装置的确定

塔顶冷凝装置根据生产情况以决定采用分凝器或全凝器。一般塔顶分凝器对上升蒸汽虽有一定增浓作用，但在石油等工业中获取产品时往往采用全凝器，以便于准确地控制回流比。若后继装置使用气态物料，则宜用分凝器。

6.2.2.4　热能的利用

精馏过程是组分多次部分汽化和多次部分冷凝的过程，耗能较多，如何节约和合理利用精馏过程本身的热能是十分重要的。

选取适宜的回流比，使过程处于最佳条件下进行，可使能耗降至最低。与此同时，合理利用精馏过程本身的热能也是节能的重要举措。

若不计进料、馏出液和釜液间的焓差，塔顶冷凝器所输出的热量近似等于塔底再沸器所输入的热量，其数量是相当可观的。然而，大多数情况下，这部分热量由冷却剂带走而损失。如果采用釜液产品去预热原料，塔顶蒸汽的冷凝潜热去加热能级低一些的物料，可以让塔顶蒸汽冷凝潜热及釜液产品的余热充分利用。

此外，通过精馏系统的合理设置，也可以取得节能的效果。例如，采用中间再沸器间冷凝器的流程，可以提高精馏塔的热力学效率。因为设置中间再沸器，可以利用温度比塔底低的热源，而中间冷凝器则可以回收温度比塔顶高的热量。

总之，确定流程时要较全面，合理地兼顾设备、操作费用，操作控制及安全诸因素。

6.2.3　精馏操作参数的确定

6.2.3.1　操作压力

精馏操作可以在常压、加压或减压下进行，操作压力的大小应根据经济上的合理性和物料的性质来决定。常压精馏最为简单和经济，若物料性质无特殊要求，应尽可能在常压下操作。

精馏塔操作压力取决于多方面的因素。首先是待分离物系的性质，例如，在常压下为液态混合物，若沸点很高，且具有一定的热敏性，应选择减压精馏。反之，若沸点适中，则可选择常压蒸馏。如果待分离混合物为气相，只有在较高的压力下或很低的温度下才能液化，采用蒸馏的方法进行分离时，应提高其操作压力，或提高冷剂的品位，以保证精馏过程的实现。操作压力与冷凝器冷剂的选择是相关的，如果适当提高压力，则可用循环冷却水取代较高品位的冷剂。但如果压力需要提得很高，致使设备费过高时，提高压力与采用适宜冷剂应同时考虑。如石油裂解气的深冷分离就属此类。加压操作可减少气相体积流量，增加塔的生产能力，但也使得物系的相对挥发度降低，不利分离，同时还使再沸器所用热源的品位相应提高，能耗有所增加，故压力的选择要权衡利弊综合考虑。

6.2.3.2 精馏进料状态的确定

进料可以是过冷液体、饱和液体、饱和蒸汽、汽液混合物或过热蒸气。不同的进料状态对塔的汽、液相流量分布、塔径和所需的塔板数都有一定的影响。通常进料状态由前一工序来的原料的状态决定。从设计角度来看，如果来的原料为过冷液体，则可考虑加设原料预热器，将料液预热至泡点，以饱和液体状态进料。这时，精馏段和提馏段的汽相流率相近，两段的塔径可以相同，便于设计和制造，另外，操作上也比较容易控制。对冷进料的预热过程，可采用本系统低温热源，如塔釜液或工艺物流，从而减少过冷进料时再沸器热流量，节省高品位热能，降低系统的有效能损失，使系统用能趋于合理。但是，若将进料温度提的过高，以至泡点以上，可导致提馏段汽、液相流量同时减少，从而引起提馏段液、汽比的增加，为此削弱了提馏段各板的分离能力，使其所需塔板数有所增加。

6.2.3.3 精馏操作的回流比

回流比是精馏塔的重要操作参数，它不仅影响塔的设备费还影响其操作费。对总成本的不利和有利影响同时存在，只是看哪种影响占主导，为此，操作回流比存在一个最优值，其优化的目标是设备费与操作费之和，即总成本最小。

一般来说，适宜的回流比大致为最小回流比的 1.2～2 倍，通常，能源价格较高或物系比较容易分离时，这一倍数宜适当取得小些。需要指出的是实际生产中，回流比往往是调节产品质量的重要手段，必须留有一定的裕度，因此，具体的倍数需参考实际生产中的经验数据来决定。

6.2.4 精馏塔型的选定

塔主要有板式塔和填料塔两种，它们都可以用作蒸馏和吸收等气液传质过程，但两者各有优缺点，要根据具体情况选择。

精馏操作时，选择塔型应考虑的因素有：物料性质、操作条件、塔设备性能及塔的制造、安装、运转、维修等。

(1)下列情况优先选用板式塔：

①塔内液体滞液量较大，液相负荷较小，操作负荷变化范围较宽，对进料浓度变化要求不敏感，操作易于稳定；

②含固体颗粒，容易结垢，有结晶的物料，因为板式塔可选用液流通道较大的塔板，堵塞的危险较小；

③在操作过程中伴随有放热或需要加热的物料，需要在塔内设置内部换热组件，如加热盘管，需要多个进料口或多个侧线出料口。一方面板式塔的结构上容易实现，此外，塔板上有较多的滞液以便与加热或冷却管进行有效的传热；

④在较高压力下操作的蒸馏塔仍多采用板式塔。

(2)下列情况优先选用填料塔：

①在分离程度要求高的情况下，因某些新型填料具有很高的传质效率，故可采用新型填料以降低塔的高度；

②对于热敏性物料的蒸馏分离，因新型填料的持液量较小，压降小，故可优先选择真空操作下的填料塔；

③具有腐蚀性且易发泡的物料，可选用填料塔。

综上，两种塔的特点对比如表 6.2 所示，设计时可按实际物系特点选用：

表 6.2 填料塔和板式塔的特点

项目	填料塔	板式塔
空塔气速	大	小
压降	小，适用于压力降小的场合	大
塔效率	塔径在 1400mm 以下时效率较高，塔径增大，效率会下降	稳定
液气比	对液体喷淋量有一定要求	适应范围较大
持液量	较小	较小
材质	可用非金属耐腐蚀材料	一般用金属材料制作
造价	小塔较低	直径大时一般比填料塔低
安装检修	较困难	较容易

6.3 板式精馏塔的塔板数计算

要确定双组分连续精馏塔所需理论板数，可采用逐板计算法、图解法或捷算法。

6.3.1 精馏计算的主要公式

6.3.1.1 相平衡方程

对于二元混合物，当总压不高时，可得相平衡方程：

$$y=\frac{\alpha x}{1+(\alpha-1)x} \tag{6.1}$$

对于精馏塔，由于每块塔上 x，y 组成不同，温度不同，α 也会有所变化，因此对于整个精馏塔，一般采用相对挥发度的平均值，即平均相对挥发度来表示，以符号 α_m 表示。即

$$\alpha_m=\sqrt{\alpha_{顶}\times\alpha_{釜}} \tag{6.2}$$

式中，$\alpha_{顶}$ 为塔顶的相对挥发度；$\alpha_{釜}$ 为塔釜的相对挥发度。

6.3.1.2 全塔物料衡算

对精馏塔全塔进行物料衡算，得

总物料衡算 $$F=D+W \tag{6.3}$$

易挥发组分的物料衡算 $$Fx_F=Dx_D+Wx_W \tag{6.4}$$

式中,F 为原料液量,kmol/h;D 为塔顶产品(馏出液)量,kmol/h;W 为塔底产品(釜液)量,kmol/h;x_F 为原料液组成,摩尔分率;x_D 为塔顶产品组成,摩尔分率;x_w 为塔底产品组成,摩尔分率。

在精馏计算中,对分离过程除要求用塔顶和塔底的产品组成表示外,有时还用回收率表示。

塔顶易挥发组分的回收率为

$$\eta_D=\frac{Dx_D}{Fx_F}\times100\%$$

6.3.1.3 精馏段操作线方程

$$y_{n+1}=\frac{L}{V}x_n+\frac{D}{V}x_D \tag{6.5a}$$

令 $R=L/D$,R 称为回流比,于是上式可写作

$$y_{n+1}=\frac{R}{R+1}x_n+\frac{1}{R+1}x_D \tag{6.5b}$$

式中,V 为精馏段内每块塔板上升的蒸汽摩尔流量,kmol/h;L 为精馏段内每块塔板下降的液体摩尔流量,kmol/h;y_{n+1} 为从精馏段第 $n+1$ 板上升的蒸汽组成,摩尔分率;x_n 为从精馏段第 n 板下降的液体组成,摩尔分率;

精馏段操作线方程表示在一定操作条件下,从任意板下降的液体组成 x_n 和与其相邻的下一层板上升的蒸汽组成 y_{n+1}之间的关系。

6.3.1.4 提馏段操作线方程

$$y_{m+1}=\frac{L'}{V'}x_m-\frac{W}{V'}x_W \tag{6.6a}$$

或

$$y_{m+1}=\frac{L'}{L'-W}x_m-\frac{W}{L'-W}x_W \tag{6.6b}$$

式中,L'为提馏段中每块塔板下降的液体流量,kmol/h;V'为提馏段中每块塔板上升的蒸汽流量,kmol/h;x_m 为提馏段第 m 块塔板下降液体中易挥发组分的摩尔分率;y_{m+1}为提馏段第 $m+1$ 块塔板上升蒸汽中易挥发组分的摩尔分率。

式(6.6a)和式(6.6b)均称为提馏段操作线方程。该方程表示在一定操作条件下,提馏段内自任意板下降的液体组成 x_m 和与其相邻的下一层板上升蒸汽组成 y_{m+1}之间的关系。

6.3.1.5 q 线方程(进料方程)

q 线方程为精馏段操作线与提馏段操作线交点(q 点)轨迹的方程,因此可以由精馏段操作线方程式(6.5b)与提馏段操作线方程式(6.6b)联立求解得出 q 线方程。

即 $$y=\frac{q}{q-1}x-\frac{x_F}{q-1} \tag{6.7}$$

在进料热状态一定时,q 即为定值,所以 q 线方程是直线方程。不同进料热状态,q 值不同,其对 q 线的影响也不同。

6.3.2　精馏塔理论板数的计算法

6.3.2.1　逐板计算法

若塔顶冷凝器为全凝器，泡点回流，塔釜为间接蒸汽加热，进料为泡点进料。

因塔顶采用全凝器，即　　$y_1 = x_D$

而离开第 1 块塔板的 x_1 与 y_1 满足平衡关系，因此 x_1 可由汽液相平衡方程求得。即

$$x_1 = \frac{y_1}{\alpha - (\alpha - 1)y_1}$$

第 2 块塔板上升的蒸汽组成 y_2 与第 1 块塔板下降的液体组成 x_1 满足精馏段操作线方程，即

$$y_2 = \frac{R}{R+1}x_1 + \frac{1}{R+1}x_D$$

同理，交替使用相平衡方程和精馏段操作线方程，直至计算到 $x_n \leqslant x_q$（即精馏段与提馏段操作线的交点）后，再改用相平衡方程和提馏段操作线至 $x'_w \leqslant x_w$ 为止。

现将逐板计算过程归纳如下：

相平衡方程：

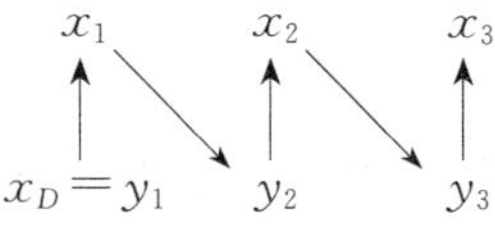

$\cdots\cdots x_n \leqslant x_q \cdots\cdots x'_W \leqslant x_W$

操作线方程：

在此过程中使用了几次相平衡方程即可得到几块理论塔板数（包括塔釜再沸器）。

6.3.2.2　图解法

应用逐板计算法求精馏塔所需理论板数的过程，可以在 $y-x$ 图上用图解法进行。具体求解步骤如下：

（1）相平衡曲线。在直角坐标系中绘出待分离的双组分物系 $y-x$ 图，如图 6.7 所示。

（2）精馏段操作线。该直线过对角线上 $a(x_D, x_D)$，以 $R/(R+1)$ 为斜率，或在 y 轴上的截距 $x_D/(R+1)$ 为纵截距，连线。即图 6.7 所示的直线 ac。

（3）q 线。q 线在 $y-x$ 图上是过对角线上 $e(x_F, x_F)$ 点，以 $q/(q-1)$ 为斜率的直线，与精馏线相交于点 q。

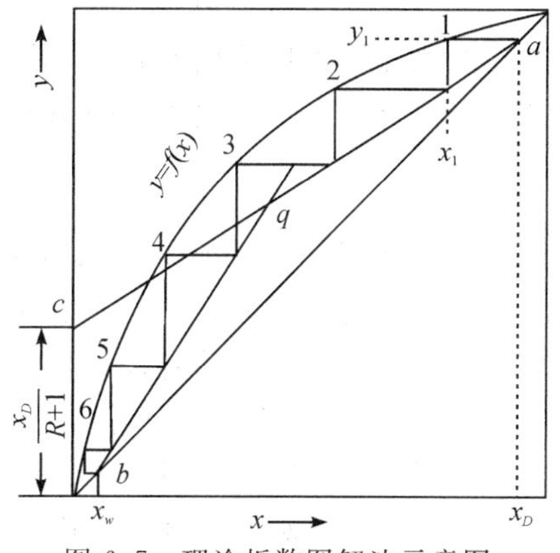

图 6.7　理论板数图解法示意图

（4）提馏段操作线。在定常连续操作过程中，该直线过对角线上 $b(x_w, x_w)$ 点，连接两点，即得提馏线，如图 6.7 所示的直线 bq。

（5）画直角梯级。从 a 点开始，在精馏段操作线与平衡线之间作水平线及垂直线，当梯级跨过 q 点时，则改在提馏段操作线与平衡线之间作直角梯级，直至梯级的水平线达到或跨过 b 点为止。其中过 q 点的梯级为加料板，最后一个梯级为再沸器。

最后应注意的是，当某梯级跨越两操作线交点 q 时（此梯级为进料板），应及时更换操作线，因为对一定的分离任务，此时所需的理论板数最少，这时的加料板为最佳加料板。加料过早或过晚，都会使某些梯级的增浓程度减少而使理论板数增加。

6.3.2.3 精馏理论板数的简捷计算

精馏塔的理论板数的计算除用前述的逐板法和图解法求算外，还可用简捷法计算。图6.8是最常用的关联图，称为吉利兰(Gilliland)关联图。

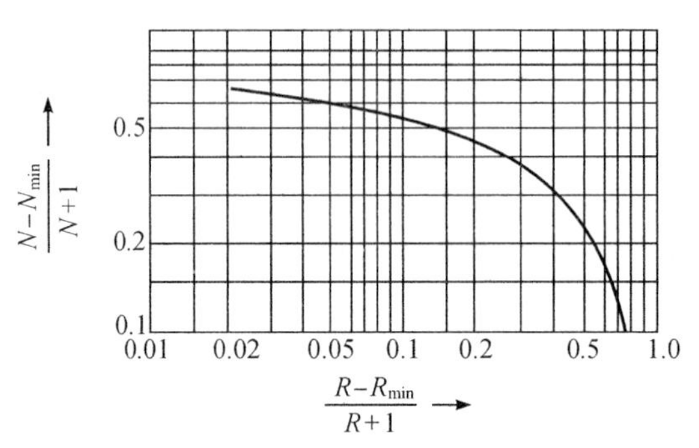

图 6.8 吉利兰关联图

图中横坐标为$\frac{R-R_{min}}{R+1}$，纵坐标为$\frac{N-N_{min}}{N+1}$。注意纵坐标中的N和N_{min}均为不包括再沸器的理论塔板数。

简捷算法虽然误差较大，但因简便，所以特别适用于初步设计计算，可快速地算出理论塔板数或粗略地寻求塔板数与回流比之间的关系，供方案比较之用。

6.3.3 精馏实际塔板数的计算法

上述计算出理论板数后，为了计算实际所需塔板数，需要解决塔效率的问题。全塔效率是在指定分离要求和回流比的情况下所需理论板数与实际板数的比值。

$$E_T = N_T / N_P \tag{6.8}$$

塔效率与系统的物性、塔板结构及操作条件都有密切关系。由于影响因素多且复杂，目前尚无精确的计算方法。工业上测定值通常在0.3～0.7。一般由生产实际经验确定或由经验公式估算。常见的有以下几种：

(1)参考生产现场同类型的塔板，物系性质相同(或相近)的塔板效率的经验数据。

(2)在生产现场对同类型塔板，类似物系进行实际测定，得出可靠的塔板效率数据。

(3)采用精馏塔全塔效率关联图(见图6.9)，此图是对几十个工业生产中的泡罩塔和筛板塔实测的结果，实验证明此图可用于浮阀塔的效率估计。

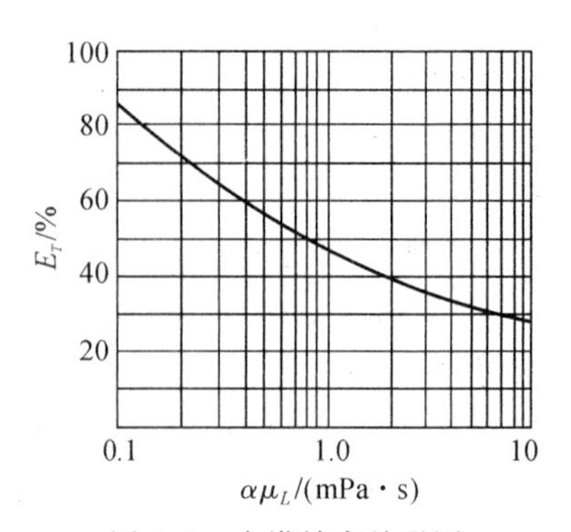

图 6.9 全塔效率关联图

图6.9中曲线也可以用下式关联，即

$$E_T = 0.49(\alpha\mu_L)^{-0.245} \tag{6.9}$$

式中，α为塔顶与塔底平均温度下的相对挥发度；μ_L为进料液在塔顶与塔底平均温度下的黏度，mPa · s。

6.4 板式塔和塔板主要工艺尺寸的设计

通过精馏设计方案的确定和精馏计算，我们获得的数据有：①汽液两相的体积流量；②操作温度和压力；③流体的物性常数（如密度、表面张力等）；④实际塔板数。由此可以开始进行塔的工艺尺寸设计。板式塔工艺尺寸设计计算的主要内容包括：板间距及塔高、塔径、溢流装置、塔板形式、塔板布置、流体力学校核、负荷性能图等。

通常，由于进料状态和各处温度压力的不同，沿塔高方向上两相的体积流量和物性常数有所变化，故常先取某一截面（例如塔顶或塔底等）条件下的值作为设计依据，以此确定塔板的尺寸，然后适当调整部分塔板的某些尺寸，或必要时分段设计（一般均尽量保持塔径不变），以适应两相体积流量的变化。作为课程设计训练，这里只讨论所选截面塔板的设计。

塔板设计的任务是以流经塔内汽液的物流量、操作条件和系统物性为依据设计出具有良好性能（压降小、弹性宽、效率高）的塔板结构尺寸。设计中通常是选定若干参数（如板间距、塔径、塔板形式等）作为确定塔板结果形式与尺寸的独立变量，定出这些变量之后，再对其流体力学性能进行校核计算，并绘制塔板负荷性能图，从而确定该塔板的适当操作区。

6.4.1 塔高和塔径

6.4.1.1 塔板间距

塔板间距直接影响塔的有效高度。采用较大的塔板间距，则塔高增加，但塔的操作气速提高，塔径减小。反之，采用较小的塔板间距，则塔高降低，塔的操作气速降低，塔径增大。对于板数较多的精馏塔，通常采用较小的板间距，适当地增大塔径以降低塔高。设计中应当根据实际情况，权衡经济因素，选择适当的板间距。板间距的选取应按系列标准选取，表6.3列出了板间距选择的经验数值，可供设计时参考。常用的板间距有300mm、350mm、450mm、500mm、600mm、800mm。

表6.3 塔板间距与塔径关系

塔径 D/m	0.3～0.5	0.5～0.8	0.8～1.6	2.0～2.4	>2.4
板间距 H_T/mm	200～300	300～350	350～450	450～600	500～800

6.4.1.2 塔高

塔高包括塔的有效高度、顶部和底部空间及裙座高度。

塔的有效高度是指布置塔内件所需要的空间高度。对于板式塔来说，其有效高度等于实际塔板数 N_T 与塔板间距 H_T 的乘积。

$$Z=(N_P-1)H_T \tag{6.10}$$

需要考虑人孔、进口、出口接管要求，调整所在位置的板间距。例如，人孔处其 H_T>600mm，进料处的板间距也应适当增大。

塔的顶部空间高度是指塔顶第一块塔板到塔顶封头的垂直距离。设置顶部空间的目的在于减小塔顶出口气体中的液体夹带量，该高度一般在 1.2～1.5m。

塔的底部空间高度是指塔底最下一块塔板到塔底封头之间的垂直距离。该空间高度包括釜液所占高度和釜液面到最下一块塔板间的高度两部分。

塔底裙座高度是指塔底封头到基础环之间的高度，应由实际工艺条件确定。一般情况下应考虑到安装塔底再沸器所需要的空间高度。根据以上原则计算塔的高度 h 为

$$h=(N_P-1)H_T+\Delta h \tag{6.11}$$

式中，Δh 为调整板间距、塔两端空间和裙座所占的总高度。

6.4.1.3 塔径设计

塔径的计算可以仿照圆形管路直径的计算公式：

$$D=\sqrt{\frac{4V_G}{\pi u}} \tag{6.12}$$

式中，D 为精馏塔的塔径，m；V_G 为通过塔的混合气体实际流量，m^3/s；u 为空塔气速，m/s。

一般情况下，空塔气速按下式取值：$u=(0.6\sim0.8)u_{max}$，以通过某一截面（例如塔顶或塔底等）或某一块板的汽液处理量来确定空塔气速的上限值，用 u_{max} 表示。

空塔气速的上限值 u_{max} 可根据悬浮液滴沉降原理推导而得，其结果为

$$u_{max}=C\sqrt{\frac{\rho_L-\rho_G}{\rho_G}} \tag{6.13}$$

式中，C 为气体负荷因子；ρ_L 为液相密度，kg/m^3；ρ_G 为汽相密度，kg/m^3。

考虑到实际情况，气体负荷因子还和塔板间距 H_T，液体的表面张力 σ 以及塔板上气液两相的流动情况有关。R. B. 史密斯(R. B. Smith)等定义了两相流动参数 F_{LV} 来反映流动特性对 C 的影响。

$$F_{LV}=\frac{m_L}{m_G}\sqrt{\frac{\rho_G}{\rho_L}}=\frac{V_L}{V_G}\sqrt{\frac{\rho_L}{\rho_G}} \tag{6.14}$$

式中，V_G、V_L 分别为气、液相的体积流量，m^3/s；m_G、m_L 分别为气、液相的质量流量，kg/s。R. B. 史密斯(R. B. Smith)等人收集了若干类型板式塔的数据，整理成气体负荷因子与诸多影响因素之间的关系曲线，如图 6.10 所示。

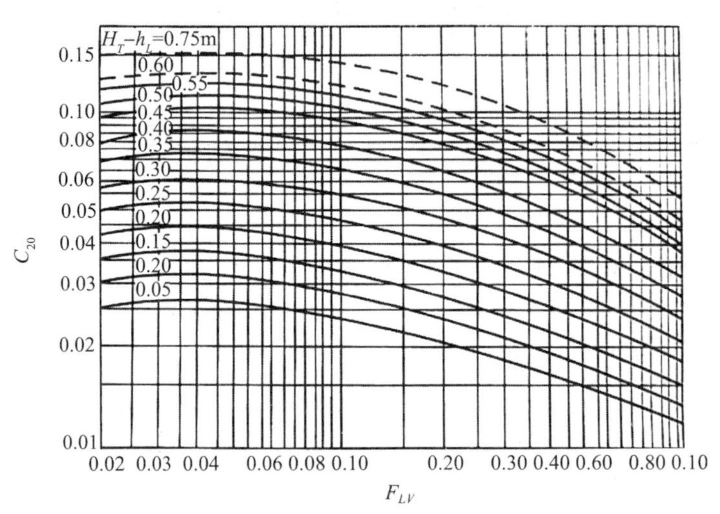

图 6.10 史密斯关联图

图中的横坐标 F_{LV} 称为液气动能参数，为无量纲量，反映了液气两相的密度与流量对气体负荷因子 C 的影响；$H_T—h_L$ 反映了液滴沉降空间高度对气体负荷因子 C 的影响。显然，$H_T—h_L$ 越大，C 值越大，这是因为随着分离空间的加大雾沫夹带量减少，允许的最大空塔气速就越大。

设计时，板上液层高度 h_L 由设计者首先决定，对于常压塔一般取 0.05～0.1m，对于减压塔一般取 0.025～0.03m。

图中的曲线是按液体表面张力 $\sigma=20\text{mN/m}$ 的物系绘制的，若所处理的物系表面张力为其他值，则需要按下式校正查出的负荷因子，即

$$C=C_{20}\left(\frac{\sigma}{20}\right)^{0.2}$$

式中，C_{20} 表示物系表面张力为 $\sigma=20\text{mN/m}$ 的负荷因子，由图中查出，σ 表示操作物系液体的表面张力。将求得的空塔气速 u 代入式中便可计算出塔径后，仍需要根据板式塔直径系列标准进行圆整。最常用的标准塔径包括：0.6m，0.7m，0.8m，1.0m，1.2m，1.4m，1.6m，1.8m，2.0m，2.2m，…，4.2m。按选取的 D 值，重新计算实际气体流通截面积、设计气速和设计泛点率。此外，还应复核到前面所选的塔板间距 H_T 与所得塔径 D 是否相适应（见表6.3）。否则，需重选 H_T 并重新进行塔径的计算。实际上，这一塔径仍为初估值，还有可能在以后的多项校核中加以调整和修正。

6.4.2 塔板上溢流装置的设计

溢流装置是塔内液体的通道，包括溢流堰、降液管、受液盘等几部分，其结构和尺寸对塔的性能有着重要影响。

6.4.2.1 溢流方式

液体自上层塔板溢流至下层塔板的流动方式极大地影响着塔板上汽液相接触的传质过程，而溢流方式是由溢流堰及降液管的结构所决定的。降液管的布置形式决定了塔板上液体的流动形态。常用的降液管布置形式主要有单溢流型、双溢流型、阶梯式双溢流型以及U形溢流型等，如图6.11所示。

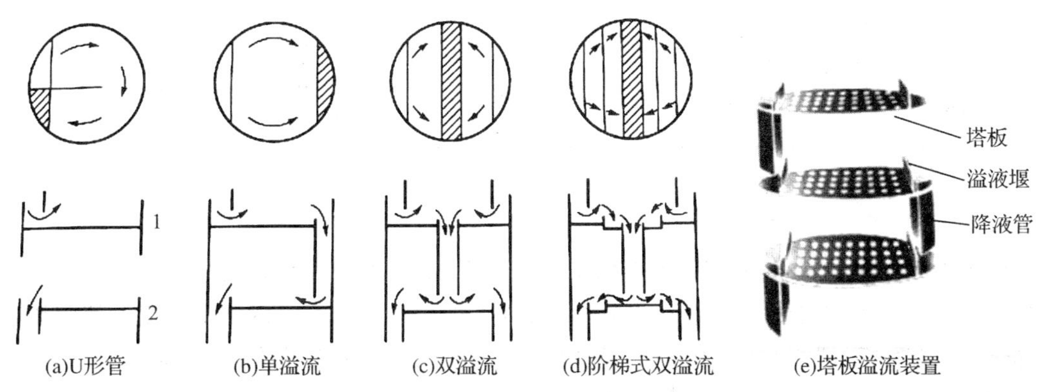

图6.11 塔板溢流类型

单溢流型[图 6.11(b)]是最为常见的一种流动形态,液体自受液盘横向流过整个塔板至溢流堰。液体流经的距离长,塔板效率高,塔板结构简单,特别适用于塔径小于 2.2m 的精馏塔。

双溢流型[图 6.11(c)]通常应用于塔径大于 2m 的精馏塔中,上层塔板的液体分别经左右两侧的降液管流至塔板,然后横向流过半个塔板进入中部降液管。这种溢流形式可有效减小液面落差,但是塔板利用率较低、结构复杂。

阶梯式双溢流型[图 6.11(d)]塔板目的在于减小液面落差而不缩短液体路径,每个阶梯均设有溢流堰,这种塔板结构最为复杂,适用于塔径很大、液流量很大的状况。

U 型溢流[图 6.11(a)]结构塔板是将弓形降液管隔成两半,一半作为受液盘,另一半作为降液管,迫使流经塔板的液体做 U 形流动。该种流型液体流经路径较长,塔板利用率较高,但液面落差较大,适用于小塔径或液体流量较小的操作状况。

众所周知,液体在塔板上流经的路径越长,汽液相接触传质进行得越充分,但液面落差加大,容易造成气体分布不均的状况,使塔板效率降低。如何选择塔板上的液体溢流形态应综合考虑塔径大小、液体流量等因素,表 6.4 列出了液体负荷与溢流形态及塔径的经验关系,可供设计时参考。

表 6.4　板上溢流形式的选择

塔径/mm	液体流量/(m^3/h)			
	U 形流	单流	双流	阶梯流
600	<5	5~25		
800	<7	7~25		
1000	<9	<45		
1200	<9	9~70		
1400	<10	<70		
1600	<11	11~80		
2000	<11	11~110	110~160	
2400	<11	11~110	110~180	
3000	<11	<110	110~200	200~300
应用场合	较低液气比	一般场合	高液气比或大型塔板	极高液气比或超大板

6.4.2.2　溢流堰的设计

溢流堰具有维持板上液层及使液流均匀的作用,除个别情况(例如很小的塔或用非金属制作的塔板)外,均应设置弓形堰。溢流堰的作用是维持板上有一定的液层高度并使液体流动均匀。溢流堰的主要结构尺寸是 h_W 和堰长 l_W。塔板上溢流堰结构简图如图 6.12 所示。

(1)堰长 l_W

堰长是溢流管的弦长。依据溢流形式及液体负荷确定堰长,堰长一旦确定,降液管宽度

W_d 与塔径比值 W_d/D、降液管截面积 A_f 与塔截面积 A_T 之比 A_f/A_T 与堰长与塔径之比 l_W/D 的关系可由弓形降液管的参数图6.13计算。也就是说，在塔径 D 和板间距 H_T 一定的条件下，确定了溢流堰长 l_W，就已固定了弓形降液管的尺寸。对于常用的降液管：

单溢流堰长取值—$l_W=(0.6\sim0.8)D$

双溢流堰长取值—$l_W=(0.5\sim0.7)D$

(2)堰高 h_W

堰高 h_W 是指降液管端面高出塔板板面的距离。在设计溢流堰时，若增加溢流堰的高度，塔板上的液层高度则相应增加，这样可以增大汽液触传质的时间，但是流体的阻力降增大。

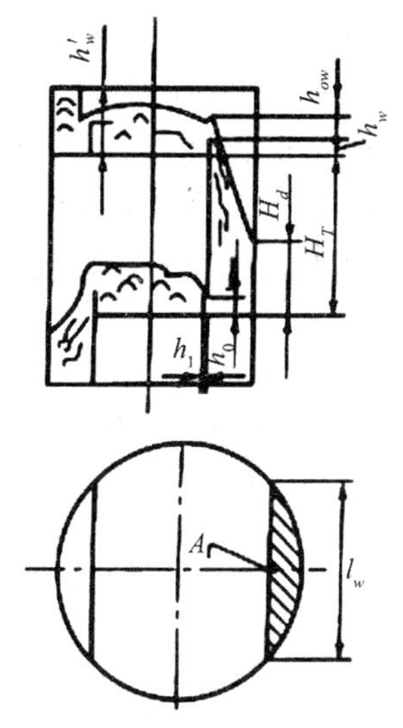

图6.12　弓形降液管溢流装置

堰高与板上液层高度及堰上液层高度的关系为

$$h_L=h_W+h_{OW}$$

式中，h_L 为板上液层高度，m；h_W 为出口堰高，m；h_{OW} 为堰上液层高度，m。

筛板和浮阀塔板的堰高可按下述要求确定：对一般的塔板，应使板上的液层高度 h_L 在50～100mm，所以根据上式可以看出，若能求出 h_{OW}，则可按下式范围确定堰高 h_W：

$$0.1-h_{OW}\geqslant h_W\geqslant 0.05-h_{OW}$$

堰上液层高度可按下式计算：

$$h_{OW}=0.00284E\left(\frac{3600V_L}{l_W}\right)^{2/3} \tag{6.15}$$

式中，E 表示溢流收缩系数(通常取 E 为1，也可查相关资料)；V_L 为液体体积流量，m^3/s。

堰上液层高度 h_{OW} 对塔板的操作性能有很大影响，在设计时一般应大于6mm，小于60～70mm。堰高 h_W 视不同板型的液层高度要求而定，通常情况下，对于常压和加压操作的塔，溢流堰高度 h_W 可适当取大些，一般取50～80mm，而对于减压塔和要求塔板阻力很小的情况，溢流堰高度要适当降低，h_W 取为25mm左右。

6.4.2.3 降液管的设计

降液管是塔板间液体下降的通道，同时也是下降液体中所夹杂的气体得以分离的场所。通常，降液管有圆形和弓形两种结构。圆形降液管制造方便，但是流通截面积较小，一般只适用于塔径较小的情况。弓形降液管的流通截面积较大，适用于直径较大的塔。

(1)降液管的宽度 W_d 及截面积 A_f

降液管截面积 A_f 常以它与塔截面积 A_T 之比 A_f/A_T 表示。A_f/A_T 过大，气体的通道截面积和塔板上汽液两相接触传质的区域都相对较小，单位塔截面积的生产能力和塔板效率将较低。但 A_f/A_T 过小，则易产生气泡夹带，且液体流动不畅，甚至可能引起降液管液泛。

根据经验，对于单流型弓形降液管，一般取 $A_f/A_T=0.06\sim0.12$；对于双流型可适当取得大些。

弓形降液管的参数图如图6.13所示。降液管宽度 W_d 与塔径比值 W_d/D、降液管截面积 A_f 与塔截面积 A_T 之比 A_f/A_T 与堰长与塔径之比 l_W/D 的关系可由弓形降液管的参数图查得。

降液管的截面积应保证溢流液中夹带的气泡得以分离，液体在降液管中的停留时间一般等于或大于3～5s，对低发泡系统可取低值，对高发泡系统及高压操作的塔，停留时间应长些。液体停留时间计算：

$$\tau=\frac{A_f H_T}{V_L} \tag{6.16}$$

式中，τ 为液体在降液管中的停留时间，s；H_T 为板间距，m；V_L 为塔内液体流量，m^3/s；A_f 为降液管截面积，m^2。

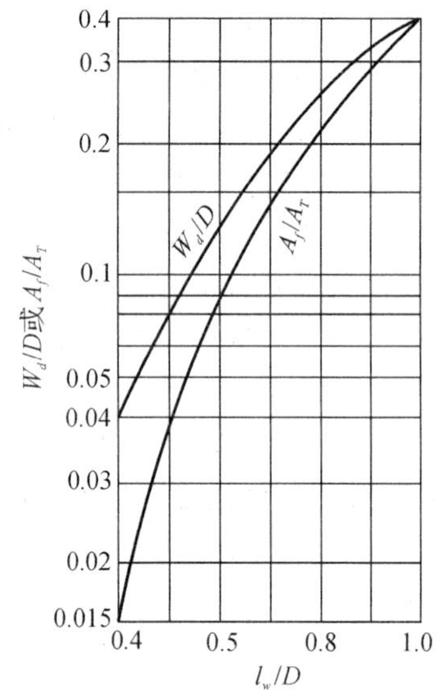

图 6.13 弓形降液管的宽度与面积

(2)降液管底隙高度 h_0

底隙高度 h_0 是指降液管下端与受液盘之间的距离。为了减小液体流动助力并考虑液体夹带悬浮颗粒通过底隙时不致造成堵塞，所以底隙高度 h_0 一般不易小于 20～25mm。但是，若底隙高度 h_0 过大，又不易形成液封。一般可按下式计算底隙高度 h_0，即

$$h_0=\frac{V_L}{l_W u_0'} \tag{6.17}$$

式中，u_0' 表示液体流过底隙时的流速，一般介于 0.07～0.25m/s，不宜大于 0.3～0.5m/s。

同时要求，底隙高度 h_0 应低于出口堰高度 h_W，这样可保证降液管底端有良好的液封，一般应低于 6mm，即 $h_0=h_W-6\text{mm}$。

(3)受液盘

塔板上接受降液管流下液体的那部分区域称为受液盘，如图 6.14 所示。它有平形和凹形两种形式，前者结构简单，最为常用。为使液体更均匀地横过塔板流动，也可考虑在其外侧加设进口堰。凹形受液盘易形成良好的液封，也可改变液体流向，起到缓冲和均匀分布液体的作用。但结构稍复杂，多用于直径较大的塔，特别是液体流率较小的场合，它不适用于易聚合或含有固体杂质的物系。

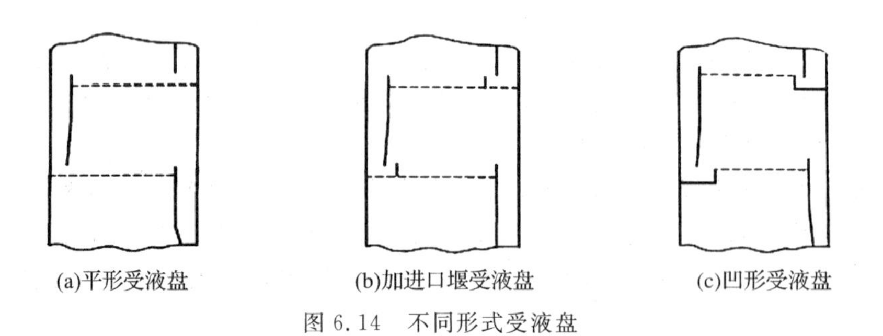

图 6.14 不同形式受液盘

6.4.3 塔盘及其布置

塔板有分块式与整块式两种。对于直径为 0.8～0.9m 的塔，宜采用整块式塔板，直

径较大的塔，特别是当直径大于 1.2m 时，宜采用分块式塔板，以满足刚性要求。塔板的厚度设计，首先应当考虑塔板的刚性及介质的腐蚀情况，其次再考虑经济性。对于碳钢材料，通常取塔板厚度为 3～4mm，对于耐腐蚀材料可适当减小塔板厚度。

塔板面积依据所起的作用不同，可分为四个区域区域，如图 6.15 所示。

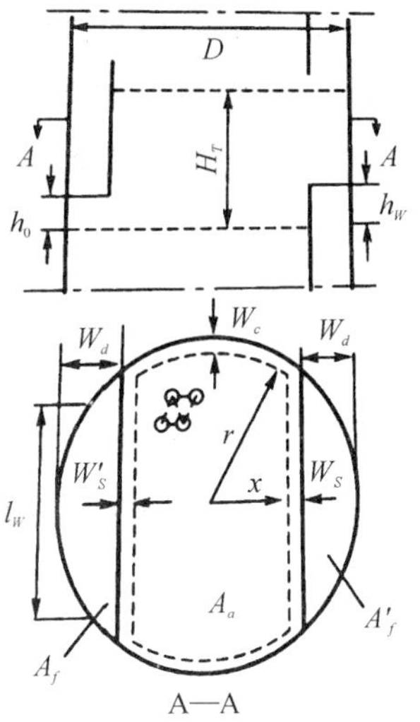

图 6.15　塔板结构参数

6.4.3.1　开孔鼓泡区

开孔鼓泡区为图 6.15 虚线以内的区域，是塔板上的开孔区域，亦称鼓泡区，是用来布置筛板、浮阀等部件的有效传质区域。

6.4.3.2　溢流区

溢流区面积 A_f 和 A'_f 为受液盘和降液管所占的区域，两者的面积通常相等。

6.4.3.3　安定区

开孔鼓泡区与溢流区之间的不开孔区域称为安定区，以避免含有气泡的大量液降入降液管而造成液泛。通常情况下，安定区的宽度可取 50～100mm。

6.4.3.4　无效区(边缘区)

塔板上在靠近塔壁的应留出一圈边缘区，供塔板安装之用，又称为无效区。其宽度视需要而定，小塔为 30～50mm，大塔可达 50～75mm. 为防止液体经边缘区域流过而素液传质，可在塔板上沿塔壁设置旁流挡板。

针对现在常用的板式塔中，以筛板式塔盘和浮阀塔盘较为普遍，我们下面介绍这两种塔盘的设计与校核。

6.4.4　筛板塔盘的主要结构参数计算

6.4.4.1　筛板直径

筛孔直径 d_0 是筛板塔塔板结构的一个重要参数，是影响汽相分散及汽液相接触的重要工艺尺寸。随着孔径的增大，漏液量和雾沫夹带量都会相应增加。操作弹性减小。大孔径塔板不易堵塞，加工方便，费用降低。若孔径太小，则加工制造困难，易堵塞。通常情况下，筛孔的加工一般采用冲压法；对于碳钢塔板，孔径不应小于塔板厚度；对于钢塔板，孔径应不小于 1.5～2 倍的板厚。近年来随着操作经验的积累和设计水平，有些塔板采用大孔径设计，孔径尺寸大于 10mm，这种孔径尺寸的塔板加工方便，且不易堵塞，只要设计合理，操作得当，同样可获得满意的分离效果。

6.4.4.2　孔心距

相邻两筛孔中心的距离称为孔心距，用 t 表示。孔心距对塔板效率的影响要大于孔径对塔径影响。一般情况下，通常采用 2.5～5 倍直径的孔心距。若孔心距过小，上升的气体则相互干扰，影响塔板效率；反之，孔心距过大则易造成发泡不均，同样影响分离效果。设计孔心距时可按所需要的开孔面积来计算孔心距。通常情况下，尽可能将孔心距保持在3～4倍的孔径范围内，即 $t/d_0=3\sim4$。

6.4.4.3 筛孔的排列与开孔率

筛孔一般采用正三角形排列。此时，筛孔的数目 n 可按下式计算，即

$$n=\frac{1.158A_a}{t^2} \tag{6.18}$$

式中，A_a 为开孔区面积，m^2；t 为孔心距，m。

筛孔面积与开孔区面积之比称为开孔率。若开孔率过大，则易漏液，操作弹性减小；若开孔率过小，塔板阻力加大，则雾沫夹带增加，易发生液泛。开孔率可按式(6.19)计算，即

$$\frac{A_0}{A_a}=\frac{0.907}{\left(\frac{t}{d_o}\right)^2} \tag{6.19}$$

式中，A_0 为筛孔面积，m^2；d_o 为筛孔直径，m。

开孔区面积 A_a，对于单溢流型塔板可用下式计算，即

$$A_a=2\left(x\sqrt{r^2-x^2}+r^2\arcsin\frac{x}{r}\right) \tag{6.20}$$

$$x=\frac{D}{2}-(W_d-W_s)$$

$$r=\frac{D}{2}-W_c$$

式中，W_d 为降液管宽度，m；W_s 为安定区宽度，m；W_c 为边缘区宽度，m。

常压塔或减压塔中开孔率一般为10%～15%；加压塔较小，为6%～9%，有时低至3%～4%。通过上述方法求得筛孔直径、筛孔数目、孔心距以及开孔率等参数以后，还需要进行流体力学验证，检验是否合理，若不合理需要进行适当调整。

6.4.5 塔板流体力学验算

流体力学验证的目的在于检验初步设计出的塔径及各项工艺尺寸是否合理，在设计任务规定的汽、液负荷下塔能否正常运行，检验过程中若发现有不合适的地方，应对有关结构参数进行调整，直至得到满意的结果。流体力学验证内容包括以下几项：塔板阻力降、漏液、液沫夹带、液泛等。

6.4.5.1 塔板阻力降

气体通过塔板的阻力降是塔板的重要水力学参数之一，塔板压降直接影响到塔底的操作压力，同时也影响到汽液平衡关系。若阻力降过大，对液泛的出现有直接影响。分析塔板压降参数对于了解与掌握塔板的操作状况有帮助。气体通过塔板的压降主要由两个方面决定，一是气体通过塔板筛孔及其他各种通道所需要克服的阻力；二是气体通过塔板上液层时所需要克服的液层的静压力。

气体通过每层塔板的阻力降公式为

$$\Delta p=h_p\rho_L g$$

式中，液柱高度 h_p 可由下式计算：

$$h_p=h_c+h_l+h_\sigma \tag{6.21}$$

式中，h_p 为气体通过每层塔板的阻力；h_c 为气体通过筛孔及其他通道的阻力(干板压降)；h_l 为气体通过板上液层所需要克服的阻力；h_σ 为克服液体表面张力的阻力。

气体通过塔板时的阻力降通常都是利用半经验公式计算，塔结构类型不同，所采用的公式也不尽相同，但来源依据均为流体力学原理。

(1)干板阻力降

通常，当筛板的开孔率为 5%～15%时，干板阻力降可用下式计算，即

$$h_c = 0.051\left(\frac{u_0}{C_0}\right)^2\left(\frac{\rho_V}{\rho_L}\right) \tag{6.22}$$

式中，u_0 为气体通过筛孔的气速，m/s；C_0 为孔流系数，一般推荐采用图 6.16 查得；ρ_V 为气相密度，m^3/h；ρ_L 为液相密度，kg/m^3。

(2)板上液层阻力

气体通过板上液层的阻力降与板上液层高度以及液体中的气泡状况等众多因素有关，其计算方法很多，设计中通常利用式(6.23)估算，即

$$h_l = \beta h_L = \beta(h_W + h_{OW}) \tag{6.23}$$

式中，β 为板上液层充气系数(根据气体的能动因子 $F_0 = u_a\sqrt{\rho_V}$ 由图 6.16 查得，通常 β 取 0.5～0.6，其中 u_a 表示通过有效传质区的气速，即气体体积流量除以工作面面积之商)；h_L 为板上液层高度，m；h_W 为出口堰高，m；h_{OW} 为堰上液层高度，m。

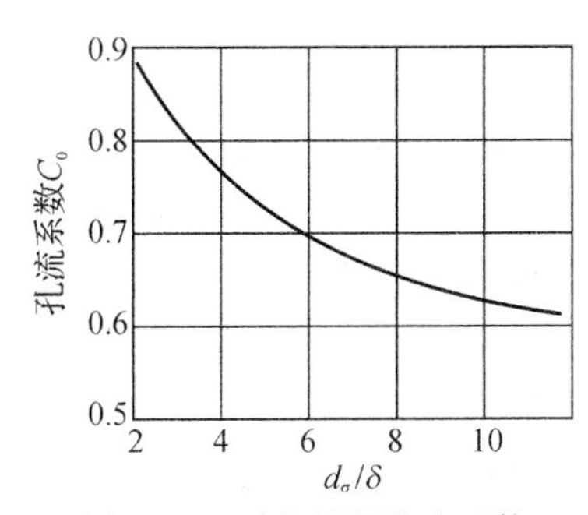

图 6.16　干孔板的孔流系数

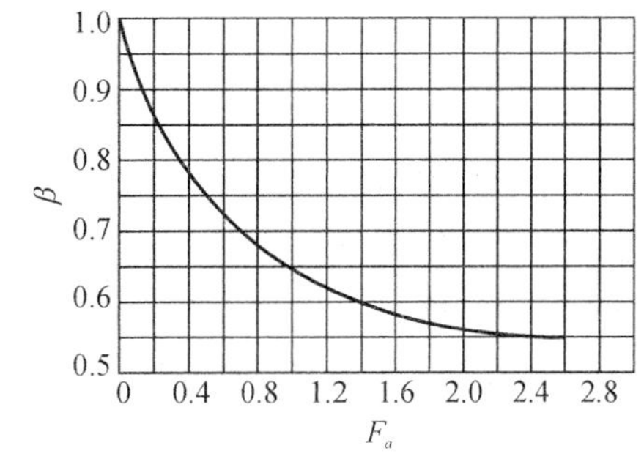

图 6.17　液层充气系数

(3)克服液体表面张力的阻力

克服液体表面张力的阻力为

$$h_\sigma = \frac{4\sigma_L}{\rho_L g d_0} \tag{6.24}$$

式中，σ_L 为液体表面张力，N/m。

由以上各式分别求出 h_c、h_l、h_σ 后，即可得出气体通过筛板的压降值，该计算值应低于设计允许值。

6.4.5.2　漏液

筛板塔内气体的上升通过塔板上的开孔，正常操作情况下，气体通过筛孔的阻力降与液体克服筛孔处表面张力所需要的压力之和足以与液层静压力相抵，不致发生严重的漏液现象。但是，当气体通过开孔的流速较小，气体的动能不足以克服板上液层静压时，便会发生漏液现象。若气速继续降低，更严重的漏液将使筛板不能积液而破坏正常操作，故漏液点为

筛板的下限气速。用漏液点气速表示：

$$u_{OW}=4.4C_0\sqrt{(0.0056+0.13h_L-h_\sigma)\rho_L/\rho_V} \qquad (6.25a)$$

当 $h_L<30\text{mm}$，筛孔孔径 $d_0<3\text{mm}$ 时，用下式计算较适宜：

$$u_{OW}=4.4C_0\sqrt{(0.01+0.13h_L-h_\sigma)\rho_L/\rho_V} \qquad (6.25b)$$

为了使筛板塔具有足够的操作弹性，应保持一定范围的稳定性系数 K，即

$$K=\frac{u_0}{u_{OW}}>1.5\sim2.0 \qquad (6.26)$$

式中，u_0 为筛孔气速，m/s；u_{OW} 为漏液点气速，m/s。

若稳定性系数偏低，可以适当减小塔板开孔率或降低溢流堰高度。

6.4.5.3 液沫夹带

液沫夹带是指板上液体被上升气体带入上一层塔板的现象，过多的液沫夹带将导致塔板效率严重下降，为了保证板式塔能维持正常的操作效果，应使每 kg 气体夹带到上一层板的液体量不超过 0.1kg，即控制液沫夹带量 $e_V<0.1$kg 液体/kg 气体。

计算液沫夹带量的方法很多，推荐采用亨特经验式：

$$e_V=\frac{5.7\times10^{-6}}{\sigma}\left(\frac{u_a}{H_T-h_f}\right)^{3.2} \qquad (6.27)$$

式中，h_f 为塔板上鼓泡层高度，按鼓泡层相对密度为 0.4 考虑，即

$$h_f=(h_L/0.4)=2.5h_L$$

6.4.5.4 液泛

液泛分为降液液泛和液沫夹带液泛两种情况，因设计中已对液沫夹带量进行了验算，故在筛板的流体力学验算中通常只对降液管液泛进行验算。

为使液体能由上层塔板稳定地流入下层塔板，降液管内必须维持一定液层高度 H_d。降液管内的清液层高度用于克服塔板阻力 h_p、板上液层的阻力 h_l 和液体流过降液管的阻力 h_d 等。若忽略塔板的液面落差，则可用下式计算 H_d，即

$$H_d=h_p+h_W+h_{OW}+h_d \qquad (6.28)$$

式中，H_d 为降液管中清液层高度；h_p 为塔板阻力；h_W+h_{OW} 为板上清液层高度；h_d 为液体流过降液管的压强降相当的液柱高度，m。

h_d 主要由降液管底隙处的局部阻力造成，可按下面经验式估算：

塔板上不设置进口堰

$$h_d=0.153\left(\frac{V_L}{l_W h_0}\right)^2=0.153(u_0')^2 \qquad (6.29a)$$

塔板上设置进口堰

$$h_d=0.2\left(\frac{V_L}{l_W h_0}\right)^2=0.2(u_0')^2 \qquad (6.29b)$$

式中，u_0' 为液体通过降液管底隙时的流速，m/s。

按上式可以算出降液管中的清液层高度，而降液管中液体和泡沫的实际高度大于此值。为了防止液泛，应保证降液管中泡沫液体总高度不能超过上层塔板的出口堰，即

$$H_d\leqslant\Phi(H_T+h_W) \qquad (6.30)$$

式中，Φ 为考虑降液管内充气及操作安全的校正系数，对一般物系取 0.5，易起泡物系取 0.3

～0.4，不易起泡取物系取 0.6～0.7。

经以上各项流通力学验算合格后，还需绘出塔板的负荷性能图。

6.4.6　塔板负荷性能图

对于一个特定的筛板塔，应当有一个适宜的操作区域，该区域综合地反映了板的性能。在负荷性能图中，可绘出若干种临界操作状况时出现的气、液流量关系曲线，在临界曲线范围之内，操作才能正常进行。各临界曲线的求取方法如下。

(1)漏液线。按式(6.25a)或(6.25b)计算漏液点气速，并绘制 V_s-L_s 漏液线。

(2)液沫夹带线。取极限值 $e_V=0.1$kg 液体/*kg* 气体，按式(6.27)作 V_s-L_s 液沫夹带线。

(3)液泛线。按式(6.30)作 V_s-L_s 液泛线。

(4)最大操作液量线。为了使降液管中液面气泡能够脱除，液体在降液管中的停留时室不得小于 3～5s，即

$$\tau=\frac{A_f H_T}{V_L}\geqslant 3\sim 5$$

可按此式作最大操作液量线。

(5)最小操作液量线。取堰上液层高度最小允许值为 0.006m，可按下式(6.15)计算出最小操作液量线，即

$$h_{OW}=0.00284E\left(\frac{3600V_L}{l_W}\right)^{2/3}$$

(6)塔的操作弹性。在塔的操作液汽比下，如图6.19所示，操作线 A 与界限曲线交点的汽相最大负荷 V_{max}与汽相允许的最低负荷之比，称为操作弹性，即

$$操作弹性=V_{max}/V_{min}$$

对于图 6.18 这是一个设计合理的负荷性能图，图中阴影部分为适宜的操作区域。

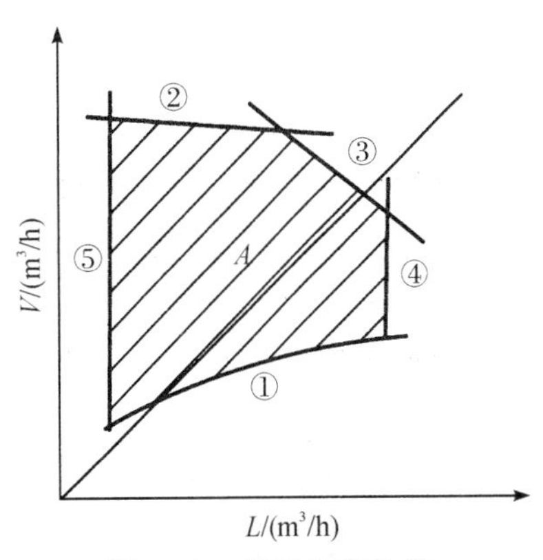

图 6.18　塔板负荷性能

在负荷性能图中，被曲线所包围的区域是设计的塔分离给定物系的适宜操作范围，其区域越大，则适宜范围越大。只要设计点落在适宜操作范围内，塔板即可正常行。但是，通常不希望塔板的设计点落在负荷性能图边位置上或靠近某曲线，以避免生产波动引起塔效率下降，故希望设计点位于图中适中位置。

负荷性能图可以用以评价和考查设计的合理性，指设计参数的调整或修改，也可用于实际运行塔板的操作分析和诊断。当分离混合物体系一定时，负荷性能图完全取决于塔板的结构尺寸，与操作条件无关。如果设计点偏，应当调整相关结构尺寸，改变负荷性能，使设计点于操作区域适中位置。值得注意的是每改变一处结构尺寸，可能要同时影响几条曲线位置的变化。

提示：通过负荷性能图发现，如果设计点靠近液沫夹带线，可以通过减小降液管面积，或提高塔板间距；如果设计点靠近液泛线，说明降液管液体通过能力小，板阻力大，为此可扩大降液管，提高开孔率；如果设计点靠近塔板漏液线，说明塔板开孔率太高，可适当减少孔数；

如果设计点靠近液相下限线及汽相下限，说明溢流堰过长或降流面积过大，故可减小堰长，此类情况应减小塔径。

6.4.7 浮阀塔的浮阀数和排列设计与计算

浮阀的类型很多，如 F_1 型、V－4 型、十字架型、A 型、V－O 型等。目前应用最广泛的是 F_1 型（相当国外 V－1 型）和 V－4 型，国内确定为行业标准。F_1 型又分重阀（代号为 Z）和轻阀（代号为 Q）两种，分别由不同厚度薄板冲压制成，前者重约 32g，最为常用；后者阻力略小，操作稳定性也稍差，适用于处理量大并要求阻力小的系统，如减压塔。V－4 型基本上和 F_1 型相同，除采用轻阀外，其区别仅在于将塔板上的阀孔制成向下弯的文丘里型以减小气体通过阀孔的阻力，主要用于减压塔。两种形式浮阀孔的直径 d_0 均为 39mm。

当气相体积流量 V_G 已知时，由于阀孔直径 d_0 给定，因而塔板上浮阀的数目 n，即阀孔数，取决于阀孔的气速 u_0，可按以下公式求得

$$n=\frac{V_G}{\frac{\pi}{4}d_0^2 u_0} \tag{6.31}$$

阀孔的气速 u_0 常根据阀孔的动能因子 $F_0=u_0\sqrt{\rho_V}$ 来确定。F_0 反映密度为 ρ_V 的气体速度通过阀孔时动能的大小。综合考虑 F_0 对塔板效率、压力降和生产能力等的影响，据经验可取 $F_0=8\sim12$，此时浮阀处于全开状态。由此可知适宜的阀孔气速 u_0 为

$$u_0=\frac{F_0}{\sqrt{\rho_V}} \tag{6.32}$$

求得浮阀个数后，应在草图上进行试排列。阀孔一般按正三角形排列，常用的中心距有 75、100、125、150(mm)等几种，它又分顺排和错排两种，如图 6.19 所示，通常认为错排时两相的接触情况较好，故采用较多。对于大塔，当采用分块式结构时，不便于错排，孔也可按等腰三角形排列[如图 6.19(c)所示]。

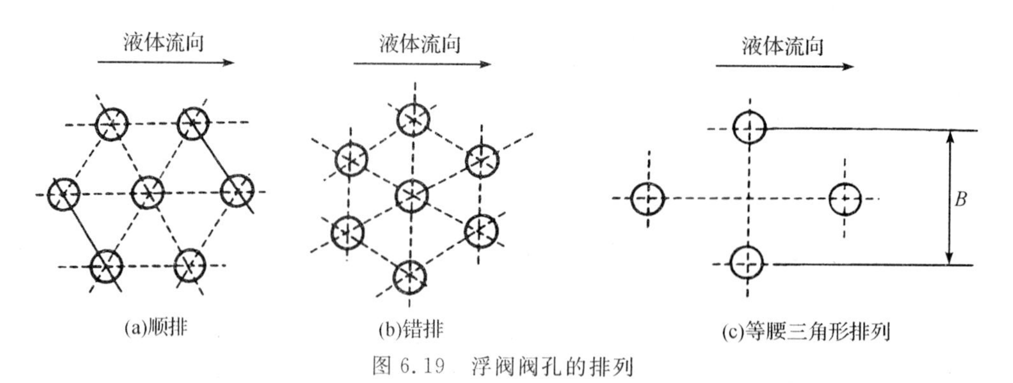

图 6.19 浮阀阀孔的排列

经排列后的实际浮阀个数 n 和前面所求得的值可能稍有不同，应按实际浮阀个数 n 重新计算实际的阀孔气速 u_0 和实际的阀孔动能因子 F_0。

浮阀塔板的开孔率 φ 是指阀孔总截面积与塔的截面积之比，即

$$\varphi = n\frac{d_0^2}{D^2} \tag{6.33}$$

目前工业生产中，对常压或减压塔，$\varphi=10\%\sim14\%$，加压塔的 φ 一般小于10%。

6.4.8　浮阀塔的流体力学验算

浮阀塔板流体力学验算与筛板塔大同小异，主要也有塔板阻力降、液泛、液沫夹带及漏液等。

6.4.8.1　塔板阻力降

气体通过浮阀塔板的阻力仍由干板阻力、通过板上液层的阻力、克服阀孔处液体表面张力的阻力三部分构成，与筛板塔相同，即

$$h_p = h_c + h_l + h_\sigma$$

式中，各符号代表含义与筛板塔相同，但各项计算方法略有差异，具体如下：

(1)干板阻力降。干板阻力 h_c 与气体流速及浮阀的开度有关，当气速较低时，全部浮阀处于静止位置上，气体流经由定距片支起的缝隙。随气体流量增大，缝隙处气速增大，阻力随之增大。

当气体流量继续增加，使阻力增大至可将浮阀顶开或部分顶开。此阶段继续增加气体流量，所有浮阀开启或原开启浮阀增加开度，使孔口气速变化较小，阻力增加缓慢。此时处在部分浮阀开启或全部浮阀开启，但未达到最大开度的状态，使得塔板对孔速有自调的能力。

当气体流量增大至某一程度时，可将浮阀全部吹开，达到最大开度，其浮阀开度不再改变。此时再提高气体流量，干板压降将会迅速增加。使浮阀达到全开时的阀孔气速称为临界气速，以 u_{0C} 表示。

阀未全开

$$h_c = 19.9\frac{u_0^{0.175}}{\rho_L} \tag{6.34}$$

阀全开

$$h_c = 5.34\frac{\rho_V}{\rho_L}\left(\frac{u_0^2}{2g}\right) \tag{6.35}$$

在临界点时同时满足以上两式，联立求解，可得临界孔速 u_{0C}

$$u_{0C} = \left(\frac{73}{\rho_V}\right)^{1/1.825} \tag{6.36}$$

通过 u_{0C} 与实际孔速 u_0 的比较确定浮阀状态后，即可选择上相应公式计算干板阻力 h_c。

(2)板上液层阻力。气体通过板上液层的阻力降与堰高、溢流强度、气速有关，与筛板塔计算相同。

$$h_l = \beta h_L = \beta(h_W + h_{OW})$$

充气系数 β 可采用与筛板塔相同的方法查图获得。当液相为水时，$\beta=0.5$；为油时，$\beta=0.2\sim0.35$；为碳氢化合物时，$\beta=0.4\sim0.5$。

(3)克服液体表面张力的阻力 h_σ

$$h_\sigma = \frac{4\times10^{-3}\sigma_L}{\rho_L g d_0}$$

式中，σ_L 为液体表面张力，N/m。

整个塔板阻力偏高时，应适当增加开孔率或降低堰高 h_W。通常浮阀塔的压降比筛板塔大。对常压塔和加压塔，每层浮阀塔板压降为 265～538Pa，减压塔约为 200Pa。

6.4.8.2 漏液

对于浮阀塔，一般取 $F_0=5$ 时，对应的阀孔气速为其漏液点气速 u_{OW}。

设计浮阀塔时，应避免严重漏液，一般要求孔速为漏液点气速的 1.5～2.0 倍，它们之比称为稳定系数。（这一点与筛板塔相同）

$$K=\frac{u_0}{u_{OW}}>1.5\sim2.0$$

式中，u_0 为阀孔气速，m/s；u_{OW} 为漏液点气速，m/s。

6.4.8.3 液沫夹带

目前，浮阀塔液沫夹带量的校核通常用空塔气速和发生液泛时的空塔气速之比作为液沫夹带量大小的指标，成为泛点率，以 F_1 表示。对于直径小于 0.9m 的塔，$F_1<0.65\sim0.75$；对于一般的大塔，$F_1<0.80\sim0.82$；对于负压操作的塔，$F_1<0.75\sim0.77$，这样可保证液沫夹带量 e_V 小于 0.1kg 液体/kg 气体。

泛点率可按下面经验公式计算：

$$F_1=\frac{100V_G\sqrt{\dfrac{\rho_G}{\rho_L-\rho_G}}+136V_LZ}{A_aC_FK} \tag{6.37}$$

式中，F_1 为泛点百分率；V_G、V_L 分别为汽、液相体积流量，m^3/s；ρ_G、ρ_L 汽液相密度，kg/m^3；Z 为液体横过塔板流动的长度；对单溢流，$Z=D-2W_d$，其中 D 为塔径，W_d 为降液宽度；A_d 为板上液流面积；C_F 为泛点负荷系数，可由图 6.20 查取，K 为系统因数，可由表 6.5 查取。

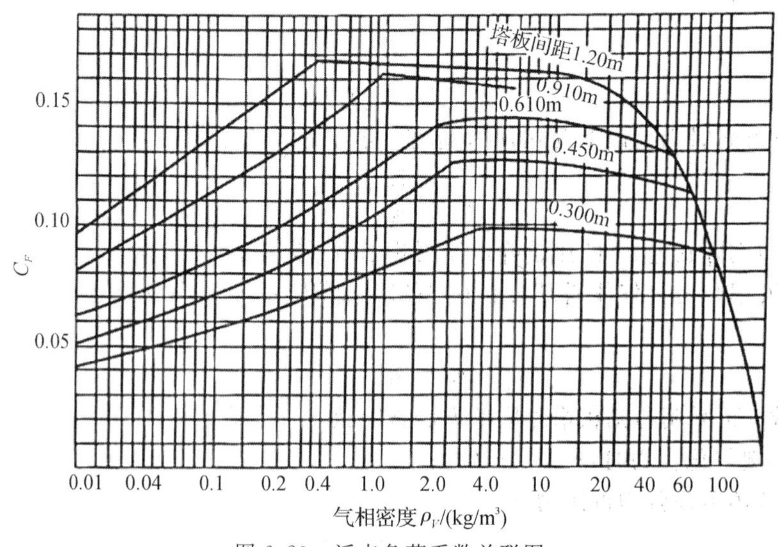

图 6.20 泛点负荷系数关联图

表 6.5　系统因数 K

系统	K 值	系统	K 值
无泡沫正常系统	1.00	多泡沫系统(如胺及乙二醇吸收塔)	0.60
氟化物(如 BF3、氟利昂)	0.73	严重泡沫系统(如甲乙酮装置)	0.85
中等起泡沫系统(如油吸收塔、胺及乙二醇再生塔)	0.90	形成稳定的泡沫系统(如碱再生塔)	0.15

6.4.8.4　溢流液泛核算和降液管内停留时间校核

这两项校核与筛板塔相同。

6.4.8.5　塔板的负荷性能图

按上述方法进行流体力学验算后，还应绘制浮阀塔板的负荷性能图。浮阀塔的负荷性能图的绘制方法见“筛板塔负荷性能图”。浮阀塔的操作弹性较达 3～4，若所设计塔板的弹性稍小，可适当调整塔板的尺寸来满足。

6.5　精馏塔的附件及附属设备

精馏塔的附件及附属设备包括塔底再沸器、塔顶冷凝器、除沫器、原料加热器、各种连接管、物料及产品的输送泵以及各种为精馏塔提供支撑的储罐等。在课程设计时，这些附属设备，仅需要计算出其主要的性能参数即可，然后依据其性能参数进行设备或附件的选择，而不必对其进行详细设计。

这些设备的选择和参数计算除根据相关的知识以外，还应当考虑工程实际情况以及相应标准。以下就主要附属设备的参数计算和选择做简要介绍。

6.5.1　再沸器

再沸器是操作分离的能量来源，其选用与安装正确与否对精馏塔的正常操作、产品的产量与质量均有重要影响。

根据再沸器的结构类型、安装方式可将其分为若干种形式，比如立式与卧式、热虹吸式与强制循环式等。当所需热流量较小时，可选用立式热虹吸式再沸器；当所需热流量较大时，可选用卧式热虹吸式再沸器。当塔底物料黏度较大或受热易分解时，可选用泵强制循环式再沸器。

下面以立式热虹吸式再沸器为例，简要说明其参数计算过程。

6.5.1.1　收集整理原始数据

根据精馏塔的工艺条件，决定再沸器的热负荷和操作压力，查出各种物性数据并选择适宜的加热介质。再沸器的热负荷是根据操作压力下的汽化潜热、总体循环量以及汽化率确定的，汽化量 V'、总体循环量 W 以及汽化率 x 之间的关系为

$$x=V'/W \tag{6.38}$$

通常情况下，汽化率的取值为15%～25%。

6.5.1.2 初步估算及校核设备尺寸

依据选定的加热介质温度以及操作条件下的物料饱和温度确定传热温差。根据经验初步估计传热系数，根据所需的热负荷，进而计算所需要的传热面积，然后可在再沸器系列中选择合适的再沸器。当选定再沸器之后，可以校核初步估计的传热系数是否合理，如此循环，直至满足精度要求。再沸器一些常用的总传热系数的经验值如表6.6所示。

表6.6 再沸器总传热系数常用经验值

壳程	管程	总传热系数	备注
水蒸气	液体	1400	垂直短管
水蒸气	液体	1160	水平管
水蒸气	水	2265～5700	垂直管
水蒸气	水	1980～4260	
水蒸气	有机溶剂	570～1150	
水蒸气	轻油	450～1020	
水蒸气	重油	140～430	

6.5.2 冷凝器

下面以饱和蒸汽冷凝器为例，简要说明其参数计算过程。

第一步，计算热负荷及冷却水流量。

对于冷凝需求量为V的操作状况，其冷凝热负荷为

$$Q=Vr \tag{6.39}$$

式中，r为汽化潜热，kJ/kg。

若冷流体质量流量为m，热损失不计，则应有

$$Q=Vr=mC_p(t_2-t_1) \tag{6.40}$$

式中，C_p为冷流体比热容，kJ/(kg·℃)；t_2为冷流体出口温度，℃；t_1为冷流体进口温度，℃。

第二步，依据经验估计冷凝器的总传热系数。

通常情况下，在估算冷凝器的换热面积时，应当先估计其总传热系数，估计总传热系数往往依靠实践经验，表6.7给出了精馏塔塔顶冷凝器的不同操作状况下的经验总传热系数。也可以在相关参考书中查找相应的总传热系数经验值。依据估计的总传热系数，初步估算所需要的换热面积，预选冷凝器型号，然后进行校核。在校核过程中，需要分别计算冷凝器间壁两侧的对流传热系数。

第三步，用估计的总传热系数，进行所需换热面积的估算。初步估算换热面积后，根据实际情况选取一定的裕量，得到设计换热面积，再确定冷凝器的型号规格。

表6.7 冷凝器总传热系数常用经验值

壳程	管程	总传热系数/[W/(m² · K)]	壳程	管程	总传热系数/[W/(m² · K)]
塔顶油蒸气	水	230	重整产品	水	350
常压分馏塔顶蒸气	水	350～600	低沸点常压、减压烃类	水	460～1140
再蒸馏塔顶蒸气	水	400	高沸点减压烃类	水	120～300
烃分馏塔顶蒸气	水	460～1140	烃类油蒸气	水	140～530

第四步，选定冷凝器的型号规格。由初步估算出的换热面积，在冷凝器系列标准中选择适当的冷凝器型号。可以考虑将多个冷凝器并联或串联使用。

第五步，根据所选冷凝器的结构参数以及相应的操作工艺参数进行总传热系数的校核，此时需要计算冷热流体各自的传热系数。如果依此计算出的总传热系数与初步估计的传热系数相差较大，则必须重新审视以上各个计算环节是否合理，必要时须重新选取冷凝器的型号，直至满足设定误差要求。

6.5.3 主要接管尺寸

塔体上的接管用于连接各个工艺管路，使各个工艺设备连成系统，通常包括液体进料管、回流管、有闪蒸时的液体进料管、汽液进料管、低温液体进料管、进气管、出气管、侧线采出口管、釜液出口管、液面计接口管以及其他测量及控制仪表接管等。

各种接管尺寸的计算可以根据已经学过的基本流体力学知识解决，针对具有各种特殊要求的接管，设计计算时的具体要求分述如下：

(1)对于无闪蒸的液体进料管及回流管，设计时应当注意，液体不直接加到塔盘的鼓泡区；接管的安装应不妨碍塔盘上液体的流动；管内的允许流速不宜超过1.5～1.8m/s。回流管及进液管的结构形式通常采用直管式或弯管式两种结构。

(2)对于有闪蒸的液体进料管，不仅要求进料时使液体均匀分布，还须能适应进料的时的汽液分离，此时可采用两端封死T形管式结构，使其在一定压力下排出液体。

(3)对于汽液进料管，不仅要求进料均匀，而且要求液体流过塔板时蒸汽能分离出来，接管结构形式可以采用两端封死T形管，在安装时须注意避免物料冲击塔板鼓泡区。

(4)对于蒸汽进出口管，须具备合适的尺寸，以避免压力过大，各种操作条件下蒸汽管内的许可流速列于表6.8。

表6.8 接管内蒸汽许可流速参考值

操作压强(绝压)	常压	6.7～13.3kPa	6.7kPa以下
蒸汽流速/(m/s)	12～20	30～45	45～60

(5)对于加料管，当采用高位槽进料时，管内液体许可流速可取0.4～0.8m/s。

(6)对于回流液管，当采用重力回流时，回流管内流速通常可取0.2～0.5m/s。

6.5.4 泵

精馏装置系统使用的泵一般包括进料泵、回流泵、产品泵、冷却泵等，其型号选择可依据流体力学基础知识进行，简要叙述选型过程如下：

(1)首先计算出泵所在系统的总阻力，其中包括输送流体流过的管路、管件、设备单元等。

(2)依据泵送流体初始界面及终了界面，考虑其位能、静压能以及动能的变化。

(3)利用流体力学知识，在泵输送流体初始界面及终了界面之间列伯努利方程，计算出泵输送流体所需扬程。

$$H=\frac{\Delta p}{\rho g}+\frac{\Delta u^2}{2g}+\Delta Z+\sum h_f \tag{6.41}$$

式中，Δp 为静压的变化，Pa；Δu 为流速的变化，m/s；ΔZ 为位能的变化，m 液柱；$\sum h_f$ 为沿程总阻力损失，m 液柱。

(4)依据扬程及流量要求，并根据输送介质的特性选择泵的类型及型号。

6.5.5 容器

容器包括原料、产品贮罐及不合格产品罐、中间缓冲罐、回流罐、气液分离罐等。该设备主要工艺指标一般是容积，容积是根据工艺要求物流在容器内的停留时间而定。对于缓冲罐，为保证工艺流程中流量操作的稳定，其停留时间常常是下游使用设备 5～10min 的用量，有时可以超过 15min 的用量。对回流罐一般考虑 5～10min 的液体保有量，作冷凝器液封用。而对于原料罐，应根据运输条件和消耗情况而定，一般对于全厂性的原料贮存，至少有一个月的耗用量贮存，车间的原料贮罐一般考虑至少有半个月的贮存。液体的产品罐一般设计至少有一周的产品产量。根据以上原则计算的贮罐容积是其有效容积，有效容积与贮罐总体积之比称为填充系数。不同的场合下，填充系数的值不同，一般在 0.6～0.8。此外，还应根据物料的工艺条件和贮存条件，例如温度和压力及介质的物性，选择容器的材质和容器结构类型。我国已有许多化工贮罐实现了系列化和标准化，在贮罐类型选用时，应尽量参照。

6.6 设计示例

选题工程背景：丙烯作为一种仅次于乙烯的重要的有机化工原料，一直拥有很大的市场需求量。在丙烯精制过程中，丙烷因沸点、酸碱性等物理化学性质和丙烯非常接近，因此分离难度较大，一般需要在塔板数超过 180，回流比超过 15，操作压力为 20bar(1bar＝10^5 Pa)的精馏塔中进行分离；要求设备投资巨大、运行能耗高，是目前石油化工中最耗能的过程之一。目前，虽有很多学者提出并着手研发新的低能耗的分离方法，但由于材料开发、生产能力与操作时间在实际生产中都存在不同程度的限制。因此，工业上选择精馏方法仍是大量分离丙烷-丙烯的首选。

设计任务：采用精馏方法分离丙烯-丙烷混合体系。进料流量 100kmol/h，进料方式为泡点进料，进料丙烯摩尔含量为 90%。要求塔顶丙烯含量大于 99.7%，塔底丙烯含量小于 13.22%，塔顶全凝，冷却介质为常温水，再沸器加热介质为饱和水蒸气，回流比 $R/R_{\min}=$

1.3～1.8,采用泵强制回流。

设计条件:

操作条件　　2.0MPa

进料热状况　　泡点进料

回流比　　自选(R/R_{min}=1.3～1.8)

全塔效率　　由经验公式计算

根据以上工艺条件进行筛板塔设计计算。

6.6.1 精馏塔设计的手工计算

6.6.1.1 设计方案的确定

丙烯-丙烷二元体系精馏分离,因其在较高压力下分离,使丙烯-丙烷间的相对挥发度降低,因此需要较大的液气比来达到分离要求,因此在本次设计中选用板式塔来进行设计。丙烷-丙烯物系精馏分离操作稳定,不存在固体物质,考虑到筛板塔结构简单,造价低,因此选择板式塔中的筛板塔作为丙烯-丙烷分离的塔设备。

6.6.1.2 物料衡算

已知 F=100kmol/h,又 $x_D \geqslant 0.997$;$x_W \leqslant 0.1322$,联立方程解得

$$\begin{cases} F=D+W, \\ Fx_F=Dx_D+Fx_W, \end{cases} \quad 即 \begin{cases} 100=D+W, \\ 100\times 0.9=D\times 0.997+W\times 0.1322; \end{cases}$$

解得 D=88.78kmol/h,W=11.22kmol/h。

6.6.1.3 基本物性数据

由 Aspen 软件模拟获取丙烯-丙烷物系在 2.0MPa 下的 $T-x-y$ 数据,见表 6.9。

表 6.9 丙烯-丙烷物系在 2.0MPa 下的 $T-x-y$ 数据(模拟)

温度/℃	x	y
48.719	0.99697	0.99713
49.275	0.89660	0.90390
51.000	0.63550	0.65890
53.000	0.39000	0.41860
55.000	0.18220	0.20250
55.530	0.13181	0.14784

(1)各种定性温度

通过查 $t-x-y$ 表,可近似获得塔体各处温度

$$y_D=0.997;T_D=48.72℃$$

$$x_F=0.9;T_F=49.28℃$$

$$x_W=0.1322;T_W=55.53℃$$

精馏段平均温度

$$T_1=\frac{T_D+T_F}{2}=\frac{48.72+49.28}{2}=49(℃)$$

提馏段平均温度

$$T_2=\frac{T_W+T_F}{2}=\frac{55.53+49.28}{2}=52.41(℃)$$

（2）相对挥发度的确定

根据相对挥发度计算式

$$\alpha=\frac{y/(1-y)}{x/(1-x)}$$

计算出在 2.0MPa 下不同温度时丙烯-丙烷的相对挥发度值如表 6.10 所示。

表 6.10　2.0MPa 下丙烯-丙烷的相对挥发度

温度/℃	x	相对挥发度 α
48.72	0.99697	1.05592
49.28	0.8966	1.08472
51.000	0.6355	1.10795
53.000	0.39	1.12613
55.000	0.1822	1.13971
55.530	0.13181	1.14271

则精馏段平均相对挥发度：

$$\bar{\alpha}_1=\frac{1.05592+1.08472}{2}=1.07032$$

提馏段平均相对挥发度：

$$\bar{\alpha}_2=\frac{1.08472+1.10795+1.12613+1.13971+1.14271}{5}=1.120$$

全塔平均相对挥发度：

$$\bar{\alpha}=\frac{\sum_{i=6}^{n}\alpha}{6}=\frac{1.05592+1.08472+1.10795+1.12613+1.13971+1.14271}{6}=1.10952$$

（3）混合物的平均黏度

查得丙烯-丙烷在一定温度下的黏度[来自《化工工艺手册》第四版]见表 6.11。

表 6.11　丙烯-丙烷的黏度

物质	温度/℃	黏度/cp
丙烯	45	0.08
	60	0.07
丙烷	45	0.083
	60	0.072

利用内插法，由塔顶温度 $T_D=48.72℃$，$x_1=0.9967$ 得

$$\mu_{DA}=0.08+\frac{0.07-0.08}{65-45}\times(48.72-45)\approx0.078(\text{cp})$$

$$\mu_{DB}=0.083+\frac{0.072-0.083}{65-45}\times(48.72-45)\approx0.081(\text{cp})$$

$$\bar{\mu}_D=x_1\mu_{DA}+(1-x_1)\mu_{DB}=0.9667\times0.078+(1-0.9667)\times0.081\approx0.0781(\text{cp})$$

进料口温度 $T_F=49.28℃$，$x_F=0.9$，则

$$\bar{\mu}_F=x_F\mu_{FA}+(1-x_F)\mu_{FB}=0.9\times0.078+(1-0.9)\times0.081\approx0.0783(\text{cp})$$

塔釜温度 $T_W=55.53℃$，$x_w=0.1322$，则

$$\bar{\mu}_W=x_w\mu_{WA}+(1-x_w)\mu_{WB}=0.1322\times0.075+(1-0.1322)\times0.077\approx0.0767(\text{cp})$$

全塔液相平均黏度

$$\bar{\mu}=\frac{\bar{\mu}_D+\bar{\mu}_F+\bar{\mu}_W}{3}=\frac{0.0781+0.0783+0.0767}{3}=0.0777(\text{cp})$$

(4)混合物的平均摩尔质量

丙烯相对分子质量 $M_A=42.08$，丙烷相对分子质量 $M_B=44.1$。

精馏段平均摩尔质量：

利用内插法，已知精馏段平均温度 $T_1=49℃$，可得精馏段汽液相的平均组成为

$$x_1=0.99697+\frac{0.8966-0.99697}{49.275-48.719}\times(49-48.719)\approx0.94624$$

$$y_1=0.99713+\frac{0.9039-0.99713}{49.275-48.719}\times(49-48.719)\approx0.95$$

$$\overline{M}_{L1}=x_1M_A+(1-x_1)M_B=0.94624\times42.08+(1-0.94624)\times44.1=42.19(\text{kg/kmol})$$

$$\overline{M}_{V1}=y_1M_A+(1-y_1)M_B=0.95\times42.08+(1-0.95)\times44.1=42.18(\text{kg/kmol})$$

同理，提馏段平均平均温度 $T_2=52.41℃$，则

$$x_2=0.6355+\frac{0.39-0.6355}{53-51}\times(52.41-51)\approx0.4624$$

$$y_2=0.6589+\frac{0.4186-0.6589}{53-51}\times(52.41-51)\approx0.4895$$

$$\overline{M}_{L2}=x_2M_A+(1-x_2)M_B=0.4624\times42.08+(1-0.4624)\times44.1=43.17(\text{kg/kmol})$$

$$\overline{M}_{V2}=y_2M_A+(1-y_2)M_B=0.4895\times42.08+(1-0.4895)\times44.1=43.11(\text{kg/kmol})$$

(5)密度

混合气体密度 $\rho_V=0.1203\dfrac{M_Vp}{T}$；混合液体密度 $\dfrac{1}{\rho_L}=\dfrac{a_A}{\rho_A}+\dfrac{a_B}{\rho_B}$

①气相平均密度

精馏段气相平均密度

$$\rho_{V1}=0.1203\frac{M_{V1}p}{T}=0.1203\times\frac{42.18\times2000}{273.15+49}\approx31.5(\text{kg/m}^3)$$

提馏段气相平均密度

$$\rho_{V2}=0.1203\frac{M_{V2}p}{T}=0.1203\times\frac{43.06\times2000}{273.15+52.41}\approx31.8(\text{kg/m}^3)$$

②液相平均密度

通过查取《化工工艺手册》第四版得到丙烯-丙烷的相对密度(见表 6.12)。

表 6.12 丙烯-丙烷的相对密度

物质(液相)	温度/℃	相对密度
丙烯	45	0.49
	60	0.465
丙烷	45	0.448
	60	0.417

液体相对密度基准为1标准大气压下0℃的水,其密度为1000kg/m³,由此计算出丙烯-丙烷在对应温度下的实际密度见表 6.13。

表 6.13 丙烯-丙烷的实际密度

物质(液相)	温度/℃	密度/(kg/m³)
丙烯	45	490
	60	465
丙烷	45	448
	60	417

精馏段平均密度,根据 $T_1=49$℃,采用内插法得

$$\rho_{A1}=490+\frac{465-490}{60-45}\times(49-45)=483.33(\text{kg/m}^3)$$

$$\rho_{B1}=448+\frac{417-448}{60-45}\times(49-45)=439.73(\text{kg/m}^3)$$

精馏段混合液的平均质量分率为

$$\alpha_{A1}=\frac{x_1M_A}{x_1M_A+(1-x_1)M_B}=\frac{0.94624\times42.08}{0.94624\times42.08+(1-0.94624)\times44.1}=0.9438$$

$$\alpha_{B1}=1-\alpha_{A1}=1-0.9438=0.0562$$

解得 $\bar{\rho}_{L1}=480.65\text{kg/m}^3$

提馏段平均密度,根据 $T_2=52.41$℃,利用内插法得

$$\rho_{A2}=490+\frac{465-490}{60-45}\times(52.41-45)=477.65(\text{kg/m}^3)$$

$$\rho_{B2}=448+\frac{417-448}{60-45}\times(52.41-45)=432.69(\text{kg/m}^3)$$

提馏段混合液的平均质量分率为

$$\alpha_{A2}=\frac{x_2M_A}{x_2M_A+(1-x_2)M_B}=\frac{0.4624\times42.08}{0.4624\times42.08+(1-0.4624)\times44.1}=0.4308$$

$$\alpha_{B2}=1-\alpha_{A2}=1-0.4308=0.5692$$

提馏段平均密度为 $\bar{\rho}_2=450.98\text{kg/m}^3$。

(6)混合物的平均表面张力

查取《化工工艺手册》第四版的表面张力图，得到丙烯-丙烷在一定温度下的表面张力，见表 6.14。

表 6.14　丙烯-丙烷的表面张力

物质	温度/℃	表面张力/(mPa/m)
丙烯	45	4.7
	60	3.3
丙烷	45	4.5
	60	3.0

根据 $T_1=49℃$，$x_1=0.94624$，利用内插法得

$$\sigma_{A1}=4.7+\frac{3.3-4.7}{65-45}\times(49-45)=4.42(\text{mPa/m})$$

$$\sigma_{B1}=4.5+\frac{3.0-4.5}{65-45}\times(49-45)=4.2(\text{mPa/m})$$

$$\bar{\sigma}_1=x_1\sigma_{A1}+(1-x_1)\sigma_{B1}=0.94624\times4.42+(1-0.94624)\times4.2\approx4.41(\text{mPa/m})$$

精馏段的平均表面张力为$\bar{\sigma}_1=4.41\text{mPa/m}$。

(7)提馏段平均表面张力

根据 $T_2=52.41℃$，$x_2=0.4624$ 得

$$\sigma_{A2}=4.7+\frac{3.3-4.7}{65-45}\times(52.41-45)=4.18(\text{mPa/m})$$

$$\sigma_{B2}=4.5+\frac{3.0-4.5}{65-45}\times(52.41-45)=3.94(\text{mPa/m})$$

$$\bar{\sigma}_2=x_2\sigma_{A2}+(1-x_2)\sigma_{B2}=0.4624\times4.18+(1-0.4624)\times3.94\approx4.05(\text{mPa/m})$$

提馏段平均表面张力为$\bar{\sigma}_2=4.05\text{mPa/m}$。

6.6.1.4　理论塔板数与实际塔板数的确定

(1)最小回流比和操作回流比

由于混合物泡点进料，因此 $q=1$；即 $x_e=x_F=0.9$；

$$y_e=\frac{\alpha x_e}{1+(\alpha-1)x_e}$$

算出最小回流比

$$R_{\min}=\frac{x_D-y_e}{y_e-x_e}=\frac{0.997-0.90283}{0.90283-0.9}=10.78$$

实际回流比选为最小回流比的 1.8 倍，得

$$R=1.8R_{\min}=10.78\times1.8=19.404$$

(2)塔的气液相负荷

因进料条件为泡点进料，即 $q=1$，则塔的气液相摩尔流率如下：

$$L=RD=19.404\times88.78=1722.69(\text{kmol/h})$$

$$V=(R+1)D=(19.404+1)\times 88.78=1811.47(\text{kmol/h})$$
$$L'=RD+F=1722.69+100=1822.69(\text{kmol/h})$$
$$V'=V=1811.47\text{kmol/h}$$

(3)操作线方程与理论塔板数

确定精馏段线性方程为

$$y_{n+1}=0.951x_n+0.04886$$

和相平衡线方程联立,得

$$\begin{cases} y=\dfrac{1.0997x}{1+0.0997x} \\ y_{n+1}=0.951x_n+0.04886 \end{cases}$$

逐板交替计算,精馏段塔板数每层板上气液组成如表 6.15 所示。

表 6.15 精馏段每层板汽液组成

塔板数/层	x	y	塔板数/层	x	y
1	0.99670	0.99700	22	0.98648	0.98769
2	0.99640	0.99672	23	0.98573	0.98701
3	0.99608	0.99643	24	0.98494	0.98629
4	0.99575	0.99613	25	0.98412	0.98554
5	0.99540	0.99582	26	0.98326	0.98476
6	0.99504	0.99549	27	0.98237	0.98394
7	0.99466	0.99514	28	0.98144	0.98310
8	0.99427	0.99478	29	0.98047	0.98221
9	0.99385	0.99441	30	0.97946	0.98129
10	0.99342	0.99401	31	0.97841	0.98033
11	0.99297	0.99360	32	0.97731	0.97933
12	0.99250	0.99317	33	0.97617	0.97828
13	0.99201	0.99273	34	0.97498	0.97720
14	0.99149	0.99226	35	0.97375	0.97607
15	0.99096	0.99177	36	0.97246	0.97489
16	0.99040	0.99126	37	0.97112	0.97367
17	0.98981	0.99073	38	0.96972	0.97239
18	0.98920	0.99017	39	0.96827	0.97107
19	0.98857	0.98959	40	0.96677	0.96969
20	0.98790	0.98899	41	0.96520	0.96826
21	0.98721	0.98835	42	0.96357	0.96677

续表

塔板数/层	x	y	塔板数/层	x	y
43	0.96188	0.96522	56	0.93330	0.93898
44	0.96013	0.96361	57	0.93053	0.93643
45	0.95830	0.96194	58	0.92768	0.93380
46	0.95641	0.96021	59	0.92473	0.93108
47	0.95445	0.95841	60	0.92168	0.92827
48	0.95242	0.95654	61	0.91855	0.92538
49	0.95031	0.95461	62	0.91532	0.92240
50	0.94812	0.95260	63	0.91199	0.91933
51	0.94586	0.95052	64	0.90857	0.91616
52	0.94351	0.94837	65	0.90505	0.91291
53	0.94109	0.94614	66	0.90143	0.90956
54	0.93858	0.94384	67	0.89772	0.90612
55	0.93599	0.94145	$x_{67}=0.89772<0.9=x_F$		

由此可知精馏段 67 块塔板，进料板为第 67 块板。

提馏段操作线方程为

$$y_{m+1}=1.00619x_W-0.0008188$$

与相平衡线线方程逐板交替计算，提馏段每层板汽液组成如表 6.16 所示。

表 6.16　提馏段每层板汽液组成

塔板数/层	x	y	塔板数/层	x	y
68	0.89377	0.90246	79	0.82955	0.84257
69	0.88994	0.89891	80	0.82069	0.83426
70	0.88579	0.89505	81	0.81121	0.82534
71	0.88129	0.89087	82	0.80109	0.81580
72	0.87641	0.88634	83	0.79028	0.80560
73	0.87114	0.88143	84	0.77879	0.79473
74	0.86544	0.87612	85	0.76658	0.78315
75	0.85928	0.87038	86	0.75364	0.77086
76	0.85264	0.86419	87	0.73997	0.75784
77	0.84549	0.85751	88	0.72556	0.74408
78	0.83781	0.85031	89	0.71041	0.72957

续表

塔板数/层	x	y	塔板数/层	x	y
90	0.69453	0.71432	107	0.35541	0.37747
91	0.67794	0.69833	108	0.33541	0.35692
92	0.66065	0.68162	109	0.31590	0.33679
93	0.64271	0.66422	110	0.29692	0.31714
94	0.62413	0.64615	111	0.27854	0.29803
95	0.60498	0.62745	112	0.26080	0.27953
96	0.58531	0.60817	113	0.24372	0.26166
97	0.56517	0.58837	114	0.22735	0.24448
98	0.54464	0.56810	115	0.21170	0.22799
99	0.52379	0.54743	116	0.19678	0.21223
100	0.50270	0.52644	117	0.18260	0.19722
101	0.48145	0.50520	118	0.16916	0.18294
102	0.46013	0.48381	119	0.15645	0.16941
103	0.43882	0.46234	120	0.14447	0.15662
104	0.41761	0.44089	121	0.13319	0.14455
105	0.39659	0.41954	122	0.12260	0.13320
106	0.37583	0.39837	$x_{122}=0.1226<0.1322=x_W$		

得全塔总理论塔板数 N_T 为 122 块。进料板为第 67 块板。

(4)实际塔板数

理论塔板数与实际塔板数的关系为

$$E=\frac{N_T}{N}=0.49\times(\alpha\mu_{aV})^{-0.245}$$

全塔平均相对挥发度为

$$\bar{\alpha}=1.0997$$

算出板效率为

$$E=0.49\times(1.0997\times0.0777)^{-0.245}=0.895$$

全塔实际塔板数

$$N_e=\frac{N_T}{E}=\frac{122}{0.895}=136.3$$

则实际塔板数 $N_e=137$ 层塔板。

实际进料板位置

$$N_F'=\frac{N_F}{E}=\frac{67}{0.895}=74.86$$

取整则实际进料板为 $N_F'=75$ 层塔板。

6.6.1.5 精馏塔的塔体工艺尺寸计算

(1)精馏塔的体积流量计算

由体积流量计算式

$$V=\frac{LM}{3600\rho}$$

得

$$V_L=\frac{L\overline{M}_{L1}}{3600\ \bar{\rho}_1}=\frac{1722.69\times42.19}{3600\times480.65}=0.042(m^3/s)$$

$$V_G=\frac{V\overline{M}_{V1}}{3600\ \bar{\rho}_{V1}}=\frac{1811.47\times42.18}{3600\times31.5}=0.674(m^3/s)$$

$$V_L'=\frac{L\overline{M}_{L2}}{3600\ \bar{\rho}_2}=\frac{1822.69\times43.17}{3600\times450.98}=0.0485(m^3/s)$$

$$V_G'=\frac{V'\overline{M}_{L2}}{3600\ \bar{\rho}_{V2}}=\frac{1811.47\times43.11}{3600\times31.8}=0.682(m^3/s)$$

(2)塔径的计算

预设所设计的塔为中型,因液流量较大,选择液流形式为双流型,板间距600mm。

由式

$$FP=\left(\frac{V_L}{V_G}\right)\sqrt{\frac{\rho_L}{\rho_G}}$$

可得精馏段塔径

$$FP_1=\frac{V_L}{V_G}\sqrt{\frac{\bar{\rho}_{L1}}{\bar{\rho}_{V1}}}=\frac{0.042}{0.674}\times\sqrt{\frac{480.65}{31.5}}=0.243(m)$$

通过上述数据及 $H_T=0.6m$,查史密斯关联图得

$$C_{20}=0.081$$

$$C=C_{20}\left(\frac{\bar{\sigma}_1}{20}\right)^{0.2}=0.081\times\left(\frac{4.41}{20}\right)^{0.2}=0.0599$$

$$u_{\max}=C\sqrt{\frac{\bar{\rho}_{L1}-\bar{\rho}_{L11}}{\bar{\rho}_{V1}}}=0.0599\times\sqrt{\frac{480.65-31.5}{31.5}}=0.226(m/s)$$

根据 $u=(0.6\sim0.8)u_{\max}$,取安全系数0.7,得

$$u=0.7\times0.226=0.1582(m/s)$$

得出塔的有效截面积

$$A_n=\frac{V_G}{u}=\frac{0.674}{0.1582}=4.26(m^2)$$

取降液管道截面积/塔截面积 $\frac{A_d}{A}=0.12$,计算得出塔的截面积

$$A=\frac{A_n}{1-0.12}=\frac{4.26}{0.88}=4.84(m^2)$$

估算塔径

$$D_1=\sqrt{\frac{4A}{\pi}}=\sqrt{\frac{4\times 4.84}{3.14}}=2.483(\mathrm{m})$$

提馏段塔径

$$FP_2=\frac{V'_L}{V'_G}\sqrt{\frac{\bar{\rho}_{L2}}{\bar{\rho}_{V2}}}=\frac{0.0485}{0.682}\times\sqrt{\frac{450.98}{31.8}}=0.268(\mathrm{m})$$

通过上述数据,查史密斯关联图得

$$C'_{20}=0.078$$

$$C'=C'_{20}\left(\frac{\bar{\sigma}_2}{20}\right)^{0.2}=0.078\times\left(\frac{4.05}{20}\right)^{0.2}=0.0567$$

得液泛速率

$$u'_{\max}=C\sqrt{\frac{\bar{\rho}_{L2}-\bar{\rho}_{V2}}{\bar{\rho}_{V2}}}=0.0567\times\sqrt{\frac{450.98-31.8}{31.8}}=0.206(\mathrm{m/s})$$

又有 $u=(0.6\sim0.8)u_{\max}$,取安全系数 0.7,得

$$u'=0.7\times 0.206=0.1442(\mathrm{m/s})$$

得出塔的有效截面积

$$A'_n=\frac{V'_G}{u'}=\frac{0.682}{0.1442}=4.73(\mathrm{m}^2)$$

取降液管道截面积/塔截面积$\frac{A_d}{A}=0.12$,计算得出塔的截面积

$$A'=\frac{A'_n}{1-0.12}=\frac{4.73}{0.88}=5.375(\mathrm{m}^2)$$

估算塔径

$$D_2=\sqrt{\frac{4A'}{\pi}}=\sqrt{\frac{4\times 5.375}{3.14}}=2.617(\mathrm{m})$$

圆整后塔径

$$D=D_1=D_2=2.6\mathrm{m}$$

圆整后塔截面积

$$A_T=\frac{\pi}{4}D^2=\frac{3.14}{4}2.6^2\approx 5.31(\mathrm{m}^2)$$

精馏段实际空塔气速

$$u=\frac{V_G}{A_T}=\frac{0.674}{5.31}=0.127(\mathrm{m/s})$$

提馏段实际空塔气速

$$u'=\frac{V'_G}{A_T}=\frac{0.682}{5.31}=0.128(\mathrm{m/s})$$

(3)精馏塔有效高度

塔板间距 $H_T=0.6\mathrm{m}$,开始入孔的板间距 H'_T应大于等于 0.8m,在本设计中取 $H'_T=0.8\mathrm{m}$。

出于对设备维修的考虑,入孔数取隔 7 块塔板设置一个入孔,实际塔板 137 块,故开设入孔数为 19 个(包括塔顶和塔底的入孔数)。

故精馏塔总的有效高度

$$Z=(137-19)\times 0.6+19\times 0.8=86(\mathrm{m})$$

6.6.1.6　溢流装置工艺尺寸计算

(1)堰长计算

因选用双流弓形降液管，不设进口堰，各项计算如下：

选$\frac{A_d}{A}=0.12$，因采用双流式，所以每一侧$\frac{A_d}{A}=0.06$计，从图中查得

$$\frac{l_{W_1}}{D}=0.63,\frac{W_d}{D}=0.11$$

参考图 6.13，得$\frac{l_{W_2}}{D}=0.97$。

得出

$$l_{W_1}=0.63D=0.63\times 2.6=1.64(\mathrm{m})$$

$$l_{W_2}=0.97D=0.63\times 2.6\approx 2.52(\mathrm{m})$$

$$W_d=0.11D=0.63\times 2.6\approx 0.286(\mathrm{m})$$

①精馏段

板上液层高度

$$h_L=h_W+h_{OW}$$

按两侧均设有降液管来计算 h_{OW}，液体流率 L_h 应取总量的 1/2，故得

$$L_h=\frac{3600V_L}{2}=\frac{3600\times 0.042}{2}=75.6(\mathrm{m^3/h})$$

$$\frac{L_h}{l_{W_1}{}^{2.5}}=\frac{75.6}{1.64^{2.5}}\approx 22$$

查弓形堰的校正系数图，得校正系数 $E=1.06$。由式(6.15)计算堰上液层高度

$$h_{OW}=0.00284E\left(\frac{L_h}{l_{W_1}}\right)^{\frac{2}{3}}$$

$$h_{OW}=0.00284\times 1.06\times\left(\frac{75.6}{1.64}\right)^{\frac{2}{3}}=0.039(\mathrm{m}\text{ 清液柱})$$

选定堰高 $h_W=0.05\mathrm{m}$，因此，板上液层高度

$$h_L=0.05+0.039=0.089(\mathrm{m})$$

②提馏段

提馏段液体流率 L_h 应取提馏段液体流量总量的 1/2，即

$$L_h'=\frac{3600V_L'}{2}=\frac{3600\times 0.0485}{2}=87.3(\mathrm{m^3/h})$$

$$\frac{L_h'}{l_{W_1}{}^{2.5}}=\frac{87.3}{1.64^{2.5}}\approx 25.35$$

由弓形堰的校正系数图，得校正系数 $E=1.05$，计算得堰上液层高度

$$h_{OW}'=0.00284\times 1.05\times\left(\frac{87.3}{1.64}\right)^{\frac{2}{3}}=0.042(\mathrm{m}\text{ 清液柱})$$

因此，提馏段板上液层高度

$$h_L'=0.05+0.042=0.092(\mathrm{m})$$

(2)降液管停留时间

①精馏段

依据降液管停留时间公式

$$\theta=\frac{A_d H_T}{V_L}\geqslant 3\sim 5$$

$$A_d=0.12A=0.12\times 5.31=0.6372(m^2)$$

$$\theta=\frac{A_d H_T}{V_L}=\frac{0.6372\times 0.6}{0.042}=9.1(s)>5s$$

②提馏段

$$\theta'=\frac{A_d H_T}{V_L'}=\frac{0.6372\times 0.6}{0.0485}=7.9(s)>5s$$

停留时间均大于5s,所以弓形降液管可用。

(3)降液管底隙高度

①精馏段

液体流经底隙的流速 u_0 一般取值为0.07～0.25m/s,最大不宜大于0.5m/s,因本设计中回流比较大,底隙流速适当加大,取 $u_0=0.3$m/s,则

$$h_0=\frac{V_L/2}{l_{W1}u_0}=\frac{0.042/2}{1.64\times 0.3}=0.043(m)$$

取 $h_0=0.04$m,

$$h_W-h_0=0.05-0.04=0.01(m)>0.006m$$

故降液管底隙高度选择合理。

②提馏段

取降液管底隙的流速 $u_0'=0.35$m/s,则

$$h_0=\frac{V_L'/2}{l_{W1}u_0'}=\frac{0.0485/2}{1.64\times 0.35}=0.042(m)$$

取 $h_0=0.04$m,

$$h_W-h_0=0.05-0.04=0.01(m)>0.006m$$

故降液管底隙高度选择合理。

6.6.1.7 塔板布置

(1)边缘区域宽度确

依据经验取值范围,取 $W_s=W_s'=0.075$m,$W_c=0.035$m。

(2)开孔区面积计算

开孔区面积 A_a 按式(6.20)计算:

$$A_a=2\left[x\sqrt{r^2-x^2}+r^2\arcsin\left(\frac{x}{r}\right)\right]-2\left[x_1\sqrt{r^2-x_1{}^2}+r^2\arcsin\left(\frac{x_1}{r}\right)\right]$$

$$x=\frac{D}{2}-(W_s+W_d)$$

$$r=\frac{D}{2}-W_c$$

$$x_1=\frac{W_d'}{2}+W_s(W_d'\text{为双溢流中间降液管宽度})$$

得 $$x=\frac{D}{2}-(W_s+W_d)=\frac{2.6}{2}-(0.075+0.286)=0.939(\mathrm{m})$$

$$r=\frac{D}{2}-W_c=\frac{2.6}{2}-0.035=1.265(\mathrm{m})$$

$$W'_d=\sqrt{D^2-l_{W_2}^2}=\sqrt{2.6^2-2.52^2}=0.64(\mathrm{m})$$

$$x_1=\frac{W'_d}{2}+W_s=\frac{0.64}{2}+0.075=0.395(\mathrm{m})$$

故 $$A_a=2\times\left[0.939\times\sqrt{1.265^2-0.939^2}+1.265^2\times\arcsin\left(\frac{0.939}{1.265}\right)\right]$$

$$-2\times\left[0.395\times\sqrt{1.265^2-0.395^2}+1.265^2\times\arcsin\left(\frac{0.395}{1.265}\right)\right]$$

$$=2.3(\mathrm{m}^2)$$

开孔面积为 $A_a=2.3\mathrm{m}^2$。

(3)筛孔计算及其排列

本设计所处理的丙烯-丙烷物系在 2MPa 下进行分离，属于中压精馏塔，选用 $t_p=2.5\mathrm{mm}$不锈钢板，取筛孔直径 $d_0=8\mathrm{mm}$。筛孔按照正三角形排列，取孔中心距 t 为

$$t=3d_0=3\times8=24(\mathrm{mm})$$

取筛孔数目

$$n=\frac{1158000A_a}{t^2}=\frac{1158000\times2.3}{24^2}=4623.95$$

向下取整 $n=4623$ 个。

开孔率

$$\varnothing=\frac{0.907}{(t/d_0)^2}=\frac{0.907}{(24/8)^2}=10.1\%\in(5\%\sim15\%)$$

精馏段内气体通过筛孔的气速

$$u_0=\frac{V_G}{A_0}=\frac{0.674}{0.101\times2.3}=2.9(\mathrm{m/s})$$

提馏段内气体通过筛孔的气速

$$u'_0=\frac{V'_G}{A_0}=\frac{0.682}{0.101\times2.32}=2.94(\mathrm{m/s})$$

6.6.1.8　水力学性能验算

(1)修正气速值及液泛分率数值

精馏段修正气速值及液泛分率数值分别为

$$u_1=\frac{V_G}{A_n}=\frac{0.674}{0.88\times5.31}=0.144(\mathrm{m/s})$$

$$\text{液泛分率}=\frac{u_1}{u_{\max}}=\frac{0.144}{0.226}=0.64\in(0.6\sim0.8)$$

提馏段修正气速值及液泛分率数值分别为

$$u_2=\frac{V'_G}{A_n}=\frac{0.682}{0.88\times5.31}=0.146(\mathrm{m/s})$$

$$液泛分率=\frac{u_2}{u_{max}}=\frac{0.146}{0.206}=0.71\in(0.6\sim0.8)$$

(2)液沫夹带分率

液沫夹带量由下式计算，即

$$e_V=\frac{5.7\times10^{-6}}{\sigma_L}\left(\frac{u_a}{H_T-h_f}\right)^{3.2}$$

$$h_f=2.5h_L$$

精馏段液沫夹带分率为

$$h_f=2.5h_L=2.5\times0.089=0.2225(\text{m})$$

$$e_V=\frac{5.7\times10^{-6}}{\sigma_1}\left(\frac{u_1}{H_T-h_f}\right)^{3.2}=\frac{5.7\times10^{-6}}{4.41\times10^{-3}}\times\left(\frac{1.44}{0.6-0.2225}\right)^{3.2}=5.9\times10^{-5}<0.1$$

提馏段液沫夹带分率为

$$h_f'=2.5h_L'=2.5\times0.092=0.23(\text{m})$$

$$e_V'=\frac{5.7\times10^{-6}}{\sigma_2}\left(\frac{u_2}{H_T-h_f'}\right)^{3.2}=\frac{5.7\times10^{-6}}{4.05\times10^{-3}}\times\left(\frac{0.146}{0.6-0.23}\right)^{3.2}=7.2\times10^{-5}<0.1$$

故本设计中精馏段和提馏段液沫夹带量均在允许范围内。

(3)塔板压降

汽相通过塔板的压降根据下式计算

$$h_p=h_c+h_l+h_\sigma$$

①精馏段

干板压降 h_0 根据下式，已知 $d_0/t_p=8/2.5=3.2$，查图 6.16 读出 $C_0=0.74$，则

$$h_c=\frac{1}{2g}\left(\frac{u_0}{C_0}\right)^2\left(\frac{\rho_{V_1}}{\rho_{L_1}}\right)=\frac{1}{2\times9.81}\times\left(\frac{2.9}{0.74}\right)^2\times\left(\frac{31.5}{480.65}\right)=0.051(\text{m})$$

精馏段板上液层高度 $h_L=0.089\text{m}$，β 由图 6.17 筛板上的充气系数图查得，则

$$u_1\rho_{V_1}{}^{1/2}=0.144\times31.5^{1/2}=0.81$$

查图 6.17 得充气系数 $\beta=0.7$，故液层阻力

$$h_l=\beta h_L=0.7\times0.089=0.062(\text{m})$$

液体表面张力造成的阻力很小，可忽略不计，$h_\sigma\approx0$，则

$$h_p=h_0+h_e=0.051+0.062=0.113(\text{m})$$

②提馏段塔板总压降

干板压降 h_0'，已知 $d_0/t_p=8/2.5=3.2$，查图 6.16 读出 $C_0=0.74$，则

$$h_c'=\frac{1}{2g}\left(\frac{u_0'}{C_0}\right)^2\left(\frac{\rho_{V_2}}{\rho_{L_2}}\right)=\frac{1}{2\times9.81}\times\left(\frac{2.91}{0.74}\right)^2\times\left(\frac{31.8}{450.98}\right)=0.057(\text{m})$$

提馏段 $$h_L'=0.092\text{m}$$

$$u_2\rho_{V_1}^{1/2}=0.146\times31.5^{1/2}=0.82$$

查图 6.17 充气系数 $\beta=0.7$，故

$$h_e'=\beta h_L=0.7\times0.092=0.064(\text{m})$$

液体表面张力造成的阻力很小，可忽略不计，$h_\sigma\approx0$，则

$$h_p'=h_c'+h_e'=0.057+0.064=0.121(\text{m})$$

(4)漏液点

精馏段漏液点气速 $u_{0,\min}$ 计算公式如下：

$$h_\sigma=\frac{4\times10^3\ \bar{\sigma}_1}{\rho_{L1}gd_o}=\frac{4\times10^{-3}\times4.41}{480.65\times9.81\times0.008}=0.00047(\mathrm{m})$$

$$u_{0,\min}=4.4C_0\sqrt{(0.0056+0.13h_L-h_\sigma)\frac{\rho_{L1}}{\rho_{V1}}}$$

$$=4.4\times0.74\times\sqrt{(0.0056+0.13\times0.089-0.00047)\times\frac{480.65}{31.5}}=1.64(\mathrm{m/s})$$

实际孔速 $u_0=2.88\mathrm{m/s}>u_{0,\min}$，稳定系数为

$$K=\frac{u_0}{u_{0,\min}}=\frac{2.88}{1.64}=1.76>1.5$$

故本设计中精馏段不会出现漏液现象。

提馏段漏液点气速 $u_{0,\min}$ 计算公式为

$$h'_\sigma=\frac{4\times10^3\ \bar{\sigma}_2}{\rho_{L2}gd_0}=\frac{4\times10^{-3}\times4.05}{450.98\times9.81\times0.008}=0.00046(\mathrm{m})$$

$$u'_{0,\min}=4.4C_0\sqrt{(0.0056+0.13h'_L-h'_\sigma)\frac{\rho_{L2}}{\rho_{V2}}}$$

$$=4.4\times0.74\times\sqrt{(0.0056+0.13\times0.092-0.00045)\times\frac{450.98}{31.8}}=1.6(\mathrm{m/s})$$

实际孔速 $u'_0=2.91\mathrm{m/s}>u'_{0,\min}$，稳定系数为

$$\frac{u'_0}{u'_{0,\min}}=\frac{2.91}{1.6}=1.82>1.5$$

故本设计中提馏段不会出现漏液现象。

(5)液泛

为防止塔内发生液泛，降液管内液层高度 H_d 服从如下关系：

$$H_d\leqslant\varphi(H_T+h_W)$$

其中，φ 为安全系数，丙烯-丙烷物系无特殊特性，因而取 $\varphi=0.5$，即

$$\varphi(H_T+h_W)=0.5\times(0.6+0.05)=0.325(\mathrm{m})$$

降液管内液层高度 H_d 计算公式如下

$$H_d=h_p+h_L+h_d$$

因本设计中无入口堰，因此 h_d 可用下式计算

$$h_d=0.153\left(\frac{V_L}{l_{W_1}h_0}\right)^2$$

精馏段内

$$h_d=0.153\times\left(\frac{0.042\div2}{1.64\times0.04}\right)^2=0.016(\mathrm{m})$$

故

$$H_d=0.113+0.089+0.016=0.218(\mathrm{m})<0.325\mathrm{m}$$

故精馏段内不会发生液泛现象。

提馏段 h'_d 可用下式计算

$$h'_d=0.153\left(\frac{V'_L}{l_{W_1}h_0}\right)^2$$

由于本设计采用双流型，因此

$$h'_d=0.153\times\left(\frac{0.0485\div2}{1.64\times0.04}\right)^2=0.021(\text{m})$$

故

$$H'_d=0.121+0.092+0+0.021=0.234(\text{m})<0.325\text{m}$$

故提馏段内不会发生液泛现象。

6.6.1.9 负荷性能图

(1)精馏段负荷性能图

①漏液线

由

$$u_{0,\min}=4.4C_0\sqrt{(0.0056+0.13h_L-h_\sigma)\frac{\rho_{L1}}{\rho_{V1}}}$$

$$h_L=h_W+h_{OW}$$

$$h_{OW}=0.00284E\left(\frac{L_h}{l_{W_1}}\right)^{\frac{2}{3}}=0.00284\times1.06\times\left(\frac{3600V_L/2}{1.64}\right)^{\frac{2}{3}}=0.32L_s^{\frac{2}{3}}$$

得

$$V_{G,\min}=u_{0,\min}A_o=4.4C_0\sqrt{(0.0056+0.13(h_W+0.32V_L^{\frac{2}{3}})-h_\sigma)\frac{\rho_{L1}}{\rho_{V1}}}\times0.101A_a$$

$$=4.4\times0.74\times\sqrt{(0.0056+0.13\times(0.05+0.32V_L^{\frac{2}{3}})-0.00047)\times\frac{480.65}{31.5}}\times0.101\times2.3$$

$$=0.756\times\sqrt{0.177+0.635V_L^{\frac{2}{3}}}$$

在操作范围内，取任意几个 V_L 值，依上式算出 V_G 值，计算结果如表 6.17 所示。

表 6.17 漏液线上的 V_L ~V_G 值

V_L	0.01	0.03	0.04	0.05	0.06	0.07	0.08
V_G	0.344	0.369	0.379	0.388	0.396	0.403	0.411

由上表数据可做出漏液线①。

②液沫夹带上限线

液沫夹带量 $e_G=0.1$kg(液)/kg(气)为限，求 V_G-V_L 关系如下：

$$e_G=\frac{0.0057}{\bar{\sigma}_1}\left[\frac{u_a}{H_T-2.5(h_W+h_{OW})}\right]^{3.2}$$

由

$$u_a=\frac{V_{G,\max}}{A_n}=\frac{V_{G,\max}}{0.88A}=\frac{V_{G,\max}}{0.88\times5.31}=0.214V_{G,\max}$$

$$\bar{\sigma}_1=4.41\text{cp},H_T=0.6\text{m},h_W=0.05\text{m}$$

$$h_{OW}=0.32L_s^{\frac{2}{3}}$$

故

$$e_G=\frac{0.0057}{4.41}\left[\frac{0.214V_{G,\max}}{0.6-2.5(0.05+0.32V_L^{\frac{2}{3}})}\right]^{3.2}$$

$$0.1=\frac{0.0057}{4.41}\left[\frac{0.214V_{G,\max}}{0.6-2.5\times(0.05+0.32V_L^{\frac{2}{3}})}\right]^{3.2}$$

整理得

$$V_G=8.64-14.55V_L^{\frac{2}{3}}$$

在操作范围内，取任意几个 V_L 值，依上式算出 V_G 值，计算结果如表 6.18 所示。

表 6.18　液沫夹带上限线上的 $V_L \sim V_G$ 值

V_L	0.01	0.03	0.04	0.05	0.06	0.07	0.08
V_G	7.965	7.235	6.938	6.665	6.410	6.169	5.939

由上表数据可绘制出液沫夹带上限线②。

③液相负荷下限线

对于平直堰，规定 $h_{OW}=0.006\text{m}$ 作为液相负荷下限条件，前已确定 h_{OW} 的计算公式

$$h_{OW}=0.00284E\left(\frac{L_h}{l_{W_1}}\right)^{\frac{2}{3}}=0.32V_L^{\frac{2}{3}}=0.006$$

得

$$V_{L,\min}=\frac{0.006^{\frac{3}{2}}}{0.32}=0.0026(\text{m/s})$$

在操作范围内，据以上公式即可绘出液体流率下限线③。

④液相负荷上限线

以停留时间为 $\theta=5\text{s}$ 作为液体在降液管内的停留时间上限，则

$$\theta=\frac{A_dH_T}{V_{L,\max}}=5$$

$$V_{L,\max}=\frac{A_dH_T}{5}=\frac{0.12AH_T}{5}=\frac{0.12\times5.31\times0.6}{5}=0.076(\text{m/s})$$

在操作范围内，据以上公式即可绘出液体流率上限线④。

⑤液泛线

令 $H_d=\varphi(H_T+h_W)$，即 $\varphi(H_T+h_W)=h_p+h_L+\Delta+h_d$。

板间距 $H_T=0.6\text{m}$，堰高 $h_W=0.05\text{m}$，液面落差 $\Delta=0$，泡沫相对密度 $\varphi=0.5$，以及堰液头(由前式计算得)$h_{OW}=0.32L_s^{\frac{2}{3}}\text{m}$；

由下式得降液管压头损失

$$h_d=0.153\left(\frac{V_L}{l_{W_1}h_0}\right)^2=0.153\times\left(\frac{V_L/2}{1.64\times0.04}\right)^2=8.89V_L^2$$

又因塔板压降

$$h_p=h_c+h_l$$

其中干板压降 h_0 可由下式变换

$$h_c=\frac{1}{2g}\left(\frac{u_0}{C_0}\right)^2\left(\frac{\rho_{V1}}{\rho_{L1}}\right)$$

$$u_0=\frac{V_G}{A_0}=\frac{V_G}{0.101A_a}$$

$$h_c=\frac{1}{2g}\left(\frac{V_G}{0.101A_aC_0}\right)^2\left(\frac{\rho_{V1}}{\rho_{L1}}\right)=\frac{1}{2\times9.81}\times\left(\frac{V_G}{0.101\times2.3\times0.74}\right)^2\times\left(\frac{31.5}{480.65}\right)$$

整理得

$$h_c=0.113V_G^2$$

液层压降 h_l 为 $$h_l=\beta h_L=\beta(h_W+h_{OW})$$

将以上式代入 $\varphi(H_T+h_W)=h_p+h_L+\Delta+h_d$，得

$$0.5(0.6+0.05)=h_o+0.7(0.05+h_{OW})+0.05+h_{OW}+\Delta+h_d$$

$$0.325=0.113V_G^2+0.085+1.7\times0.32V_L^{\frac{2}{3}}+0+8.89V_L^2$$

化简后得

$$V_G=2.975\sqrt{0.24-0.544V_L^{\frac{2}{3}}-8.89V_L^2}$$

在操作范围内，取任意几个 V_L 值，依上式计算出 V_G 数值，计算结果如表 6.19 所示。

表 6.19 液泛线上的 V_L～V_G 值

V_L	0.01	0.03	0.04	0.05	0.06	0.07	0.08
V_G	1.376	1.260	1.198	1.129	1.050	0.960	0.852

由上表数据可绘制出液泛线⑤(见图 6.21)。

由精馏段塔板负荷性能图 6.21 可以看出：设计规定的气、液负荷条件下的操作点 P(设计点)，处于适合操作条件区内适中位置，设计符合要求；塔板的气相负荷上限由液泛线控制，操作下限由漏液线控制；按照规定的液气比，由负荷性能图查出塔板的气相负荷上限 $V_{G,\max}=1.02\text{m}^3/\text{s}$，气相负荷下限为 $V_{G,\min}=0.36\text{m}^3/\text{s}$，故操作弹性为

$$\frac{V_{G,\max}}{V_{G,\min}}=\frac{1.02}{0.36}=2.83$$

提馏段的负荷性能图略。

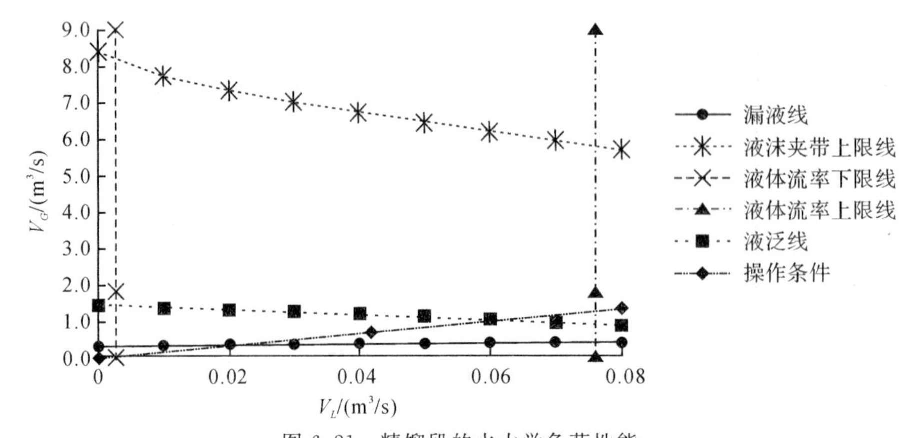

图 6.21 精馏段的水力学负荷性能

精馏塔设计计算结果汇总于表 6.20。

表 6.20　精馏塔设计结果

项目		符号	单位	计算数据	
				精馏段	提馏段
平均压强		p	MPa	2	2
平均温度		T	℃	49	52.41
平均流量	气相	V_G	m^3/s	0.674	0.681
	液相	V_L	m^3/s	0.0419	0.0476
实际塔板数		N_e	m^3/s	137	
板间距		H_T	m	0.6	
塔的有效高度		u	m	86.2	
塔径		D	m	2.6	2.6
空塔气速		u	m/s	0.127	0.128
塔板液流形式		—	—	双流型	双流型
溢流装置	溢流管形式	—	—	弓型	弓型
	两侧堰长	l_{W_1}	m	1.64	
	中间堰长	l_{W_2}	m	2.52	
	堰高	h_W	m	0.005	
	堰上液层高度	h_{OW}	m	0.039	0.042
	弓形降液管两侧宽度	W_d	m	0.286	
	弓形降液管中间宽度	W'_d	m	0.632	
	降液管底隙高度	h_0	m	0.04	
板上液层高度		h_L	m	0.089	0.092
孔径		d_0	m	0.008	
孔间距		t	m	0.024	
孔数		n	个	4664	
开孔面积		A_0		0.234	
筛孔气速		u_0	m/s	2.9	2.94
液沫夹带		φ		0.0055	0.005
负荷上限				液泛线	漏液线
负荷下限				液泛线	漏液线
汽相相最大负荷		$V_{G,\max}$	m^3/s	1.02	1.00
汽相最小负荷		$V_{G,\min}$	m^3/s	0.36	0.35
操作弹性				2.83	2.86

6.6.1.10 辅助设备设计

本精馏系统辅助设备主要包括再沸器、冷凝器、预热器、冷却器和贮罐等，本例仅对各辅助设备作初步估算。

(1)换热设备

以塔顶冷凝器的传热面积估算为例，本设计采用全凝器进行冷却处理，全凝器使塔顶的蒸汽冷凝为液体，其中部分回流，部分作为产品。冷物流为冷却水，无特殊物性，全凝器可选用列管式固定管板换热器。

全凝器中冷却介质由设计任务确定取常温水，考虑到丙烯蒸汽压力高，为避免采用耐高压外壳和高压密封走管程，选择丙烯蒸汽走管程，冷却水走壳程，逆流流动进行传热。常温冷却水的进口温度 $t_1=20℃$，出口温度 $t_2=30℃$。

对全凝器作热量衡算，以 1h 为计算基准，并忽略热量损失，则

$$Q=Vr=mC_p(t_2-t_1)$$

查《化工工艺设计手册》(第四版)得在塔顶温度 $T_D=48.72℃$ 时，丙烯汽化热约为 $r_1=11513.7\text{kJ/kmol}$，丙烷汽化热 $r_2=12769.74\text{kJ/kmol}$。已知塔顶组成 $x_D=0.997$，可得塔顶混合物的汽化热

$$r=x_Dr_1+(1-x_D)r_2=0.997\times11513.7+0.003\times12769.74=11517.47(\text{kJ/kmol})$$

所以，热流量为

$$Q_C=Vr=1811.47\times11517.47=2.08636\times10^7(\text{kJ/h})=2.08636\times10^{10}(\text{J/h})$$

平均传热温差为

$$\Delta t_m=\frac{\Delta t_1-\Delta t_2}{\ln\frac{\Delta t_1}{\Delta t_2}}=\frac{(48.72-30)-(48.72-20)}{\ln\frac{48.72-30}{48.72-20}}=23.36(℃)$$

估算传热面积

有机质蒸汽和水进行换热时的 K 值大致为 $291\sim1162\text{W/(m}^3\cdot\text{K)}$，假设 $K=900\ \text{W/(m}^3\cdot\text{K)}$，则由总传热速率计算公式得

$$Q=KA\Delta t_m$$

$$A=Q/(K\Delta t_m)=\frac{2.08636\times10^{10}}{3600}\div(900\times23.36)=275.66(\text{m}^2)$$

依据《化工工艺设计手册》(第四版)中固定管板式列管换热器，选择合适的标准列管式换热器参数如表 6.21 所示。

表 6.21 所选换热器主要参数

公称直径	公称压力	换热管直径	管中心距	管程数
900mm	2.5MPa	25mm×2.5mm	32m	1
管子根数	中心排管数	管程流通面积	换热管长度	换热面积
605	27	0.19m²	6000mm	280.2m²

冷却水用量如下：

$$m=\frac{Q}{c_p\Delta t_m}=\frac{2.08636\times10^7}{4.1785\times23.36}=213745(\text{kg/h})$$

（2）贮罐

精馏系统中的贮罐主要包括回流罐、产品罐及不合格产品罐。

以回流罐为例计算回流罐的容积。已知塔顶采出量 $D=88.78\text{kmol/h}$，塔顶液相平均分子量$\overline{M}_{L1}=42.19\text{kg/kmol}$ 及塔顶平均密度 $\rho_{DL}=483.7\text{kg/m}^3$。

已知 $V=(R+1)D=1811.47\text{kmol/h}$，设冷凝液在回流罐中停留时间为 $\tau=10\text{min}$，取罐的填充系数 $\varphi=0.7$，则该罐的容积为

$$V=\overline{M}_{L1}q_V\tau/(\rho_{DL}\varphi)=42.19\times1811.47\times\frac{10}{60}/(483.7\times0.7)=37.62(\text{m}^2)$$

回流罐容积可取 $V=38\text{m}^2$，采取同样的方法可确定其他贮罐的容积，其结果列于表 6.22。

表 6.22　各储罐容积

名称	停留时间	容积/m³
回流罐	10min	38
塔顶产品罐	72h	800
塔底产品罐	72h	120

此外，还应备一残液罐，收集不合格产品以及停车时收集装置内全部滞留物。

（3）管路设计

各接管直径由流体速度及其流量决定，按如下关系进行计算：

$$d=\sqrt{\frac{4V_G}{\pi u}}$$

例如，对于塔顶蒸汽管线，一般工业蒸汽的经验流速范围一般为 10～20m/s，所以取蒸汽速度 $u_D=20\text{m/s}$，则管径为

$$d_D=\sqrt{\frac{4V_G}{\pi u_D}}=\sqrt{\frac{4\times0.674}{3.14\times20}}=0.207(\text{m})$$

可取标准管径为 $\phi219\text{mm}\times9\text{mm}$ 的中压无缝钢管。

同理，对塔顶回流液管线、进料管线、釜液输送管线、塔釜回流蒸汽管线分别根据经验流速进行选管和圆整，将计算结果汇总于表 6.23。

表 6.23　各进出口管线流速与规格

管线用途	流速/(m/s)	管规格/mm
塔顶蒸汽管线	20	$\phi219\times9$
回流液管线	1.3	$\phi219\times9$
进料管	1	$\phi76\times5$
釜液输送管线	1	$\phi273\times11$
塔釜进气管线	10	$\phi273\times11$

(4)泵的选择

精馏系统中的泵主要包括进料泵、回流泵、釜液泵、塔顶产品泵和塔釜产品泵。由于本设计未进行平立面布置,所以只对泵所需的扬程进行估算。

以进料泵为例,已知塔内平均操作压力为 2.0MPa,因此进料口压力应略大于 2.0MPa,取 2.01MPa。

进料流量

$$V_F=\frac{FM_{FL}}{\rho_{FL}}=\frac{100\times 42.29}{479.62}=8.82(\mathrm{m^3/h})$$

选泵时,一般要求泵的额定流量不小于装置的最大流量,或取正常流量的 1.1~1.15 倍,因此

$$V_F'=1.1V_F=1.1\times 8.82=9.7(\mathrm{m^3/h})$$

扬程

$$H_e=(p_{\mathrm{out}}-p_{\mathrm{in}})/\rho g+(u_F-u_{\mathrm{in}})/2g+z_2-z_1$$

式中,p_{in}、p_{out}分别为泵进出口液体的压力;u_{in}、u_F 分别为流体在泵进出口处的流速,m/s;z_1、z_2 为进出口高度,m;ρ 为输送液体密度,kg/m^3,g 为重力加速度,m/s^2。

其中,已定 $u_F=u_{\mathrm{in}}=1\mathrm{m/s}$;$p_{\mathrm{in}}=p_{\mathrm{out}}=2\times 10^6\mathrm{Pa}$;$z_1=0\mathrm{m}$;取塔底空间(包括一个人孔)$H_D=1.9\mathrm{m}$,进料板是第 75 块板,进料板和中间塔板人孔所在塔板板间距 $H_T'=0.8\mathrm{m}$,每 10 块板设一人孔,提馏段共 7 块板上设有人孔;取裙座高度为 3m,泵在地面布置,则 $z_1=0\mathrm{m}$。

$$\begin{aligned}z_2&=(75-1)\times H_T+1.9+0.8\times 7+3\\&=74\times 0.6+1.9+0.8\times 7+3\\&=54.9(\mathrm{m})\end{aligned}$$

则 $H_e=54.9\mathrm{m}$。

选型中,一般要求泵的额定扬程为装置所需扬程的 1.05 倍,因此

$$H_e'=1.05H_e=1.05\times 54.9=57.6(\mathrm{m})$$

当厂址确定及平立面布置完成后,应按管线走向及长度进一步核定,进而对选泵的参数进一步核算。

6.6.2 丙烯-丙烷精馏塔的模拟设计

仍采用以上例题的设计条件对丙烯-丙烷精馏塔进行 Aspen plus 模拟设计。

本题模拟步骤如下:

(1)第一步,先用精馏塔的简捷计算模块 DSTWU 进行初步设计,为后续的严格精馏计算提供初值。

①建立和保存文件。启动 Aspen Plus,选择模板“General with Metric Units”,将文件保存为“Example5.1 - DSTWU.bkp”。

②全局设定。点击左下方“Property”后,进入左上方浏览栏“Setup | Specifications | Global”页面,在“title”框中输入“DSTWU”。

③输入组分。进入“Components | Specifications | Selection”页面,输入组分丙烯“PROPY - 01”、丙烷“PROPA - 01”,如图 6.22 所示。

④选择物性方法。因分离体系为高压,故采用适合于高温、高压下非极性混合体系的

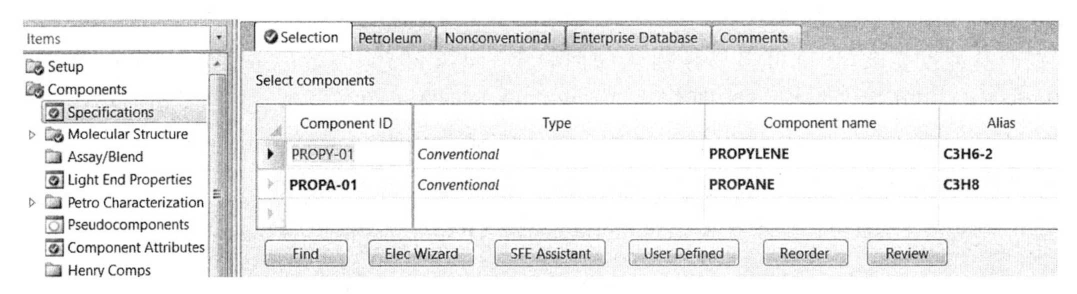

图 6.22 输入组分

“RK—SOAVE”状态方程为物性方法，进入“Methods|Specifications|Global”页面，选择物性方法“RK—SOAVE”。

⑤建立流程图。点击左下方“Simulation”后，建立如图 6.23 所示的流程图，其中塔采用模块库中的“Columns|DSTWU|ICON1”模块，对进出塔的三股物流分别重命名为“F、D、W”。

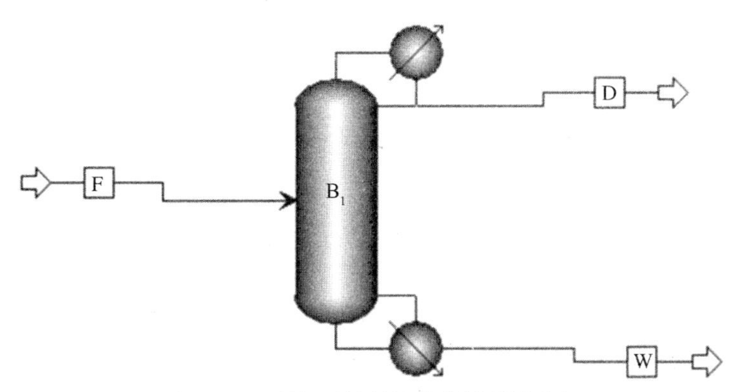

图 6.23 丙烯-丙烷精馏塔简捷设计流程

⑥输入进料条件。进入“Streams|F|Input|Mixed”页面，输入进料“F”的条件，压力“Pressure”为“2.0MPa”，汽相分率“Vapor Frac”为“0（泡点进料）”，进料量为“100kmol/h”，“Mole Frac”为组分“PROPY-01”值为“0.9”、组分“PROPA-01”值为“0.1”，如图 6.24 所示。

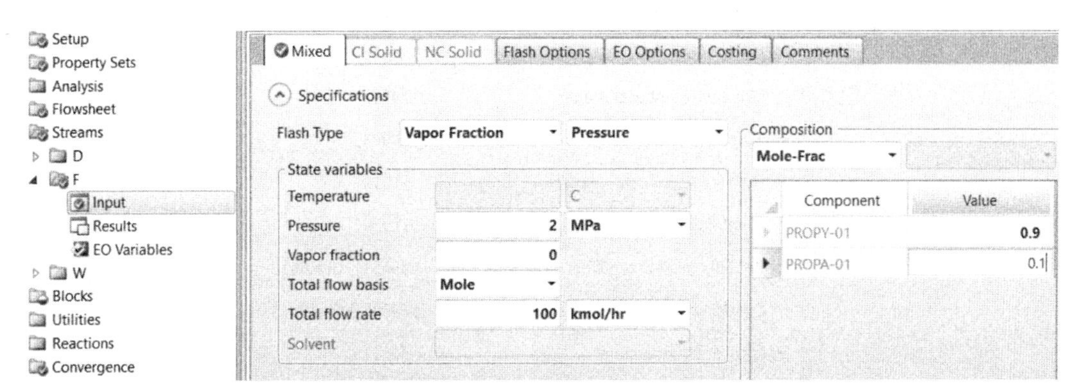

图 6.24 输入进料物流 F 的数据

⑦输入模块参数。进入“Blocks|DSTWU|Input|Specifications”页面，输入“DSTWU”

模块参数。本例中丙烯“PROPY－01”为“Light key”,丙烷“PROPA－01”为“Heavy key”。根据产品纯度要求,计算可得塔顶丙烯的回收率为 98.35%,丙烷回收率为 0.026,回流比“Reflux ratio”中输入“－1.8”,即实际回流比是最小回流比的 1.8 倍。“Pressure”项中输入“Condenser(冷凝器)”为“1.99MPa”,“Reboiler(再沸器)”为“2.01MPa”,见图 6.25。

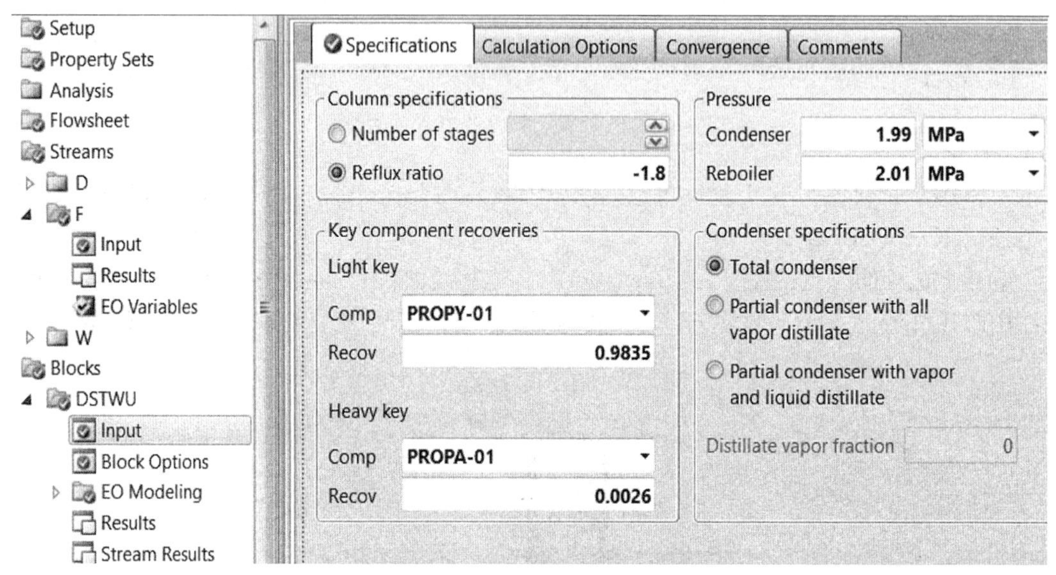

图 6.25　输入模块(DSTWU)参数

⑧运行模拟。点击“N”,出现“Required Input Complete”对话框,点击“OK”,运行模拟。

⑨查看结果。进入“Blocks|DSTWU|Results|Summary”页面,可看到计算出的最小回流比为 9.71,实际回流比为 17.48,最小理论板数为 89(包括全凝器和再沸器),实际理论板数为 118(包括全凝器和再沸器),进料位置为第 65 块板,馏出物进料比为 0.8878,如图 6.26 所示。

Summary | Balance | Reflux Ratio Profile | Status

Minimum reflux ratio	9.71327	
Actual reflux ratio	17.4839	
Minimum number of stages	88.4533	
Number of actual stages	117.988	
Feed stage	64.219	
Number of actual stages above feed	63.219	
Reboiler heating required	4.69651	Gcal/hr
Condenser cooling required	4.69696	Gcal/hr
Distillate temperature	48.0571	C
Bottom temperature	55.3225	C
Distillate to feed fraction	0.88775	

图 6.26　查看模块(DSTWU)结果

⑩生成回流比随理论板数变化表。进入"Blocks | DSTWU | Input | Calculation Options"页面，选中"Generate table of reflux ratio vs number of theoretical stages"，输入初值"100"，终值"200"，变化量为"5"，见图 6.27。点击"N"，出现"Required Input Complete"对话框，点击"OK"，运行模拟。进入"Blocks | DSTWU | Results | Reflux Ratio Profile"页面，可看到回流比随理论板数变化表，如图 6.28 所示。

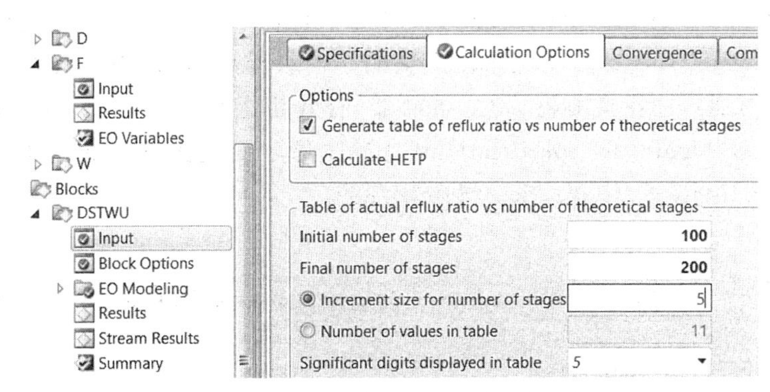

图 6.27　设置回流比随理论板数变化

利用表格中的数据，也可以得到回流比与理论板数关系曲线（见图 6.28）。合理的理论板数应在曲线斜率绝对值较小的区域内选择。

Summary | Balance | Reflux Ratio Profile

Theoretical stages	Reflux ratio
100	37.3042
105	29.1707
110	22.1629
115	18.5621
120	16.9361
125	15.9048
130	15.1316
135	14.4947
140	13.9335
145	13.4093
150	12.8907
155	12.3524
160	11.8216
165	11.4179
170	11.1586
175	10.9841
180	10.8568

例 6.1 精馏塔的简捷计算(1)

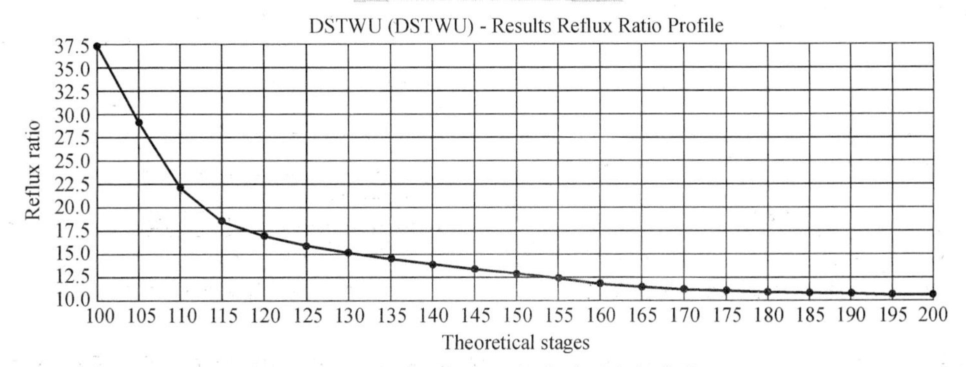

图 6.28　回流比与理论板数关系表与曲线

(2)第二步,利用简捷设计 DSTWU 的结果,使用 RadFrac 模块进行严格计算核算。

①建立和保存文件。将文件另存为“Example5. 1a-RadFrac. bkp”。

全局设定、输入组分及选择物性方法与第一步“简捷计算法”相同。

②建立流程图。选择左下方“Simulation”后,采用模块库中的“Columns | RadFrac | FRACT1”模块,建立流程图。输入进料条件与第一步“DSTWU”相同。

③输入模块参数。进入“Blocks | RadFrac | Specifications | Setup | Configuration”,如图6.29 所示。“RadFrac”模块计算类型采用默认的平衡级模型,输入理论板数“118”(将简捷算法的结果取整得到),选择全凝器,釜式再沸器,有效相态为“Vapor-Liquid”,收敛方式为“Standard”(标准),“Operating specifications”中输入摩尔回流比“Reflux ratio, Mole,18”,馏出物进料比“Distillate to feed ratio, Mole,0. 88”。

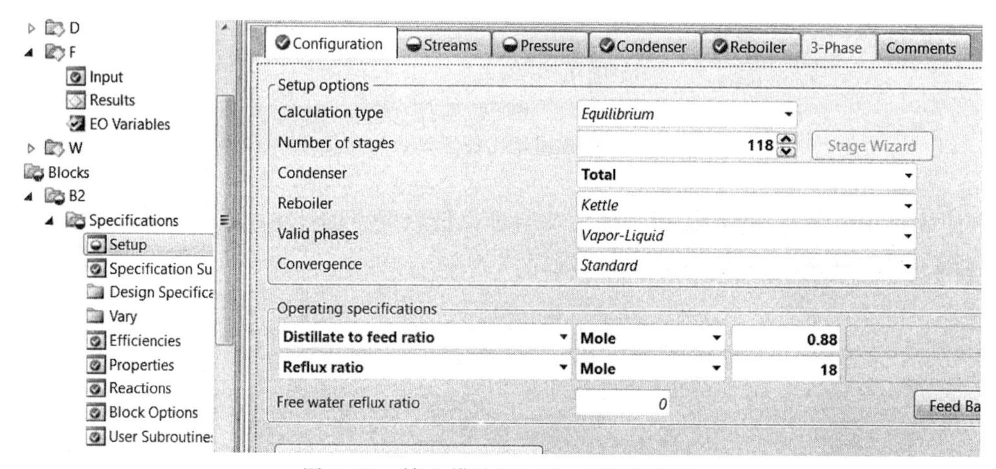

图 6.29 输入模块(RadFrac)配置参数

接着,在“Blocks | RadFrac | Specifications | Setup | Stream”页面,输入进料位置为“65”,选择进料方式为“On-Stage”(塔板上),如图 6.29 所示。选择“Pressure”页面,本例指定第一块板压力为“1.99MPa”,塔段压降“0.02MPa”,如图 6.31 所示。

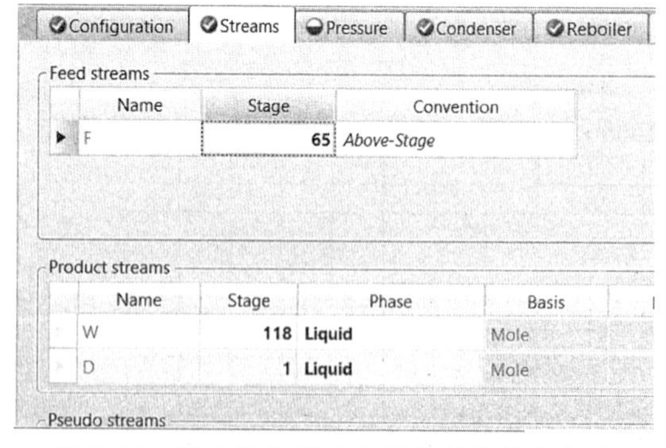

图 6.30 输入模块 T0101 的进料位置和方式

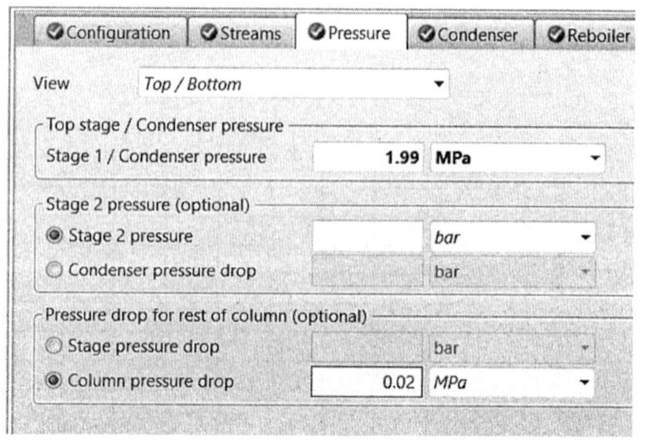

图 6.31 输入模块 B1 压力

④运行模拟,查看结果。进入“Blocks | RadFrac | Stream Result”页面,可查看物流结果,

如图 6.32 所示，塔顶产品 D 中丙烯“PROPY－01”摩尔分率为“99.19％”，塔底产品 W 中丙烯“PROPY－01”摩尔分率为“17.27％”。

	Units	F	D	W
Molar Enthalpy	kcal/mol	-1.1612	1.55754	-22.7155
Mass Enthalpy	kcal/kg	-27.4631	36.9988	-519.23
Molar Entropy	cal/mol-K	-51.1031	-48.959	-72.2479
Mass Entropy	cal/gm-K	-1.20862	-1.16301	-1.65144
Molar Density	mol/cc	0.0108736	0.010982	0.0100629
Mass Density	kg/cum	459.759	462.307	440.237
Enthalpy Flow	Gcal/hr	-0.11612	0.138278	-0.254867
Average MW		42.2822	42.0969	43.7484
+ Mole Flows	kmol/hr	100	88.78	11.22
− Mole Fractions				
PROPY-01		0.9	0.991917	0.172691
PROPA-01		0.1	0.0080828	0.827309
+ Mass Flows	kg/hr	4228.22	3737.37	490.857

图 6.32　查看物流结果

通过“RadFrac”模块计算可以看出，采用简捷算法中的结果来进行“RadFrac”严格计算，塔顶产品丙烯纯度未达到 99.7％，塔底丙烯含量超过了要求值 13.22％，我们需要调整工艺参数来优化模拟。

提高精馏塔产品纯度可通过增大回流比、增加理论板数等来实现，但由于回流比已是设计任务的给定值，因此我们考虑采用增加理论板数来提高产品纯度。

例 6.1 精馏塔的 RadFrac 计算(2)

⑤灵敏度分析。我们考虑采用增加理论板数来提高塔顶产品纯度，为确定最佳板数，先采用灵敏度分析工具考察理论板数和塔顶产品纯度的关系。步骤如下：

先将“Blocks|RadFrac|Specifications|Setup|Configuration”页面中，将理论板数增大为“200”(质值为 118)，进入“Model Analysis Tools|Sensitivity”页面，点击“New”按钮，出现“Create new ID”对话框，点击“OK”，接受缺省的“ID－S－1”，见图 6.33。

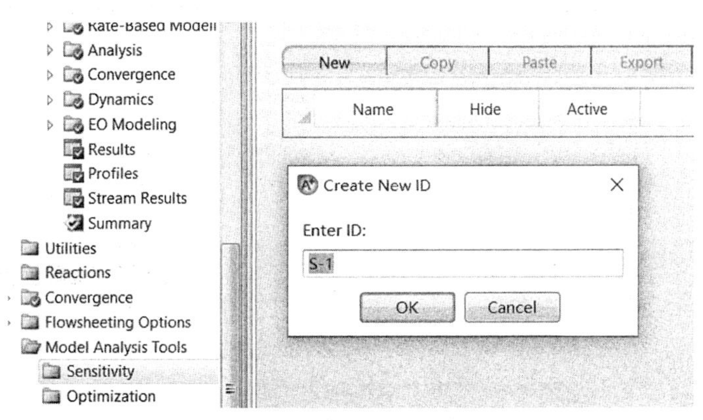

图 6.33　建立一个灵敏度分析

进入“Model Analysis Tools|Sensitivity|S-1|Input|Vary”页面，定义操纵变量为理论板数。定义操纵变量“1”，类型为“Block-Var”，模块“B1”，变量“NSTAGE”(理论板数)从“100”增加“200”，增量“Increment”为1，如图6.34所示。

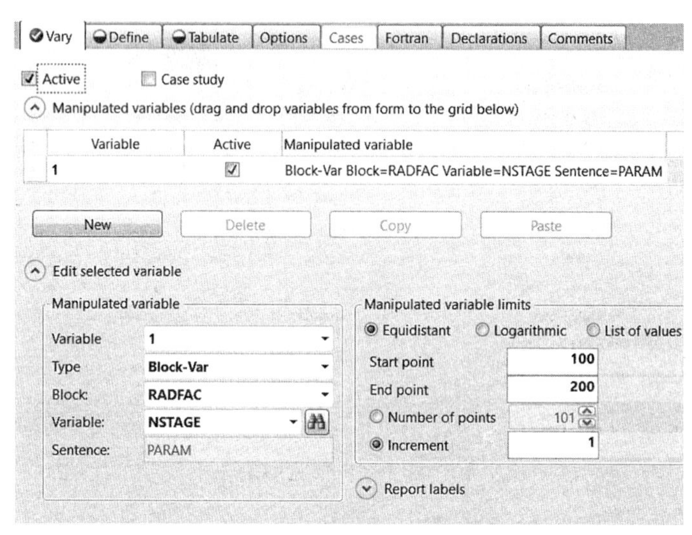

图 6.34　定义灵敏度分析的操纵变量

进入“Model Analysis Tools|Sensitivity|S-1|Input|Define”页面，点击下方的“New...”按钮，出现“Create new variable”对话框，输入采集变量名称“DPUR”(塔顶丙烯摩尔分率)，点击“OK”，定义采集变量“DPUR”，见图6.35。采用同样方法再定义采集变量WPUR(塔顶丙烯摩尔分率)、FSTAGE(进料板位置)。点击“N”，进入“Model Analysis Tools|Sensitivity|S-1|Input|Tabulate”页面，在“Column No.”中输入“1”，在“Tabulated variable or expression”中输入“DPUR”，如图6.36所示。此时，理论塔板数变化对塔顶丙烯纯度的影响分析设置完毕。

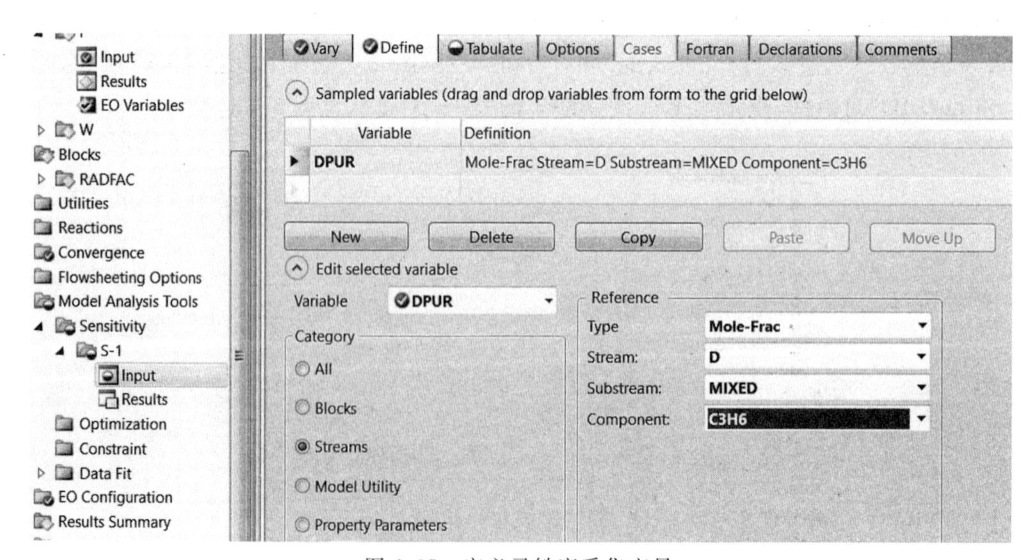

图 6.35　定义灵敏度采集变量

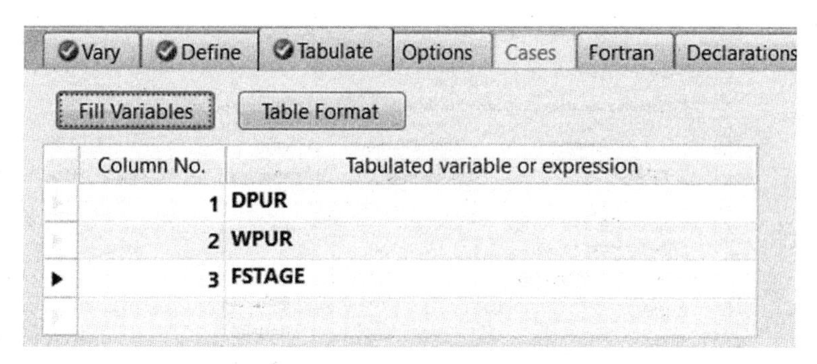

图 6.36　定义变量或表达式的列位置

因进料板位置随理论板数而变，故进行灵敏度分析的同时还要加入计算器(Calculator)以确定不同板数时相应进料板的位置。

⑥计算器。在理论板数增大的过程中，进料位置与理论板数的比值基本为一定值，已知理论板数 118 时，最佳进料位置为 65，所以，此定值可取 65/118=0.551。

进入"Flowsheeting Options|Calculator"页面，点击右下方的"New"按钮，出现"Create new ID"对话框，点击"OK"，接受缺省的"ID－C－1"，见图 6.37。

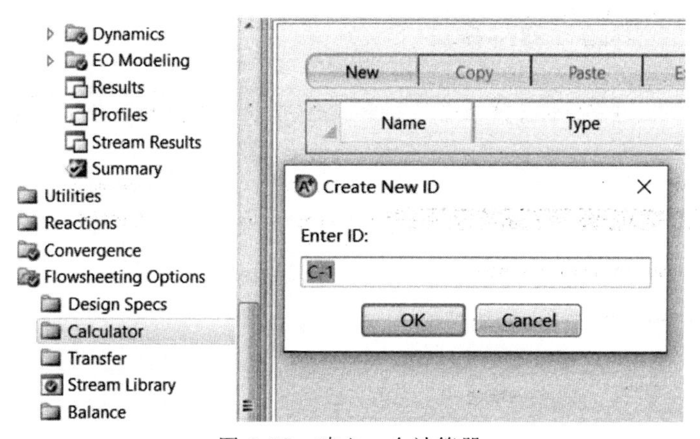

图 6.37　建立一个计算器

进入"Flowsheeting Options|Calculator C－1|Input|Define"页面，点击左下方的"New"按钮，出现"Create new variable"对话框，定义变量名称"FSTAGE"(进料位置)，完成进料位置的定义。同理，继续添加一个新的输入变量"NSTAGE"(理论板数)，如图 6.38 所示。

进入点击 N，进入"Flowsheeting Options|Calculator|C－1|Input|Calculate"页面，输入 Fortran 语句"FSTAGE=0.551 * NSTAGE"，注意，Fortran 语句的书写要从第七列开始(缺省)。点击"N"，进入"Flowsheeting Options|Calculator|C－1|Input|Sequence"页面，规定执行顺序。如图 6.39 所示，规定执行顺序，此设定每次在 B1 模块运算前执行，输出进料板位置。至此，完成进料位置随理论板数变化的计算器设置。

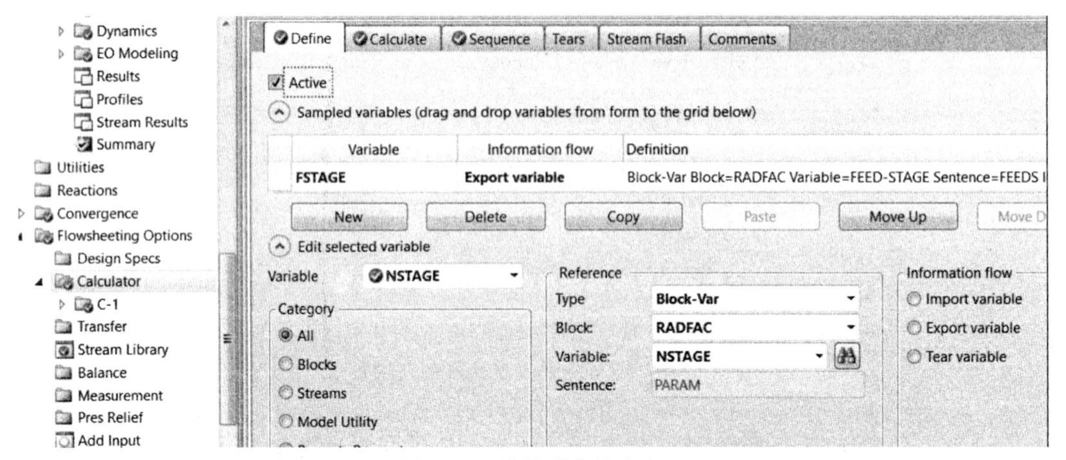

图 6.38　计算器变量定义

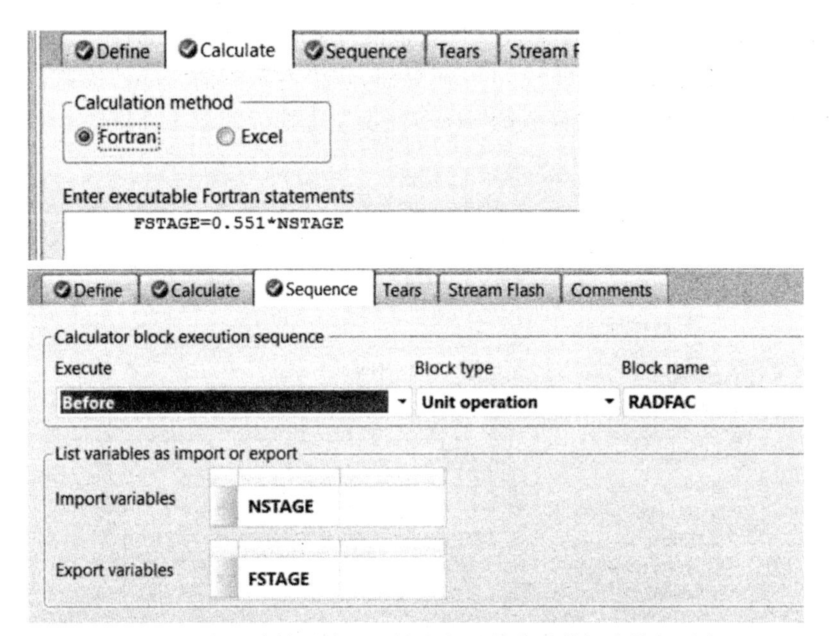

图 6.39　定义计算器输入和输出变量的关系并规定执行顺序

⑦查看灵敏度分析结果。点击“N”，出现“Required Input Complete”对话框，点击“OK”，运行模拟，流程收敛。进入“Model Analysis Tools|Sensitivity|S-1|Results|Summary”页面查看结果。

如图 6.40 所示，按照设计要求，符合要求的结果为：理论塔板数 184 层塔板，进料板位置 101 层塔板，塔顶丙烯摩尔分数 $X_D=0.99707$，$X_W=0.1319$。

⑧实际塔板数。当塔板设计合理且操作条件在正常范围内时，则板效率比较固定，不易受设计条件或操作条件的变化而变化。因此，物料性质是影响塔板效率的最重要的因素，采用前面手工计算的简化经验公式计算塔效率：

$$E=0.49\times(\alpha\mu_{a_V})^{-0.245}$$

Row/Case	Status	VARY 1 RADFAC PARAM NSTAGE	DPUR	WPUR	FSTAGE
81	OK	180	0.996926	0.133054	99
82	OK	181	0.996932	0.133012	99
83	OK	182	0.996999	0.132478	100
84	OK	183	0.997004	0.132441	100
85	OK	184	0.99707	0.131919	101
86	OK	185	0.997074	0.131887	101
87	OK	186	0.997138	0.131379	102
88	OK	187	0.997199	0.130897	103
89	OK	188	0.997203	0.130868	103
90	OK	189	0.997264	0.130384	104
91	OK	190	0.997267	0.130359	104
92	OK	191	0.997327	0.129887	105

图 6.40　灵敏度分析结果

得 $E=0.895$。

所以实际塔板数 N_e 为 $N_e=\dfrac{N_T}{E}=\dfrac{184}{0.895}=205.6$，取整为 206 层塔板（包括冷凝器和再沸器）。

同理，得实际进料塔板数为 113 块层塔板。

进入“Blocks|RadFrac|Specifications|Efficiency”页面设置，见图 6.41。并相应改变 RadFrac 模块中塔板数分别为“206”和进料板为“113”，运行模拟。模拟结果与灵敏度分析结果基本相同。

例 6.1 精馏塔的最佳理论板数分析(3)

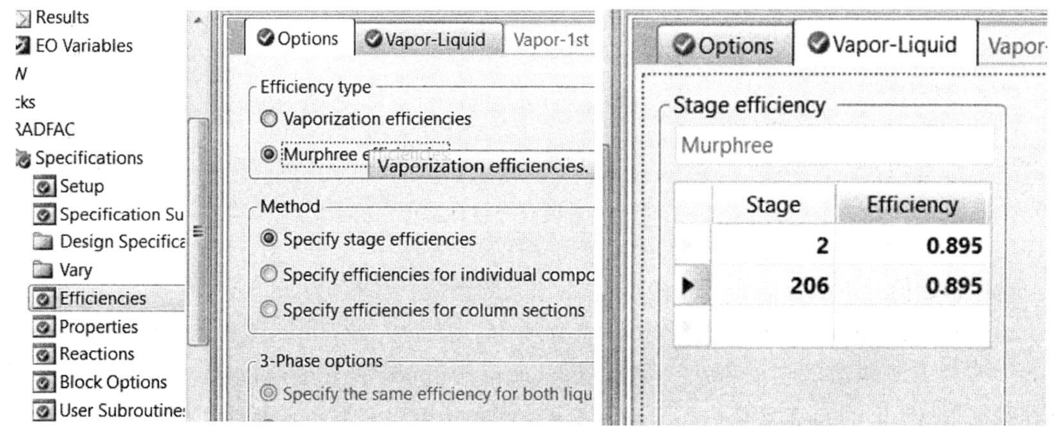

图 6.41　设置塔效率选项

(3)第三步：塔内件结构设计。

该塔为中压精制塔，分离要求较高，塔板数较多，气液量均较大，处理量变动小且不析出固体，因此采用造价便宜的筛板塔。

①塔结构设计。进入“Blocks | RadFrac | Column Internals”页面，点击右边的“Add New”按钮，新建塔段，默认塔段名“INT－1”。进入“Blocks | RadFrac | Column Internals | INT－1”，点击“Add New”按钮，创建项目“CS－1”，见图 6.42。根据 RadFrac 模拟流体力学数据，液相负荷在之间，塔内溢流类型宜选择双溢流；精馏段、提馏段液相流量变化不大，一个塔段即可。在右边页面的表格里，“Starting stage”输入“2”，“Ending stage”输入“206”，“Number of passes”(溢流程数)输入“2”，“Tray type”选择“Sieve”，选择“模式”为“Sizing”(设计)，这时在这一栏最后两格，会出现塔设计初值“Tray spacing”为“0.6096m”，“Diameter”(直径)为“2.01018m”，如图 6.43 所示。

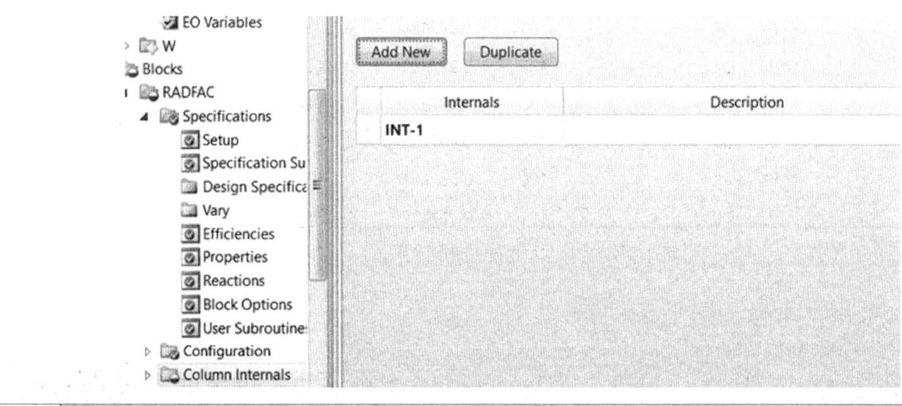

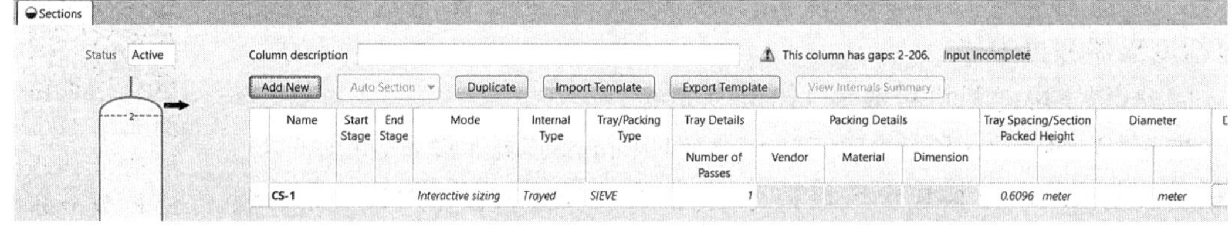

图 6.42　创建一个塔段设计

Add New | Auto Section | Duplicate | Import Template | Export Template | View Internals Summary

	Name	Start Stage	End Stage	Mode	Internal Type	Tray/Packing Type	Tray Details	Packing Details			Tray Spacing/Section Packed Height		Diameter		Details
							Number of Passes	Vendor	Material	Dimension					
▶	CS-1	2	206	Interactive sizing	Trayed	SIEVE	2				0.6096	meter	2.01018	meter	View

图 6.43　塔段直径设计初值

这些初始值并不符合标准，我们可以手工输入圆整值：板间距为“0.6m”，塔径为“2.0m”。

运行模拟后，进入“RadFrac | Column Internals | INT－1 | Sections | CS－1 | Results | Summary”，可以看到塔段的直径、高度、塔板间距、压降、最大降液管负荷停留时间和最大液泛率等数据(见图 6.44)，在菜单栏第二项“By Tray”中还可以查看各层板上的水力学数据，见图 6.45。在塔板结果中有几个参数应重点关注：最大液泛因子，一般应在 0.6～0.8；塔段压

降，一般单板压降小于 0.7kPa；降液管持液量一般应在 0.2～0.5；降液管内停留时间，一般应大于 3～5s。从图 6.45 可以看到，降液管内停留时间过短，不符合要求，需要调整塔板参数。

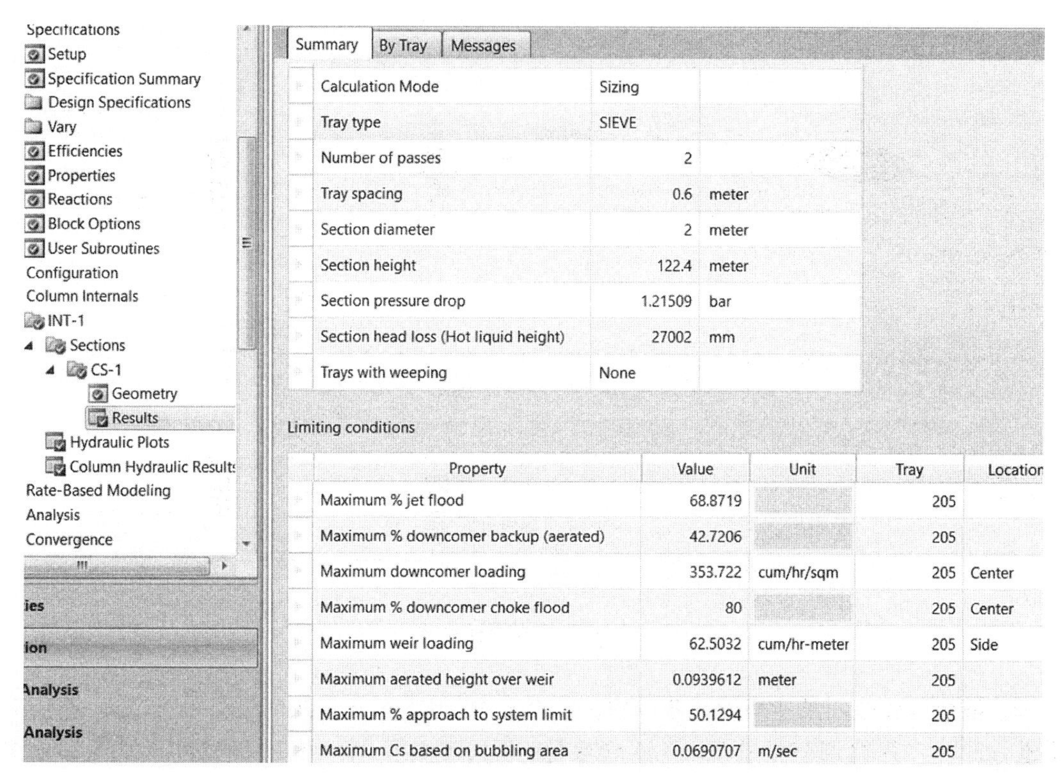

Calculation Mode	Sizing	
Tray type	SIEVE	
Number of passes	2	
Tray spacing	0.6	meter
Section diameter	2	meter
Section height	122.4	meter
Section pressure drop	1.21509	bar
Section head loss (Hot liquid height)	27002	mm
Trays with weeping	None	

Property	Value	Unit	Tray	Location
Maximum % jet flood	68.8719		205	
Maximum % downcomer backup (aerated)	42.7206		205	
Maximum downcomer loading	353.722	cum/hr/sqm	205	Center
Maximum % downcomer choke flood	80		205	Center
Maximum weir loading	62.5032	cum/hr-meter	205	Side
Maximum aerated height over weir	0.0939612	meter	205	
Maximum % approach to system limit	50.1294		205	
Maximum Cs based on bubbling area	0.0690707	m/sec	205	

图 6.44　塔段设计摘要

Summary　By Tray　Messages

View　Hydraulic results

Stage	% Jet flood	Total pressure drop (kPa)
196	67.7935	0.60706
197	67.9338	0.607352
198	68.0723	0.607635
199	68.208	0.607908
200	68.3403	0.60817
201	68.4685	0.608421
202	68.592	0.60866
203	68.7103	0.608886
204	68.8231	0.609101
205	68.9299	0.609302
206	69.023	0.609426

Side downcomer residence time (sec)	Center downcomer residence time (sec)
1.43559	1.43559
1.43404	1.43404
1.43247	1.43247
1.43089	1.43089
1.42931	1.42931
1.42775	1.42775
1.42619	1.42619
1.42466	1.42466
1.42316	1.42316
1.4217	1.4217
1.42029	1.42029
1.41893	1.41893
1.41764	1.41764
1.4164	1.4164
1.41524	1.41524
1.41414	1.41414

图 6.45　塔段中各层塔板的水力学结果

我们可以进入“RadFrac|Column Internals|INT－1|Sections|CS－1|Geometry”，调整塔板上溢流堰长或降液管宽度、堰高、降液管底隙高度等具体尺寸，让停留时间延长至3～5秒，见图6.46。

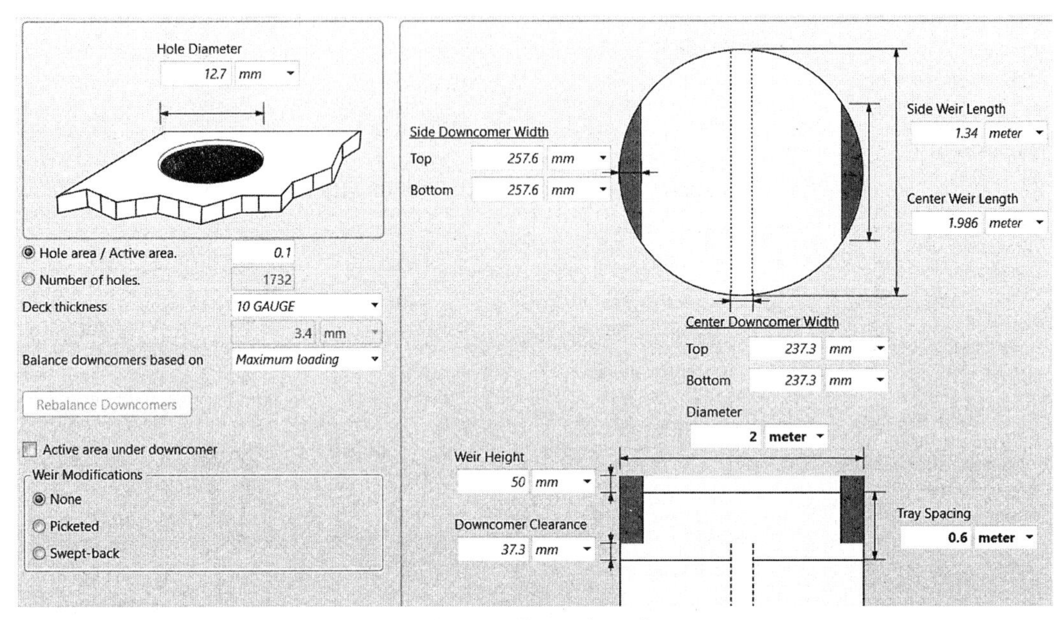

图6.46 塔板几何尺寸

②塔结构校核。虽然塔设计各项指标符合要求，但塔板某些几何尺寸不合标准，我们需要进行圆整。我们调整了孔径、降液管底隙、堰长等数据，将“模式”选为“Rating”，见图6.47。运行模拟。

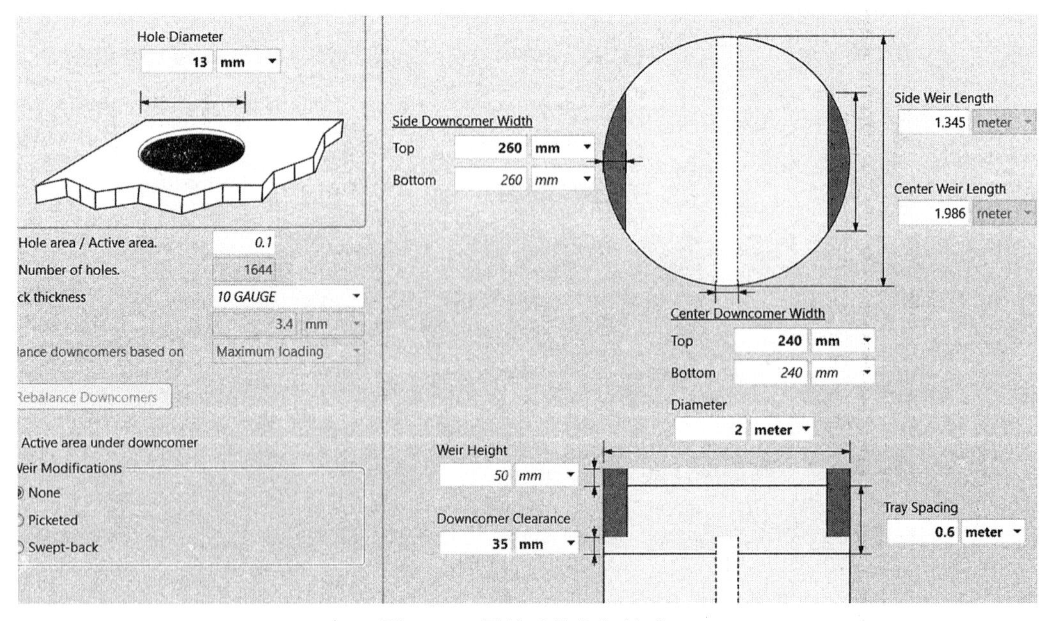

图6.47 圆整后的几何尺寸

进入“RadFrac|Column Internals|INT－1|Sections|Hydraulic Plots”，还可以查看每层塔板的水力学负荷性能图，如图 6.48。当各层板均符合设计要求时，全塔示意图为蓝色；有错误或警告时，塔段图会显示橙色或红色。

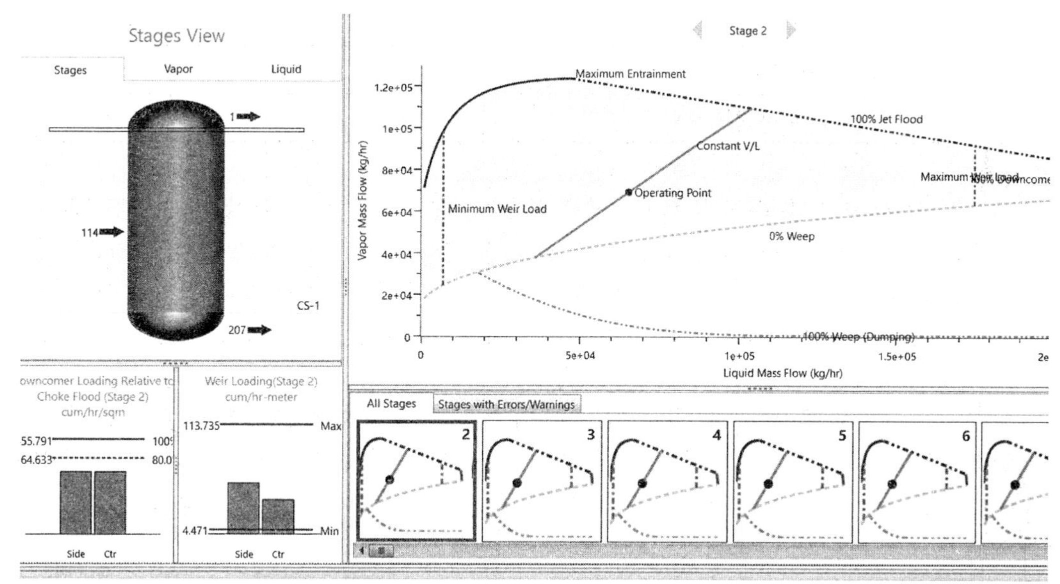

图 6.48　水力学操作图

例 6.1 精馏塔内件设计优化(4)

也可以按前面操作方法，看到塔设计摘要和各层塔般的水力学参数，均符合要求，至此，塔的模拟设计全部完成，主要参数见表 6.24。

表 6.24　精馏塔塔内件模拟设计结果

物性	值	单位
塔段起始塔板	2	
塔段结束塔板	205	
溢流数	2	
塔板间距	0.6	m
塔段直径	2.0	m
塔段高度	122	m
段压降	0.991786	bar
带漏液塔盘	无	
最大液泛	68.52	%
最大降液管持液量(充气)	47.7574	%
最大降液管负荷	116.639	m^3/h
最大降液管阻塞液泛	30.479	%

续表

物性	值	单位
最大堰负荷	40.706	$m^3/(h \cdot m)$
最大堰充气高度	0.0721	m
最大系统极限接近值	34.64	%
基于鼓泡面积的最大 C_s	0.06466	m/s

总结：在手算中，实际塔板数为137层塔板，理论进料板在第75层塔板；与DSTWU捷算模拟出的118层理论塔板数，理论进料板第65层塔板，两者结果相近。但在RadFrac精馏塔精确计算中，由DSTWU简捷计算获得的塔板数计算出的塔顶丙烯摩尔分数只有0.992，无法达到设计要求的纯度，需要通过增加塔板数，增至185块塔板，才能到设计要求中99.7%的纯度要求。

主要原因是在手算中，密度、黏度、表面张力、相对挥发度等物性数据都是通过《化工工艺手册》查图获得，并将分精馏段、提馏段两段取平均值进行设计计算，而RadFrac模拟值是按压力降各层板上的操作温度、压力和汽液相流量进行严格计算得到的，因此模拟值比手算更准确。

第7章　填料吸收塔的工艺设计

摘要:本章讲授了对填料吸收塔进行工艺设计的基本方法,包括填料的常见类型、设计方案的确定和填料塔设计的相关工艺计算,最后以 SO_2 水吸收塔为例,介绍采用手工计算和 Aspen Plus 模拟进行填料塔工艺设计的具体方法,并配有视频演示。

7.1　概述

气体吸收过程是化工生产中常用的气体混合物的分离操作,其基本原理是利用气体混合物中的各组分在特定的液体吸收剂中的溶解度不同,实现各组分分离的单元操作。吸收过程作为一种重要的分离手段被广泛地应用于化工、医药、冶金等生产过程,其应用目的有以下几种:分离混合气体以获得一定的组分或产物;除去有害组分以净化或精制气体;制备某种气体的溶液;工业废气的治理。

一般而言,吸收过程的塔设备与精馏过程所需要的塔设备具有相同的原则要求。用于吸收的塔设备类型很多,有填料塔、板式塔、鼓泡塔、喷洒塔等。但吸收过程一般具有操作液气比大的特点,因而更适用于填料塔。填料塔结构简单、阻力小、加工容易、可用耐腐蚀材料制作、吸收效果好、装置灵活等优点,故在化工、环保、冶炼等工业吸收、解吸和气体洗涤操作中应用较普遍。但在液体流率很低难以充分润湿填料,或塔径过大,使用填料塔不很经济的情况下,以采用板式塔为宜。本章仅就填料吸收塔的工艺设计进行介绍。

7.1.1　填料塔中填料的主要类型

填料塔中的传热和传质主要在填料表面上进行,因此,填料的选择是填料塔的关键。一般要求塔填料具有较大的通量、较低的压降、较高的传质效率,同时操作弹性大、性能稳定,能满足物系的腐蚀性、污堵性、热敏性等特殊要求。填料的强度要高,便于塔的拆装、检修,并且价格要低廉。所以填料要具有较大的比表面积,较高的空隙率,结构要敞开,死角空隙小,液体分布性能好,填料的类型、尺寸、材质选择得当。

7.1.1.1　塔填料的分类及结构

填料的种类很多,按装填方式可分为散装填料和规整填料。

(1)散装填料主要有拉西环填料、鲍尔环填料、矩鞍形填料、阶梯形填料等。

拉西环填料是最早提出的工业填料,其结构为外径与高度相等的圆环,可用陶瓷、塑料、金属等材质制成。拉西环填料的气液分布较差、传质效率低、阻力大、通量小,目前工业上用得较少。十字环填料是由拉西环改进而成,操作时可使塔内压降相对降低,沟流和壁流较

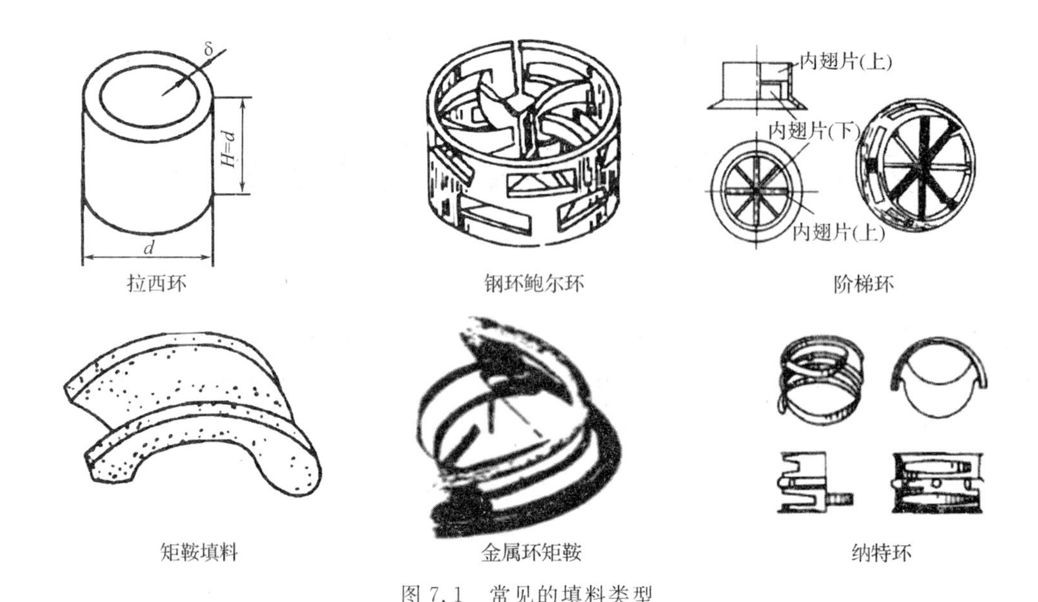

图 7.1 常见的填料类型

少，效率较拉西环高。θ 环形填料是由拉西环改进而成，在环的中间有一隔板，增大了填料的比表面积，可用陶瓷、石墨、塑料或金属制成。

鲍尔环填料是在拉西环的基础上改进而得。其结构为在拉西环的侧壁上开出两排长方形的窗口，被切开的环壁的一侧仍与壁面相连，另一侧向环内弯曲，形成内伸的舌叶，该舌叶的侧边与环中间相搭，可用陶瓷、塑料、金属制造鲍尔环。与拉西环相比，鲍尔环由于环内开孔，大大提高了环内空间及环内表面的利用率，气流阻力小，传质效率高，操作弹性大。鲍尔环是目前应用较广的填料之一，但价格较拉西环高。

阶梯环填料是近年开发的一种填料，是鲍尔环的改进。填料高度为鲍尔环高度的一半，在一端环壁上开有长方形孔，环内有两层交错 45°的十字形翅片，另一端为喇叭口。由于绕填料外壁流过的气体平均路径较鲍尔环短，而喇叭口又增加了填料的非对称性，使填料在床层中以点接触为主，床层均匀，空隙率大，气流阻力小，点接触利于下流液体的汇聚与分散，利于液膜的表面更新，故传质效率高。阶梯环可用陶瓷、塑料、金属材料制作。

鞍形类填料主要有弧鞍形填料、矩鞍形填料和环矩鞍填料。弧鞍形填料弧鞍形填料的形状如马鞍，结构简单，用陶瓷制成，由于两面对称结构，在填料中互相重叠，使填料表面不能充分利用，影响传质效果。

矩鞍形填料是将弧鞍形改制成两面不对称，大小不等的矩鞍形，它在填料中不能互相重叠，因此填料表面利用率好，传质效果比相同尺寸的拉西环好。

环矩鞍填料是结合了开孔环形填料和矩鞍填料的优点而开发出来的新型填料，即将矩鞍环的实体变为两条环形筋，而鞍形内侧成为有两个伸向中央的舌片的开孔环。这种结构有利于流体分布，增加了气体通道，因而具有阻力小、通量大、效率高的特点。

工业上常用的几种散装填料的特性参数列于附录中，可供设计时参考。

(2)规整填料。目前常用的规整填料为波纹填料，其基本类型有丝网形和孔板形两大类，均是 20 世纪 60 年代以后发展起来的新型规整填料，主要是由平行丝网波纹片或(开孔)板波纹片平行(波纹)、垂直排列组装而成，盘高约 40~300mm，具有以下特点：

①填料由丝网或(开孔)板组成,材料细(或薄),空隙率大,加之排列规整,因而气流通过能力大,压降小。能适用于高真空及精密精馏塔器。

②由于丝网(或开孔)板波纹材料细(或薄),比表面积大,又能从选材(或加工)上确保液体能在网体或板面上形成稳定薄液层,使填料表面润湿率提高、避免沟流现象,从而提高传质效率。

③气液两相在填料中不断呈 Z 形曲线运动、液体分布良好、充分混合、无积液死角,因而放大效应很小。适用于大直径塔设备。

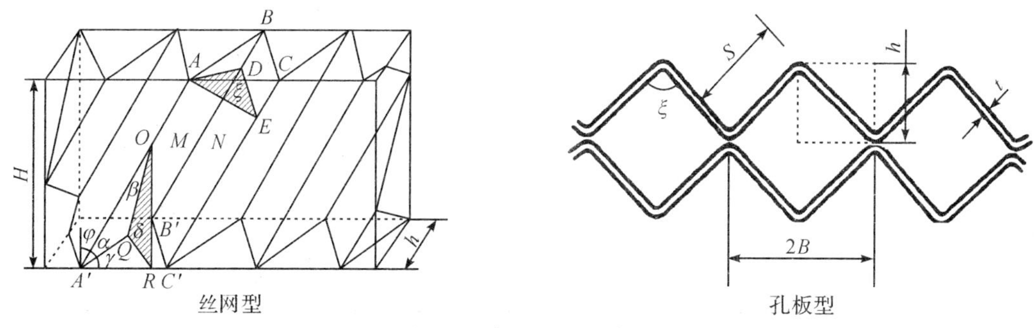

图 7.2　常见的规整填料

近年来波纹填料发展较快,但造价、安装要求较高,因而受到一定的制约。波纹填料的几何特征参数见表 7.1。

表 7.1　常见波纹填料的几何特征参数

名称		类型	材料	比表面积 $a/(m^2/m^3)$	水力直径 d_N/mm	倾角 φ/°	孔隙率 ε/%	密度/ (kg/m³)
丝网波纹填料	金属丝网	AX	不锈钢	250	15	30	95	125
		BX		500	7.5	30	90	250
		CY		700	5	45	85	350
	塑料丝网	BX	聚丙烯/聚丙腈	450	7.5	30	85	120
板波纹填料	金属薄板 Mellapak	125Y/125X	不锈钢 碳钢 铝	125	—	45/30	98.5	100
		250Y/250X		250	15	45/30	97	200
		350Y/350X		350	—	45/30	95	280
		500Y/500X		500	—	4530	93	400
	塑料薄板 Mellapak	125Y	聚丙烯 聚偏氯乙烯	125	—	45	98.5	37.5
		250Y		250	15	45	97	75
	陶瓷薄片	Karapak BX	陶瓷	450	6	30	75	550
		Melladur		250	—	45	—	—

注:①不锈钢片厚 0.2mm;②结构类似 Mellapak 250Y。

工业常用波纹填料性能以及应用范围见表 7.2。

表 7.2 工业常用波纹填料性能以及应用范围

填料类型	气体负荷 $F/[(m/s)(kg/m^3)^{0.5}]$	每块理论板压降/Pa(mmHg)	每米填料理论板数	滞留量/%	操作压力/Pa(mbar)	填料适用范围
AX	2.5～3.5	约 40(约 0.3)	2.5	2	10^2～10^3(1～1000)	要求处理量与理论板不多的蒸馏
BX	2～2.4	40(0.3)	5	4	10^2～10^5(1～1000)	热敏性，难分离物系的真空精馏
CY	1.3～2.4	67(0.5)	10	6	5×10^3～10^5(50～1000)	理论板的有机物蒸馏，限制高度的塔
塑料丝网波纹 BX	2～2.4	约 60(约 0.45)	约 5	8～15	10^2～10^5(1～1000)	低温(<80℃)下，脱除强臭味物质，回收溶剂
Mellapak 250Y	2.25～3.5	100(0.75)	2.5	3～5	>10^4(>100)	中等真空度以上压力及有污染的有机物蒸馏，常压和高压吸收(解吸)

7.1.1.2 塔填料的性能

(1)对塔填料的基本要求

塔填料的性能主要指塔填料的流体力学性能和传质性能。性能优良的塔填料应具有良好的流体力学性能和传质性能，一般应具有以下特点：有较大的表面积；表面的湿润性能好，有效传质面积大；结构上应有利于气、液相的均匀分布；液相淋洒在填料层内的持液量适宜；具有较大的空隙率(孔隙率)，气体通过填料层时压降小，不易发生液泛现象。

(2)常用填料的性能

实际使用上，一般是从气、液相通量、分离效率、压力降及抗堵塞能力方面评价填料性能，基本规律如下：

①分离能力。同一系列填料中，小尺寸填料比表面积较大，具有较高的分离能力。

②处理能力和压力降。同一系列填料中，空隙率大者具有较小的压力降，和较大的处理量，金属和塑料材质的填料与陶瓷填料相比，具有较小的压力降和较大的处理量。

③抗堵塞性能。比表面积小的填料具有较大的空隙率，具有较强的抗堵塞能力；金属和塑料材料的填料抗堵塞能力优于陶瓷填料。

对于不同类型的散堆填料，同样尺寸、材质的鲍尔环在同样的压强下，处理量比拉西环大 50%以上，分离效率可以高出 30%以上；在同样的操作条件下，阶梯环的处理量可以比鲍尔环大 20%左右，效率较鲍尔环高 5%～10%；而环鞍、矩鞍形填料则具有更大的处理量和分离效率。

对于规整填料，丝网类填料的分离能力大于板波纹类填料，板波纹类填料较丝网类填料有较大的处理量和较小的压降。

7.1.2 吸收工艺设计的基本内容

吸收过程的工艺设计是为了提高综合处理工程问题的能力，其一般性问题是在给定混合气体处理量、混合气体组成、温度、压力以及分离要求的条件下，完成以下工作：

(1)确定吸收过程的设计方案；

(2)确定吸收过程的平衡关系、装置的气液负荷、物性参数及特性；

(3)填料吸收塔的构型和工艺设计；

(4)绘制填料吸收塔的工艺条件图；

(5)编写设计说明书。

7.2　设计方案的确定

填料吸收塔设计方案的确定包括选择合适的吸收溶剂、吸收装置的基本流程、吸收的操作条件确定和塔内填料的选择等。

7.2.1　吸收剂的选用

吸收剂性能往往是决定吸收效果的关键。在选择吸收剂时，应从以下几方面考虑：

(1)溶解度。溶质在溶剂中的溶解度要大，即在一定的温度和浓度下，溶质的平衡分压要低，这样可以提高吸收速率并减小吸收剂的耗用量，气体中溶质的极限残余浓度亦可降低。当吸收剂与溶质发生化学反应时，溶解度可大大提高。但要使吸收剂循环使用，则化学反应必须是可逆的。

(2)选择性。吸收剂对混合气体中的溶质要有良好的吸收能力，而对其他组分应不吸收或吸收甚微，否则不能直接实现有效的分离。

(3)溶解度对操作条件的敏感性。溶质在吸收剂中的溶解度对操作条件(温度、压力)要敏感，即随操作条件的变化溶解度要显著地变化，这样被吸收的气体组分容易解吸，吸收剂再生方便。

(4)挥发度。操作温度下吸收剂的蒸气压要低，因为离开吸收设备的气体往往被吸收剂所饱和，吸收剂的挥发度愈大，则在吸收和再生过程中吸收剂损失愈大。

(5)黏性。吸收剂黏度要低，流体输送功耗小。

(6)化学稳定性。吸收剂化学稳定性好可避免因吸收过程中条件变化而引起吸收剂变质。

(7)腐蚀性。吸收剂腐蚀性应尽可能小，以减少设备费和维修费。

(8)其他。所选用吸收剂应尽可能满足价廉、易得、易再生、无毒、无害、不易燃烧、不易爆等要求。

一般来说，任何一种吸收剂都难以满足以上所有要求，选用时应针对具体情况和主要矛盾，既考虑工艺要求，又兼顾到经济合理性，从而对吸收剂作全面评价后做出经济、合理、恰当的选择。

7.2.2　吸收流程的选择

工业上使用的吸收流程很多，从所选用的吸收剂种类看，可分为用一种吸收剂的一步吸收流程和使用两种吸收剂的两步吸收流程;从所用的塔设备数量看,可分为单塔吸收流程和多塔吸收流程;按塔内气液两相的流向可分为逆流吸收流程、并流吸收流程等基本流程,此外,还有用于特定条件下的部分溶剂循环流程。常见的是按流向安排分以下几种:

7.2.2.1 逆流操作

气相自塔底进入由塔顶排出,液相反向流动,即为逆流操作。由于逆流吸收的平均传质推动力大于并流,所以对于同样的气液和相同尺寸的塔,逆流比并流可得到较高的吸收率;对于同样的吸收率和相同尺寸的塔,逆流比并流的液气比要小,即所需溶剂量要少;对于同样的吸收率和液气比,逆流比并流所需传质面积要小,这意味着塔的尺寸可减少,设备费用可降低。所以一般来说,逆流操作优于并流,工业上多采用逆流操作。

7.2.2.2 并流操作

气液两相均从塔顶流向塔底。当吸收易溶气体时,就可以采用并流,气、液两相均可自塔顶流向塔底。因为易溶气体的吸收,气相中平衡曲线较平坦时,此时逆流与并流的传质推动力相差不大,而并流不受液泛的限制,气速可提高,处理量可加大,对增产有利。

对化学吸收也可用并流,因为此时的吸收速率取决于反应速率,而不取决于传质速率。

7.2.2.3 吸收剂部分再循环操作

在逆流操作系统中,用泵将吸收塔排出的一部分液体经冷却后与补充的新鲜吸收剂一同送回塔内,即为部分再循环操作。主要用于:①当吸收剂用量较小,为提高塔的液体喷淋密度以充分润湿填料;②为控制塔内温升,需取出一部分热量时。吸收部分再循环操作较逆流操作的平均吸收推动力要低,还需设循环用泵,消耗额外的动力。

7.2.2.4 单塔或多塔串、并联操作

若设计的填料层高度过大,或由于所处理物料等原因需经常清理填料,为便于维修,可把填料层分装在几个串联的塔内,每个吸收塔通过的吸收剂和气体量都相同,即为多塔串联系统。此种系统因塔内需留较大的空间,输液、喷淋、支撑板等辅助装置的增加,使设备投资加大。

若吸收过程处理的液量很大,如果用通常的流程,则液体在塔内的喷淋密度过大,操作气速势必很小(否则易引起塔的液泛),塔的生产能力很低。实际生产中可采用气相作串联而液相作并联的混合流程。对于气体串联、液体并联,由于向每一个塔中喷淋的都是新鲜再生溶液,入塔的初始浓度低,平均传质推动力大,有利于吸收,但液体的循环量大,吸收后溶液平均浓度低,再生处理量加大,操作成本增加。高硫煤气脱硫,常采用此种流程。

若吸收过程处理的液量不大而气相流量很大时,可用液相作串联而气相作并联的混合流程。

多塔吸收时,还常有气液逆流串联,对于该种串联操作,液体的循环量小,吸收后液体平均浓度高,再生处理量少,但吸收溶液每经一塔浓度增大,使入塔液体浓度依次增加,传质动力随之依次减小,不利于吸收。

总之,在实际应用中应根据生产任务、工艺特点,结合各种流程的优缺点选择适宜的流程。

7.2.3 吸收剂再生方法选择

依据所用的吸收剂不同可以采用不同的再生方法,工业上常用的吸收剂再生方法主要

有减压再生、加热再生及汽提再生等。

7.2.3.1　减压再生(闪蒸)

减压再生是最简单的吸收剂再生方法。在吸收塔内,吸收了大量溶质后的吸收剂进入再生塔减压,使得溶入吸收剂中的溶质得以解吸。该方法适用于加压吸收,且后续工艺处于常压或较低压力的条件。如吸收操作处于常压条件,若采用减压再生,那么解吸操作需在真空条件下进行,则过程可能不够经济。

7.2.3.2　加热再生

加热再生也是常用的吸收剂再生方法。将吸收了大量溶质后的吸收剂加入再生塔内并加热使其升温,使溶入吸收剂中的溶质得以解吸。由于再生温度必须高于吸收温度,因而,该方法适用于常温吸收或在接近于常温的吸收操作。若吸收温度较高,则再生温度必然更高,需要消耗更高品位的能量。一般采用水蒸气作为加热介质,加热方法可依据具体情况采用直接蒸汽加热或间接蒸汽加热。

7.2.3.3　汽提再生

汽提再生是在再生塔的底部通入惰性气体,使吸收剂表面溶质的分压降低,从而使吸收剂得以再生。常用的汽提气体是空气和水蒸气。

7.2.4　吸收操作参数选择

吸收过程的操作参数主要包括吸收(或解吸)压力、温度以及吸收因子(或解吸因子)。这些条件的选择应充分考虑。前后工序的工艺参数,从整个过程的安全性、可靠性、经济性出发,经过多方案对比优化得出过程参数。

7.2.4.1　操作压力选择

对于物理吸收,加压操作不但有利于提高吸收过程的传质推动力,而且可提高过程的传质速率。工程上,加压又可以减小气体体积流率,减小吸收塔径,所以对于物理吸收,加压操作十分有利。但工程上,专门为吸收操作而为气体加压,从过程的经济性角度看一般是不合理的,因而若在前一道工序的压力参数下可以进行吸收操作,一般是以前道工序的压力作为吸收单元的操作压力;应尽量保持气体吸收前后压力一致,尽量避免气体减压后重新加压;对于加压吸收,应考虑回收系统的压力能(如采用水力透平),对于热效应较大的吸收流程通常采用热集成技术,回收系统的热量。

对于减压再生(闪蒸)操作,其操作压力应以吸收剂的再生要求而定,逐次或一次从吸收压力减至再生操作压力。

7.2.4.1　操作温度选择

对于物理吸收而言,降低操作温度,对吸收有利。但低于环境温度的操作温度因其要消耗大量的制冷动力而一般是不可取的,一般情况下,取常温吸收较为有利。对于化学吸收,操作温度应根据化学反应的情况而定,既要考虑温度对化学反应速度常数的影响,也要考虑对化学平衡的影响,使吸收反应具有适宜的反应速度。

对于解吸操作,较高的操作温度可以降低溶质的溶解度,因而有利于吸收剂的再生。

7.2.5 塔填料的选择

各种填料的结构差异较大，具有不同的优缺点，因此，在使用上，应根据具体情况选不同的塔填料。在选择塔填料时，主要考虑如下几个问题：

7.2.5.1 选择填料材质

选用塔填料材质应根据吸收系统的介质以及操作温度而定。一般情况下，可以选用塑料、金属和陶瓷等材料。对于腐蚀介质应采用相应的耐蚀材料，如陶瓷、塑料、玻璃、石墨、不锈钢等，对于温度较高的情况，要考虑材料的耐温性能。

7.2.5.2 填料类型的选择

填料类型的选择是一个较为复杂的问题，因为能够满足设计要求的塔填料不止一种，要在众多的塔填料中选择出最适宜的塔填料，需对这些填料在规定的工艺条件下，做出全面的技术经济评价，以较少的投资获得最佳的经济技术指标。由于所涉及的因素众多，因而这是一项复杂而又繁重的工作。一般的做法是根据生产经验，首先预选出几种最可能选用的填料，然后对其进行全面评价、确定，一般来说，同一类填料中，比表面积大的填料虽然具有较高的分离效率，但由于其在同样的处理量下，所需塔径较大，塔体造价升高。

7.2.5.3 填料尺寸的选择

通常，散装填料与规整填料的规格表示方法不同，选择的方法亦不尽相同，现分别加以介绍。

(1)散装填料规格的选择。散装填料的规格通常是指填料的公称直径。工业塔常用的散装填料主要有DN16、DN25、DN38、DN50、DN76等几种规格。同类填料，尺寸越小，分离效率越高，但阻力增加，通量减小，填料费用也增加很多。而大尺寸的填料应用于小直径塔中，又会产生液体分布不良及严重的壁流，使塔的分离效率降低。因此，对塔径与填料尺寸的比值要有一规定，常用填料的塔径与填料公称直径比值 D/d 的推荐值列于表7.3。

表7.3 塔径与填料公称直径的比值 D/d 的推荐值

填料种类	拉西环	鞍形	鲍尔环	阶梯环	环矩鞍
D/d 的推荐值	≥20～30	≥15	≥10～15	>8	>8

(2)规整填料规格。工业上常用规整填料的型号和规格的表示方法很多，国内习惯用比表面积表示，主要有125、150、250、350、500、700等几种规格，同种类型的规整填料，其比表面积越大，传质效率越高，但阻力增加，通量减小，填料费用也明显增加。选用时应从分离要求、通量要求、场地条件、物料性质及设备投资、操作费用等综合考虑，使所选填料既能满足工艺要求，又具有经济合理性。

应予指出，一座填料塔可以选用同种类型、同一规格的填料，也可以选用同种类型、不同规格的填料；可以选用同种类型的填料，也可以选用不同类型的填料；有的塔段可选用规整填料，而有的塔段可选用散装填料。设计时应灵活掌握，根据技术经济统一的原则来选择填料的规格。

7.3　填料塔的工艺设计计算

填料塔的工艺设计内容是在明确装置处理量、分离要求、溶剂(或再生用惰性气)用量、操作温度和操作压力及相应的相平衡关系的条件下,完成填料塔的工艺尺寸及其他塔内件设计,主要包括下列内容:吸收剂用量的计算;塔径的计算;填料层高度的计算;液体分布器和液体再分布器的设计;气体分布装置的设计;填料支撑装置的设计;塔底空间容积和塔顶空间容积的设计;填料塔的流体力学参数核算等。

以上的设计内容互相关联、制约,需要经过多次的反复计算、比较,才能得出较为满意的结果。

7.3.1　吸收剂用量的确定

工程上常用的确定吸收剂用量(或汽提气用量)的方法是求过程的最小液气比(对于解吸过程求最小气液比),进而确定适宜的液气比。

(1)最小液气比的计算:最小液气比是针对一定的分离任务、操作条件和吸收物系,当塔内某截面吸收推动力为零时,达到分离程度所需塔高为无穷大时的液气比,以$(L/V)_{min}$表示。

图解法:当平衡曲线符合图7.3所示的情况时,最小液气比可根据物料衡算采用图解法求得

$$\left(\frac{L}{V}\right)_{min}=\frac{Y_1-Y_2}{X_1^*-X_2} \tag{7.1}$$

解析法:若平衡关系符合亨利定律$Y=mX$,则采用下列解析式计算最小液气比

$$\left(\frac{L}{V}\right)_{min}=\frac{Y_1-Y_2}{\dfrac{Y_1}{m}-X_2} \tag{7.2}$$

注意:如果平衡线出现如图7.4所示的形状,则过点A作平衡线的切线,水平线$Y=Y_1$与切线相交于点$D(X_{min},Y)$,则可按下式计算最小液气比

$$\left(\frac{L}{V}\right)_{min}=\frac{Y_1-Y_2}{X_{1,max}-X_2} \tag{7.3}$$

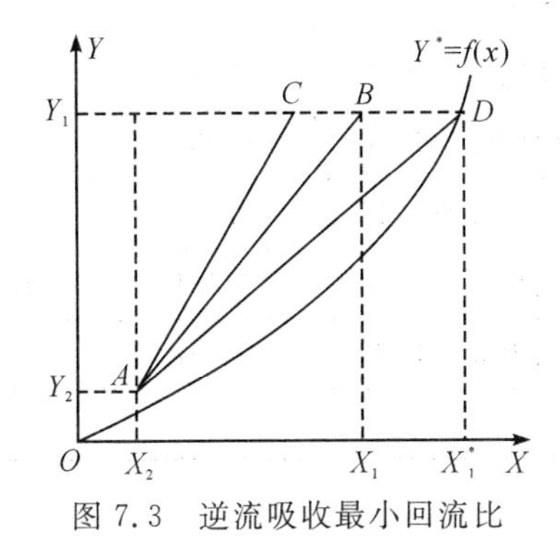

图7.3　逆流吸收最小回流比

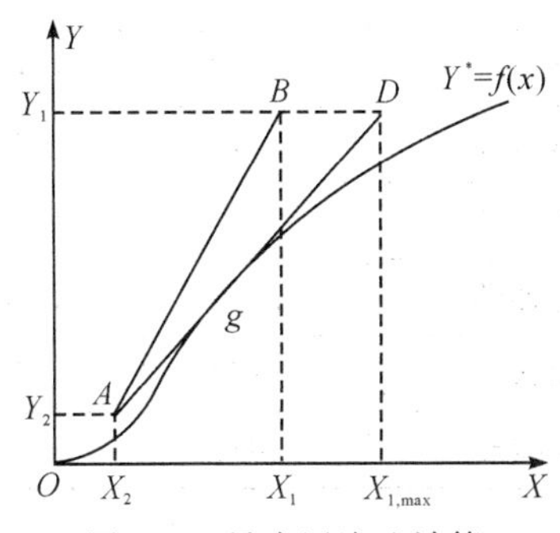

图7.4　最小回流比计算

(2)确定操作液气比的分析:若增大吸收剂用量,操作线远离平衡线,吸收的推动力增大,对于一定吸收效果,则所需的塔高将减小,设备投资也减少。但液气比增加到一定程度后,塔

高减小的幅度就不显著，而吸收剂消耗量却过大，造成输送及吸收剂再生等操作费用剧增。考虑吸收剂用量对设备费和操作费两方面的综合影响。应选择适宜的液气比，使设备费和操作费之和最小。根据生产实践经验，通常吸收剂用量为最小用量的1.1～2.0倍，即

$$(L/V)=(1.1\sim2.0)(L/V)_{\min}$$

(3)吸收剂用量的确定：

$$L=(1.1\sim2.0)L_{\min}$$

7.3.2 塔径的计算

填料塔塔径的计算有多种方法，所得结果也不尽相同，因此，在设计上对计算方法的误差应有足够的分析，留有适宜的余量。目前计算塔径普遍使用的方法是计算填料塔的液泛点气体速度(简称泛点气速)，取泛点气速的某一倍数作为塔的操作气速(均指空塔气体速度)，然后依据气体的处理量确定塔径。

7.3.2.1 泛点气速的计算

填料塔的泛点气速与气液流量、物系性质及填料类型、尺寸等因素有关。其计算方法很多，目前工程常采用贝恩-霍根(Bain-Hougen)关联式或埃克特(Echert)通用压降关联图来计算泛点气速 u_F。

(1)贝恩-霍根(Bain-Hougen)关联式

填料的泛点气速可由贝恩-霍根(Bain-Hougen)关联式计算：

$$\lg\left(\frac{u_F^2}{g}\times\frac{a}{\varepsilon^3}\frac{\rho_G}{\rho_L}\mu_L^{0.2}\right)=A-K\left(\frac{m_L}{m_G}\right)^{1/4}\left(\frac{\rho_G}{\rho_L}\right)^{1/8} \tag{7.4}$$

式中，u_F 为泛点气速，m/s；a 为填料总比表面积，m^2/m^3；ε 为填料层空隙率，m^3/m^3；ρ_G、ρ_L 分别为气相、液相密度，kg/m^3；μ_L 为液体黏度，mPa·s；m_L、m_G 分别为液相、气相的质量流量，kg/h；A、K 为关联常数。

常数 A、K 值与填料形状及材质有关，不同类型填料的 A、K 值列于表7.4中，由式(7.4)计算的泛点气速，误差在15%以内。

表7.4 贝恩-霍根关联式中关联常数 A、K 值

散装填料类型	A	K	规整填料类型	A	K
塑料鲍尔环	0.0942	1.75	金属丝网波纹填料	0.30	1.75
金属鲍尔环	0.1	1.75	塑料丝网波纹填料	0.4201	1.75
塑料阶梯环	0.204	1.75	金属网孔波纹填料	0.155	1.47
金属阶梯环	0.106	1.75	金属孔板波纹填料	0.291	1.75
瓷矩鞍	0.176	1.75	塑料孔板波纹填料	0.291	1.563
金属矩鞍环	0.06225	1.75			

(2)埃克特(Eckert)泛点气速关联图

对于散堆填料，常采用埃克特泛点气速关联图计算泛点气速。该关联是以 X 为纵坐标(见图7.5)进行关联的。其中，

$$X=\left(\frac{G_L}{G_G}\right)\left(\frac{\rho_G}{\rho_L}\right)^{0.5}$$

$$Y=\frac{u_F^2\psi\varphi\rho_G}{g\rho_L}\mu^{0.2} \tag{7.5}$$

式中，G_L、G_G 分别为液体、气体的质量流速，kg/h；ρ_G、ρ_L 分别为气体密度、液体密度，kg/m^3；ψ 为实验填料因子，m^{-1}；φ 为水密度与液体密度之比；μ 为液体的黏度，mPa·s。

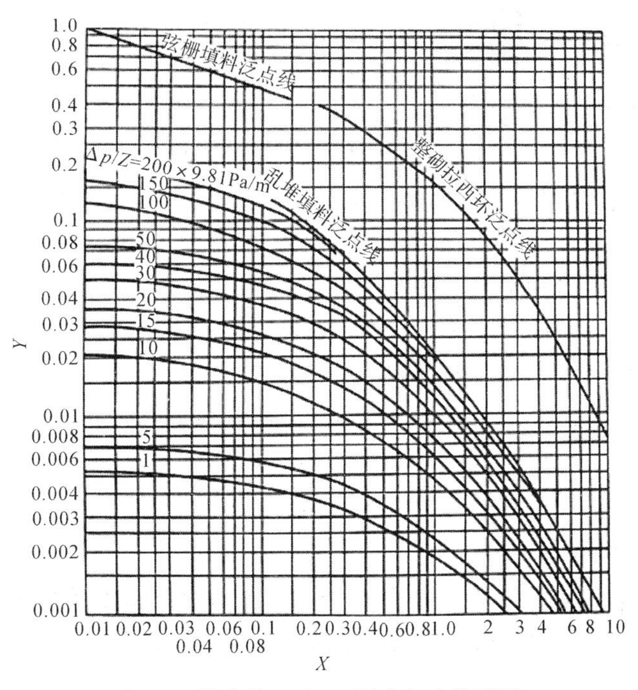

图 7.5　埃克特(Eckert)泛点气速关联图

使用该图时首先根据塔的气、液相负荷和气、液相密度计算横坐标参数 X，然后在图中散堆填料的泛点线上确定与其对应的纵坐标参数 Y，从而求得操作条件下的泛点气速 u_F。式(7.5)中的实验填料因子 ψ 应采用泛点填料因子，几种常见散堆填料的泛点填料因子数值见表 7.5。

表 7.5　常见散堆填料的泛点填料因子

填料类型	填料因子/m^{-1}				
	DN16	DN25	DN38	DN50	DN76
瓷拉西环	1300	832	600	410	—
瓷矩鞍	1100	550	200	226	—
塑料鲍尔环	550	280	184	140	92
金属鲍尔环	410	—	117	160	—
塑料阶梯环	—	260	170	127	—
金属阶梯环	—	—	160	140	—
金属环矩鞍	—	170	150	135	120

7.3.3.2 吸收塔塔径的计算

吸收塔塔径的计算可以仿照圆形管路直径的计算公式：

$$D=\sqrt{\frac{4V}{\pi u}} \tag{7.6}$$

式中，D 为吸收塔的塔径，m；V 为混合气体通过塔的实际流量，m^3/s；u 为空塔气速，m/s。通常由液泛气速来确定操作空塔气速。

注意：①在吸收过程中溶质不断进入液相，故实际混合气量因溶质的吸收沿塔高变化，混合气在进塔时气量最大，混合气在离塔时气量最小。计算时气量通常取全塔中气量最大值，即以进塔气量为设计塔径的依据。

②计算塔径的核心是确定适宜的空塔气速。操作空塔气速 u 与泛点气速 u_F 之比称为泛点率。对散装填料，其泛点率的经验值为 $u/u_F=0.6\sim0.85$；对规整填料，其泛点率的经验值为 $u/u_F=0.5\sim0.95$。

泛点率的选择主要考虑填料塔的操作压力和物系的发泡程度等。设计中，对于加压操作的塔，应取较高的泛点率；对于减压操作的塔，应取较低的泛点率；对易起泡沫的物系，泛点率应较低；而无泡沫的物系，可取较高的泛点率。

③计算出塔径 D 之后，还应按塔径系列标准进行圆整。常用的标准塔径为 400mm，500mm，600mm，700mm，800mm，1000mm，1200mm，1400mm，1600mm，2000mm，2200mm 等。圆整后，应重新核算塔的操作气速与泛点率。

7.3.2.3 液体喷淋密度的核算

判断填料塔圆整后的塔径是否合适，必须进行液体喷淋密度的核算。填料塔的液体喷淋密度是指单位时间、单位塔截面上液体的喷淋量，其计算式为

$$U=\frac{L_h}{0.785D^2} \tag{7.7}$$

式中，U 为液体喷淋密度，$m^3/(m^2 \cdot h)$；L_h 为液体喷淋量，m^3/h；D 为填料塔塔径，m。

为使填料能获得良好的润湿，塔内液体喷淋密度应不低于某一极限值，此极限值称为最小喷淋密度，以 U_{min} 表示。

对于规整填料，其最小喷淋密度可从有关填料手册中查得，设计中通常取最小喷淋密度 U_{min} 为 $0.2m^3/(m^2 \cdot h)$。

对于散装填料，其最小喷淋密度通常采用下式计算，即

$$U_{min}=(L_W)_{min}a \tag{7.8}$$

式中，$(L_W)_{min}$ 为最小润湿速率，$m^3/(m \cdot h)$；a 为填料的总比表面积，m^2/m^3。

最小润湿速率是指在塔的截面上，单位长度填料周边的最小液体体积流量。其值可由经验公式计算（见有关填料手册），也可采用一些经验值。对于直径不超过 75mm 的散装填料，可取最小润湿速率 $(L_W)_{min}$ 为 $0.08m^3/(m \cdot h)$；对于直径大于 75mm 的散装填料，可取最小润湿速率 $(L_W)_{min}$ 为 $0.12m^3/(m \cdot h)$。

实际操作时，采用的液体喷淋密度应大于最小喷淋密度。若液体喷淋密度小于最小喷淋密度，不能保证填料表面全被润湿，则将降低吸收效率，所以需进行调整，或在许可范围内减小塔径，或适当加大液体流量；如果喷淋密度过大，会使气速过小。最大喷淋密度通常为

最小喷淋密度的4～6倍。

7.3.3 吸收塔填料层高度的计算

吸收塔中提供气液两相接触的是填料，塔内填料装填量或一定直径塔内填料层高度将直接影响吸收结果。在工程设计中，对于吸收、解吸及萃取等过程中的填料塔的设计，多采用传质单元数法；而对于精馏过程中的填料塔的设计，则习惯用等板高度法。我们重点介绍传质单元数法。

7.3.3.1 传质单元数法计算填料层高度

填料层高度的计算通式为：填料层高度＝传质单元数 x 传质单元高度，即

$$Z=N_{OG}\cdot H_{OG}=N_{OL}\cdot H_{OL}=N_G\cdot H_G=N_L\cdot H_L \tag{7.9}$$

式中，$H_{OG}=\dfrac{G}{K_Ya\Omega}$，$H_{OL}=\dfrac{L}{K_Xa\Omega}$，$H_G=\dfrac{G}{k_Ya\Omega}$，$H_L=\dfrac{L}{k_Xa\Omega}$，分别为气相、液相总传质单元高度及气相、液相传质单元高度，m；

$N_{OG}=\displaystyle\int_{Y_2}^{Y_1}\frac{\mathrm{d}Y}{Y-Y^*}$，$N_{OL}=\displaystyle\int_{X_2}^{X_1}\frac{\mathrm{d}X}{X^*-X}$，$N_G=\displaystyle\int_{Y_2}^{Y_1}\frac{\mathrm{d}Y}{Y-Y_i}$，$N_L=\displaystyle\int_{X_2}^{X_1}\frac{\mathrm{d}X}{X_i-X}$，分别为气相、液相总传质单元数及气相、液相传质单元数。

因此，我们分别从传质单元数和传质单元高度的计算这两方面来讲解传质单元数法计算填料层高度的过程。

(1)传质单元数的计算

N_{OG}、N_{OL}、N_G、N_L 计算式中的分子为气相或液相组成变化，即分离效果(分离要求)；分母为吸收过程的推动力。若吸收要求愈高，吸收的推动力愈小，传质单元数就愈大，所以传质单元数反映了吸收过程的难易程度。当吸收要求一定时，欲减少传质单元数，则应设法增大吸收推动力。根据物系平衡关系的不同，传质单元数的求解常用的有两种方法：

①对数平均推动力法

当气液平衡线为直线时，

$$N_{OG}=\int_{Y_2}^{Y_1}\frac{\mathrm{d}Y}{Y-Y^*}=\frac{Y_1-Y_2}{\Delta Y_m} \tag{7.10}$$

$$\Delta Y_m=\frac{\Delta Y_1-\Delta Y_2}{\ln\dfrac{\Delta Y_1}{\Delta Y_2}} \tag{7.11}$$

式中，$\Delta Y_1=Y_1-Y_1^*$，$\Delta Y_2=Y_2-Y_2^*$，Y_1^* 为与 X_1 相平衡的气相组成；Y_2^* 为与 X_2 相平衡的气相组成；ΔY_m 为塔顶与塔底两截面上吸收推动力的对数平均值，称为对数平均推动力。

同理，液相总传质单元数的计算式

$$N_{OL}=\frac{X_1-X_2}{\dfrac{\Delta X_1-\Delta X_2}{\ln\dfrac{\Delta X_1}{\Delta X_2}}}=\frac{X_1-X_2}{\Delta X_m} \tag{7.12}$$

$$\Delta X_m=\frac{\Delta X_1-\Delta X_2}{\ln\dfrac{\Delta X_1}{\Delta X_2}} \tag{7.13}$$

式中，$\Delta X_1 = X_1^* - X_1$，$\Delta X_2 = X_2^* - X_2$，X_1^* 为与 Y_1 相平衡的液相组成；X_2^* 为与 Y_2 相平衡的液相组成。

注意：(1)当$\dfrac{\Delta Y_1}{\Delta Y_2}<2$，$\dfrac{\Delta X_1}{\Delta X_2}<2$时，对数平均推动力可用算术平均推动力替代，产生的误差小于4%，这是工程允许的；

(2)当平衡线与操作线平行，即 $S=1$ 时，$Y-Y^*=Y_1-Y_1^*=Y_2-Y_2^*$ 为常数，对式(7.10)积分得

$$N_{OG}=\frac{Y_1-Y_2}{Y_1-Y_1^*}=\frac{Y_1-Y_2}{Y_2-Y_2^*}$$

②吸收因数法

若气液平衡关系在吸收过程所涉及的组成范围内服从亨利定律，即平衡线为通过原点的直线，可导出其解析式。

$$N_{OG}=\frac{1}{1-S}\ln\left[(1-S)\frac{Y_1-mX_2}{Y_2-mX_2}+S\right] \tag{7.14}$$

式中，$S=\dfrac{mG}{L}$为解吸因数(脱吸因数)。

由式(7.14)可以看出，N_{OG}的数值与解吸因数 S、$\dfrac{Y_1-mX_2}{Y_2-mX_2}$有关。为方便计算，以 S 为参数，$\dfrac{Y_1-mX_2}{Y_2-mX_2}$为横坐标，$N_{OG}$为纵坐标，在半对数坐标上标绘式(7.14)的函数关系，得到图7.6所示的曲线，由此图可方便地查出 N_{OG} 值。

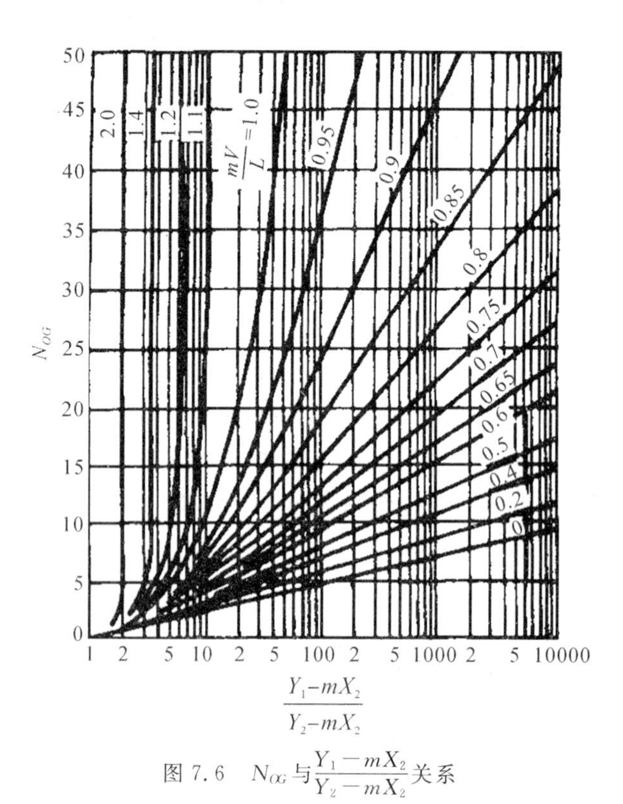

图7.6 N_{OG}与$\dfrac{Y_1-mX_2}{Y_2-mX_2}$关系

当操作条件、物系一定时，S 减少，通常是靠增大吸收剂流量实现的，而吸收剂流量增大会使吸收操作费用及再生负荷加大，所以一般情况，S 取 0.7～0.8 是经济合适的。

液相总传质单元数也可用吸收因数法计算，其计算式为

$$N_{OL}=\frac{1}{1-A}\ln\left[(1-A)\frac{Y_1-mX_2}{Y_1-mX_1}+A\right] \tag{7.15}$$

式中，$A=\dfrac{L}{mG}$称为吸收因数。

③图解积分法

当平衡线为曲线时，传质单元数一般用图解积分法或数值积分法求取。具体计算方法可参见《化工原理》及《化工传质与分离工程》教材。

(2)传质单元高度的计算

传质单元高度的物理意义为完成一个传质单元分离效果所需的填料层高度。传质单元高度的数值反映了吸收设备传质效能的高低，其愈小，吸收设备传质效能愈高，完成一定分离任务所需填料层高度愈小。传质单元高度与物系性质、操作条件以及传质设备结构参数有关。为减少填料层高度，应减少传质阻力，降低传质单元高度。

从气相总传质单元高度 $H_{OG}=\dfrac{G}{K_Y a\Omega}$ 的计算式中可以看出其确定涉及传质系数的求解。传质系数不仅与流体的物性、气液两相速率、填料的类型及特征有关，还与全塔的液体分布、塔的高度和塔径有关。目前工程计算只能用经验方法解决，计算时应针对具体物系和操作条件选取适当的传质系数经验公式，迄今为止尚无通用的计算方法和计算公式。目前，应用较普遍的是修正的恩田公式，如式(7.16)至式(7.18)所示。

液相传质系数 k_L 为

$$k_L=0.0095\left(\frac{G_L}{a_W\mu_L}\right)^{\frac{2}{3}}\left(\frac{\mu_L}{\rho_L D_L}\right)^{-\frac{1}{2}}\left(\frac{\mu_L g}{\rho_L}\right)^{\frac{1}{3}}\chi^{0.4} \tag{7.16}$$

气相传质系数 k_G 为

$$k_G=0.237\left(\frac{G_G}{a_t\mu_G}\right)^{0.7}\left(\frac{\mu_G}{\rho_G D_G}\right)^{\frac{1}{3}}\left(\frac{a_t D_G}{RT}\right)\chi^{1.1} \tag{7.17}$$

$$k_L\alpha=k_L\alpha_W \qquad k_G\alpha=k_G\alpha_W$$

其中，

$$\frac{a_W}{a_t}=1-\exp\left[-1.45\left(\frac{\sigma_c}{\sigma}\right)^{0.75}\left(\frac{G_L}{a_t\mu_L}\right)^{0.1}\left(G_L^2\frac{a_t}{\rho_L^2 g}\right)^{-0.05}\left(\frac{G_L^2}{\rho_L\sigma a_t}\right)^{0.2}\right] \tag{7.18}$$

式中，k_G 为气膜吸收系数，kmol/(m^2·s·kPa)；k_L 为液膜吸收系数，m/s；G_L、G_G 分别为液相、气相的质量流率，kg/(m^2·s)；a_W，a_t 为单位体积填料层的润湿表面积及总表面积，m^2/m^3；μ_L、μ_G 分别为液相、气相的黏度，Pa·s；D_L、D_G 分别为溶质在液相、气相中的扩散系数，m^2/s；ρ_L、ρ_G 分别为液体、气体的密度，kg/m^3；R 为气体常数，8.314kJ/(kmol·K)；Ψ 为填料的形状修正系数，g 为重力加速度，m/s^2。

不同填料的形状修正系数见表7.6；σ，σ_c 分别液体的表面张力及填料材质的临界表面张力，N/m；不同材质填料的 σ_c 见表7.7；

表 7.6 不同填料的形状修正系数

填料	球形	棒形	拉西环	弧鞍	开孔环
Ψ	0.72	0.75	1	1.19	1.45

表 7.7 常见材质的临界表面张力值

材质	碳	瓷	玻璃	聚丙烯	聚氯乙烯	钢	石蜡
表面张力/(N/m)	56	61	73	33	40	75	20

算出 $k_{G}\alpha$、$k_{L}\alpha$ 后，将 $k_{G}\alpha$、$k_{L}\alpha$ 换算成 $k_{X}\alpha$、$k_{Y}\alpha$ 表示的传质系数，两者关系式为

$$k_{X}\alpha = ck_{L}\alpha$$

$$k_{Y}\alpha = pk_{G}\alpha \tag{7.19}$$

式中，p 为系统总压，kPa；c 为液相总浓度，kmol/m^3。

最后，可按 $\frac{1}{K_{Y}a}=\frac{1}{k_{Y}a}+\frac{m}{k_{X}a}$ 或 $\frac{1}{K_{X}a}=\frac{1}{k_{X}a}+\frac{1}{mk_{Y}a}$，计算出气相总体积传质系数（或液相总体积传质系数），由下式计算气相（或液相）总传质单元高度

$$H_{OG}=\frac{G}{K_{Y}a}, H_{OL}=\frac{L}{K_{X}a} \tag{7.20}$$

应予指出，修正恩田公式只适用于 $u \leqslant 0.5u_F$ 的情况，当 $u > 0.5u_F$ 时，需按下式进行校正

$$k'_{G}\alpha = \left[1+9.5\left(\frac{u}{u_F}-0.5\right)^{1.4}\right]k_{G}\alpha$$

$$k'_{L}\alpha = \left[1+2.6\left(\frac{u}{u_F}-0.5\right)^{2.2}\right]k_{L}\alpha \tag{7.21}$$

7.3.3.2 等板高度法计算填料层高度

等板高度是与一层理论板的传质作用相当的填料层高度，用 HETP 表示，单位是 m。等板高度的大小表明填料效率的高低。等板高度法计算填料层高度的基本公式为

填料层高度 $=N\times$ 等板高度

(1)理论板数 N 的计算

理论板数的计算可以通过吸收塔的模拟计算求得，也可以利用图解法确定，特别是对于低浓度气体吸收，当气液平衡关系符合亨利定律时，理论板数可以用克列姆塞尔（Kremser）方程求解：

$$N=\begin{cases}\dfrac{1}{\ln A}\ln\left[(1-S)\dfrac{Y_1-mX_2}{Y_2-mX_2}+S\right] & (A\neq 1)\\[2ex] \dfrac{Y_1-mX_2}{Y_2-mX_2}-1 & (A=1)\end{cases} \tag{7.22}$$

式中，Y_1、Y_2 分别为进、出塔气相中溶质的摩尔比；X_1、X_2 分别为出、进塔液相中溶质的摩尔比。

(2)等板高度的计算

等板高度与物系的性质、填料性能及润湿情况、气液流动状况等有关，它反映吸收设备

效能的高低，通常其值考实验测定，或用经验方程估算。在实际设计缺乏可靠数据时，也可以取 7.8 所列近似值作为参考。

表 7.8　某些填料的等板高度　　（单位 mm）

填料名称	填料尺寸/mm		
	25	38	50
矩鞍形	420	550	750
鲍尔环	420	540	710
环鞍	430	530	650

7.3.4　填料层的分段

液体沿填料层下流时，有逐渐向塔壁方向集中的趋势，形成壁流效应。壁流效应会造成填料层内气液分布不均匀，使传质效率降低。因此，设计中每隔一定的填料层高度，需要设置一个液体收集装置，并进行液体的再分布，即将填料层分段。

7.3.4.1　散装填料的分段

对于散装填料，一般推荐的分段高度值见表 7.9，表中 h/Z 为分段高度与塔径之比，h_{max} 为允许的最大填料层高度。

表 7.9　散装填料分段高度推荐值

填料类型	h/Z	h_{max}/m	填料类型	h/Z	h_{max}/m
拉西环	2.5	≤4	鲍尔环	5～10	≤6
矩鞍	5～8	≤6	阶梯环	8～15	≤6

7.3.4.2　规整填料的分段

对于规整填料，分段高度可大于散装填料，填料层的分段高度可按下式确定：

$$h=(15\sim20)\mathrm{HETP}$$

式中，h 为规整填料的分段高度，m；HETP 为规整填料的等板高度，m。

亦可按表 7.10 推荐的分段高度值确定。

表 7.10　规整填料分段高度推荐值

填料类型	h/m	填料类型	h/m
250Y 板波纹填料	6.0	500(BX)丝网波纹填料	3.0
500Y 板波纹填料	5.0	700(CY)丝网波纹填料	1.5

7.3.5 填料层的附属高度

塔的附属空间高度包括塔上部空间高度、安装液体分布器和液体再分布器(包括液体收集器)所需的空间高度、塔底部空间高度以及塔裙座高度。

塔上部空间高度是指塔内填料层以上,应有足够的空间高度,使气流携带的液滴能够从气相中分离出来,该高度一般取 1.2～1.5m。

安装液体再分布器所需的塔空间高度,依据所用分布器的形式而定,一般需要 1～1.5m 的空间高度。

塔的底部空间高度与精馏塔相同,见本书第 6 章。

7.3.6 填料塔的流体力学参数核算

为使填料塔能够在较高的效率下工作,塔内的气液两相流动应处于良好的流体力学状态,使气体通过填料层的压降及传质效率处于合理的范围内。另一方面,要设计塔的机械结构和强度,也应了解塔内的一些流体力学参数和流动状态。因此,对于初步设计好的填料塔,应对其进行流体力学核算。

填料塔的流体力学参数主要包括气体通过填料塔的压力降、泛点率、床层持液量、气体动能因子。此外,还应了解塔内液体和气体分布状态。

7.3.6.1 填料塔的压力降

气体通过填料塔的压力降,对填料塔的操作影响较大,若气体通过填料塔的压力降大,则塔操作过程的动力消耗大,特别是负压操作过程更是如此,这将增加塔的操作费用。另一方面,对于需要加热的再生过程,气体通过填料塔时的压力降大,必然使塔釜液温度升高,从而消耗更高品位的热能,也将会使吸收过程的操作费用增加。

填料塔总压降 Δp 通常包括以下几部分:气体通过填料层的压力降 Δp_1;气体进塔出塔局部压力降 Δp_2;通过液体分布器与填料支撑板及压紧装置压力降 Δp_3、通过除沫器压力降 Δp_4。即

$$\Delta p=\Delta p_1+\Delta p_2+\Delta p_3+\Delta p_4 \tag{7.23}$$

式中,气体进出塔的压力降 Δp_2 可以按流体流动的局部阻力的计算方法进行计算;通过液体分布器与填料支撑板及压紧装置压力降 Δp_3 较小,一般可以忽略不计;气体通过除沫器的压力降 Δp_4 一般可近似取为 120～250Pa;最主要的是气体通过填料层的压力降 Δp_1,其与多种因素有关,对于气液逆流接触的填料塔,气体通过填料层的压力降与填料的类型、尺寸、物性、液体喷淋密度及空塔气速有关。在液体喷淋密度一定的情况下,随着气速的增大,气体通过填料层的压力降变大。

填料层压降是填料塔总压降的主要组成部分,通常用单位填料层的压降 $\Delta p/Z$(略去下标 1,下同)表示。设计时,根据有关文献,由通用关联图(或压降曲线)先求得每米填料层的压降值,再乘以填料层高度,即得出填料层的压力降。

(1)散装填料的压降计算

①由埃克特通用关联图计算散装填料的压降可由埃克特通用关联图计算(见图 7.5)。计算时,先根据气液负荷及有关物性数据,求出横坐标值,再根据操作空塔气速及有关物性数据,求出纵坐标值。通过作图得出交点,读出过交点的等压线数值,即得每米填料压降。

应予指出,用埃克特通用关联图计算压降时,所需的填料因子为操作状态下的湿填料因

子,称为压降填料因子,以 Φ 表示。压降填料因子 Φ 与喷淋密度有关,为了工程计算的方便,常采用与液体喷淋密度无关的压降填料因子平均值。表 7.11 列出了部分分散填料因子平均值,可供设计中参考。

表 7.11　散装填料压降填料因子平均值

填料类型	填料因子/m^{-1}				
	DN16	DN25	DN38	DN50	DN76
瓷拉西环	1050	576	450	288	
瓷矩鞍	700	215	140	160	
塑料鲍尔环	343	232	114	125/110	62
金属鲍尔环	306		114	98	
塑料阶梯环		176	116	89	
金属阶梯环			118	82	
金属环矩鞍		138	93.4	71	36

②由填料压降曲线查得

目前已有许多研究者提出了气体通过填料层的压力降计算,可供设计时参考。散装填料压降曲线的横坐标通常以空塔气速 u 表示,纵坐标以单位填料层压降 $\Delta p/Z$ 表示,常见散装填料的 $u-\Delta p/Z$ 曲线可从有关填料手册中查得。

(2)规整填料的压降计算

①由填料的压降曲线关联式计算规整填料的压降通常关联成以下形式:

$$\frac{\Delta p}{Z}=\alpha(u\sqrt{\rho_V})^{\beta} \tag{7.24}$$

式中,$\Delta p/Z$ 为每米填料层高度的压力降,Pa/m;u 为空塔气速,m/s;ρ_V 为气体密度,kg/m^3;α、β 均为关联式常数,可从有关填料手册中查得。

②由填料压降曲线查得

规整填料压降曲线的横坐标通常以空塔气速因子 F 表示,纵坐标以单位填料层压降 $\Delta p/Z$ 表示,常见规整填料的 $F-\Delta p/Z$ 曲线可从有关填料手册中查得。

7.3.6.2　泛点率

如前所述填料塔的泛点率是指塔内操作气速与泛点气速的比值。操作气速是指操作条件下的空塔气速,泛点气速采用式(7.4)计算。尽管近年来,有些研究者认为填料塔在泛点附近操作时,仍具有较高的传质效率,但由于泛点附近流体力学性能的不确定性,一般较难稳定操作,故一般要求泛点率在 50%~80%,而对于易起泡的物系可低至 40%。

7.3.6.3　填料塔的持液量

填料塔的持液量是指在操作条件下,单位体积填料层内积存的液体体积量,分为静持液量、动持液量和总持液量三种,静持液量是指填料表面被充分润湿后,在没有气液相间黏力作用的条件下,能静止附着在填料表面的液体的体积量,总持液量是指在一定的操作条件下，单位体积填料层中液相总体积量，动持液量是总持液量与静持液量间的差值。

持液量是影响填料塔效率、压力降和处理能力的重要参数，而且对液体在塔内的停留时间影响较大。影响持液量的因素可以归纳为：①填料结构及表面特征的影响，包括填料的形状、尺寸、材质、表面性质；②物料的物理性质的影响，主要包括气液两相的黏度、密度、表面张力；③操作条件的影响，主要包括气液相流量。

其一般规律是，对于同样尺寸的填料，陶瓷填料的持液量大于金属填料，而金属填料的持液量大于塑料填料，对于同材质的填料，持液量随填料尺寸的增大而下降。

关于持液量的计算，目前虽然有一些计算方法可用，但就总体而言，计算方法不够成熟，故目前仍主要以实验的方法确定填料层的持液量。

7.3.6.4 气体动能因子

气体动能因子是操作气速与气相密度平方根的乘积，即

$$F=u\sqrt{\rho_G} \tag{7.25}$$

式中，F 为气体动能因子，$kg^{1/2}/(s\cdot m^{1/2})$；$u$ 为气体流速，m/s；ρ_G 为气体密度，kg/m^3。

气体动能因子也是填料塔重要的操作参数，不同塔填料常用的气体动能因子的近似值见表 7.12 和表 7.13。

表 7.12 散堆填料常用的气体动能因子

填料名称	填料尺寸/mm		
	25	38	50
金属鲍尔环	0.37～2.68	—	1.34～2.93
矩鞍环	1.19	1.45	1.7
环鞍	1.76	1.97	2.2

表 7.13 规整填料常用的气体动能因子

	规格	动能因子		规格	动能因子
金属孔板波纹	125Y	3	塑料孔板波纹	125Y	3
	250Y	2.6		250Y	2.6
	350Y	2		350Y	2
	500Y	1.8		500Y	1.8
	125X	3.5		125X	3.5
	250X	2.8		250X	2.8

7.4 填料塔的附属结构

填料塔的设计中，除了正确地进行填料层本身的设计计算外，还要合理选择和设计填料塔的附属结构，这对于保证填料塔正常操作，充分发挥通量大、压降低、效率高、弹性好等性

能至关重要。

填料塔的主要内件有：填料支承装置、填料压紧装置、液体分布装置、液体收集再分布装置、除沫器等。

7.4.1　填料支承装置

填料支承的作用是支承塔内填料及其持液的重量。由于填料支撑装置本身对塔内气液的流动状态也会产生影响，设计时也需要考虑。为了使气、液两相流体顺利通过填料层，填料塔的填料支承装置应满足以下三个基本条件：

(1)足够的机械强度以承受设计载荷量，支承板的设计载荷主要包括：填料的重量和液泛状态下持液的重量。

(2)足够的自由面积以确保气、液两相顺利通过。总开孔面积应尽可能不小于填料层的自由截面积。开孔率过小可导致液泛提前发生。

(3)要有一定的耐腐蚀性能，结构简单易于加工和安装。

常用的支承板有栅板、升气管式和气体喷射式等类型。

对于散装填料，通常选用升气管式、气体喷射式支承装置；对于规整填料，通常选用栅板装置，设计中，为了防止在填料支承装置处压降过大，甚至发生液泛，要求填料支承装置的自由截面积应大于 73%。

栅板填料支承装置通常可以制成整块或分块。一般直径小于 500mm 可制成整块的；直径在 600～800mm 时，可以分成两块；直径在 900～1000mm 时，分成三块；直径大于 1400mm 时，分成四块，使每块宽度约在 300～400mm，以便装卸。

7.4.2　液体初始分布器

液体初始分布器设置于填料塔内填料层顶部，用于将塔顶液体均匀分布在填料表面上。

7.4.2.1　液体分布器的类型

液体分布装置的种类多样，有喷头式、盘式、管式及槽式等。工业应用以管式、槽式及槽盘式为主。

管式分布器由不同结构形式的开孔制成。其突出特点是结构简单，供气体流过的自由截面大，阻力小。但小孔易堵，操作弹性一般较小。管式液体分布器多用于中等以下液体负荷的填料塔中。

槽式液体分布器是由分流槽（又称主槽或一级槽）、分布槽（又称副槽或二级槽）构成的。一级槽通过槽底开孔将液体初分成若干流股，分别加入其下方的液分布槽。分布槽的槽底（或槽壁）上没有孔道（或导管），将液体均匀分布到填料层上。槽式液体分布器具有较大的操作弹性和极好的抗污堵性，特别适合大气液负荷及含有固体悬浮物、黏度大的液体的分离场合，应用范围非常广泛。

槽盘式分布器是近年厂发的新型液体分布器，它装有集液、分液及分气三种作用，结构应紧凑，气液分布均匀，阻力较小，操作弹性高达 10∶1，适用于各种液体喷淋量。近年来应用非常广泛，在设计中建议优先选用。

7.4.2.2　液体分布器的设计的基本要求

性能优良的液体分布器设计时必须满足以下要求：

(1)液体分布均匀。评价液体分布器的标准是:足够的分布点密度(即单位面积上的布液点数);分布点的几何均匀性;降液点间流量的均匀性。

液体分布器的性能主要由分布器的布液点密度、各布液点的布液均匀性、各布液点上液相组成的均匀性决定,设计液体分布器就是要确定这些参数的结构尺寸。

为使液体分布器具有较好的分布性能,必须合理地确定分布点密度,分布点密度应根据所用填料的质量分布要求决定。在通常情况下,满足各种填料分布要求的适宜布液点密度见表7.14。在选择分布器的布液点密度时,应遵循填料的效率越高,所需的布液点密度越大这一规律。根据所选择的填料,确定布液点密度后,再根据塔的截面积求得分布器的布液孔数。

表 7.14　填料的布液点密度

填料类型	布液点密度/(个/m^2)
散堆填料	50～100
波纹板填料	>100
CY 丝网填料	>300

(2)操作弹性大。液体分布器的操作弹性是指液体的最大负荷与最小负荷之比。设计中,一般要求分布器的操作弹性为 2～4。对于液体负荷变化很大的工艺过程,有时要求操作弹性达到 10 以上,此时分布器必须特殊设计。

(3)自由截面积大。液体分布器的自由截面积是指气体通道占塔截面积的比值。根据设计经验,性能优良的液体分布器,其自由截面积为 50%～70%。设计中,自由截面积最小应在 35%左右。

(4)其他液体分布器应结构紧凑、占用空间小,制造容易、调整和维修方便。

7.4.2.3　*液体分布器的布液能力的计算*

液体分布器布液能力的计算是液体分布器设计的重要内容。设计时,按其布液作用原理不同和具体结构特性选用不同的公式计算。

(1)重力型液体分布器布液能力的计算

重力型液体分布器有多孔型和溢流型两种型式。工业上以多孔型应用为主。其布液工作的动力为开孔上方的液位高度。多孔型分布器布液能力的计算公式为

$$L=\frac{\pi}{4}d_0^2 n\varphi\sqrt{2g\Delta H} \tag{7.26}$$

式中,L 为液体流量,m^3/s;n 为开孔数目(布液孔数目或分布点数目);φ 为孔流系数,通常取 $\varphi=0.55\sim0.60$;d_0 为孔径,m;ΔH 为开孔上方的液位高度,m。

应予指出,开孔上方的液位高度的确定应和布液孔径协调设计,使各项参数均在适宜的范围之内。最高液位的通常范围通常在 200～500mm,而布液孔的直径宜在 3mm 以上。

对溢流型分布器的布液能力依下式计算:

$$L=\frac{2}{3}\varphi b\Delta H\sqrt{2g\Delta H} \tag{7.27}$$

式中,φ 为孔流系数,通常取 $\varphi=0.60\sim0.62$;b 为溢流周边长或堰口宽度,m。

其他符号与式(7.25)相同。

(2)压力型液体分布器布液能力的计算

压力型液体分布器布液工作的动力为压力差(或压降),则其布液能力的计算公式为

$$L=\frac{\pi}{4}d_0^2 n\varphi\sqrt{2g\frac{\Delta p}{\rho_L g}} \tag{7.28}$$

式中,φ 为孔流系数,通常取 $\varphi=0.60\sim0.65$;Δp 为分布器的工作压力差(或压降),Pa。

设计中,L 为已知,给定 ΔH(或 Δp),依据分布器布液能力计算公式,可设定开孔数目 n,计算孔径 d_0;亦可设定孔径 d_0,计算开孔数目 n。

7.4.3　液体收集及再分布装置

前面述及,为减少壁流现象,当填料层较高时需进行分段,故需设置液体收集及再分布器。液体再分布器有截椎式和盘式等。

最简单的液体再分布装置是截锥式再分布器。截锥式再分布器结构简单,安装方便,但它只起到将壁流向中心汇集的作用,无液体再分布的功能,一般用于直径小于0.6m的塔中。截锥体与塔壁的夹角一般取为10°～35°,截锥下口直径 $D=(0.7\sim0.8)D$。

在通常情况下,一般将液体收集器及液体分布器同时使用,构成液体收集及再分布装置。液体收集器的作用是将上层填料流下的液体收集,然后送至液体分布器进行液体再分布。常用液体收集器为斜板式液体收集器。

前已述及,槽盘式液体分布器兼有集液和分液的功能,故槽盘式液体分布器是优良的液体收集及再分布装置。

7.4.4　填料压板与床层限制板

填料压紧和限位装置安装在填料层顶部,用于阻止填料的流化和松动,前者为直接压在填料之上的填料压圈或压板,后者为固定于塔壁的填料限位圈。一般要求压板或限制板自由截面分率大于70%。

规整填料一般不会发生流化,但在大塔中,分块组装的填料会移动,因此也必须安装由平行扁钢构造的填料限制圈。

7.4.5　防壁流圈

在填料安装过程中,填料与塔壁之间存在一定的缝隙,为防止产生气液因壁流而短路,需在此间隙加防壁流圈。防壁流圈可与填料做成一体,也可分开到塔内组装。小直径整圆盘填料的防壁流圈常与填料做成一体,有时身兼两职,既作为防壁流圈,又起到捆绑填料的作用;对于大直径的塔,可采用分块的防壁流圈。

7.4.6　气体的进、出口装置与排液装置

填料塔的气体进口既要防止液体倒灌,更要有利于气体的均匀分布。对 ϕ500mm 直径以下的小塔,可使进气管伸到塔中心位置,管端切成45°向下斜口或切成向下切口,使气流折转向上;对 ϕ1.5m 以下直径的塔,管的末端可制成下弯的锥形扩大器,或采用其他均布气流的装置。

气体出口装置既要保证气流畅通，又要尽量除去被夹带的液沫。最简单的装置是在气体除沫挡板（折板）或填料式、丝网式除沫器，对除沫要求高时可采用旋流板除沫器。

液体出口装置既要使塔底液体顺利排出；又能防止塔内与塔外气体串通，常压吸收塔可采用液封装置。

常压塔气体进出口管气速可取 10～20m/s（高压塔气速低于此值）；液体进出口管气速可取 0.8～1.5m/s（必要时可加大些）。依据所选气、液流速确定管径后，应按标准管规进行圆整，并规定其厚度。

7.4.7 除沫器

当塔内气速较高，液沫夹带较严重时，在塔顶气体出口处需设置除沫装置。常用除沫器有如下几种：

折流板式除沫器是一种利用惯性使液滴得以分离的装置。其优点是阻力较小（50～100Pa），缺点是只能除去 50μm 以上的液滴。

旋流板式除沫器由几块固定的旋流板片组成，它是利用离心力使液滴得以分离的装置。其特点是效率较高，但压降稍大（约 300Pa 以内），适用于大塔径、净化要求高的场合。

丝网除沫器是最常用的除沫器，这种除沫器由金属丝网卷成高度为 100～150mm 的盘状使用，其特点是造价较高，可除去 5μm 的液值，但压降较大（约 20Pa 以内）。

TJCW 型除雾器是一种结构简单、造价低、易安装、除雾效率高、操作弹性大的除沫器。对于大于 5μm 的液滴除雾效率达到 99.8%以上，对大于～40μm 的液滴，除雾效率可达 100%。

7.5 填料吸收塔的设计示例

选题的工程背景：二氧化硫作为重要的大气污染物，对其进行吸收处理，并使其转化成更具价值的物质是目前环境生态保护与绿色生产的一个重要的研究领域。

设计任务：试设计一座填料吸收装置，用清水洗涤以除去混合于空气中的 SO_2。混合气入塔流量为 $2000m^3/h$，其中含 SO_2 的体积分数为 6%，要求 SO_2 的吸收率为 96%。

设计条件：常压，25℃，每年 300 天，每天 24h 连续工作。

7.5.1 填料吸收塔设计的手工计算

7.5.1.1 设计方案的确定

（1）本方案采用清水作吸收剂，为提高传质效率，选用逆流吸收流程。

（2）对于常温常压下的吸收过程，工业上常选用散装填料。本次选用 DN38 的聚丙烯阶梯环填料。

（3）确定物性数据。

对低浓度的吸收过程，溶液的物性数据可近似取纯水的物性数据相似。由《化工工艺设计手册》查得 25℃下水的有关物性数据如下：

密度 $\rho_L=997.08\text{kg/m}^3$，黏度 $\mu_L=8.937\times10^{-4}\text{Pa}\cdot\text{s}$，表面张力 $\delta_L=71.97\text{dyn/cm}=9.41\times10^5\text{kg/h}$，扩散系数 $D_L=1.47\times10^{-9}\text{m}^2/\text{s}$。

混合气体的物性数据

$$\overline{M}=\sum_i y_iM_i=0.06\times64.06+0.94\times29=31.1036\ (\text{kg/kmoL})；$$

混合气体平均密度 $\rho_G=\dfrac{P\overline{M}}{RT}=\dfrac{0.101325\times10^3\times31.1036}{8.314\times298.15}=1.271(\text{kg/m}^3)$；

气相黏度近似于25℃的空气 $\mu_G=1.81\times10^{-5}\text{Pa}\cdot\text{s}$；

气液相平衡数据：常压下25℃的 SO_2 在水中的亨利系数 $E=4.13\times10^3\text{kPa}$；

相平衡系数 $m=\dfrac{E}{P}=\dfrac{4.13\times10^3}{101.325}=40.76$；

溶解度系数 $H=3.226\times10^{-5}\text{kmol/kPa}\cdot\text{m}^3$。

7.5.1.2 吸收剂用量计算

吸收剂用量可以根据过程的最小液气比确定。由设计条件可知吸收塔的进、出口气相组成为

$$y_1=0.06，y_2=0.06\times(1-0.96)=0.0024$$

吸收塔液相进口的组成应低于其平衡浓度，由上述的气液相平衡数据可知，在常压25℃下，SO_2 在水中的相平衡关系可表达为

$$y=40.76x$$

由此可得吸收塔进口处液相的平衡浓度

$$x_2^*=\frac{y_2}{40.76}=\frac{0.06}{40.76}=1.47\times10^{-3}$$

从上述得到气相的平均分子量

$$\overline{M}=\sum_i y_iM_i=0.06\times64.06+0.94\times29=31.1036\ (\text{kg/kmoL})$$

由于混合气体流量2000m³/h，以此可得

$$V=\frac{2000}{22.4}=89.2857(\text{kmol/h})$$

在此可得最小液气比

$$\left(\frac{L}{V}\right)_{\min}=\frac{y_1-y_2}{x_1^*-x_2}=\frac{0.06-0.0024}{\dfrac{0.06}{40.76}-0}=39.1296$$

取最小液气比的1.5倍为实际液气比，则可得到吸收剂的用量为

$$L=1.5\left(\frac{L}{V}\right)_{\min}\cdot V=1.5\times39.1296\times89.2857=5240.57(\text{kmol/h})$$

$$m_L=L\cdot M_L=5240.57\times18=94330.27(\text{kg/h})$$

$$m_G=\frac{2000}{22.4}\times31.1036=2777.107(\text{kg/h})$$

7.5.1.3 塔径计算

由贝恩-霍根(Bain-Hougen)关联式来计算泛点气速 u_F。

$$\lg\left[\frac{u_F^2}{g}\times\frac{a}{\varepsilon^3}\times\frac{\rho_G}{\rho_L}\mu_L^{0.2}\right]=A-1.75\left(\frac{q_{m_L}}{q_{m_G}}\right)^{1/4}\left(\frac{\rho_G}{\rho_L}\right)^{1/8}$$

$$=0.204-1.75\times\left(\frac{94330.27}{2777.11}\right)^{1/4}\times\left(\frac{1.271}{977.08}\right)^{1/8}$$

$$=-1.6334$$

$$\left(\frac{u_f^2}{g}\times\frac{a}{\varepsilon^3}\times\frac{\rho_G}{\rho_L}\mu_L^{0.2}\right)=10^{-1.6334}=0.0233$$

$$u_F=\sqrt{\frac{0.0233\times9.81\times0.91^3\times997.08}{132.5\times0.8937^{0.2}\times1.271}}=1.021(\text{m/s})$$

取操作气速 $u=0.6u_F=0.6\times1.021=0.6126(\text{m/s})$，则

$$V=\frac{2000}{3600}=0.5556(\text{m}^3/\text{s})$$

$$D=\sqrt{\frac{4V}{\pi u}}=\sqrt{\frac{4\times0.5556}{3.14\times0.6126}}=1.075(\text{m})$$

塔径经过圆整，取 $D=1.0\text{m}$。

所以塔的总截面积为 $S=0.785\times1.0^2=0.785(\text{m}^2)$

(1)泛点速率校核

$$u=\frac{2000/3600}{0.785\times1.0^2}=0.707(\text{m/s})$$

泛点率 $\frac{u}{u_F}\times100\%=\frac{0.707}{1.021}\times100\%=69.2\%$

本设计的泛点率为 69.2%在 50%～80%，故泛点率合格。

(2)填料规格校核 $\frac{D}{d}=\frac{1000}{38}=26.31(>8)$

(3)液体喷淋密度校核

取最小喷淋润湿速率 $(L_W)_{\min}=0.08\text{m}^3/(\text{m}\cdot\text{h})$

38mm 塑料阶梯环塔填料的比表面积为 $132.5\text{m}^2/\text{m}^3$，最小液体喷淋密度为

$$U_{\min}=(L_W)_{\min}.a=0.08\times132.5=10.6[\text{m}^3/(\text{m}\cdot\text{h})]$$

而液体的喷淋密度为

$$U=\frac{L}{0.785D^2}=\frac{94330.27}{0.785\times1.0^2\times1000}=120.11(>U_{\min})$$

经过以上校验，填料塔直径设计为 1.0m 合理。

7.5.1.4 填料高度计算

(1)传质单元高度

气相扩散系数为

$$D_G=\frac{1.0\times10^{-7}\times T^{1.75}\left(\frac{1}{M_A}+\frac{1}{M_B}\right)^{\frac{1}{2}}}{P\left[(\sum V_A)^{\frac{1}{3}}+(V_B)^{\frac{1}{3}}\right]^2}$$

$$=\frac{1.0\times10^{-7}\times298.15^{1.75}\times\left(\frac{1}{29}+\frac{1}{64}\right)^{\frac{1}{2}}}{1.01\left[(20.1)^{\frac{1}{3}}+(41.1)^{\frac{1}{3}}\right]^2}=1.246\times10^{-5}(\text{m}^2/\text{s})$$

液相的扩散系数 $D_L=1.47\times10^{-9}\mathrm{m^2/s}$。

气相及液相的质量流速

$$G_G=\frac{q_{mG}}{3600S}=\frac{2777.11}{3600\times0.785}=0.983[\mathrm{kg/(m^2\cdot s)}]$$

$$G_L=\frac{q_{mL}}{3600S}=\frac{94330.27}{3600\times0.785}=33.38[\mathrm{kg/(m^2\cdot s)}]$$

气相传质系数

$$k_G=0.237\left(\frac{G_G}{\alpha\mu_G}\right)^{0.7}\left(\frac{\mu_G}{\rho_G.D_G}\right)^{\frac{1}{3}}\left(\frac{\alpha D_G}{RT}\right)\Psi^{1.1}$$

$$=0.237\times\left(\frac{0.983}{132.5\times1.81\times10^{-5}}\right)^{0.7}\left(\frac{1.81\times10^{-5}}{1.271\times1.246\times10^{-5}}\right)^{\frac{1}{3}}\left(\frac{132.5\times1.246\times10^{-5}}{8.314\times298.15}\right)1.45^{1.1}$$

$$=1.68\times10^{-5}[\mathrm{kmol/(m^2\cdot s\cdot kPa)}]$$

填料润湿表面积

$$a_W=a\left\{1-\exp\left[-1.45\left(\frac{\sigma_c}{\sigma}\right)^{0.75}\left(\frac{G_L}{a\mu_L}\right)^{0.1}\left(\frac{G_L^2a}{\rho_L^2g}\right)^{-0.05}\left(\frac{G_L^2}{\rho_L\sigma a}\right)^{0.2}\right]\right\}$$

其中，

$$\left(\frac{\sigma_c}{\sigma}\right)^{0.75}=\left(\frac{54}{72}\right)^{0.75}=0.806$$

$$\left(\frac{G_L}{a\mu_L}\right)^{0.1}=\left(\frac{33.38}{132.5\times8.937\times10^{-4}}\right)^{0.1}=1.76$$

$$\left(\frac{G_L^2a}{\rho_L^2g}\right)^{-0.05}=\left(\frac{33.38^2\times132.5}{997.08\times9.81}\right)^{-0.05}=0.87$$

$$\left(\frac{G_L^2}{\rho_L\sigma a}\right)^{0.2}=\left(\frac{33.38^2}{997.08\times0.072\times132.5}\right)^{0.2}=0.651$$

$$a_W=132.5\left\{1-\exp\left[-1.45\left(\frac{\sigma_c}{\sigma}\right)^{0.75}\left(\frac{G_L}{a\mu_L}\right)^{0.1}\left(\frac{G_L^2a}{\rho_L^2g}\right)^{-0.05}\left(\frac{G_L^2}{\rho_L\sigma a}\right)^{0.2}\right]\right\}$$

$$=91.4(\mathrm{m/m^2})$$

液相传质系数

$$k_L=0.0095\left(\frac{G_L}{a_w.\mu_L}\right)^{\frac{2}{3}}\left(\frac{\mu_L}{\rho_L.D_L}\right)^{-0.5}\left(\frac{\mu_Lg}{\rho_L}\right)^{\frac{1}{3}}\Psi^{0.4}$$

$$=0.0095\times\left(\frac{33.38}{91.4\times8.937\times10^{-4}}\right)^{\frac{2}{3}}\left(\frac{8.937\times10^{-4}}{997.08\times1.47\times10^{-9}}\right)^{-0.5}\left(\frac{8.937\times10^{-4}\times9.81}{997.08}\right)^{\frac{1}{3}}1.45^{0.4}$$

$$=4.354\times10^{-4}(\mathrm{m/s})$$

由于 $k_La=k_La_W$，$k_Ga=k_Ga_W$，所以可由 k_L、k_G 分别乘以 a_W 得到气、液相体积传质系数 k_La、k_Ga。

另外，前面计算得出泛点气速 $u_F=1.021\mathrm{m/s}$，操作气速 $u=0.707\mathrm{m/s}$，即 $u>0.5u_F$，这时要根据修正恩田公式，对计算出的气液相传质系数进行修正：

$$k'_Ga=\left[1+9.5\left(\frac{u}{u_f}-0.5\right)^{1.4}\right]k_Ga$$

$$=\left[1+9.5\left(\frac{u}{u_f}-0.5\right)^{1.4}\right]k_Ga_W$$

$$k'_Ga=[1+9.5\times(0.69-0.5)^{1.4}]\times1.68\times10^{-5}\times91.4=0.00168[\mathrm{kmol/(m^2\cdot s\cdot kPa)}]$$

$$k'_L a = \left[1+2.6\left(\frac{u}{u_f}-0.5\right)^{2.2}\right]k_L a$$

$$= \left[1+2.6\left(\frac{u}{u_f}-0.5\right)^{2.2}\right]k_L a_w$$

$$k'_L a = [1+2.6\times(0.69-0.5)^{2.2}]\times4.354\times10^{-4}\times91.4=0.0425(\mathrm{m/s})$$

将以上得到的传质系数换算成以摩尔分数差为推动力的传质系数：

$$k_{ya}=p\cdot k'_G a=101.325\times0.00168=0.1702[\mathrm{kmol/(m^3\cdot s)}]$$

$$k_{xa}=C\cdot k'_L a=55.4\times0.0425=2.3711[\mathrm{kmol/(m^3\cdot s)}]$$

气相传质单元高度

$$G=\frac{q_{nG}}{3600S}=\frac{89.2875}{3600\times0.785}=0.0316$$

$$H_{OG}=\frac{G}{k_{ya}}+\frac{Gm}{k_{xa}}=\frac{0.0316}{0.1702}+\frac{0.0316\times40.76}{2.3711}=0.729(\mathrm{m})$$

考虑到计算公式上的偏差，实际上取

$$H_{OG}=1.2H_{OG}=1.2\times0.729=0.8748(\mathrm{m})$$

(2)传质单元数

全塔的物料衡算方程　　$V(y_1-y_2)=L(x_1-x_2)$

以此可得到塔底液相浓度　$x_1=\frac{V}{L}(y_1-y_2)+x_2=9.81\times10^{-4}$

由气液相组成可计算出塔底、塔顶以及平均传质推动力分别为

$$\Delta y_1=y_1-y_1^*=0.06-9.81\times10^{-4}\times40.76=0.02$$

$$\Delta y_2=y_2-y_2^*=0.0024-0\times40.76=0.0024$$

$$\Delta y_m=\frac{\Delta y_1-\Delta y_2}{\ln\frac{\Delta y_1}{\Delta y_2}}=\frac{0.02-0.0024}{\ln\frac{0.02}{0.0024}}=8.3\times10^{-3}$$

$$N_{OG}=\frac{y_1-y_2}{\Delta y_m}=\frac{0.06-0.0024}{8.3\times10^{-3}}=6.94$$

(3)填料高度

由上述的传质单元高度，传质单元数可得填料高度

$$h=H_{OG}\times N_{OG}=0.8748\times6.94=6.07(\mathrm{m})$$

实际填料层高度取 7m，依据阶梯环填料塔的分段要求(查自《化工单元课程》P207)填料塔无需分段。

$$\frac{h}{D}=\frac{7}{1}=7<8\sim15$$

7.5.1.5　流体力学参数计算

(1)吸收塔的压力降

①气体进出口压力降：取气体进出口接管的内径为 360mm，则气体的进出口流速近似为 5.46m/s，则气体进口的压力降为

$$\Delta p_1=\frac{1}{2}\times\rho u^2=0.5\times1.271\times5.46^2=18.94(\mathrm{Pa})$$

气体出口的压力降为

$$\Delta p_2 = 0.5 \times \frac{1}{2} \times \rho u^2 = 0.5^2 \times 1.271 \times 5.46^2 = 9.47(\text{Pa})$$

②填料层压力降：气体通过填料层的压力降采用 Eckert 关联图计算，其中实际操作气速为

$$X = \left(\frac{94330.27}{2777.11}\right)\left(\frac{1.271}{997.08}\right)^{0.5} = 1.213$$

$$Y = \frac{0.707^2 \times 170 \times 1 \times 1.271}{9.81 \times 997.08} \times 0.8937^{0.2} = 0.0108$$

查 Eckert 关联图可得每米填料压降为 290Pa，所以填料压力降为

$$\Delta p_3 = 290 \times 7 = 2030(\text{Pa})$$

③其他塔内件的压力降：由于该吸收塔的塔径较小，其他塔内件的压力降 $\sum p$ 较小，再次可以忽略。

从而得吸收塔的总压降为

$$\Delta p_f = 2030 + 9.47 + 18.94 = 2058.41(\text{Pa})$$

(2)吸收塔的泛点率

在塔直径校核中得出泛点率为 69.2%，在 50%～80%，故泛点率合格。

(3)气体动能因子

吸收塔内气体动能因子为

$$F = u \times \sqrt{\rho_G} = 0.707 \times \sqrt{1.271} = 0.797[\text{kg}^{1/2}/(\text{s} \cdot \text{m}^{1/2})]$$

气体动能因子在 0.37～2.68。

7.5.1.6　吸收塔内构件设计

(1)塔附属高度

塔上部空间高度，可取 1.2m，塔底液相停留时间按 1.5min 考虑，则塔釜液所占空间高度为

$$h_1 = \frac{1.5 \times 60 \times 0026}{0.785} = 2.98(\text{m})$$

考虑到气相接管所占高度空间，底部空间高度可取 3.2m，所以塔的附属空间高度可以取为 4.4m。

(2)液体初始分布器

因为在该塔中压降不大，因此无须特别大的动力，且该物系腐蚀性不大，因此，综合考虑采用槽式孔流液体分布器。

根据散装填料的布液孔数，选择布液孔数为 100 个/m^2，则总布液孔数为

$$n = 0.785 \times 100 = 78.5 \approx 80(\text{个})$$

取布液孔直径为 5mm，则液位保持管中的液位高为

$$h = \frac{\Delta p}{\rho_L g} = \frac{2058.41}{997.08 \times 9.81} = 0.21(\text{m})$$

则液位保持管高度为　　$h' = 1.15 \times 210 = 241.5(\text{mm})$

(3)选用驼峰形支承板。

(4)除沫装置的选择采用丝网除沫器。

7.5.1.7　设计结果

设计结果如表 7.15 所示。

表 7.15 吸收塔设计结果

吸收塔主要结构参数	数据
塔径 D/m	1.0
传质单元数 N_{OG}	6.94
传质单元高度 H_{OG}/m	0.9072
气相传质系数 k_G/[kmol/(m^2·s·kPa)]	1.68×10^{-5}
液相传质系数 k_L/(m/s)	4.354×10^{-4}
填料层高度 h/m	6.29
吸收剂用量 q_{nL}/(kmol/h)	5240.57
液体喷淋密度 U/[m^3/(m·h)]	120.11
填料层压降 p_r/Pa	2058.41
泛点气速 u_F/(m/s)	1.021

7.5.2 填料吸收塔的 Aspen Plus 模拟设计

仍采用以上例题的设计条件对二氧化硫吸收塔进行 Aspen Plus 模拟设计。

本题模拟步骤如下：

(1)第一步，先用模型库 Columns(塔)中的 RadFrac 模块进行填料塔初步设计。

①建立和保存文件。启动 Aspen Plus，选择模板“General with Metric Units”，将文件保存为“Example6.1 - ABSORB.bkp”。

②全局设定。点击左下方“Property”后，进入左上方浏览栏“Setup | Specifications | Global”页面，在“title”框中输入“absorb SO_2”。

③输入组分。进入“Components | Specifications | Selection”页面，输入物系组分“H_2O、SO_2、O_2、N_2、CO_2”，如图 7.7 所示。稀溶液中对于不凝性气体应选作亨利组分。本例按图 7.8所示添加“SO_2、O_2、N_2、CO_2”为亨利组分。

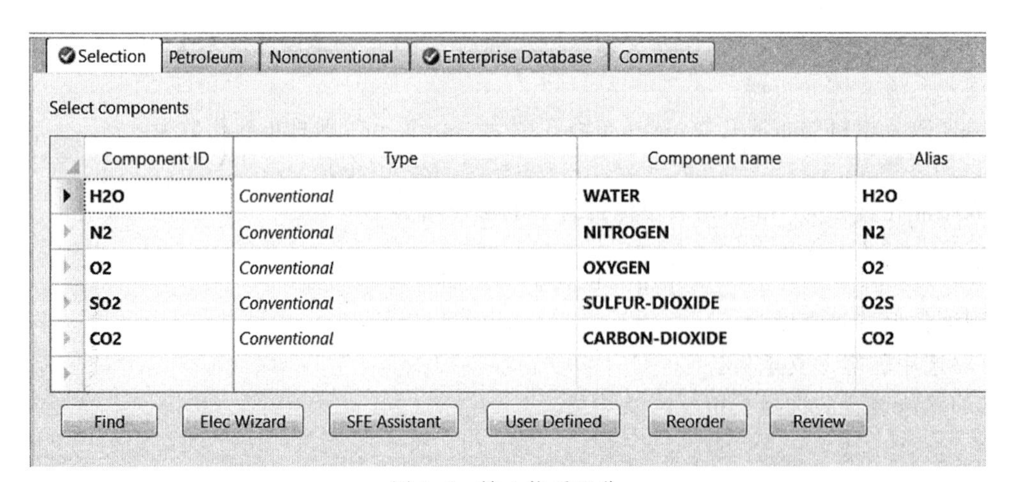

图 7.7 输入物系组分

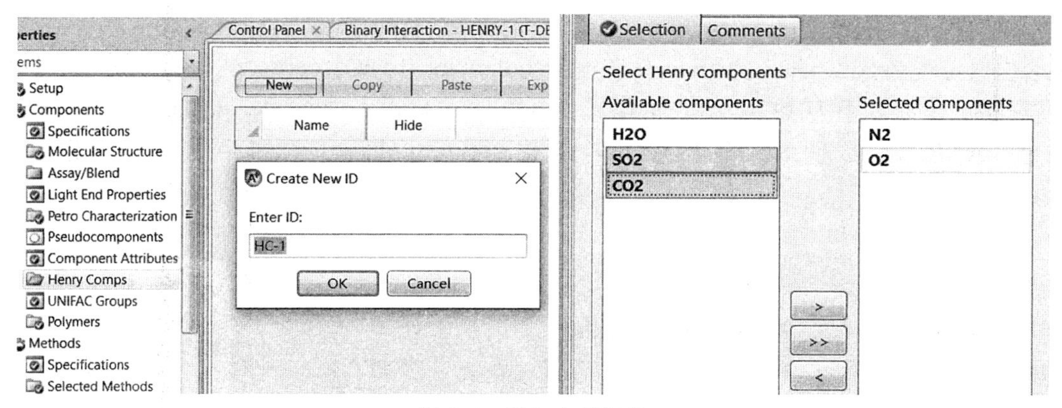

图 7.8 添加亨利组分

④选择物性方法。由于本设计采用水吸收二氧化硫，属于中等溶解度的吸收过程，该体系包含为极性组分和非极性组分，所以选择物性方法为“NRTL”(见图 7.9)。

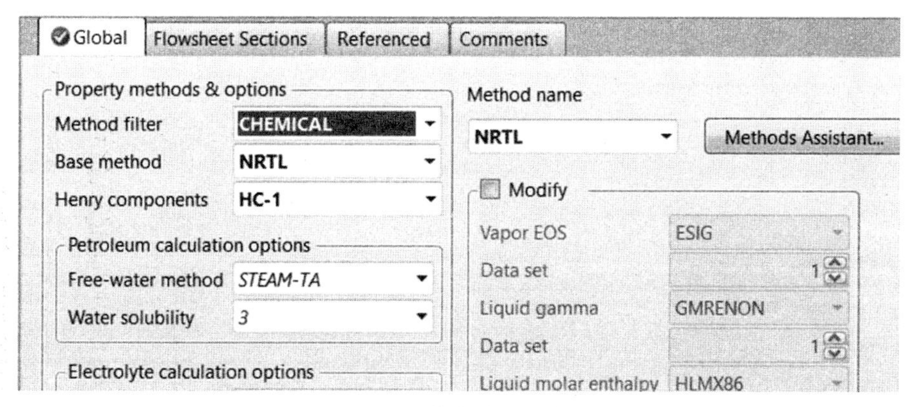

图 7.9 物性方法选择

⑤建立流程图。采用 RadFrac 模块中 ABSBR1 模块来对流程进行模拟，建立图 7.10 所示的流程图。

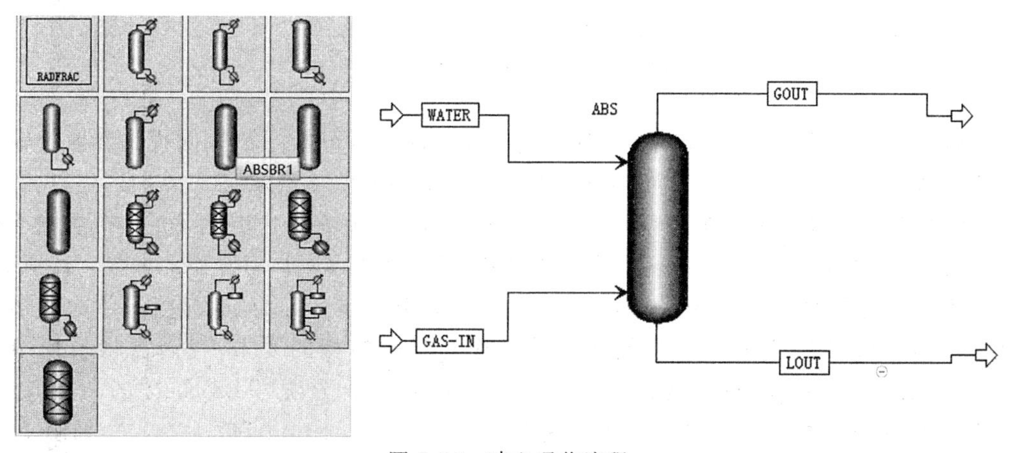

图 7.10 建立吸收流程

⑥输入进料条件。进入“Streams|GAS-IN|Input|Mixed”页面，输入进口气体的条件，混合空气温度为25℃，压力为1bar，体积流量为2000m³/h，摩尔分率二氧化硫为0.06，其余为空气为0.94(其中H_2O占0.0013、CO_2占0.0012、O_2占0.2206、N_2占0.7169)；进入液相为WATER，温度为25℃，压力为1bar，摩尔流量为2000kmol/h，其中H_2O摩尔分率为1，如图7.11所示。

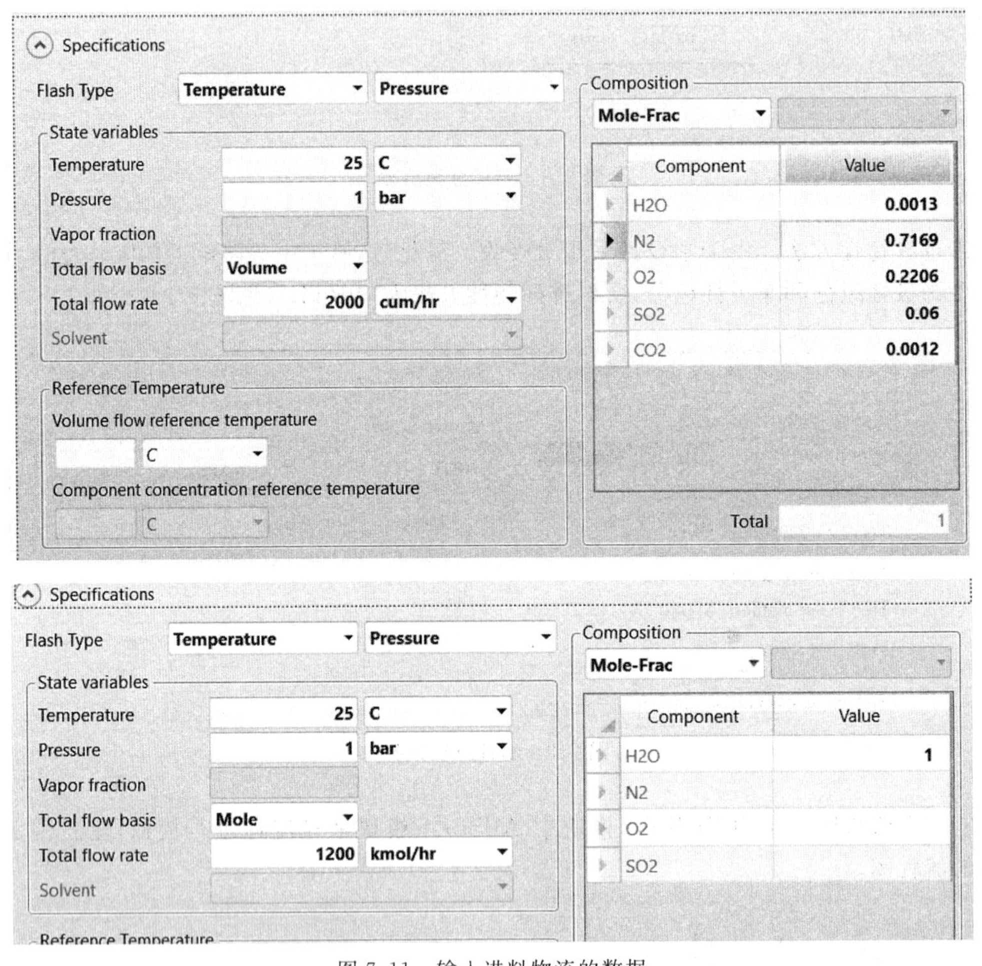

图7.11 输入进料物流的数据

⑦输入模块参数。进入“Blocks|ABS|Input|Specifications”页面，输入模块参数。输入理论塔板数为12块，冷凝器和再沸器设置为“None”，如图7.12所示。

设置物流“GAS-IN”的进料位置为13，相当于位于第12块塔板下方(塔底)进料，物流WATER 的进料位置为1，如图7.13所示。输入吸收塔的第一块塔板的压力为1bar，如图7.14所示。

以上步骤与精馏塔的RadFrac模块输入类似，但由于该过程为吸收过程，作为精馏模块的RadFrac需要改变相应的参数才能满足作为吸收模拟的要求，我们需将模块中的“Convergence/Convergence/Advanced”页面中下方第一个选项“Absorber”的“No”改为“Yes”，并在“Basic”的页面中将最大迭代次数“Maximum iterations”改为“200”，如图7.15所示。以此才能进行相应的吸收过程计算模拟。

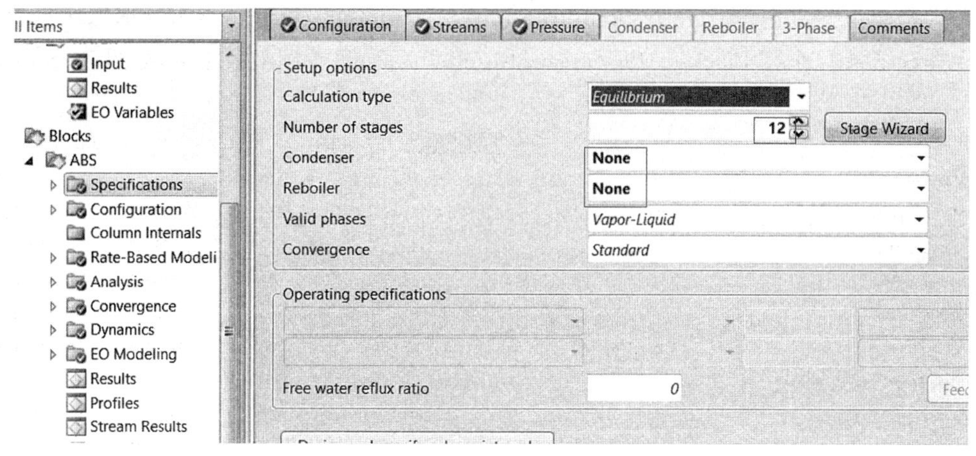

图 7.12　输入吸收塔配置参数

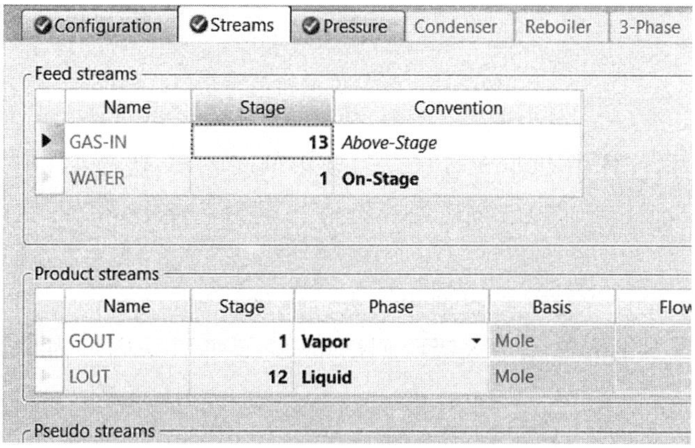

Configuration | Streams | Pressure | Condenser | Reboiler | 3-Phase

Feed streams

Name	Stage	Convention
GAS-IN	13	Above-Stage
WATER	1	On-Stage

Product streams

Name	Stage	Phase	Basis	Flow
GOUT	1	Vapor	Mole	
LOUT	12	Liquid	Mole	

Pseudo streams

图 7.13　输入进料位置

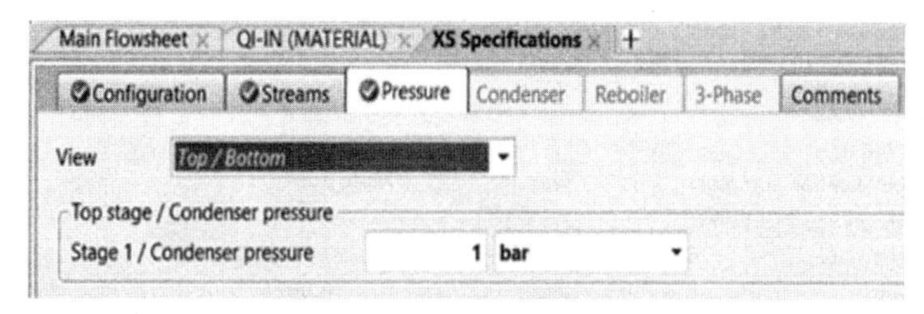

图 7.14　确定操作压力

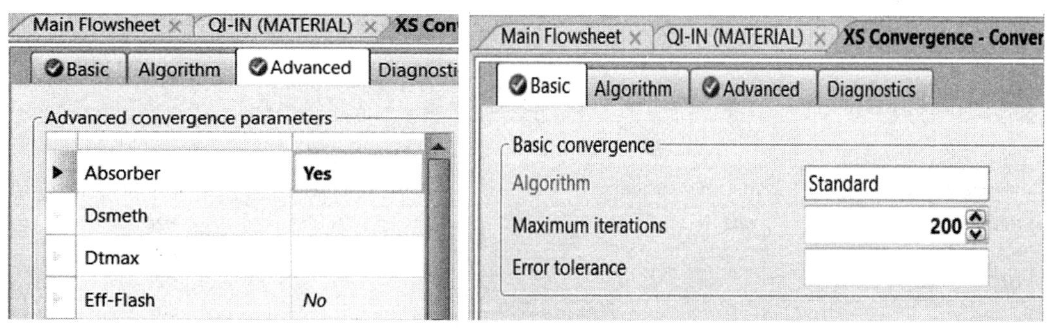

图 7.15　ABS 吸收模块中的参数修改

⑧运行模拟。点击“N”,出现“Required Input Complete”对话框,点击“OK”,运行模拟。

⑨查看结果。进入“Blocks|ABS|Stream Results”页面,可看到吸收结果,如图7.16所示。

	Units	GAS-IN	WATER	GOUT	LOUT
Mass Entropy	J/kg-K	225.292	-9040.16	204.253	-9029.01
Molar Density	kmol/cum	0.0403738	55.1215	0.0403477	55.1228
Mass Density	kg/cum	1.25409	993.029	1.22104	995.504
Enthalpy Flow	Watt	-417339	-7.9405e+07	-513616	-7.93088e+07
Average MW		31.0619	18.0153	30.2629	18.0598
+ Mole Flows	**kmol/hr**	**80.7477**	**1000**	**82.3901**	**998.358**
− Mole Fractions					
H2O		0.0013	1	0.033069	0.999021
N2		0.7169	0	0.702509	8.26172e-06
O2		0.2206	0	0.216142	4.99068e-06
SO2		0.06	0	0.0471901	0.000958445
CO2		0.0012	0	0.00108965	7.13299e-06

图7.16 吸收后的物流结果

可见,吸收后排出气体中SO_2含量远超过要求的吸收率(吸收率96%时,出口气体SO_2摩尔分率应小于或等于0.0024)。考虑到手算清水量为5240kmol/h,我们应对吸收剂用量进行优化。

(2)第二步,采用设计规定对吸收剂用量进行优化。

提高吸收率最直接的办法是增大吸收剂用量,我们可以采用塔内设计规定快速找到最佳用量值,步骤如下:

①先建立一个塔内设计规定,规定塔顶产品中SO_2的摩尔纯度为0.0024。按图7.17

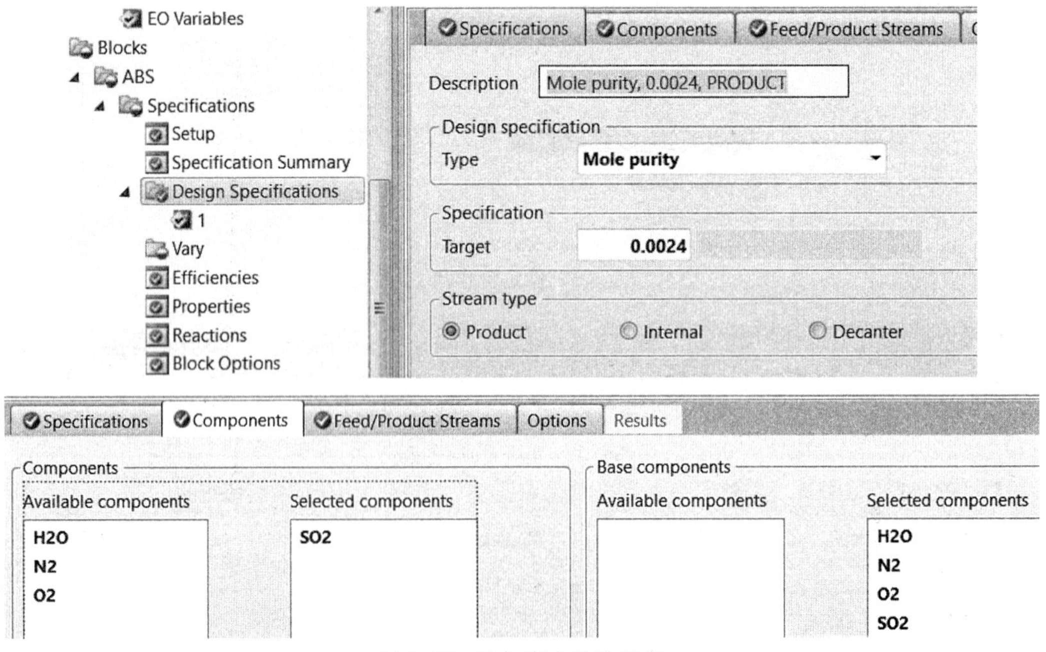

图7.17 添加塔内设计规定

所示，进入“Blocks | ABS | Design Specifications”页面，点击下方的“New...”按钮；进入“ABS | Specifications | Design Specifications | 1 | Specifications”页面，选择“Design specification Type”为“Mole purity”，在“Target”中输入“0.0024”；进入“Blocks | ABS | Specifications | DesignSpecifications | 1 | Components”页面，选中“Available components”栏中的“SO_2”，点击“>”图标，将 SO_2 移动至“Selected components”栏；进入“ABS | Specifications | Design Specifi-cations | 1 | Feed/Product Streams”页面，选中“Available streams”栏中的“GOUT”，点击“>”图标，将“GOUT”移动至“Selected stream”栏。

②添加第一个调节变量，规定进水量变化范围为 2000～4000kmol/h。

按图 7.18 所示，进入“Blocks | ABS | Specifications | Vary”页面，点击“New...”按钮，进入“| Specifications | Vary | 1 | Specifications”页面，“Adjusted variable Type”选择“feed rate”，输入“Lower bound”为“2000”，输入“Upper bound”为“4000”。

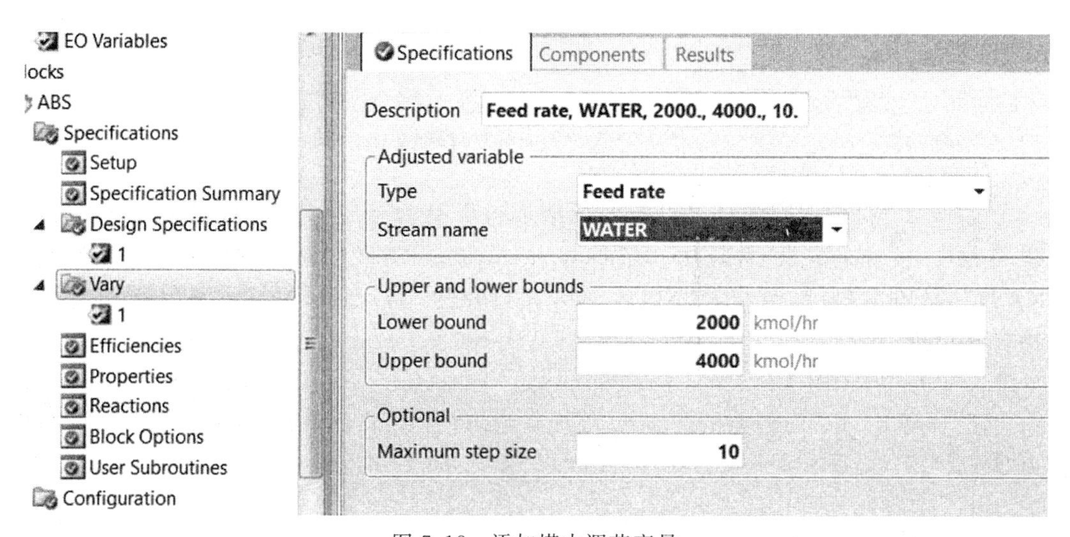

图 7.18　添加塔内调节变量

一个塔内设计规定和调节变量添加完毕，运行模拟，流程收敛。分别在设计规定和操纵变量中查看结果，如图 7.19 所示，可以看出当进水量为 3606.59kmol/h，出口气体中 SO_2 可满足吸收要求，为 0.00239999。

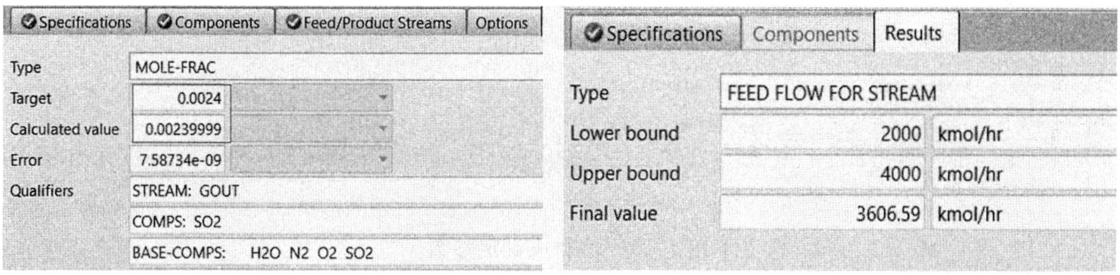

图 7.19　查看设计规定结果

(3)第三步，进行填料的设计与校核。

塔径的确定应当根据气液处理量，保证塔的操作条件既不会达到液泛，又有较好的传质性能，采用ABS模块中的“Interactive sizing”和“Rating”功能，在初步设计中使用“Interactive sizing”功能，圆整后使用“Rating”功能。具体步骤如下：

例7.1(1)填料吸收塔的工艺设计

①填料段设计

进入“Blocks|ABS|Column Internals”页面，点击右边的“Add New”按钮，新建塔段，采用默认名“INT－1”。进入“Blocks|ABS|Column Internals|INT－1”，点击“Add New”按钮，创建项目“CS－1”。在右边页面的表格里，“Starting stage”输入“1”，“Ending stage”输入“12”，“Internal Type”选择“Packed”（填料塔），选择“Mode”（模式）为“Sizing”（设计），这时“Tray/Packing type”及“Packing details”中会显示默认的填料类型及其细节内容，同时在“Diameter”中出现塔径初值“0.864076m”，如图7.20所示。

Name	Start Stage	End Stage	Mode	Internal Type	Tray/Packing Type	Tray Details	Packing Details			Tray Spacing/Section Packed Height		Diameter	
						Number of Passes	Vendor	Material	Dimension				
CS-1	1	12	Interactive sizing	Packed	PALL		GENERIC	METAL	1.5-IN OR 38-		meter	0.864076	meter

图7.20　填料直径设计初值

在Aspen填料数据库中是是以国外标准填料类型为基准。在模拟过程中考虑到水力学特性及负荷，本设计选用“Cascade mini-ring(CMR)”即阶梯环，供应商选择“KOCH”，材质为塑料，型号为“NO－2A”，其直径为“37.5mm”，与手算设计所选填料规格极其接近。

进入“Blocks|ABS|Column Internals|INT－1|Section|CS－1|Geometry”，如图7.21所示，将阶梯环“CMR”的相关信息填入，等板高度为“0.45m”(由相关资料查得)，并圆整塔径为“1.0m”。

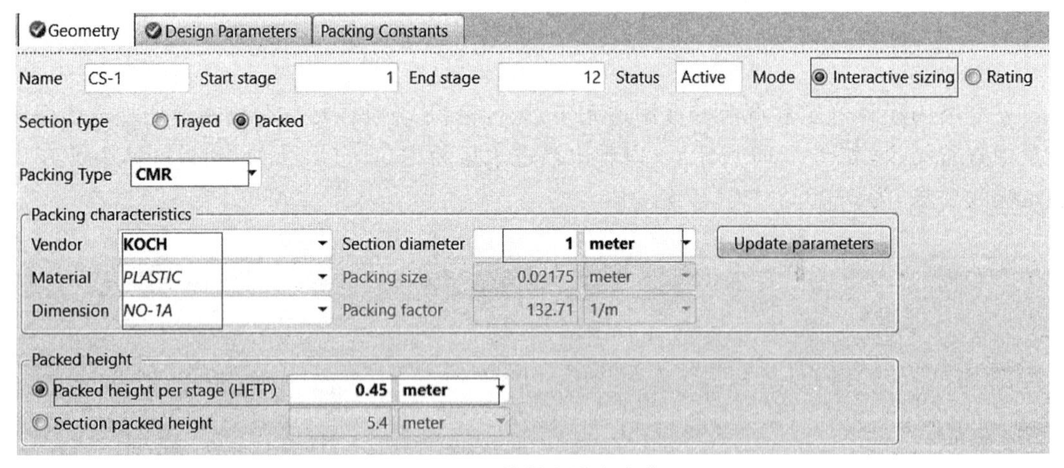

图7.21　填料段设定参数

运行模拟后，进入“Blocks|ABS|Column Internals|INT－1|Sections|CS－1|Results|Summary”，可以看到塔段的直径、高度、等板高度、填料层压降、最大能力因子等数据(见图7.22)，在菜单栏第二项By Tray中还可以查看各段填料上的水力学数据。在塔板结果中有

几个参数应重点关注：全塔填料的能力因子Capacity一般应在0.6～0.8；塔段压降，一般单板压降小于0.7kPa。

Summary	By Stage	Messages
Name: CS-1	Status: Active	

Section starting stage	1	
Section ending stage	12	
Calculation Mode	Sizing	
Column diameter	1	meter
Packed height per stage	0.45	meter
Section height	5.4	meter
Maximum % capacity (constant L/V)	69.6428	
Maximum capacity factor	0.0255099	m/sec
Section pressure drop	0.0127999	bar
Average pressure drop / Height	2.37036	mbar/m
Average pressure drop / Height (Frictional)	2.25312	mbar/m
Maximum stage liquid holdup	0.0560031	cum
Maximum liquid superficial velocity	0.0232327	cum/sec/sqm

图7.22 填料塔设计结果摘要

进入“Blocks|ABS|Column Internals|INT－1|Sections|Hydraulic Plots”中，还可以查看各段填料的水力学性能曲线，如图7.23所示。

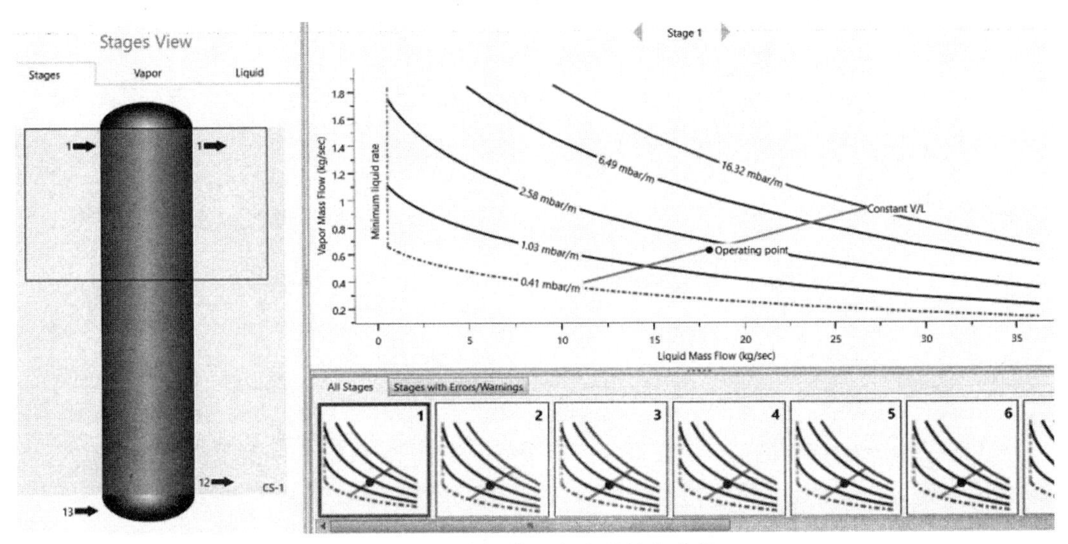

图7.23 填料塔的水力学性能曲线

②填料层校核

进入“Blocks|ABS|Column Internals|INT－1|Section|CS－1|Geometry”，将“模式”选为“Rating”，见图7.24。

Geometry Design Parameters Packing Constants
Name CS-1 Start stage 1 End stage 12 Status Active Mode Interactive sizing Rating
Section type Trayed Packed

图7.24 修改为“校核”模式

如果有参数需要改动，可修改参数后，进行校核。

通过上述的手工计算与Aspen Plus模拟计算结果进行对比，见表7.16。可以看出：当使用DN38mm的塑料阶梯环处理流量为2000m^3/h的气体进料时，吸收剂用量方面手算结果明显多于Aspen模拟结果；填料层高度，手算填料塔高也明显大于Aspen模拟结果；塔径方面，在模拟设计初值为0.8948m，由人工根据标准塔径规范将其圆整为1m，所以与手算结果相同。手工计算结果值大都大于模拟结果，见表7.16。

例7.1(2)填料塔的内部设计

表7.16 填料吸收塔手算与模拟结果对比

项目	手算结果	模拟结果
吸收剂用量/(kmol/h)	5240.57	3610
填料层高度/m	7	5.4
塔径/m	1	1
SO_2 含量	0.0024	0.002106
最小能力因子/%	71.4	69.64

第8章　塔的机械设计

摘要：本章讲授了对塔设备进行机械设计的基本方法，重点讲述塔设备的强度和稳定性的计算和校核，对板式塔的内部结构也进行了简要介绍。最后以 SO_2 水吸收塔为例，介绍填料吸收塔的机械设计过程和步骤。

塔设备是一种重要的气液传质设备。塔设备的总体结构主要由塔体、内件、支座及附件构成。塔体由筒体和封头组成，内件由塔盘或填料支撑件组成，支座常用裙式支座，附件包括人孔、接管、扶梯、平台、吊柱等。

塔设备的设计包括工艺设计和机械设计两方面。本章的机械设计是在前两章塔的工艺设计已完成，工艺操作参数、塔主要工艺尺寸已知的前提下，进一步对塔设备进行强度、刚度和稳定性计算，并从制造、安装、检验、使用等方面考虑进行机械设计。塔设备机械设计的主要依据是 NB/T47041－2014。

塔设备的机械设计内容包括材料选择、结构设计、塔设备的强度和稳定性计算。

(1)塔设备的材料选择。根据工艺介质特性和参数，选择塔体、支座、塔内件的材料。

(2)塔设备的结构设计。在设备总体形式及主要工艺尺寸已经确定的基础上，设计确定塔的各种构件、附件以及辅助装置的结构尺寸。例如，板式塔的塔盘结构、塔盘支承件、除沫器、裙座；填料塔的填料支承件、填料压板、液体喷淋器、液体再分配器、气体的入塔分布；各种接管的形式、方位等。结构设计应满足结构简单、合理，便于安装、制造；密封性满足要求，保证安全生产。

(3)塔设备的强度和稳定性计算。先按照压力载荷初步设计塔体、封头壁厚，然后计算质量载荷、地震载荷、风载荷、偏心载荷，校核塔体、裙座的强度和稳定性条件，最终确定塔体、封头、裙座的厚度，并计算基础环的厚度、地脚螺栓的个数和规格。

8.1　强度和稳定性计算

8.1.1　选材

塔设备中的受压元件用金属材料的选用原则、热处理状态及许用应力等均按 GB150.2、JB/T4734、JB/T4755、JB/T4756、NB/T47011 中的有关规定。

塔设备中的非受压元件用金属材料应是列入材料标准的金属材料。当与受压元件焊接时，应是焊接性能良好的金属材料。地脚螺栓宜选用符合 GB/T700 规定的 Q235 或符合 GB/T1591 规定的 Q345。基础环、盖板及筋板材料可选用碳钢或低合金钢。

8.1.2 壁厚

塔设备在操作时，承受的载荷复杂。不仅承受压力载荷，还有质量载荷、地震载荷、风载荷、偏心载荷等。塔设备各种载荷示意见图 8.1。

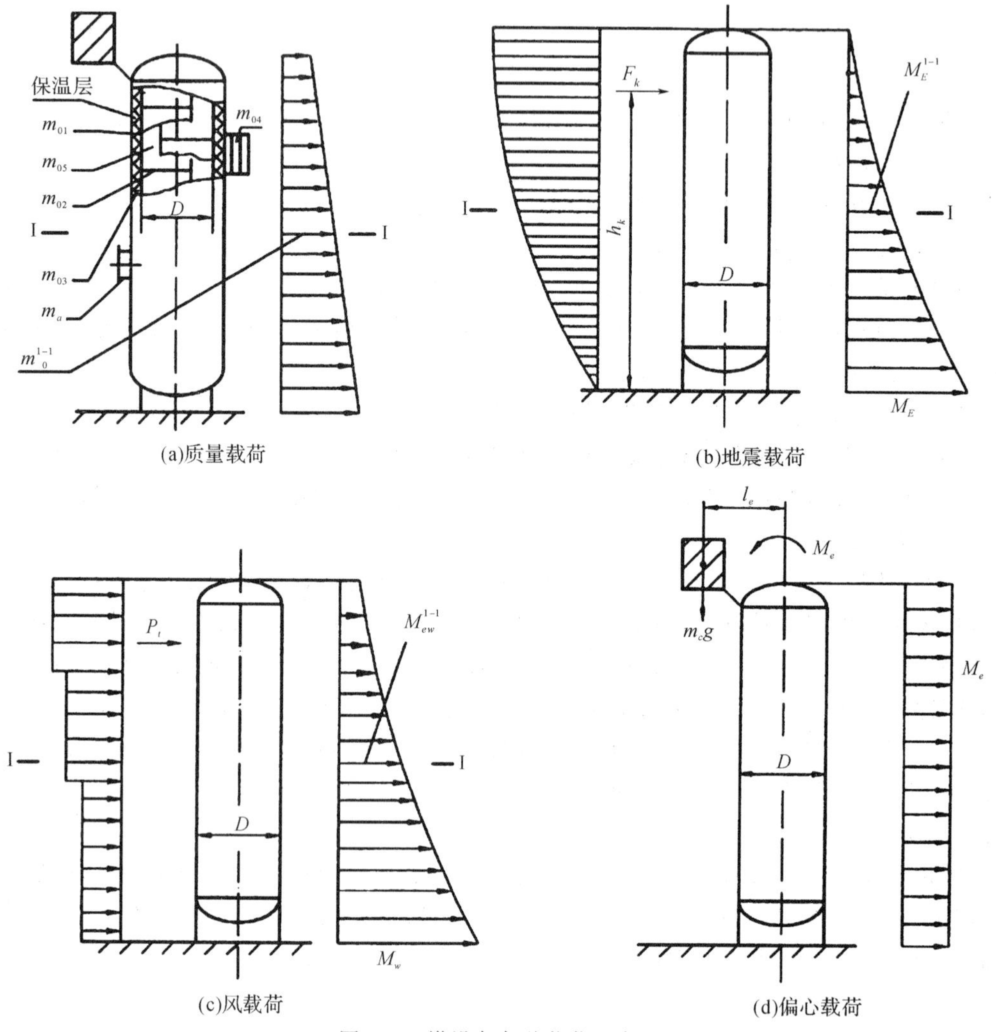

图 8.1 塔设备各种载荷示意

8.1.2.1 壁厚设计步骤

(1)根据 GB150.3，按计算压力确定塔壳及封头的有效厚度 δ_e 和 δ_{eh}。

(2)根据地震载荷和风载荷计算的需要，确定塔体的计算截面(包括所有危险截面)，并考虑制造、运输、安装的要求，设定各计算截面处圆筒有效厚度 δ_{ei} 和裙座有效厚度 δ_{es}。应满足 $\delta_{ei} \geqslant \delta_e$，$\delta_{es} \geqslant 6\text{mm}$。

(3)根据质量载荷、自振周期、风载荷、地震载荷及偏心载荷、最大弯矩和轴向应力等的作用，依次校核危险截面的强度与稳定性条件，并应满足相应要求，否则需要重新设定有效厚度 δ_{ei}，直至满足全部校核条件为止。

8.1.2.2 按内压塔式容器计算壁厚

(1)塔体的圆筒壳壁厚,按下式计算:

计算厚度

$$\delta=\frac{p_c D_i}{2\times[\sigma]^t\times\Phi-p_c} \tag{8.1}$$

设计厚度

$$\delta_d=\delta+C_2 \tag{8.2}$$

名义厚度

$$\delta_n=\delta+C_1+C_2+\Delta \tag{8.3}$$

有效厚度

$$\delta_e=\delta_n-C_1-C_2 \tag{8.4}$$

(2)标准椭圆形封头壁厚,按下式计算:

$$\delta_h=\frac{p_c D_i}{2\times[\sigma]^t\times\varphi-0.5p_c} \tag{8.5}$$

设计厚度

$$\delta_{dh}=\delta+C_2 \tag{8.6}$$

名义厚度

$$\delta_{nh}=\delta+C_1+C_2+\Delta \tag{8.7}$$

有效厚度

$$\delta_{eh}=\delta_n-C_1-C_2 \tag{8.8}$$

式中,p_c 为计算压力,MPa;D_i 为筒体内径,mm;$[\sigma]^t$ 为材料在设计温度下许用应力,MPa;Φ 为焊接系数;C_1 为钢板厚度负偏差,mm;C_2 为腐蚀余量,mm;Δ 为钢板圆整量,mm。

需要指出的是,如果塔设备压力载荷是外压力,塔体的厚度则应按照外压容器的壁厚计算方法进行计算。

8.1.3 质量载荷

塔设备的操作质量

$$m_0=m_{01}+m_{02}+m_{03}+m_{04}+m_{05}+m_a+m_e \tag{8.9}$$

塔设备在液压试验时,具有最大质量

$$m_{max}=m_{01}+m_{02}+m_{03}+m_{04}+m_W+m_a+m_e \tag{8.10}$$

塔设备在吊装时,具有最小质量

$$m_{min}=m_{01}+0.2m_{02}+m_{03}+m_{04}+m_a+m_e \tag{8.11}$$

式中,m_{01} 为塔设备的壳体与裙座质量,kg;m_{02} 为塔设备内件质量,kg,见表 8.1;m_{03} 为保温材料质量,kg;m_{04} 为平台扶梯质量,kg,见表 8.1;m_{05} 为操作时塔内物料质量,kg;m_a 为人孔法兰接管等附件质量,kg;m_W 为液压试验时塔内充液质量,kg;m_e 为偏心质量,kg。

表 8.1 塔设备有关部件的质量

名称	单位质量	名称	单位质量	名称	单位质量
笼式扶梯	40kg/m	圆泡罩塔盘	150kg/m^2	筛板塔盘	65kg/m^2
开式扶梯	15～24kg/m	条形泡罩塔盘	150kg/m^2	浮阀塔盘	75kg/m^2
钢制平台	150kg/m^2	舌形塔盘	75kg/m^2	塔盘填充液	70kg/m^2

8.1.4 自振周期

等直径、等厚度塔设备的基本振型自振周期 T_1，按下式计算。

$$T_1=90.33H\sqrt{\frac{m_0H}{E\delta_e D_i^3}}\times10^{-3} \tag{8.12}$$

式中，H 为塔设备总高度，mm；E 为塔设备材料的弹性模量，MPa。

第二振型与第三振型自振周期可近似分别取 $T_2=T_1/6$，$T_3=T_1/18$。

8.1.5 风载荷和风弯矩

图 8.1(c)所示为自支撑式塔设备受顺风向风载荷作用的示意图。塔设备在风弯矩作用下发生弯曲变形。塔设备在迎风面上的风压值随设备高度的增加而增加。为简化计算，将风压值按设备高度分成若干段，假设每段风压值各自均布于塔设备的迎风面上，如图 8.2 所示。

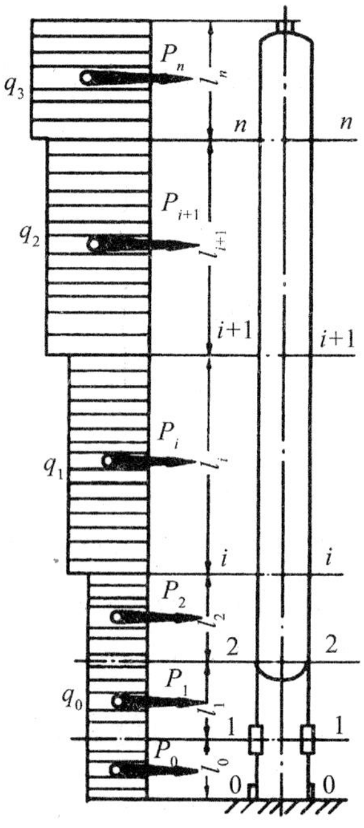

任一计算段的顺风向水平风力为

$$P_i=K_1K_{2i}q_0f_il_iD_{ei} \tag{8.13}$$

式中，K_1 为塔体形状系数，取 $K_1=0.7$；q_0 为 10 米塔高处的基本风压值，N/m^2，见表 8.2；f_i 为风压高度变化系数，按表 8.3 查；l_i 为各计算段的高度，mm；D_{ei} 为各设备计算段的有效直径，mm；K_{2i} 为塔设备各计算段的风振系数。

当塔高 $H\leqslant20m$ 时，取 $K_{2i}=1.7$；当塔高 $H>20m$ 时，按 $K_{2i}=1+\frac{\xi\nu_i\Phi_{zi}}{f_i}$ 计算，其中，ξ 为脉动增大系数，按表 8.4 查取；ν_i 为第 i 段脉动影响系数，按表 8.5 查取；Φ_{zi} 为第 i 段振型系数，按表 8.6 查取。

图 8.2 风弯矩计算示意图

当笼式扶梯与塔顶管线布置成 180°时，各计算段有效直径为

$$D_{ei}=D_{oi}+2\delta_{si}+K_3+K_4+d_o+2\delta_{ps} \tag{8.14}$$

当笼式扶梯与塔顶管线布置成 90°时，各计算段有效直径取下列式中较大者。

$$D_{ei}=D_{oi}+2\delta_{si}+K_3+K_4 \tag{8.15}$$

$$D_{ei}=D_{oi}+2\delta_{si}+K_4+d_o+2\delta_{ps} \tag{8.16}$$

式中，D_{oi} 为塔设备各计算段的外径，mm；δ_{si} 为塔设备各计算段的保温层厚度，mm；K_3 为笼式扶梯当量宽度，取 $K_3=400mm$；d_o 为塔顶管线的外径，mm；δ_{ps} 为管线保温层厚度，mm；K_4 为操作平台当量宽度，取 $K_4=600mm$。

表 8.2 10m 高度处我国各地基本风压值 q_0 (单位：N/m^2)

地区	q_0	地区	q_0	地区	q_0	地区	q_0	地区	q_0	地区	q_0
上海	450	福州	600	长春	500	洛阳	300	银川	500	昆明	200
南京	250	广州	500	抚顺	450	蚌埠	300	长沙	350	西宁	350

续表

地区	q_0	地区	q_0	地区	q_0	地区	q_0	地区	q_0	地区	q_0
徐州	350	茂名	550	大连	500	南昌	400	株洲	350	拉萨	350
扬州	350	湛江	850	吉林	400	武汉	250	南宁	400	乌鲁木齐	600
南通	400	北京	350	四平	550	包头	450	成都	300	台北	1200
杭州	300	天津	350	哈尔滨	400	呼和浩特	500	重庆	300	台东	1500
宁波	500	保定	400	济南	400	太原	300	贵阳	250		
衢州	400	石家庄	300	青岛	500	大同	450	西安	350		
温州	550	沈阳	450	郑州	350	兰州	300	延安	250		

表 8.3　风压高度变化系数 f_i

距地面高度 H_{it}	地面粗糙度类别			
	A	B	C	D
5	1.17	1.00	0.74	0.62
10	1.38	1.00	0.74	0.62
15	1.52	1.14	0.74	0.62
20	1.63	1.25	0.84	0.62
30	1.80	1.42	1.00	0.62
40	1.92	1.56	1.13	0.73
50	2.03	1.67	1.25	0.84
60	2.12	1.77	1.35	0.93
70	2.20	1.86	1.45	1.02
80	2.27	1.95	1.54	1.11
90	2.34	2.02	1.62	1.19
100	2.40	2.09	1.70	1.27
150	2.64	2.38	2.03	1.61

注：①A 类系指近海海面及海岛、海岸、湖岸及沙漠地区；B 类系指田野、乡村、丛林、丘陵及房屋比较稀疏的乡镇和城市郊区；C 类系指有密集建筑群的城市市区；D 类系指有密集建筑群且房屋较高的城市市区。②中间值可采用线性内插法求取。

表 8.4　脉动增大系数 ξ

$q_iT_1^2/(\mathrm{N\cdot s^2/m^2})$	10	20	40	60	80	100
ξ	1.47	1.57	1.69	1.77	1.83	1.88
$q_iT_1^2/(\mathrm{N\cdot s^2/m^2})$	200	400	600	800	1000	2000
ξ	2.04	2.24	2.36	2.46	2.53	2.80
$q_iT_1^2/(\mathrm{N\cdot s^2/m^2})$	4000	6000	8000	10000	20000	30000
ξ	3.09	3.28	3.42	3.54	3.91	4.14

注：①计算 $q_iT_1{}^2$ 时，对 B 类可直接代入基本风压，即 $q_1=q_0$，而对 A 类以 $q_1=1.38q_0$，C 类以 $q_1=0.62q_0$，D 类以 $q_1=0.32q_0$ 代入。②中间值可采用线性内插法求取。

表 8.5 脉动影响系数 ν_i

地面粗糙度类别	高度 H_{it}/m									
	10	20	30	40	50	60	70	80	100	150
A	0.78	0.83	0.86	0.87	0.88	0.89	0.89	0.89	0.89	0.87
B	0.72	0.79	0.83	0.85	0.87	0.88	0.89	0.89	0.90	0.89
C	0.64	0.73	0.78	0.82	0.85	0.87	0.90	0.90	0.91	0.93
D	0.53	0.65	0.72	0.77	0.81	0.84	0.89	0.89	0.92	0.97

注：中间值可采用线性内插法求取。

表 8.6 振型系数 Φ_{zi}

相对高度 h_{it}/H	振型序号	
	1	2
0.1	0.02	−0.09
0.2	0.06	−0.30
0.3	0.14	−0.53
0.4	0.23	−0.68
0.5	0.34	−0.71
0.6	0.46	−0.59
0.7	0.59	−0.32
0.8	0.79	0.07
0.9	0.86	0.52
1.0	1.00	1.00

注：中间值可采用线性内插法求取。

塔设备作为悬臂梁，在风载荷作用下发生弯曲变形，故任意计算截面 I—I 处的顺风向风弯矩为

$$M_W^{I-I}=P_i\cdot l_i/2+P_{i+1}\cdot(l_i+l_{i+1}/2)+P_{i+2}\cdot(l_i+l_{i+1}+l_{i+2}/2)+\cdots \quad (8.17)$$

需要补充的是，当塔设备 $H/D<15$ 且 $H>30$m 时，还应计算横风向弯矩，其计算方法参考 NB/T47041—2014《塔式容器》标准。

8.1.6 地震载荷和地震弯矩

当发生地震时，塔设备作为悬臂梁，在地震载荷作用下发生弯曲变形。因此，在 7 度及以上的地震烈度地区的塔设备必须考虑抗震设计。

8.1.6.1 水平地震力

将一个圆筒形直立的塔设备视为一个多质点体系，如图 8.3 所示。每一直径和壁厚相等的一段长度间的质量，可视为作用在该段高 1/2 处的集中质量，如图 8.4 所示。

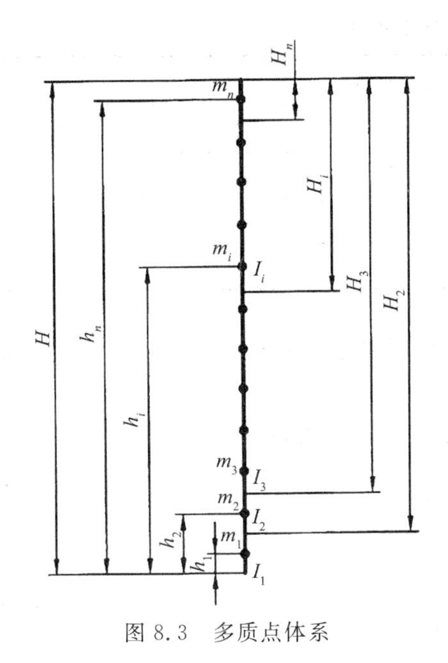

图 8.3　多质点体系

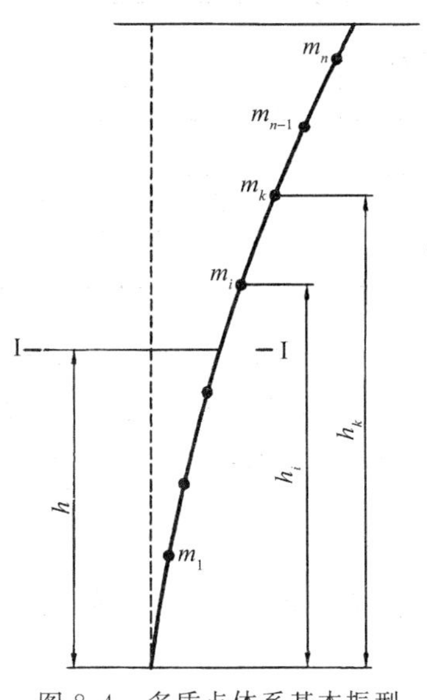

图 8.4　多质点体系基本振型

在高度 h_k 处的集中质量 m_k 所引起的基本振型水平地震力为

$$F_{1k}=\alpha_1\eta_{1k}m_kg \tag{8.18}$$

式中，α_1 为基本振型自振周期 T_1 的地震影响系数，由图 8.5 确定；m_k 为距地面 h_k 处的集中质量，kg；η_{1k} 为基本振型参与系数。

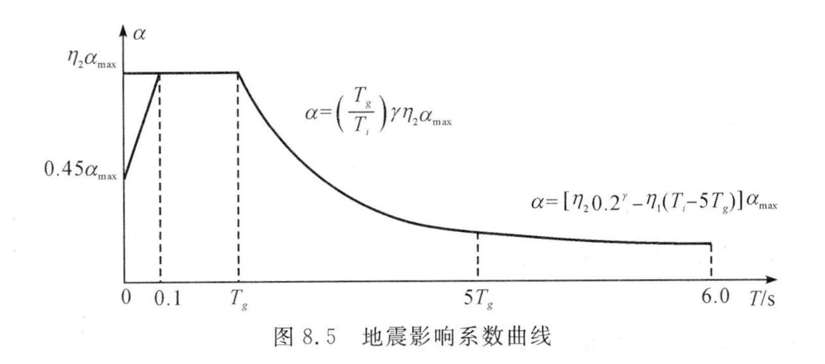

图 8.5　地震影响系数曲线

表 8.7　对应于设防地震的设计基本地震加速度

设防烈度	7		8		9
设计基本地震加速度	0.1g	0.15g	0.2g	0.3g	0.4g

表 8.8　地震影响系数最大值 α_{max}

设防烈度	7	8			9
对应于多遇地震的 α_{max}	0.08	0.12	0.16	0.24	0.32

注：如有必要，可按国家规定权限批准的设计地震动参数进行地震载荷计算。

表 8.9 各类场地土的特征周期值 T_g

设计地震分组	场地土类别				
	I_0	I_1	Ⅱ	Ⅲ	Ⅳ
第一组	0.20	0.25	0.35	0.45	0.65
第二组	0.25	0.30	0.40	0.55	0.75
第三组	0.30	0.35	0.45	0.65	0.90

阻尼比应根据实测值确定，无实测数据时，一阶振型阻尼比可取 $\xi_1=0.01\sim0.03$。高阶振型阻尼比，可参照第一振型阻尼比选取。

曲线下降段的衰减指数 γ，根据塔式容器的阻尼比可按下式确定：

$$\gamma=0.9+\frac{0.05-\zeta_i}{0.3+6\zeta_i} \tag{8.19}$$

直线下降段的调整系数 η_1，按下式确定：

$$\eta_1=0.02+\frac{0.05-\zeta_i}{4+32\zeta_i} \tag{8.20}$$

阻尼调整系数 η_2，按下式确定：

$$\eta_2=1+\frac{0.05-\zeta_i}{0.08+1.6\zeta_i} \tag{8.21}$$

基本振型参与系数 η_{1k}，按下式计算：

$$\eta_{1k}=\frac{h_k^{1.5}\sum_{i=1}^{n}m_ih_i^{1.5}}{\sum_{i=1}^{n}m_ih_i^3} \tag{8.22}$$

8.1.6.2 垂直地震力

设防烈度为 8 度及以上的塔式容器应考虑上下两个方向的垂直地震力，如图 8.6 所示。

塔设备底截面处总的垂直地震力

$$F_V^{0-0}=\alpha_{v,\max}m_{eq}g \tag{8.23}$$

式中，$\alpha_{v\max}$ 为垂直地震影响系数最大值，取 $\alpha_{v,\max}=0.65\alpha_{\max}$；$m_{eq}$ 为塔设备的当量质量，$m_{eq}=0.75m_0$，kg。

任意质量 i 处所分配的垂直地震力

$$F_{\nu_i}=\frac{m_ih_i}{\sum_{k=1}^{n}m_kh_k}F_\nu^{0-0}\quad(i=1,2,\cdots,n) \tag{8.24}$$

任意计算截面Ⅰ－Ⅰ处的垂直地震力

$$F_{\nu_i}^{\mathrm{I-I}}=\sum_{k=i}^{n}F_{\nu_ik}\quad(i=1,2,\cdots,n) \tag{8.25}$$

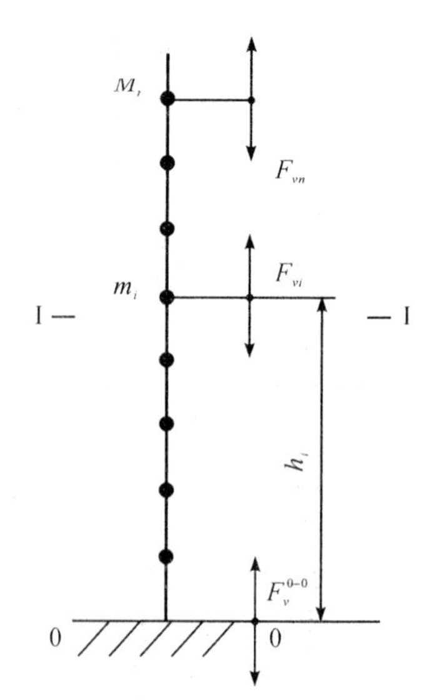

图 8.6 垂直地震力示意图

8.1.6.3 地震弯矩

塔设备任意计算截面Ⅰ－Ⅰ处的基本振型地震弯矩，按下式计算：

$$M_{EI}^{\mathrm{I}-\mathrm{I}}=\sum_{k=i}^{n}F_{1k}(h_k-h)\quad(i=1,2,\cdots,n) \tag{8.26}$$

对于等直径、等厚度塔设备的任意截面Ⅰ－Ⅰ和底截面0－0的基本振型地震弯矩，按下式计算：

$$M_{EI}^{\mathrm{I}-\mathrm{I}}=\frac{8\alpha_1 m_0 g}{175H^{2.5}}(10H^{3.5}-14H^{2.5}h+4h^{3.5}) \tag{8.27}$$

$$M_{EI}^{0-0}=\frac{16}{35}\alpha_1 m_0 gH \tag{8.28}$$

8.1.7　偏心载荷和偏心弯矩

当塔设备顶部悬挂有分离器、冷凝器等附属设备时，这些附属设备对塔体产生偏心载荷。偏心载荷引起的弯矩为

$$M_e=m_e g l_e \tag{8.29}$$

式中，m_e 为偏心质量，kg；l_e 为偏心质量的重心到塔设备中心线的距离，mm。

8.1.8　最大弯矩

任意计算截面Ⅰ－Ⅰ处的最大弯矩按下式计算

$$M_{\max}^{\mathrm{I}-\mathrm{I}}=\begin{cases}M_W^{\mathrm{I}-\mathrm{I}}+M_e\\ M_E^{\mathrm{I}-\mathrm{I}}+0.25M_W^{\mathrm{I}-\mathrm{I}}+M_e\end{cases}\text{（取其中较大值）} \tag{8.30}$$

8.1.9　轴向应力

塔体任一计算截面Ⅰ－Ⅰ处的轴向应力，按下式计算。

计算压力在塔体中引起的轴向应力

$$\sigma_1=\frac{p_c D_i}{4\delta_{ei}} \tag{8.31}$$

操作或非操作时重力及垂直地震力在塔体中引起的轴向应力

$$\sigma_2^{\mathrm{I}-\mathrm{I}}=\frac{(m_0^{\mathrm{I}-\mathrm{I}}g\pm F_v^{\mathrm{I}-\mathrm{I}})}{\pi D_i\delta_{ei}} \tag{8.32}$$

其中，$F_v^{\mathrm{I}-\mathrm{I}}$ 仅在最大弯矩为地震弯矩参与组合时计入此项。

弯矩在塔体中引起的轴向应力

$$\sigma_3^{\mathrm{I}-\mathrm{I}}=\frac{4M_{\max}^{\mathrm{I}-\mathrm{I}}}{\pi D_i^2\delta_{ei}} \tag{8.33}$$

8.1.10　强度和稳定性校核

8.1.10.1　轴向稳定性校核

圆筒许用轴向压应力，按下式计算：

$$[\sigma]_{cr}=\begin{cases}KB\\ K[\sigma]^t\end{cases}\text{（取其中较小值）} \tag{8.34}$$

式中，B 为按外压圆筒的临界压力计算方法求取，MPa；$[\sigma]^t$ 为材料在设计温度下的许用应

力,MPa;K 为载荷组合系数,取 $K=1.2$。

对内压塔式容器,最大组合轴向压应力出现在非操作的情况下:

$$\sigma_2+\sigma_3\leqslant[\sigma]_{cr} \tag{8.35}$$

对真空塔式容器,最大组合轴向压应力出现在正常操作的情况下:

$$\sigma_1+\sigma_2+\sigma_3\leqslant[\sigma]_{cr} \tag{8.36}$$

8.1.10.2 轴向拉应力校核

对内压塔式容器,最大组合轴向拉应力出现在正常操作的情况下:

$$\sigma_1-\sigma_2+\sigma_3\leqslant K[\sigma]^t\Phi \tag{8.37}$$

对真空塔式容器,最大组合轴向拉应力出现在非操作的情况下:

$$-\sigma_2+\sigma_3\leqslant K[\sigma]^t\Phi \tag{8.38}$$

8.1.11 水压试验、应力校核

8.1.11.1 圆筒应力

耐压试验压力引起的轴向应力

$$\sigma_1=\frac{p_T D_i}{4\delta_{ei}} \tag{8.39}$$

重力引起的轴向应力

$$\sigma_2=\frac{m_T^{\mathrm{I-I}}g}{\pi D_i\delta_{ei}} \tag{8.40}$$

弯矩引起的轴向应力

$$\sigma_3=\frac{4(0.3M_{\max}^{\mathrm{I-I}}+M_e)}{\pi D_i^2\delta_{ei}} \tag{8.41}$$

耐压试验时,圆筒金属材料的许用轴向应力按下式:

$$[\sigma]_{cr}=\begin{cases}B\\0.9R_{eL}(\text{或 }R_{p0.2})\end{cases}(\text{取其中较小值}) \tag{8.42}$$

8.1.11.2 圆筒应力校核

液压试验时:

$$\sigma_1-\sigma_2+\sigma_3\leqslant 0.9\Phi R_{eL}(R_{p0.2}) \tag{8.43}$$

气压试验或气液组合实验时:

$$\sigma_1-\sigma_2+\sigma_3\leqslant 0.8\Phi R_{eL}(R_{p0.2}) \tag{8.44}$$

圆筒轴向压应力:

$$\sigma_2+\sigma_3\leqslant[\sigma]_{cr} \tag{8.45}$$

8.1.12 裙座设计

塔设备的支座,常选用圆筒形或圆锥形裙式支座。

裙座底截面处的组合应力按下式校核:

操作时

$$\frac{M_{\max}^{0-0}}{Z_{sb}}+\frac{m_0 g+F_v^{0-0}}{A_{sb}}\leqslant\begin{cases}KB\\K[\sigma]_s^t\end{cases}(\text{取其中较小值}) \tag{8.46}$$

其中，F_v^{0-0} 仅在最大弯矩为地震弯矩参与组合时计入此项。

水压试验时

$$\frac{0.3M_W^{0-0}+M_e}{Z_{sb}}+\frac{m_{\max}g}{A_{sb}}\leqslant\begin{cases}B\\0.9R_{eL}(R_{p0.2})\end{cases}\text{(取其中较小值)}\tag{8.47}$$

裙座检查孔或较大管线引出截面处(见图 8.7)的组合应力按下式校核：

操作时，

$$\frac{M_{\max}^{1-1}}{Z_{sm}}+\frac{m_0g+F_v^{1-1}}{A_{sm}}\leqslant\begin{cases}KB\\K[\sigma]_s^t\end{cases}\text{(取其中较小值)}\tag{8.48}$$

水压试验时，

$$\frac{0.3M_W^{0-0}+M_e}{Z_{sm}}+\frac{m_{\max}g}{A_{sm}}\leqslant\begin{cases}B\\0.9R_{eL}(R_{p0.2})\end{cases}\text{(取其中较小值)}\tag{8.49}$$

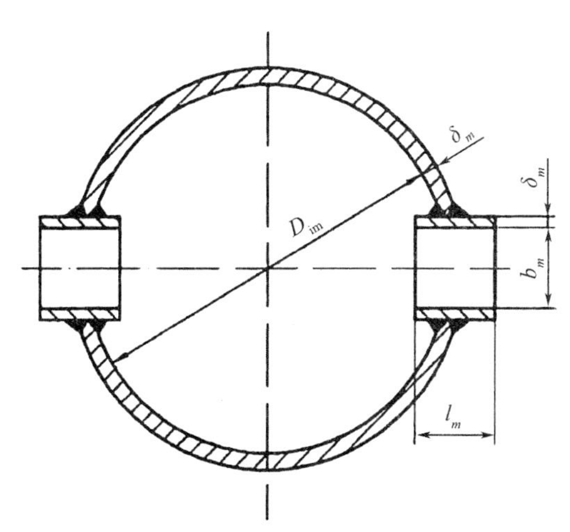

图 8.7　裙座检查孔或较大管线引出截面

8.1.13　基础环设计

8.1.13.1　基础环尺寸的确定

基础环内、外径(见图 8.8 和图 8.9)一般可参考下式确定：

$$D_{ib}=D_{is}-(160\sim400)\tag{8.50}$$

$$D_{ob}=D_{is}+(160\sim400)\tag{8.51}$$

式中，D_{is} 为座体基底截面的内径，mm；D_{ob} 为基础环的外径，mm；D_{ib} 为基础环的内径，mm。

8.1.13.2　基础环厚度的确定

基础环上无无筋板时，其厚度按下式计算：

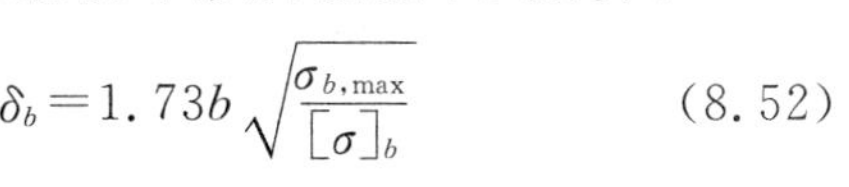

$$\delta_b=1.73b\sqrt{\frac{\sigma_{b,\max}}{[\sigma]_b}}\tag{8.52}$$

式中，

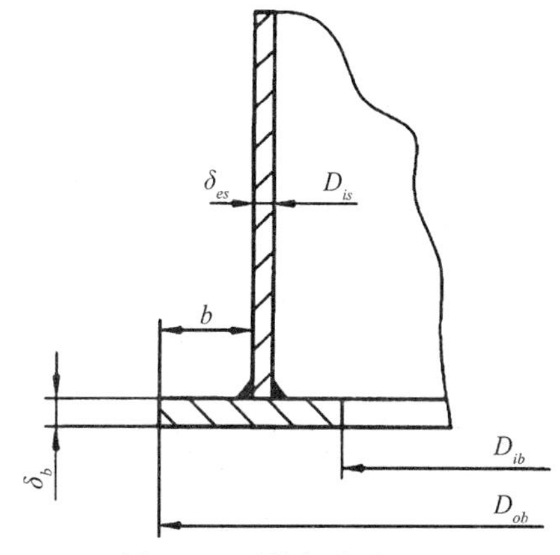

图 8.8　无筋板基础环

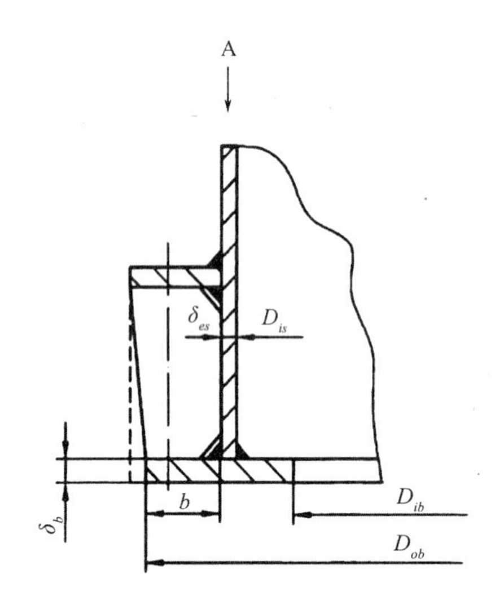

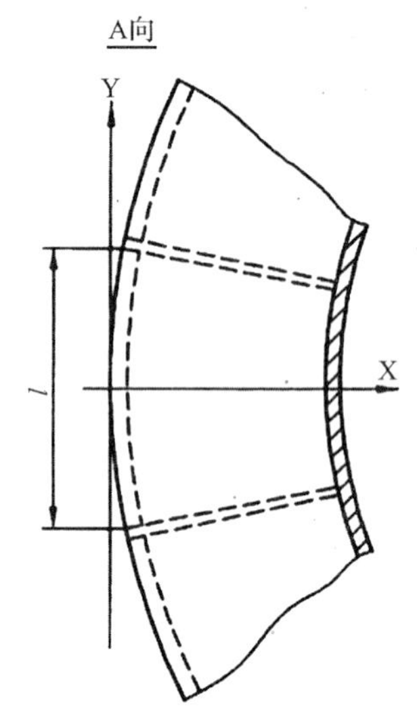

图 8.9 有筋板基础环

$$\sigma_{b\max}=\begin{cases}\dfrac{M_{\max}^{0-0}}{Z_b}+\dfrac{m_0 g+F_v^{0-0}}{A_b}\\ \dfrac{0.3M_w^{0-0}+M_e}{Z_b}+\dfrac{m_{\max} g}{A_b}\end{cases}\text{(取其中较大值)} \tag{8.53}$$

其中,F_v^{0-0} 仅在最大弯矩为地震弯矩参与组合时计入此项。

基础环板抗弯断面模数 $$Z_b=\frac{\pi(D_{ob}^4-D_{ib}^4)}{32D_{ob}} \tag{8.54}$$

基础环板面积 $$A_b=\frac{\pi(D_{ob}^2-D_{ib}^2)}{4} \tag{8.55}$$

基础环上有筋板时,其厚度按下式计算:

$$\delta_b=\sqrt{\frac{6M_s}{[\sigma]_b}} \tag{8.56}$$

矩形板的计算力矩按下式计算:

$$M_s=\max\{|M_x|,|M_y|\} \tag{8.57}$$

$$M_x=C_x\sigma_{b,\max}b^2 \tag{8.58}$$

$$M_y=C_y\sigma_{b,\max}l^2 \tag{8.59}$$

其中,系数 C_x、C_y 按表 8.10 选取。

表 8.10 矩形板力矩 C_x、C_y 系数

b/l	C_x	C_y	b/l	C_x	C_y	b/l	C_x	C_y	b/l	C_x	C_y
0	−0.5	0	0.4	−0.385	0.0051	0.8	−0.173	0.0751	1.2	−0.0846	0.112
0.1	−0.5	0	0.5	−0.319	0.0293	0.9	−0.142	0.0872	1.3	−0.0726	0.116
0.2	−0.49	0.0006	0.6	−0.26	0.0453	1.0	−0.118	0.0972	1.4	−0.0629	0.12
0.3	−0.448	0.0051	0.7	−0.212	0.061	1.1	−0.0995	0.105	1.5	−0.055	0.123

续表

b/l	C_x	b/l	C_x	b/l	C_x	C_y	b/l	C_x	C_y
1.6	−0.0485	2.0	−0.0312	2.4	−0.0217	0.132	2.8	−0.0159	0.133
1.7	−0.043	2.1	−0.0283	2.5	−0.02	0.133	2.9	−0.0149	0.133
1.8	−0.0384	2.2	−0.0258	2.6	−0.0185	0.133	3.0	−0.0139	0.133
1.9	−0.0345	2.3	−0.0236	2.7	−0.0171	0.133	—	—	—

求出基础环厚度时，应加上厚度附加量2mm，并圆整到钢板规格厚度。无论无筋板或有筋板的基础环厚度都不得小于16mm。

8.1.14　地脚螺栓设计

为了防止塔设备在刮风或地震时不发生倾覆，必须设置足够数量和一定直径的地脚螺栓，将设备固定在基础上。

地脚螺栓承受的最大拉应力，按下式计算：

$$\sigma_B=\begin{cases}\dfrac{M_W^{0-0}+M_e}{Z_b}-\dfrac{m_{\min}g}{A_b}\\[2ex]\dfrac{M_E^{0-0}+0.25M_W^{0-0}+M_e}{Z_b}-\dfrac{m_0g-F_v^{0-0}}{A_b}\end{cases}\tag{8.60}$$

取其中较大值。

当$\sigma_B\leqslant 0$时，塔式容器自身稳定，但为了固定塔设备位置，应设置一定数量的地脚螺栓；当$\sigma_B>0$时，塔设备应设置地脚螺栓。

地脚螺栓的螺纹小径，应按下式计算：

$$d_1=\sqrt{\frac{4\sigma_B A_b}{\pi n[\sigma]_{bt}}}+C_2\tag{8.61}$$

式中，$[\sigma]_{bt}$为地脚螺栓材料的许用应力，MPa；n为地脚螺栓的个数；C_2为腐蚀裕量，mm。

圆整后地脚螺栓的公称直径不得小于M24。

8.2　板式塔结构

8.2.1　塔体与裙座结构

塔体包括筒体、封头、人孔、手孔、接管、法兰等受压元件，其结构形式和要求应满足NB/T47041—2014的有关规定。当筒体厚度由风载荷、地震载荷决定时，宜采用不等厚度的筒节组焊，筒体的长度应根据计算及结构设计的需要确定，但宜调整至钢板规格厚度的整数倍，相邻筒节的厚度差不宜太大，一般取2mm。

裙座按结构形式不同，可分为圆筒形和圆锥形支座，应根据工艺要求和载荷特点选择，一般选用圆筒形裙座。圆筒形裙座的结构包括座体、基础环、螺栓座和管孔等组成，如图

8.10所示。裙座与塔体的连接采用焊接,焊接接头可采用对接形式或搭接形式。

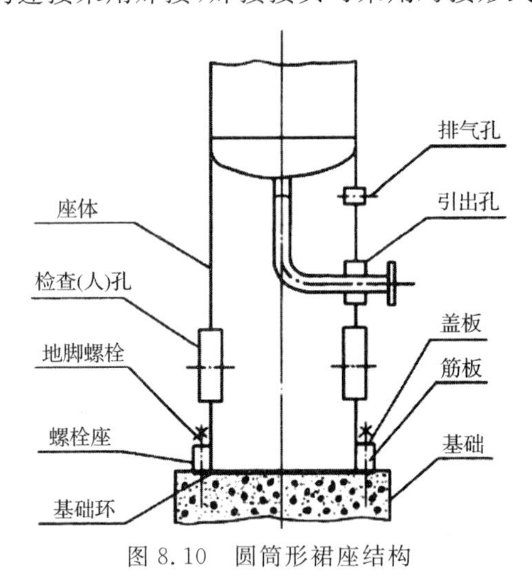

图 8.10 圆筒形裙座结构

8.2.2 塔盘结构

塔盘是板式塔内气、液接触的主要零部件。塔盘包括塔盘板、降液管、溢流堰、紧固件和支撑件等。塔盘应具有一定的刚度,防止变形影响液层厚度分布的均匀性。塔盘与塔壁之间应有一定的密封性,以避免气、液短路。塔盘应便于制造、安装、维修,并且要求节约制造成本。

根据塔设备直径的大小,塔盘分为整块式和分块式两种,当塔径≤800～900mm 时,采用整块式塔盘;塔径>800～900mm 时,采用分块式塔盘。

8.2.2.1 整块式塔盘

此种塔的塔体由若干塔节组成,塔节与塔节之间用法兰连接。每个塔节中安装若干块层层叠置起来的塔盘。塔盘与塔盘之间用管子支承,并保持所需要的间距,如图 8.11 所示。

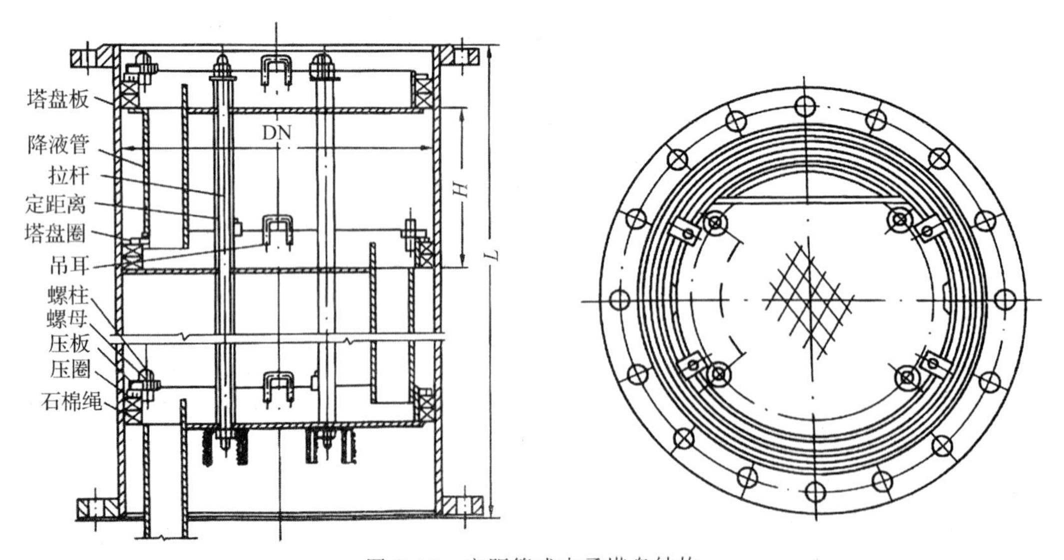

图 8.11 定距管式支承塔盘结构

在这类结构中，由于塔盘和塔壁有间隙，因此对每一层塔盘须填料密封。密封填料一般采用 10～12mm 的石棉绳，放置 2～3 层。降液管的结构有弓形和圆形两类。降液管只起降液功能，在塔盘上还得设独立的溢流堰。由于圆形降液管的横截面积较小，因此除了液体负荷较小时采用外，一般常用弓形降液管，弓形降液管是用焊接方式固定在塔盘上的。降液管出口处的液封由下层塔盘的受液盘来保证。

定距管和拉杆把塔盘紧固在塔体上，定距管除了支承塔盘外，还起保持塔盘间距的作用。这种支承结构比较简单，在塔节长度不大时，被广泛地采用。定距管数一般为 3～4 根。定距管的布置必须注意不与降液管相碰。

8.2.2.2　分块式塔盘

在直径较大的板式塔中，如果仍然用整块式塔盘，则由于刚度的要求，势必要增加塔盘板的厚度，而且在制造、安装与检修等方面都很不方便。因此，当塔径在 800～900mm 以上时，都采用分块式塔盘。此时塔身为一焊制整体圆筒，不分塔节。而塔盘系分成数块，通过人孔送进塔内，装到焊在塔内壁的塔盘固定件(一般为支持圈)上，如图 8.12 所示为分块式塔盘示意图。塔盘分块，应该使结构简单，装拆方便，有足够刚度，便于制造、安装和检修。

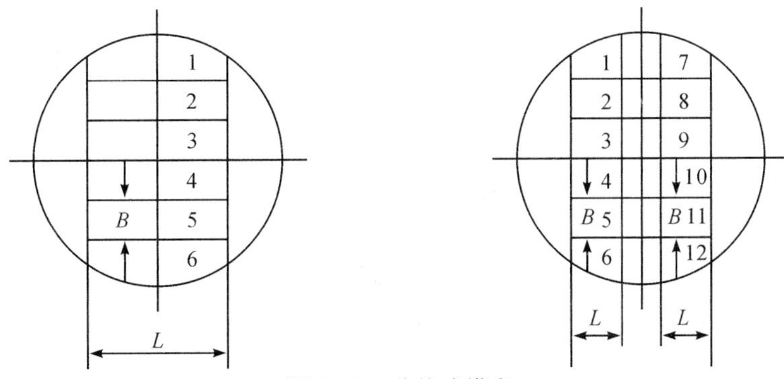

图 8.12　分块式塔盘

一般采用自身梁式塔盘板[图 8.13(a)]，有时也采用槽式塔盘板[图 8.13(b)]。这两种结构的特点是：

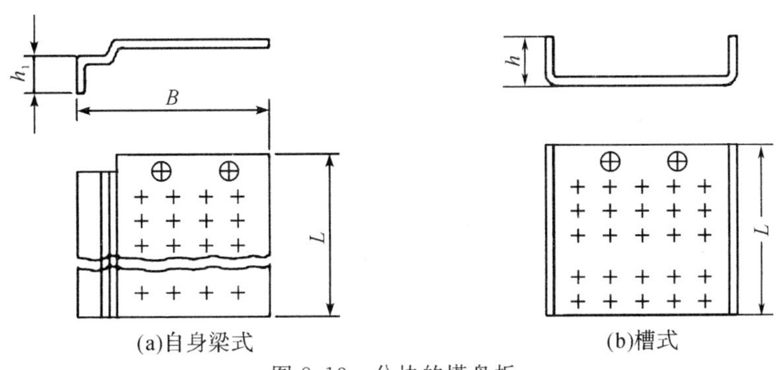

图 8.13　分块的塔盘板

(1)结构简单，装拆方便。将塔盘板冲压折边，使其具有足够刚度，不但可简化塔盘结构，而且可少耗钢材。

(2)制造方便，模具简单，能以通用模具压成不同长度的塔盘板。

分块塔盘板的长度L随塔径大小而异，最长可达2200mm。宽度B由塔体人孔尺寸、塔盘板的结构强度及升气孔的排列情况等因素决定。例如，自身梁式塔盘板一般有340mm和415mm两种。对于筋板高度h_1，自身梁式塔盘板为60～80mm，槽式塔盘板约为30mm，对于塔盘板厚，碳钢为3～4mm，不锈钢为2～3mm。

分块式塔盘之间的连接，根据人孔位置及检修要求，分为上可拆连接和上、下均可拆连接两种。

塔盘板安放于焊在塔壁上的支持圈（或支持板）上。塔盘板与支持圈（或支持板）的连接一般用卡子。这种塔盘紧固方式虽然被普遍采用，但所用紧固构件加工量大，装拆麻烦，而且螺栓需用抗锈蚀材料。另一种紧固方式是用楔形紧固件，其特点是结构简单，装拆方便，不用特殊材料，成本低等。

8.2.3 除沫装置

为了除去塔顶气体夹带的液滴和雾沫，保证传质效率，以及避免腐蚀后续工艺设备与管道，必须在塔内或塔顶设置除沫装置。丝网除沫器是一种典型的除沫装置，其丝网材料有不锈钢、铜、聚四氟乙烯、聚氯乙烯等，可根据介质的腐蚀性情况选择。除沫器的结构分为整块式和分块式，可根据塔径的大小进行选择。

8.2.4 设备接管

塔设备的接管有工艺接管和仪表接管。工艺接管主要有液体进、出料管和气体进、出口管，管径应根据塔设备的负荷计算，管子规格按照无缝钢管标准选择；仪表接管主要有塔底、塔顶的液位计、压力计、温度计等。

8.2.5 塔附件

附件包括人孔、手孔、扶梯、平台、吊柱、保温层等。

填料塔在传质形式上与板式塔不同，它是一种连续式气液传质设备。这种塔由塔体、喷淋装置、填料、再分布器、栅板以及气、液的进出口等部件组成。填料塔基本结构在本书7.4已有介绍，此处不再重复。

8.3 塔设备的机械设计举例

对“第7章7.5填料塔设计示例”中的SO_2吸收塔做塔体和裙座的机械设计。

根据7.5中吸收塔工艺设计结果及设备结构要求，列出机械设计条件如表8.11所示。

（1）材料选择

由于该吸收塔在吸收时，温度低于100℃且压力稍高于常压，但是由于通过塔的吸收剂用量较大，故选择更具有耐应力腐蚀的Q245R型低合金钢。筒体、封头及裙座材料均选用Q245R，材料的相关性能参数由GB150.2—2011查得，具体参数如下：

试验温度下的许用应力$[\sigma]^t=147\text{MPa}$；

设计温度下的许用应力$[\sigma]^t=147\text{MPa}$；

表 8.11　吸收塔机械设计条件

主要工艺参数	数据	主要结构参数与设计参数
塔体内径 D_i/mm	1000	①塔体上每隔 3m 左右开设一个人孔，共 4 个人孔。相应在人孔处安装操作平台，平台宽 $B=900$mm，单位质量 150kg/m^2，包角 360°；
塔高/mm	12000	②由于设置地区的地震设防烈度低于 7 度，故不考虑抗震设计；
填料层高度/mm	7000	③支座为 ϕ1200mm，高度 $Hs=3000$mm 的圆筒形裙座；
计算压力 p_c（表压）/MPa	0.1	④塔体焊接接头系数 $\Phi=0.85$（双面焊对接接头，局部无损检测），塔体与裙座对接焊接；
设计温度/℃	25	⑤塔体与封头的厚度附加量取 $C=3$mm，裙座的厚度附加量取 $C=2$mm

室温强度标准 $R_{eL}=245$MPa；

焊接系数 $\Phi=1.00$。

（2）筒体及封头厚度

筒体计算厚度　$\delta=\dfrac{p_c D_i}{2[\sigma]^t\varphi-p_c}=\dfrac{0.1\times1000}{2\times147\times1-0.1}=0.34(\text{mm})$

封头计算厚度，采用标准椭圆形封头：

$$\delta_h=\frac{p_c D_i}{2[\sigma]^t\varphi-0.5p_c}=\frac{0.1\times1000}{2\times147\times1-0.5\times0.1}=0.34(\text{mm})$$

根据查表可得，腐蚀余量为 $C_2=2$mm，钢板负偏差为 $C_1=0.3$mm。

$$\delta_n=\delta+C_1+C_2=0.34+2+0.3=2.64(\text{mm})$$

由于选用碳素钢低合金钢制备压力容器，且填料采用聚丙烯塑料阶梯环，故上述的计算厚度不符合强度要求，所以筒体和封头的理论计算厚度 $\delta=6$mm。加上厚度的附加量并进行圆整，还考虑多种载荷作用，以及制造、运输、安装等因素取：

筒体的名义厚度 $\delta_n=10$mm，有效厚度 $\delta_e=\delta_n-C_1-C_2=7.7$mm；

封头、裙座的名义厚度 $\delta_{nh}=10$mm，有效厚度 $\delta_{eh}=\delta_{nh}-C_1-C_2=7.7$mm。

（3）塔的质量计算

①筒体质量

筒体中填料层高度为 $H_0=7$m，

$$\begin{aligned}m_1&=\frac{\pi}{4}(D_0^2-D_i^2)H_0\rho_{钢}\\&=\frac{\pi}{4}(1.02^2-1^2)\times7\times7.85\times10^3\\&=1743.57(\text{kg})\end{aligned}$$

②封头质量

由《GB/T25198—2012》查得 DN1000mm，壁厚 10mm 的单个椭圆形封头质量为 90.5kg，故封头总质量为

$$m_2=90.5\times2=181(\text{kg})$$

③裙座质量

由于筒体公称直径 DN≤1000mm，所以采用圆筒形裙座，平均直径取 1200mm，附属高

度考虑底部接管高度取 3m，从而到裙座质量

$$m_3 = \frac{\pi}{4}(D_{0m}^2 - D_{im}^2)H_s\rho_{钢}$$

$$= \frac{\pi}{4}(1.22^2 - 1.2^2)\times 3\times 7.85\times 10^3$$

$$=895.2(\mathrm{kg})$$

④塔内填料质量

塑料阶梯环的质量分布为 115 kg/m³，孔隙率为 0.91，则自然状态下填料层的总体积为

$$V_0 = \frac{\pi}{4}D_i^2 H_0 = \frac{\pi}{4}\times 1^2\times 7 = 5.5(\mathrm{m}^3)$$

得到相应填料的实堆体积

$$V_a = 0.495\mathrm{m}^3$$

从而可以得到吸收塔内的填料质量

$$m_4 = V_a\times 115\times 2 = 56.9(\mathrm{kg})$$

⑤操作时塔内物料质量

由于以水作为吸收剂，从而得到吸收塔的在吸收时的操作质量

$$m_5 = (V_0 - V_a)\rho_L + V_f\rho L$$

$$= (5.5 - 0.495)\times 997.08 + 0.1505\times 997.08$$

$$= 5140.4(\mathrm{kg})$$

式中，V_f 为椭圆封头体积，m³（查自《GB/T25198—2012》）。

⑥充水质量 m_w

吸收塔需进行水压校核，从而将整个塔注满水，得到水压校核质量

$$m_w = (V_0 - V_a)\rho_w + 2V_f\rho_L$$

$$= (5.5 - 0.495)\times 997.08 + 2\times 0.1505\times 997.08$$

$$= 5290.5(\mathrm{kg})$$

⑦全塔操作质量 m_0

$$m_0 = m_1 + m_2 + m_3 + m_4 + m_5 + m_a$$

$$= 1744 + 181 + 895.2 + 56.9 + 5140.4 + 705.1$$

$$= 8722.6(\mathrm{kg})$$

⑧全塔最小质量 $m_{\min}$

$$m_{\min} = m_1 + m_2 + m_3 + m_4 + m_a$$

$$= 1744 + 181 + 895.2 + 56.9 + 705.1$$

$$= 3582.2(\mathrm{kg})$$

⑨全塔最大质量 $m_{\max}$

$$m_{\max} = m_1 + m_2 + m_3 + m_4 + m_a + m_w$$

$$= 1744 + 181 + 895.2 + 56.9 + 705.1 + 5290.5$$

$$= 8872.7(\mathrm{kg})$$

(4)自振周期计算

因为 $H/D_i=\frac{12000}{1000}=12<15$，且 $H<20\text{m}$，故不考虑高振型影响。吸收塔的基本自振周期 T_1 为

$$T_1=90.33H\sqrt{\frac{m_0H}{E\delta_eD_i^3}}\times10^{-3}$$
$$=90.33\times12000\sqrt{\frac{8723\times12000}{2105\times7.7\times1000^3}}\times10^{-3}$$
$$=0.007(\text{s})$$

式中，H 为塔的总高度，mm；E 为塔壳材料在设计温度下的弹性模量，MPa；δ_e 为塔壳有效壁厚，mm。

塔的第二振型自振周期近似取 $T_2=\frac{T_1}{6}=\frac{0.007}{6}=0.0012(\text{s})$

塔的第三振型自振周期近似取 $T_3=\frac{T_1}{18}=\frac{0.007}{18}=0.0004(\text{s})$

由于该吸收塔的自振周期小，且塔的长径比没有达到相应要求，第三振型以上各阶振型及地震载荷对其影响甚微，因此可不考虑。

(5)风载荷计算

将整个吸收塔沿高度方向分成 5 段，如图 8.14 所示。

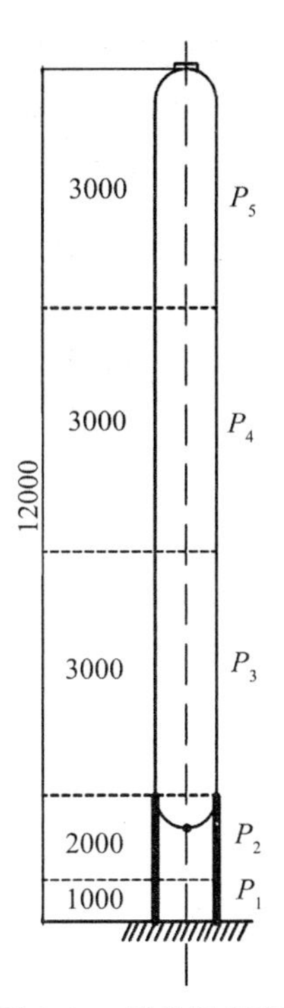

图 8.14　塔的风载荷计算简图

①风振系数

各塔段的风振系数 K_{2i} 由下式计算得到，由于当塔高 $H\leqslant20\text{m}$ 时，可以取 K_{2i} 为 1.7，计算结果列于表 8.12：

$$K_{2i}=1+\frac{\xi\nu_i\Phi_{zi}}{f_i}$$

②水平风力计算

由下式可计算得到各塔段的水平风力，计算结果列于表 8.12：

$$P_i=K_1K_{2i}q_0f_il_iD_{ei}\times10^{-6}$$

式中，q_0 为基本风压值，N/m^2；f_i 为风压高度变化系数；l_i 为塔第 i 计算段长度，mm；K_1 为体型系数，取 $K_1=0.7$。

表 8.12　各塔段水平风力计算结果

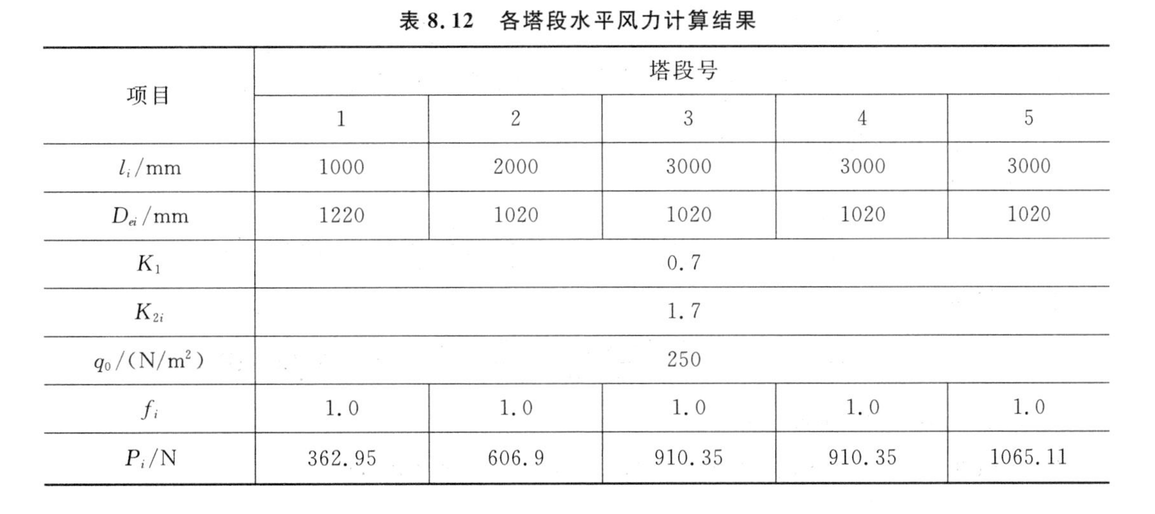

项目	塔段号				
	1	2	3	4	5
l_i/mm	1000	2000	3000	3000	3000
D_{ei}/mm	1220	1020	1020	1020	1020
K_1	0.7				
K_{2i}	1.7				
q_0/(N/m²)	250				
f_i	1.0	1.0	1.0	1.0	1.0
P_i/N	362.95	606.9	910.35	910.35	1065.11

③风弯矩计算

计算危险截面 0—0,1—1,2—2 的风弯矩。

0—0 截面：

$$M_W^{0-0} = P_1\frac{l_1}{2} + P_2\left(l_1+\frac{l_2}{2}\right) + P_3\left(l_1+l_2+\frac{l_3}{2}\right) + P_4\left(l_1+l_2+l_3+\frac{l_4}{2}\right) + P_5\left(l_1+l_2+l_3+l_4+\frac{l_5}{2}\right)$$

$$=86.95\times\frac{1000}{2}+606.9\times\left(1000+\frac{2000}{2}\right)+910.35\times\left(1000+2000+\frac{3000}{2}\right)+910.35\times\left(1000+2000+3000+\frac{3000}{2}\right)+1065.11\times\left(1000+2000+3000+3000+\frac{3000}{2}\right)$$

$$=2.35\times10^7(\text{N}\cdot\text{mm})$$

1—1 截面：

$$M_W^{1-1}=P_2\frac{l_2}{2}+P_3\left(l_2+\frac{l_3}{2}\right)+P_4\left(l_2+l_3+\frac{l_4}{2}\right)+P_5\left(l_2+l_3+l_4+\frac{l_5}{2}\right)$$

$$=606.9\times\frac{2000}{2}+910.35\times\left(2000+\frac{3000}{2}\right)+910.35\times\left(2000+3000+\frac{3000}{2}\right)+1065.11\times\left(2000+3000+3000+\frac{3000}{2}\right)$$

$$=1.98\times10^7(\text{N}\cdot\text{mm})$$

2—2 截面：

$$M_W^{2-2}=P_3\frac{l_3}{2}+P_4\left(l_3+\frac{l_4}{2}\right)+P_5\left(l_3+l_4+\frac{l_5}{2}\right)$$

$$=910.35\times\frac{3000}{2}+910.35\times\left(3000+\frac{3000}{2}\right)+1065.11\times\left(3000+3000+\frac{3000}{2}\right)$$

$$=1.34\times10^7(\text{N}\cdot\text{mm})$$

(6)各种载荷引起的轴向应力

①计算压力引起的轴向应力 σ_1

$$\sigma_1=\frac{p_cD_i}{4\delta_e}=\frac{0.1\times1000}{4\times7.7}=3.25(\text{MPa})$$

②重量载荷引起的轴向压应力 σ_2

0—0 截面：

$$\sigma_2^{0-0}=-\frac{m_0^{0-0}g}{A_{sb}}=-\frac{m_0^{0-0}g}{\pi D_{is}\delta_{es}}=-\frac{8722.6\times9.8}{3.14\times1200\times7.7}=-2.95(\text{MPa})$$

2—2 截面：

$$\sigma_2^{2-2}=-\frac{m_0^{2-2}g}{\pi D_i\delta_e}=-\frac{(8722.6-895.2-90.2)\times9.8}{3.14\times1000\times7.7}=-3.13(\text{MPa})$$

③最大弯矩引起的轴向应力 σ_3

0—0 截面： $M_{\max}^{0-0}=M_W^{0-0}+M_e=2.35\times10^7(\text{N}\cdot\text{mm})$

$$\sigma_3^{0-0}=\pm\frac{M_{max}^{0-0}}{\frac{\pi}{4}D_{is}^2\delta_{es}}=\pm\frac{2.35\times10^7}{0.785\times1200^2\times7.7}=\pm2.99(\text{MPa})$$

2—2 截面：　$M_{max}^{2-2}=M_W^{2-2}+M_e=1.34\times10^7(\text{N}\cdot\text{mm})$

$$\sigma_3^{2-2}=\pm\frac{M_{max}^{2-2}}{\frac{\pi}{4}D_i^2\delta_e}=\pm\frac{1.34\times10^7}{0.785\times1000^2\times7.7}=\pm2.22(\text{MPa})$$

(7)筒体危险截面强度与稳定性校核

①强度校核

筒体危险截面 2—2 处的最大组合轴向拉应力 $\sigma_{max,组拉}^{2-2}$：

$$\sigma_{max,组拉}^{2-2}=\sigma_1+\sigma_2^{2-2}+\sigma_3^{2-2}$$
$$=3.25-3.13+2.22=2.34(\text{MPa})$$

轴向许用应力

$$K[\sigma]^t\Phi=1.2\times147\times0.85=149.94(\text{MPa})$$

由于 $\sigma_{max,组拉}^{2-2}<K[\sigma]^t\varphi$，故满足强度要求。

②稳定性校核

筒体危险截面 2—2 处的最大组合轴向压应力 $\sigma_{max,组压}^{2-2}$：

$$\sigma_{max,组压}^{2-2}=\sigma_2^{2-2}+\sigma_3^{2-2}=-3.13+2.22=-5.35(\text{MPa})$$

许用轴向压应力：$[\sigma]_{cr}=KB$，按圆筒材料，查找对应的外压应力系数曲线图，由《GB150.3—2011》可得 $B=110\text{MPa}$。

从而可得到$[\sigma]_{cr}=1.2\times110=132\text{MPa}$，由于 $\sigma_{max,组压}^{2-2}<[\sigma]_{cr}$，故满足稳定性要求。

(8)筒体水压试验应力校核

①由试验压力引起的环向应力 σ

试验压力　$P_T=1.25p\frac{[\sigma]}{[\sigma]^t}=1.25\times0.1\times\frac{147}{147}=0.125(\text{MPa})$

$$\sigma=\frac{(P_T+液柱静压力)(D_i+\delta_e)}{2\delta_e}=\frac{(0.125+0.14)(1000+7.7)}{2\times7.7}=17.34(\text{MPa})$$

由于需与标准强度进行比较，可得 $0.9R_{eL}\Phi=0.9\times245\times0.85=187.4(\text{MPa})$，因为 $\sigma<0.9R_{eL}\Phi$，故环向应力满足要求。

②由试验压力引起的轴向应力 σ_1 为

$$\sigma_1=\frac{P_TD_i}{4\delta_e}=\frac{0.125\times1000}{4\times7.7}=4.06(\text{MPa})$$

③水压试验时，重力引起的轴向应力 σ_2 为

$$\sigma_2^{2-2}=-\frac{m_{max}^{2-2}g}{\pi D\delta_{ei}}=\frac{(8872.7-895.2-90.5)\times9.8}{3.14\times1000\times7.7}=-3.19(\text{MPa})$$

④由弯矩引起的轴向应力 σ_3 为

$$\sigma_3^{2-2}=\pm\frac{0.3M_W^{2-2}}{\frac{\pi}{4}D_i^2\delta}=\pm\frac{0.3\times1.34\times10^7}{0.785\times1000^2\times7.7}=\pm0.67(\text{MPa})$$

⑤最大组合轴向拉应力校核

$$\sigma_{max,组拉}^{2-2}=\sigma_1+\sigma_2^{2-2}+\sigma_3^{2-2}=4.06-3.19+0.69=1.54(\text{MPa})$$

许用应力 $0.9R_{eL}\Phi=0.9\times245\times0.85=187.4(\mathrm{MPa})$，因为 $\sigma_{\max,组拉}^{2-2}<0.9R_{eL}\Phi$，故满足要求。

⑥最大组合轴向压应力校核

$$\sigma_{\max,组压}^{2-2}=\sigma_2^{2-2}+\sigma_3^{2-2}=-3.19-0.67=-3.89(\mathrm{MPa})$$

轴向许用压应力 $[\sigma]_{cr}=KB=1.2\times110=132\mathrm{MPa}$，因为 $\sigma_{\max,组压}^{2-2}<[\sigma]_{cr}$，故满足要求。

(9)裙座水压试验应力校核

①水压试验时，重力引起的轴向应力 σ_2 为

$$\sigma_2^{0-0}=-\frac{m_{\max}^{0-0}g}{\pi D_{is}\delta_{es}}=-\frac{8872.7\times9.8}{3.14\times1200\times7.7}=-2.99(\mathrm{MPa})$$

$$\sigma_2^{1-1}=-\frac{m_{\max}^{1-1}g}{A_{sm}}=-\frac{(8872.7-447.6)\times9.8}{30144}=-2.84(\mathrm{MPa})$$

②由弯矩引起的轴向应力 σ_3 为

$$\sigma_3^{0-0}=\pm\frac{0.3M_w^{0-0}}{\frac{\pi}{4}D_{is}^2\delta_{es}}=\pm\frac{0.3\times2.35\times10^7}{0.785\times1200^2\times7.7}=\pm0.81(\mathrm{MPa})$$

$$\sigma_3^{1-1}=\pm\frac{0.3M_w^{1-1}}{Z_{sm}}=\pm\frac{0.3\times1.98\times10^7}{8704080}=\pm0.68(\mathrm{MPa})$$

③最大组合轴向压应力校核为

$$\sigma_{\max,组压}^{0-0}=\sigma_2^{0-0}+\sigma_3^{0-0}=-2.99-0.81=-3.8\mathrm{MPa}$$

$$\sigma_{\max,组压}^{1-1}=\sigma_2^{1-1}+\sigma_3^{1-1}=-2.84-0.68=-3.52\mathrm{MPa}$$

许用压应力 $[\sigma]_{cr}=B=105\mathrm{MPa}$，因为 $\sigma_{\max,组压}^{0-0}<[\sigma]_{cr}$，$\sigma_{\max,组压}^{1-1}<[\sigma]_{cr}$，故裙座满足要求。

(10)机械设计结果汇总

经过上述计算获得的设计结果见表 8.13 所示。

表 8.13 吸收塔机械设计结果

塔的名义厚度		筒体 $\delta_n=10\mathrm{mm}$，封头、裙座的名义厚度 $\delta_{nh}=10\mathrm{mm}$
塔的载荷及弯矩	塔的质量	$m_0=8722.6\mathrm{kg}$，$m_{\min}=3582.2\mathrm{kg}$，$m_{\max}=8872.7\mathrm{kg}$
	风弯矩	$M_W^{0-0}=2.35\times10^7\mathrm{N\cdot mm}$，$M_W^{1-1}=1.98\times10^7\mathrm{N\cdot mm}$，$M_W^{2-2}=1.34\times10^7\mathrm{N\cdot mm}$
各种载荷引起的轴向应力	计算压力引起的轴向应力	$\sigma_1=3.25\mathrm{MPa}$
	重量载荷引起的轴向应力	$\sigma_2^{0-0}=-2.95\mathrm{MPa}$，$\sigma_2^{2-2}=-3.13\mathrm{MPa}$
	最大弯矩引起的轴向应力	$\sigma_3^{0-0}=\pm2.99\mathrm{MPa}$，$\sigma_3^{2-2}=\pm2.22\mathrm{MPa}$
强度及稳定性校核	强度校核	$\sigma_{\max,组拉}^{2-2}=2.34\mathrm{MPa}<K[\sigma]^t\Phi=149.94\mathrm{MPa}$，满足强度条件
	稳定性校核	$\sigma_{\max,组压}^{2-2}=-5.35\mathrm{MPa}<[\sigma]_{cr}=132\mathrm{MPa}$，满足稳定性条件
水压试验时的应力校核	筒体	$\sigma=17.34\mathrm{MPa}<0.9R_{eL}\Phi=187.4\mathrm{MPa}$，满足强度条件 $\sigma_{\max,组拉}^{2-2}=1.54\mathrm{MPa}<0.9R_{eL}\Phi=187.4\mathrm{MPa}$，满足强度条件 $\sigma_{\max,组压}^{2-2}=-3.89\mathrm{MPa}<[\sigma]_{cr}=132\mathrm{MPa}$，满足稳定性条件
	裙座	$\sigma_{\max,组压}^{0-0}=-3.8\mathrm{MPa}<[\sigma]_{cr}=105\mathrm{MPa}$，满足稳定性条件 $\sigma_{\max,组压}^{1-1}=-3.52\mathrm{MPa}\ll[\sigma]_{cr}=105\mathrm{MPa}$，满足稳定性条件

参考文献

[1] 包宗宏,武文良.化工计算与软件应用[M].北京:化学工业出版社,2013.

[2] 蔡纪宁,魏鹤琳.化工设备机械基础课程设计指导书[M].3版.北京:化学工业出版社,2020.

[3] 方书起.化工设备课程设计指导[M].北京:化学工业出版社,2016.

[4] 国家能源局.塔式容器(NB/T47041—2014)[S],2014.

[5] 国家质量监督检验检疫总局.固定式压力容器安全技术监察规程(TSG21—2016)[S],2016.

[6] 国家质量监督检验检疫总局.压力容器(GB/T150—2011)[S],2011.

[7] 李国庭,胡永琪.化工设计及案例分析[M].北京:化学工业出版社,2016.

[8] 李雅萍.AutoCAD2019中文版机械制图快速入门与实例讲解[M].北京:机械工业出版社,2019.

[9] 林大均.简明化工制图[M].2版.北京:化学工业出版社,2011.

[10] 任晓光.化工原理课程设计指导[M].北京:化学工业出版社,2014.

[11] 孙兰义.化工过程模拟实训——Aspen Plus教程[M].2版.北京:化学工业出版社,2017.

[12] 王建华,程绪琦.AutoCAD2014标准培训教程[M].北京:电子工业出版社,2014.

[13] 王卫东,庄志军.化工原理课程设计[M].2版.北京:化学工业出版社,2015.

[14] 王瑶,张晓冬.化工单元过程及设备课程设计[M].3版.北京:化学工业出版社,2013.

[15] 王瑶,张晓冬主编.《化工单元过程及设备课程设计》,北京:化学工业出版社,2013.

[16] 王要令.化工原理课程设计[M].北京:化学工业出版社,2016.

[17] 熊杰明,李江保.化工流程模拟Aspen Plus实例教程[M].2版.北京:化学工业出版社,2015.

[18] 喻健良,王立业,刁玉玮.化工设备机械基础[M].7版.大连:大连理工大学出版社,2013.

[19] 詹友刚.AutoCAD2014机械设计教程[M].北京:机械工业出版社,2013.

[20] 张立军.化工制图[M].北京:化学工业出版社,2016.

[21] 中国石化集团上海工程有限公司.化工工艺设计手册(上、下册)[M].4版.北京:化学工业出版社,2009.

附　录

附录一　常用的列管式换热器标准(GBT151—2014)

附表1　换热管为 ϕ19mm 的固定管板式换热器基本参数(管心距 25mm)

公称直径 DN/mm	管程数	管子根数	中心排管数	管程流通面积/m^2	计算换热面积/m^2			
					换热管长度/mm			
					3000	4500	6000	9000
400	1	174	14	0.0307	30.1	45.7	61.3	—
	2	164	15	0.0145	28.4	43.1	57.8	—
	4	146	14	0.0065	25.3	38.3	51.4	—
500	1	275	19	0.0486	47.6	72.2	96.8	—
	2	256	18	0.0226	44.3	67.2	90.2	—
	4	222	18	0.0098	38.4	58.3	78.2	—
600	1	430	22	0.0760	74.4	112.9	151.4	—
	2	416	23	0.0368	72.0	109.3	146.5	—
	4	370	22	0.0163	64.0	97.2	130.3	—
	6	360	20	0.0106	62.3	94.5	126.8	—
700	1	607	27	0.1073	105.1	159.4	213.8	—
	2	574	27	0.0507	99.4	150.8	202.1	—
	4	542	27	0.0239	93.8	142.3	190.9	—
	6	518	24	0.0153	89.7	136.0	182.4	—
800	1	797	31	0.1408	138.0	209.3	280.7	—
	2	776	31	0.0686	134.3	203.8	273.3	—
	4	722	31	0.0319	125.0	189.8	254.3	—
	6	710	30	0.0209	122.9	186.5	250.0	—
900	1	1009	35	0.1783	174.7	265.0	355.3	536.0
	2	988	35	0.0873	174.7	265.0	355.3	536.0

续表

公称直径 DN/mm	管程数	管子根数	中心排管数	管程流通面积/m^2	计算换热面积/m^2 换热管长度/mm			
					3000	4500	6000	9000
	4	938	35	0.0414	162.4	246.4	330.3	498.3
	6	914	34	0.0269	158.2	240.0	321.9	485.6
1000	1	1267	39	0.2239	219.3	332.8	446.2	655.6
	2	1234	39	0.1090	213.6	324.1	434.6	655.6
	4	1186	39	0.0524	205.3	311.5	417.7	630.1
	6	1148	38	0.0338	198.7	301.5	404.3	609.9

附表 2 换热管为 ϕ25mm×2.5mm 的固定管板式换热器基本参数(管心距 32mm)

公称直径 DN/mm	管程数	管子根数	中心排管数	管程流通面积/m^2	计算换热面积/m^2 换热管长度/mm			
					3000	4500	6000	9000
400	1	98	12	0.0308	22.3	33.8	45.4	—
	2	94	11	0.0148	21.4	32.5	43.5	—
	4	76	11	0.0060	17.3	26.3	35.2	—
500	1	174	14	0.0546	39.6	60.1	80.6	—
	2	164	15	0.0257	37.3	56.6	76.0	—
	4	144	15	0.0113	32.8	49.7	66.7	—
600	1	245	17	0.0769	55.8	84.6	113.5	—
	2	232	16	0.0364	52.8	80.1	107.5	—
	4	222	17	0.0174	50.0	76.7	102.8	—
700	1	355	21	0.1115	80.0	122.6	164.4	—
	2	342	21	0.0537	77.9	118.1	158.4	—
	4	322	21	0.0253	73.3	111.2	149.1	—
	6	304	20	0.0159	69.2	105.0	140.8	—
800	1	467	23	0.1466	106.3	161.3	216.3	—
	2	450	23	0.0707	102.4	155.4	208.5	—
	4	442	23	0.0347	100.6	152.7	204.7	—
	6	430	24	0.0225	97.9	148.5	119.2	—
900	1	605	27	0.1900	137.8	209.0	280.2	422.7
	2	588	27	0.0923	133.9	203.1	272.3	410.8

续表

公称直径 DN/mm	管程数	管子根数	中心排管数	管程流通面积/m²	计算换热面积/m² 换热管长度/mm			
					3000	4500	6000	9000
	4	554	27	0.0435	126.1	191.4	256.6	387.1
	6	538	26	0.0282	122.5	185.8	249.2	375.9
1000	1	749	30	0.2352	170.5	258.7	346.9	523.3
	2	742	29	0.1165	168.9	256.3	343.7	518.4
	4	710	29	0.0557	161.6	245.2	328.8	496.0
	6	698	30	0.0365	158.9	241.1	323.3	487.7

附表 3 换热管为 ϕ19mm×2mm 的浮头式换热器基本参数

公称直径 DN/mm	管程数	管子根数	中心排管数	管程流通面积/m²	计算换热面积/m² 换热管长度/mm			
					3000	4500	6000	9000
400	2	120	8	0.0106	20.9	31.6	42.3	—
	4	108	9	0.0048	18.8	28.4	38.1	—
500	2	206	11	0.0182	35.7	54.1	72.5	—
	4	192	10	0.0085	33.2	50.4	67.6	—
600	2	324	14	0.0286	55.8	84.8	113.9	—
	4	308	14	0.0136	53.1	80.7	108.2	—
	6	284	14	0.0083	48.9	74.4	99.8	—
700	2	468	16	0.0414	80.4	122.2	164.1	—
	4	448	17	0.0198	76.9	117.0	157.1	—
	6	382	15	0.0112	65.6	99.8	133.9	—
800	2	610	19	0.0539	—	158.9	213.5	—
	4	588	18	0.0260	—	153.2	205.8	—
	6	518	16	0.0182	—	134.9	181.3	—
900	2	800	22	0.0707	—	207.6	279.2	—
	4	776	21	0.0343	—	201.4	270.8	—
	6	720	21	0.0212	—	186.9	241.3	—
1000	2	1006	24	0.0890	—	260.6	350.6	—
	4	980	23	0.0433	—	253.9	314.6	—
	6	892	21	0.0262	—	231.1	311.0	—

附表 4 换热管为 ϕ25mm×2.5mm 的浮头式换热器基本参数

公称直径 DN/mm	管程数	管子根数	中心排管数	管程流通面积/m²	计算换热面积/m² 换热管长度/mm 3000	4500	6000	9000
400	2	74	7	0.0116	16.9	25.6	34.4	—
	4	68	6	0.0053	15.6	23.6	31.6	—
500	2	124	8	0.0194	28.3	42.8	57.4	—
	4	116	9	0.0091	26.4	40.1	53.7	—
600	2	198	11	0.0311	44.9	68.2	91.5	—
	4	188	10	0.0148	42.6	64.8	86.9	—
	6	158	10	0.0083	35.8	54.4	73.1	—
700	2	268	13	0.0421	60.6	92.1	123.7	—
	4	256	12	0.0201	57.8	87.9	118.1	—
	6	224	10	0.0116	50.6	76.9	103.4	—
800	2	366	15	0.0575	—	125.4	168.5	—
	4	352	14	0.0276	—	153.2	205.8	—
	6	316	14	0.0165	—	108.3	145.5	—
900	2	472	17	0.0741	—	161.2	216.8	—
	4	456	16	0.0353	—	155.7	270.8	—
	6	426	16	0.0223	—	145.5	195.6	—
1000	2	606	19	0.0952	—	206.6	277.9	—
	4	588	18	0.0462	—	200.4	269.7	—
	6	564	18	0.0295	—	192.2	258.7	—

附录二 固定管板式换热器的一些结构参数

附表5 固定管板式换热器管板尺寸

公称直径DN	管板尺寸/mm											螺栓孔数 n/个	重量/kg			
	D	D_1	D_2	D_3	D_4	$D_5=D_6$	D_7	b	b_1	c	d		单管程	二管程	四管程	再沸器
PN=0.6MPa																
800	930	890	790	798	—	800	850	32	—	10	23	32	102	103	107	91.5
1000	1130	1090	990	998	—	1000	1050	36	—	12	23	36	133	142	145	139
1200	1330	1290	1190	1198	—	1200	1250	40	—	12	23	44	—	—	—	219
1400	1530	1490	1390	1398	—	1400	1450	40	—	12	23	52	—	—	—	278
1600	1730	1690	1590	1598	—	1600	1650	44	—	12	23	60	—	—	—	388
1800	1960	1910	1790	1798	—	1800	1850	50	—	14	27	64	—	—	—	597
PN=1.0MPa																
400	515	480	390	398	438	400	—	30	—	10	18	20	—	—	—	31.4
600	730	690	590	598	643	600	—	36	—	10	23	28	75	77	79	72.4
800	930	890	790	798	843	800	—	40	—	10	23	36	123	130	136	129
1000	1130	1090	990	998	1043	1000	—	44	—	12	23	44	200	205	209	193
1200	1360	1310	1190	1198	1252	1200	—	48	—	12	27	44	—	—	—	310
1400	1560	1510	1390	1398	1452	1400	—	50	—	12	27	52	—	—	—	409
1600	1760	1710	1590	1598	1652	1600	—	56	—	14	27	60	—	—	—	526
1800	1960	1910	1790	1798	1852	1800	—	60	—	14	27	68	—	—	—	702
PN=1.6MPa																
400	530	490	390	—	443	400	—	40	33	—	23	20	42.7	43.0	45.2	43.5
500	630	590	490	—	543	500	—	40	33	—	23	28	58.5	59.6	61.5	—
600	730	690	590	—	643	600	—	46	38	—	23	28	98.0	100	103	87.0
800	960	915	790	—	853	800	—	50	42	—	27	36	164	165	173	—
1000	1160	1115	990	—	153	1000	—	56	47	—	27	44	265	265	267	—
PN[1]=1.6MPa																
800	930	890	790	—	843	800	—	50	42	—	23	36	—	—	—	167
1000	1130	1090	990	—	1043	1000	—	56	47	—	23	44	—	—	—	252
1200	1360	1310	1190	—	1252	1200	—	60	51	—	27	44	—	—	—	364
1400	1560	1510	1390	—	1452	1400	—	65	55	—	27	52	—	—	—	486

续表

公称直径 DN	管板尺寸/mm											螺栓孔数 n/个	重量/kg			
	D	D_1	D_2	D_3	D_4	$D_5=D_6$	D_7	b	b_1	c	d		单管程	二管程	四管程	再沸器
1600	1760	1710	1590	—	1652	1600	—	68	58	—	27	60	—	—	—	668
1800	1960	1910	1790	—	1852	1800	—	72	61	—	27	68	—	—	—	830
PN=2.5MPa																
159	270	228	135	—	186	147	—	28	—	11	22	12	12.8	—	—	—
273	400	352	245	—	30	257	—	32	—	14	2	12	25.1	26.0	—	—
400	540	500	390	—	453	400	—	44	36	—	23	24	49.0	49.5	52.0	—
500	660	615	490	—	553	500	—	44	36	—	27	24	71.	72.5	74.1	—
600	760	715	590	—	653	600	—	50	41	—	27	28	106	107	110	—
800	960	915	790	—	853	800	—	60	51	—	27	40	196	199	208	—
1000	1185	1140	990	—	1053	1000	—	66	56	—	30	44	331	338	340	—

附表 6 PN≤4.0MPa 的接管伸出长度

DN/mm	δ/mm						
	0～50	51～75	76～100	101～125	126～150	151～175	176～200
25	150	150	150	200	200	250	250
32	150	150	150	200	200	250	250
40	150	150	150	200	200	250	250
50	150	150	150	200	200	250	250
70	150	150	150	200	200	250	250
80	150	150	200	200	250	250	300
100	150	150	200	200	250	250	300
125	200	200	200	200	250	250	300
150	200	200	200	250	250	250	300
200	200	200	200	250	250	250	300
250	200	200	200	300	250	300	300
300	250	250	250	300	250	300	300
350	250	250	250	300	250	300	300
400	250	250	250	300	300	300	350
450	250	250	250	300	300	300	350
500	250	250	250	300	300	300	350

附表 7 PN＝6.4MPa 的接管伸出长度

DN/mm	δ/mm						
	0～50	51～75	76～100	101～125	126～150	151～175	176～200
20	150	150	150	200	200	250	250
25	150	150	150	200	200	250	250
32	150	150	200	200	250	250	250
40	150	150	200	200	250	250	250
50	150	150	200	200	250	250	250
70	150	150	200	200	250	250	250
80	150	150	200	200	250	250	250
100	200	200	200	200	250	250	250
125	200	200	200	200	250	250	250
150	200	200	200	250	250	300	300
200	200	200	200	250	250	300	300

附录三 常见填料特性参数

附表 8 环形填料结构特性参数

填料名称	公称直径 d/mm	个数/（个/m^3）	堆积密度/（kg/m^3）	孔隙率	比表面积/（m^2/m^3）	干填料因子/ m^{-1}
塑料阶梯环	16	299136		0.85	376	602.6
	25	81500	97.8	0.9	228	312.8
	38	27200	57.5	0.91	132.5	175.8
	50	9980	54.3	0.927	121.8	159
	76	3420	68.4	0.929	89.95	112.3
钢制阶梯环	25	97160	439	0.93	220	273.5
	28	31890	475.5	0.94	154.3	185.5
	50	11600	400	0.95	109.2	127.4
陶瓷阶梯环	50	9091	516	0.787	108.8	223
	50	9300	483	0.744	105.6	278
	76	2517	420	0.795	63.4	126
钢鲍尔环	16	1432000	216	0.928	239	299
	25	55900	427	0.934	219	269
	38	13000	365	0.945	129	153
	50	6500	395	0.949	112.3	131
塑料鲍尔环	25	42900	150	0.901	175	239
	38	15800	98	0.89	155	220
	50	6500	74.8	0.901	112	154
	50	6100	73.7	0.9	92.7	127
	76	1930	70.9	0.92	72.2	94
钢拉西环	25	55000	640	0.92	220	290
	35	19000	570	0.93	150	190
	50	7000	430	0.95	110	130
	76	1870	400	0.95	68	80
瓷拉西环	25	49000	505	0.78	190	400
	40	12700	577	0.75	126	305
	50	6000	457	0.81	93	177
	80	1910	714	0.68	76	243

附表 9　矩鞍填料结构参数

填料名称	公称直径 d/mm	个数/(个/m^3)	堆积密度/(kg/m^3)	孔隙率	比表面积/(m^2/m^3)	干填料因子/m^{-1}
陶瓷	25	58230	544	0.772	200	433
	38	19680	502	0.804	131	252
	50	8243	470	0.728	103	216
	76	2400	537.7	0.752	76.3	179.4
塑料	16	365009	167	0.806	461	879
	25	97680	133	0.847	283	473
	76	3700	104.4	0.855	200	289

附表 10　常见规整填料特性参数

填料名称	型号	孔隙率	比表面积/(m^2/m^3)	波纹倾角	峰高/mm
金属板波纹	125X	0.98	125	30	25
	125Y	0.98	125	45	25
	250X	0.97	250	30	/
	250Y	0.97	250	45	12
	350X	0.94	350	30	/
	350Y	0.94	350	45	9
	500X	0.92	500	30	6.3
	500Y	0.92	500	45	6.3
轻质陶瓷	125X	0.9	125	30	/
	250Y	0.85	250	45	/
	350Y	0.8	350	45	/
陶瓷	400	0.7	400	45	/
	450	0.75	450	30	/
	470	0.715	470	30	/

附表 11　常用散堆填料的泛点填料因子

填料名称	填料尺寸/mm				
	16	25	38	50	76
	泛点填料因子/m^{-1}				
瓷拉西环	1300	832	600	410	
瓷矩鞍	1100	550	200	226	
塑料鲍尔环	550	280	184	140	92
金属鲍尔环	410		117	160	
塑料阶梯环		260	170	127	
金属阶梯环		260	160	140	
金属环矩鞍		170	150	135	120

附录四 不同填料材质的临界表面张力σ_c

附表 12 不同填材料质的临界表面张力σ_c

材质	σ_c/(dyn/cm)	材质	σ_c/(dyn/cm)	材质	σ_c/(dyn/cm)
表面涂石蜡	20	石墨	56	钢	75
聚四氟乙烯	18.5	陶瓷	61	聚乙烯	75
聚苯乙烯	31	玻璃	73	聚丙烯	54

附录五 几种填料的压降填料因子

附表 13 几种填料的压降填料因子

填料名称	填料尺寸/mm				
	16	25	38	50	76
瓷拉西环	1050	576	450	288	
瓷矩鞍	700	215	140	160	
塑料鲍尔环	343	232	114	125/110	62
金属鲍尔环	306		114	98	
塑料阶梯环		176	116	89	
金属阶梯环			118	82	
金属环矩鞍		138	93.4	71	36